U0395738

国家出版基金项目
NATIONAL PUBLICATION FOUNDATION

"十四五"时期国家重点出版物出版专项规划项目

新时代地热能高效开发与利用研究丛书

总主编　庞忠和

地热资源地球物理勘探：技术与应用

Geophysical Exploration of Geothermal Resources: Techniques and Applications

赵苏民　胥博文　朱怀亮　等　编著

华东理工大学出版社
EAST CHINA UNIVERSITY OF SCIENCE AND TECHNOLOGY PRESS

·上海·

图书在版编目（CIP）数据

地热资源地球物理勘探：技术与应用／赵苏民等编
著．—上海：华东理工大学出版社，2023.11
（新时代地热能高效开发与利用研究丛书／庞忠和
总主编）
ISBN 978－7－5628－6920－7

Ⅰ．①地⋯　Ⅱ．①赵⋯　Ⅲ．①地热能—地球物理勘探
Ⅳ．①P314

中国国家版本馆 CIP 数据核字（2023）第 196310 号

审图号：GS（2023）2795 号

内 容 提 要

　　本书对地热资源勘查中常用的地球物理勘探技术进行了系统的阐述。全书共
七章，讲述了主要勘探方法（包括地温勘探、重力勘探、磁法勘探、电磁法勘探、地震
勘探、遥感技术及井下地球物理测井），涵盖了基本理论研究、野外资料（数据）采集
方法和技术、资料（数据）处理与解释技术，以及在地热资源勘查中的实际应用。部
分章节还给出了该领域的技术发展与展望。本书大多取材于行业的科研成果，重在
实践经验，以期使地球物理勘探技术能为我国的地热资源勘查开发更加精准化服务。

　　本书可供地热地质工作者及高等院校相关专业师生参考使用。

项目统筹／马夫娇
责任编辑／赵子艳
责任校对／陈婉毓
装帧设计／周伟伟
出版发行／华东理工大学出版社有限公司
　　　　　　地址：上海市梅陇路 130 号，200237
　　　　　　电话：021－64250306
　　　　　　网址：www.ecustpress.cn
　　　　　　邮箱：zongbianban@ecustpress.cn
印　　刷／上海雅昌艺术印刷有限公司
开　　本／710 mm×1000 mm　1/16
印　　张／27.5
字　　数／490 千字
版　　次／2023 年 11 月第 1 版
印　　次／2023 年 11 月第 1 次
定　　价／298.00 元

新时代地热能高效开发与利用研究丛书
编委会

顾　问

汪集暘　中国科学院院士

马永生　中国工程院院士

多　吉　中国工程院院士

贾承造　中国科学院院士

武　强　中国工程院院士

总主编　庞忠和　中国科学院地质与地球物理研究所,研究员

编　委(按姓氏笔画排序)

马静晨　北京市工程地质研究所,正高级工程师

许天福　吉林大学,教授

李宁波　北京市地质矿产勘查院,教授级高级工程师

赵苏民　天津地热勘查开发设计院,教授级高级工程师

查永进　中国石油集团工程技术研究院有限公司,教授级高级工程师

龚宇烈　中国科学院广州能源研究所,研究员

康凤新　山东省地质矿产勘查开发局,研究员

戴传山　天津大学,教授

地热资源地球物理勘探：技术与应用
编委会

（按姓氏笔画排序）

朱怀亮　刘志龙　邵炳松　赵　侃

赵苏民　胡志明　胥博文　徐　明

总序一

　　地热是地球的本土能源,它绿色、环保、可再生;同时地热能又是五大非碳基能源之一,对我国能源系统转型和"双碳"目标的实现具有举足轻重的作用,因此日益受到人们的重视。

　　据初步估算,我国浅层和中深层地热资源的开采资源量相当于 26 亿吨标准煤,在中东部沉积盆地中,中低温地下热水资源尤其丰富,适宜于直接的热利用。在可再生能源大家族里,与太阳能、风能、生物质能相比,地热能的能源利用效率最高,平均可达 73%,最具竞争性。

　　据有关部门统计,到 2020 年年底,我国地热清洁供暖面积已经达到 13.9 亿平方米,也就是说每个中国人平均享受地热清洁供暖面积约为 1 平方米。每年可替代标准煤 4100 万吨,减排二氧化碳 1.08 亿吨。近 20 年来,我国地热直接利用产业始终位居全球第一。

　　做出这样的业绩,是我国地热界几代人长期努力的结果。这里面有政策因素、体制机制因素,更重要的,就是有科技进步的因素。即将付印的"新时代地热能高效开发与利用研究丛书",正是反映了技术上的进步和发展水平。在举国上下努力推动地热能产业高质量发展、扩大其对于实现"双碳"目标做出更大贡献的时候,本丛书的出版正是顺应了这样的需求,可谓恰逢其时。

　　丛书编委会主要由高等学校和科研机构的专家组成,作者来自国内主要的地热研究代表性团队。各卷牵头的主编以"60后"领军专家为主体,代表了我国从事地热理论研究与生产实践的骨干群体,是地热能领域高水平的专家团队。丛书总主编庞忠和研究员是我国第二代地热学者的杰出代表,在国内外地热界享有广泛的影响力。

　　丛书的出版对于加强地热基础理论特别是实际应用研究具有重要意义。我向丛书各卷作者和编辑们表示感谢,并向广大读者推荐这套丛书,相信它会受到我国地热界的广泛认可与欢迎。

中国科学院院士

2022 年 3 月于北京

总序二

　　党的十八大以来，以习近平同志为核心的党中央高度重视地热能等清洁能源的发展，强调因地制宜开发利用地热能，加快发展有规模、有效益的地热能，为我国地热产业发展注入强大动力、开辟广阔前景。

　　在我国"双碳"目标引领下，大力发展地热产业，是支撑碳达峰碳中和、实现能源可持续发展的重要选择，是提高北方地区清洁取暖率、完成非化石能源利用目标的重要路径，对于调整能源结构、促进节能减排降碳、保障国家能源安全具有重要意义。当前，我国已明确将地热能作为可再生能源供暖的重要方式，加快营造有利于地热能开发利用的政策环境，可以预见我国地热能发展将迎来一个黄金时期。

　　我国是地热大国，地热能利用连续多年位居世界首位。伴随国民经济持续快速发展，中国石化逐步成长为中国地热行业的领军企业。早在 2006 年，中国石化就成立了地热专业公司，经过 10 多年努力，目前累计建成地热供暖能力 8000 万平方米、占全国中深层地热供暖面积的 30% 以上，每年可替代标准煤 185 万吨，减排二氧化碳 352 万吨。其中在雄安新区打造的全国首个地热供暖"无烟城"，得到国家和地方充分肯定，地热清洁供暖"雄县模式"被国际可再生能源机构（IRENA）列入全球推广项目名录。

　　我国地热产业的健康发展，得益于党中央、国务院的正确领导，得益于产学研的密切协作。中国科学院地质与地球物理研究所地热资源研究中心、中国地球物理学会地热专业委员会主任庞忠和同志，多年深耕地热领域，专业造诣精深，领衔编写的"新时代地热能高效开发与利用研究丛书"，是我国首次出版的地热能系列丛书。丛书作者都是来自国内主要的地热科研教学及生产单位的地热专家，展示了我国地热理论研究与生产实践的水平。丛书站在地热全产业链的宏大视角，系统阐述地热产业技术及实际应用场景，涵盖地热资源勘查评价、热储及地面利用技术、地热项目管理等多个方面，内容翔实、论证深刻、案例丰富，集合了国内外近 10 年来地热产业创新技术的最新成果，其出版必将进一步促进我国地热应用基础研究和关键技术进步，推动地热产业高质量发展。

特别需要指出的是，该丛书在我国首次举办的素有"地热界奥林匹克大会"之称的世界地热大会 WGC2023 召开前夕出版，也是给大会献上的一份厚礼。

中国工程院院士

2022 年 3 月 24 日于北京

丛书前言

20 世纪 90 年代初,地源热泵技术进入我国,浅层地热能的开发利用逐步兴起,地热能产业发展开始呈现资源多元化的特点。到 2000 年,我国地热能直接利用总量首次超过冰岛,上升到世界第一的位置。至此,中国在 21 世纪之初就已成为名副其实的地热大国。

2014 年,以河北雄县为代表的中深层碳酸盐岩热储开发利用取得了实质性进展。地热能清洁供暖逐步替代了燃煤供暖,服务全县城 10 万人口,供暖面积达 450 万平方米,热装机容量达 200 MW 以上,中国地热能产业实现了中深层地热能的规模化开发利用,走进了一个新阶段。到 2020 年年末,我国地热清洁供暖面积已达 13.9 亿平方米,占全球总量的 40%,排名世界第一。这相当于中国人均拥有一平方米的地热能清洁供暖,体量很大。

2020 年,我国向世界承诺,要逐渐实现能源转型,力争在 2060 年之前实现碳中和的目标。为此,大力发展低碳清洁稳定的地热能,以及水电、核电、太阳能和风能等非碳基能源,是能源产业发展的必然选择。中国地热能开发利用进入了一个高质量、规模化快速发展的新时代。

"新时代地热能高效开发与利用研究丛书"正是在这样的大背景下应时应需地出笼的。编写这套丛书的初衷,是面向地热能开发利用产业发展,给从事地热能勘查、开发和利用实际工作的工程技术人员和项目管理人员写的。丛书基于三横四纵的知识矩阵进行布局：在横向上包括了浅层地热能、中深层地热能和深层地热能；在纵向上，从地热勘查技术，到开采技术，再到利用技术，最后到项目管理。丛书内容实现了资源类型全覆盖和全产业链条不间断。地热尾水回灌、热储示踪、数值模拟技术，钻井、井筒换热、热储工程等新技术，以及换热器、水泵、热泵和发电机组的技术，丛书都有涉足。丛书由 10 卷构成，在重视逻辑性的同时，兼顾各卷的独立性。在第一卷介绍地热能的基本能源属性和我国地热能形成分布、开采条件等基本特点之后，后面各卷基本上是按照地热能勘查、开采和利用技术以及项目管理策略这样的知识阵列展开的。丛书体系力求完整全面、内容力求系统深入、技术力求新颖适用、表述力求通俗易懂。

在本丛书即将付梓之际，国家对"十四五"期间地热能的发展纲领已经明确，2023 年第七届世界地热大会即将在北京召开，中国地热能产业正在大步迈向新的发展阶段，其必将推动中国从地热大国走向地热强国。如果本丛书的出版能够为我国新时代的地热能产业高质量发展以及国家能源转型、应对气候变化和建设生态文明战略目标的实现做出微薄贡献，编者就深感欣慰了。

丛书总主编对丛书体系的构建、知识框架的设计、各卷主题和核心内容的确定，发挥了影响和引导作用，但是，具体学术与技术内容则留给了各卷的主编自主掌握。因此，本丛书的作者对书中内容文责自负。

丛书的策划和实施，得益于顾问组和广大业界前辈们的热情鼓励与大力支持，特别是众多的同行专家学者们的积极参与。丛书获得国家出版基金的资助，华东理工大学出版社的领导和编辑们付出了艰辛的努力，笔者在此一并致谢！

2022 年 5 月 12 日于北京

前　言

地球物理勘探技术通过观察和测量地球内部物理场的分布与变化情况,推测地球各项物质构成情况及本体形成过程和影响因素,从而实现对地球内部各项资源的勘查,目前已在多个领域得到广泛的应用。寻找地热资源的勘查手段较多,尤其是在深覆盖区,地球物理勘探作为一种高效安全的勘查方法在地热资源勘查工作中起着至关重要的作用。

应用地球物理勘探技术,主要是围绕着有关地质工作开展的,重点解决地层划分、断裂构造产状规模、岩体的空间展布与形态等基础地质问题,当然也可以探测研究地球内部结构问题。在区域地质构造分析、地热成因背景研究的基础上,以较少的地球物理勘探成本投入,使得勘查工作中的风险因素降低,勘查目标性更加准确,"无物不钻"的提法就说明了地热资源勘查中物探工作的重要性。

本书按地上勘查、空中勘查和井中勘查分类,叙述了地温勘探、重力勘探、磁法勘探、电磁法勘探、地震勘探、遥感技术和井下地球物理测井内容,编写了各方法的基本理论研究、野外资料(数据)采集方法和技术、处理与解释以及在地热资源勘查中的应用,以期读者有一个全面的了解和掌握。

在编写过程中,本书直接或间接地集成了众多学者的智慧,重点在成果解释与成果应用过程中,将作者三十多年在宁夏、河南、内蒙古等地的地球物理勘探技术成功与失败之经验做了总结分析,结合其他作者的有关成果应用,使得地热资源勘查成果更加丰富和系统化。但是,任何一种物探技术都不是普遍适用的,当扩展到探测地球较深部位时,绝大多数地球物理方法的分辨能力都会逐渐减弱;在小比例尺区域性的勘查中能够控制主要的地质构造,但在大比例尺、场地化的精细勘探中,往往难以把握。同时,目前我国地热资源勘查中应用较多的是重力勘探、电磁法勘探、磁法勘探、遥感技术,这些方法所提供的资料都具有多解性,同时反演成果所提供信息是物理界面,而不是地质界线,两者多数情况下是不一致的。对于地热资源勘查而言,任何一种单一的测量手段,不管是地球物理的、地球化学的,还是地质的,都不能作为唯一的明确定论。因此,查明一个地热田热储的全貌只有通过资料的综合分析研究,成果相互验证,精度循序渐进、连续提高才可能做到。

我国多为中低温地热,受深部隐伏构造控制,同时地面往往有强干扰信号,因此勘查深部地热,急需研发探测深度大、精度高、抗干扰能力强,且能适应复杂地形条件的勘查技术方法。以电磁法勘探为例,近几年开展广域电磁法作业时,电流可达100 A。时频电磁勘探技术,人工场源发射功率可达250 kW,能够将电性与极化性结合解释。因此,建议我国深覆盖区地热资源勘查的路线图为:有源电磁法勘探—大功率—长收发距—高密度接收点距—多参数约束下三维反演—勘探验证总结提高。

尽管寻找深部地热资源的地球物探勘探技术在不断改进中,有些基础工作亟待加强,包括勘探目标的地球物理特性需要系统化的实验室测试、地球物理勘探技术规范、高精度地球物理方法系列等。针对深部地热资源勘探开发面临地质结构不清、目标不明、钻探风险大等瓶颈问题,需要解决的关键技术难题还存在,包括深层地球物理弱信号获取及增强处理、热储构造和物性解释多解性、物探地质多信息融合与技术有效性等。

本书前言由赵苏民执笔,第1章由徐明、赵苏民执笔,第2章由邵炳松、朱怀亮执笔,第3章由胡志明执笔,第4章由刘志龙、胥博文执笔,第5章由朱怀亮、胥博文执笔,第6章由赵苏民、胥博文执笔,第7章由赵侃、赵苏民执笔,全书由赵苏民、胥博文、朱怀亮统稿。在本书编写过程中,参考了公开发表的一些文献资料,在此向引用文献的原创作者及未列入目录的地质工作者表示真诚的感谢。中国地质科学院地质与地球物理研究所庞忠和研究员、王光杰研究员对本书的构思和写作给出了很好的建议与支持,南方科技大学何展翔研究员,河南省地质调查院张古彬院长、张贤良副院长、田良河教授级高工,河南省地质矿产勘查开发局测绘院白万山教授级高工在书稿撰写过程中都给予一定的指导和帮助,在此一并表示谢意。同时也对本书有合作项目的河南省地质调查院、河南省有色金属地质矿产局第六地质大队、宁夏地质工程勘察院等兄弟单位表示感谢。

　　由于编者水平有限,书中难免有不当和不足之处,关键技术也略显稚嫩,衷心欢迎读者批评指正。

编　者

2023 年 10 月

目 录

第 1 章

地温勘探

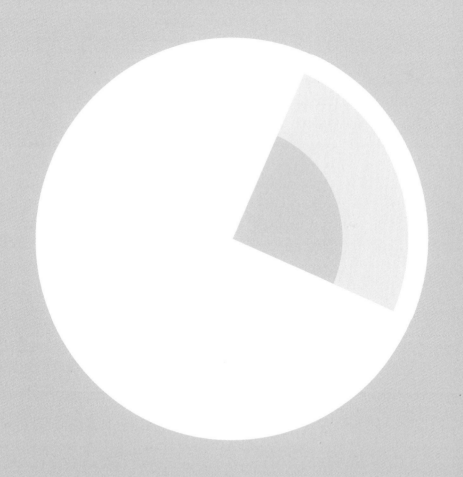

1.1 概述

1.1.1 什么是地温勘探

地热资源是能够经济地被人类所利用的地球内部的地热能、地热流体及其有用组分。地热资源勘查就是为查明某一地区的地热资源而进行的地质、地球物理、地球化学综合调查,以及钻探与试验、取样测试、动态监测等地质工作。地热资源勘查首先要进行地温勘探工作,查明工作区的温度场特征,确定热储温度是否满足经济开发的条件,才会根据不同类型的开发需要,做进一步的地质勘查工作,比如探查热储构造特征、地热流体运移规律,以及地热资源储量评价等。

地温勘探工作就是借助地热学研究方法和手段,对工作区现今地温场进行研究分析,获得地温场的平面分布特征和垂向变化特征,圈定地热异常区,预测各热储层温度,进而分析区域地热地质条件,为寻找、开发地热资源提供依据。

1.1.2 地温勘探的内容和手段

地温勘探的内容主要包括地层温度数据采集和分析、岩石热物性(主要为岩石热导率)测试和分析、现今地温梯度和现今大地热流分布特征研究、深部温度与分布规律研究等内容。

地温测量主要包括浅井地温调查和深孔温度测量。浅井地温调查范围一般为 0~400 m,主要借助数字温度计来实现,通过获取浅部地层温度分布情况,探查浅部地热能分布及赋存条件,为推断深部地热资源的可行性提供依据。历史上人们通过人体感知温泉温度的高低,就是浅井地温调查的一个简单应用。深孔温度测量范围一般为 400~5 000 m,主要使用车载测温仪,测量较深地层温度,获取不同层段地温梯度,了解中深层地热能分布情况,为中深层地热资源的开发利用提供依据。

岩石热导率测试目前主要借助光学热导率测试仪进行,在标准样品的标定对比下,通过测试岩石样品表面被红外线加热后温差的变化,来获取测试样品的热导率值。

我国从 20 世纪 70 年代开始进行了系统、正规的地温场研究,经过科研工作者几十年的努力,对华北盆地、鄂尔多斯盆地、苏北盆地、准噶尔盆地、柴达木盆地、四川盆地、江汉盆地、塔里木盆地、渭河盆地等区域的地温场有了较深入的认识,基本掌握了其地温场平面和垂向上受断裂、前新生界凸凹相间的地质构造格局控制的规律,《华北地热》为代表作。近几年雄安新区深部地热勘查,钻探进入盆地基底(太古宇)千米以上,通过连续测温,也初步了解了深部热源传递机理,为地热资源可持续开发利用奠定了坚实基础。

1.2　地温勘探的基础原理

1.2.1　地球温度场概述

各温度点的集合构成温度场,温度场内任何点的温度都不随时间变化的为稳定温度场,随时间变化的为不稳定温度场。具有稳定温度场的热传导称为稳态热传导。如果温度场中的温度取相同的值则形成一个等温面。若将温度场简化为二维空间,则成了等温线。温度梯度是等温面法线方向上(沉积盆地中可近视地看作井的铅直方向)单位长度内温度的增量,它是一个矢量,即 $\mathrm{grad}\,T = \dfrac{\partial T}{\partial z}$,其正向为温度升高的方向,温度梯度为负值时表示该方向上温度降低。地球温度场就是地球内部各处温度分布的情况,即某时刻温度在地球内部的空间分布。

1. 恒温带、变温带和增温带

四季及昼夜气温变化引起的地面温度周期性变化对地壳最表层温度的影响随着深度的增加而减弱,至一定的深度这种影响接近消失,地温基本保持不变。地温常年保持恒定的层或带称为恒温带。年恒温带一般很薄,可看作一个面。恒温带以上的深度范围,地温受太阳辐射热影响而具有周期性的变化,称为变温带或外热带。恒温带以下的深度范围,地温的变化取决于地球的内热,随着深度的增加而不断增温,称为增温带或内热带。年恒温带的深度和相应的温度,在一定程度上反映一个地区近地表处浅层的热状况。在实际的地热研究中,它是区域地温场评定、深层地温预测、地热资源普查与勘探评价中十分重要的参数。

一个地区恒温带的深度和温度可通过一个或一组浅孔的地温长期观测来确定。若一个地区无恒温带的资料,则根据经验和统计分析,温度的年变化影响深度为日变化影响深度的 19.1 倍,因此在实际工作中可将一个地区的年恒温带的深度大体估算为该地区气温日变化影响深度的 20 倍(余恒昌等,1991)。表 1-1 列出了我国东部部分地区的恒温带数据,表中恒温带深度一般在 14~35 m,比理论计算值略大,可作为下限值使用,恒温带的温度接近当地年平均地表气温,比当地年平均气温高 0.5~3.1 ℃。

表 1-1　我国东部部分地区的恒温带数据

（余恒昌等，1991；赵苏民等，2013）

地　　区	深度/m	温度/℃	年平均气温/℃	年平均地表气温/℃
辽宁抚顺	20~30	10.5	7.4	8.3
辽宁营口	20~30	10.0	—	—
河北怀来	14	9.0	8.5	10.6
河北唐山	35	12.7	10.7	12.9
天　　津	30	13.5	12.8	13.5
河北雄县	28~29	13.9	12.1	14.0
山东东营	20	14.5	12.5	14.9
河南新郑	19	16.5	—	—
陕西蓝田	20	16.6	13.5	—
河南平顶山	15~20	16.9	14.8	17.2
河南确山	20	16.2	—	—
安徽淮南	20~30	16.8	15.6	17.6
安徽庐江	25	18.9	15.9	—
广西合山	20	23.0	21.4	—
广东湛江	15	26.0	25.0	26.1

2. 地球内部的温度分布

地球内部增温带随着深度的增大,温度会持续升高。研究表明,在地球的表面即地壳部分,温度升高的速度很快,进入地幔以后温度升高的速度较慢。由初始参考地球模型（preliminary reference earth model，PREM）估算，在地壳中，上地壳每千米增温 20~30 ℃，下地壳每千米增温降至 6.6~8.4 ℃；在地幔中，上地幔每千米增温降至 1.2~3.8 ℃，下地幔每千米增温降至 1.0 ℃ 以下，核幔边界每千米增温降至约 0.6 ℃，此时温度已升高到 3 000 ℃ 左右；在地核中，温度升高速度更为缓慢，内核每千米增温仅 0.1~0.3 ℃，直至地心地球已达到 5 000 ℃ 的最高温度。

1.2.2 地温梯度、岩石热导率和大地热流

1. 地温梯度

地温梯度又称地热梯度或地热增温率，是指恒温带以下地球内部地温随深度的变化率。在实际工作中，通常用每 100 m 或 1.0 km 的温度增加值来表示；在地热异常区，也常用每 10 m 或 1 m 的温度增加值来表示。在热传导条件下，地壳浅层地温随深度的增加通常表现为线性增加，地温梯度变化不大，但在更大尺度或深度上，例如在固体的岩石圈内，地温梯度随深度的增加而趋于减小，但也并非一定是线性递减，而是取决于岩石圈或地壳的结构及其物质组成。在地壳浅部（0~20 km）由于受沉积层和硅铝层放射性生热的影响，地温梯度随深度的减少更显著。地温梯度的变化同时也受控于不同深度段岩石热导率的大小，在相同地表热流的条件下，热导率大则地温梯度减小。地温梯度异常可以用来研究地质构造特征，同时对研究地热资源的形成与分布也有重要作用。

在钻井内，地温测量结果通常用温度-深度曲线，即测温曲线来表达。测温段的地温梯度可由特定深度段内温度-深度数据的线性回归来求取。决定地温梯度大小的基本因素是区域构造-热背景和地层岩石的热导率。构造-热活动区，如裂谷盆地、岛弧火山带等往往有着较大的温度变化，如在印度尼西亚 BEL-02 井中可达 10~30 ℃/100 m，它主要是高温热背景下流体对流影响所致；在板内断（坳）陷盆地热背景条件下，热导率小的地层中地温梯度会较大，热导率大的地层中地温梯度会较小，比较典型的例子是大热导率（灰岩、石英砂岩、膏盐透镜体等）与小热导率（泥岩和煤系地层）互层可能导致测温曲线的分段线性，即不同岩性层段具有不同的地温梯度，两者的影像关系可以帮助我们分析地温与岩性的相互作用。一些浅部因素，如地下水活动、构造界面两侧热物性差异等也可以显著地影响地温梯度的大小与空间变化。

2. 岩石热导率

（1）岩石热导率的定义

岩石热导率(K)表示岩石传热的特性,其物理意义为沿热传递方向在单位厚度岩石两侧的温度差为 1 ℃时单位时间内通过单位面积的热量,其单位为 W/(m·K)。不同岩石的热导率差异较大,一般来说,松散的物质如干砂、干黏土和土壤的热导率最小,湿砂及湿黏土与某些热导率小的坚硬岩石具有相近的热导率值(余恒昌等,1991)。在沉积岩中,煤层的热导率最小,页岩、泥岩次之,石英岩、岩盐和石膏的热导率最大;砂岩和砾岩的热导率值变化大。岩浆岩、变质岩热导率一般介于 2.1～4.2 W/(m·K)之间。气体的热导率为 0.000 5～0.5 W/(m·K),液体的热导率在 0.08～0.6 W/(m·K)之间[一般来说,热导率小于 0.2 W/(m·K)的为绝热材料]。在同类岩石中,热导率值也有相当大的变化(表 1-2)。这是由许多岩类,特别是沉积岩中的砂岩、页岩和砾岩等的结构与成分有相当大的差异所致的。熊亮萍等(1994)对我国东南地区大量岩石样品热导率的测试结果也表明了这一点,因而不能以岩石热导率值作为区分岩石类别的标志。在实际工作中,不论是进行热流值的测定还是钻井液与围岩热交换计算,均需在当地采集相当数量的有代表性的岩样,通过实测来确定热导率值。

表 1-2　岩石热导率测试数据表

（邱楠生等，2004）　　　　　单位：W/(m·K)

地区	岩类	年代	热导率	地区	岩类	年代	热导率
北京	细砂岩	新生代	1.10～1.34/1.19[①](3)	河北	中砂岩	中生代	2.16～4.60/3.28(11)
	砂质页岩	新生代	1.06(1)		粗砂岩	中生代	3.03～5.00/3.52(6)
	灰岩	震旦纪	3.83～5.57/4.43(8)		含砾粗砂岩	中生代	3.84(1)
	白云岩	震旦纪	3.24～5.38/4.23(20)				
	玄武岩	新生代	1.38～1.47/1.44(5)		大理岩	早古生代	2.13～5.13/3.41(30)
	辉绿岩	新生代	1.40～2.08/1.67(3)		白云岩	早古生代	3.84(1)
河北	页岩	中生代	1.98～3.84/2.60(3)		灰岩	早古生代	2.29～2.99/2.64(2)
	细砾岩	中生代	1.76～3.37/2.66(14)		花岗岩	燕山期	2.11～3.66/2.67(20)

续表

地区	岩类	年代	热 导 率	地区	岩类	年代	热 导 率
河北	闪长花岗岩	燕山期	2.03~2.93/2.42(10)	河南	泥质灰岩	早古生代	1.79~2.45/2.12(4)
	片麻岩	前古生代	2.27~2.69/2.49(2)		片麻岩	前古生代	2.58~4.22/3.07(4)
	闪长玢岩	中生代	2.01~3.12/2.90(4)		花岗岩	燕山期	2.45~2.69/2.61(2)
	安山玢岩	中生代	1.97~2.24/2.11(2)	安徽	角砾岩	中生代	2.99(1)
	煌斑岩	中生代	1.73~1.80/1.77(2)		高岭石	中生代	2.37~3.92/3.17(4)
	云辉岩	中生代	2.00~2.94/2.34(8)		硬石膏	中生代	3.51~4.09/3.71(3)
	辉石岩	中生代	1.75~3.27/2.43(10)		硅质灰岩	中生代	2.98~4.51/3.78(3)
	霏细岩	中生代	2.32~3.00/2.66(2)		粗安岩	中生代	1.56~2.34/1.88(18)
	矽卡岩	中生代	4.43(1)		石英岩	中生代	3.42~4.63/4.14(5)
河南	中砂岩	晚古生代	1.98~3.71/2.72(19)		正长斑岩	中生代	1.83~2.21/2.11(4)
	角砾岩	晚古生代	2.63~3.29/3.03(4)		闪长斑岩	中生代	2.68~2.87/2.76(2)
	铝土岩	晚古生代	1.40~2.63/1.89(4)		磁铁矿	中生代	3.36~6.68/5.35(4)
	灰岩	早古生代	1.84~3.13/2.19(50)	大庆	含油砂岩	新生代	0.65~0.79/0.71(3)
	鲕状灰岩	晚古生代	1.96~2.73/2.38(16)		泥岩	新生代	0.49~1.34/0.91(3)
	白云质灰岩	早古生代	1.86~4.93/3.10(10)				

① 最小值~最大值/平均值(样品数)。

（2）岩石热导率的测量

岩石热导率是岩石热物性中最主要的参数，是研究地球内部热状态的主要参数，也是大地热流测量的主要内容之一。在实际研究中，岩石热导率的测量一般是采集该地区代表性地层的各类岩石样品进行测定。由于岩石类型和地层年代等的差异，一个地区或一个钻井的岩石热导率可由各个样品的实际测量值进行算术平均、加权平均或调和平均计算得到。对于同一岩性类型的样品（如各种类型的砂岩），其热导率采用简单的算术平均值就可以了；在有多种岩性类型的情况下，一般采用加权平均或调和平均。

调和平均计算岩石热导率的公式如下：

$$K = \frac{\sum d_i}{\sum \dfrac{d_i}{K_i}} = \frac{D}{\sum \dfrac{d_i}{K_i}} \tag{1-1}$$

式中，d_i 为样品 i 所代表的岩石地层的厚度；K_i 为样品 i 的实测热导率；D 为计算区间的厚度。

表 1-3 是某钻井 17 个样品实际测量的岩石热导率数据，以该数据为例说明一个井区岩石热导率的计算。

表 1-3　某钻井岩石热导率测量数据表
（邱楠生等，2004）

样号	样品深度/m	K/(W·m^{-1}·K^{-1})	岩性	样号	样品深度/m	K/(W·m^{-1}·K^{-1})	岩性
1	1 200	2.63	砂岩	10	1 372	1.40	泥岩
2	1 305	1.22	泥岩	11	1 375	3.73	灰岩
3	1 320	2.17	砂岩	12	1 380	3.65	灰岩
4	1 325	2.36	砂岩	13	1 395	1.00	泥岩
5	1 329	2.76	砂岩	14	1 400	1.23	泥岩
6	1 335	1.46	泥岩	15	1 420	2.66	砂岩
7	1 345	3.34	花岗岩	16	1 465	2.46	砂岩
8	1 350	3.75	花岗岩	17	1 480	2.87	砂岩
9	1 370	1.02	泥岩				

该井主要由表中 4 类岩性组成，各岩层的厚度分别为：砂岩 230 m；泥岩 30 m；灰岩 15 m；花岗岩 25 m。各类岩性的热导率采用算术平均值计算得到。

$$K_{\text{砂岩}} = (2.63 + 2.17 + 2.36 + 2.76 + 2.66 + 2.46 + 2.87)/7 \approx 2.56(\text{W} \cdot \text{m}^{-1} \cdot \text{K}^{-1})$$

$$K_{\text{泥岩}} = (1.22 + 1.46 + 1.02 + 1.40 + 1.00 + 1.23)/6 \approx 1.22(\text{W} \cdot \text{m}^{-1} \cdot \text{K}^{-1})$$

$$K_{灰岩} = (3.73 + 3.65)/2 = 3.69(\mathrm{W} \cdot \mathrm{m}^{-1} \cdot \mathrm{K}^{-1})$$

$$K_{花岗岩} = (3.34 + 3.75)/2 \approx 3.55(\mathrm{W} \cdot \mathrm{m}^{-1} \cdot \mathrm{K}^{-1})$$

依据上式计算得到该钻井的岩石热导率为

$$K = \frac{\sum d_i}{\sum \dfrac{d_i}{K_i}} = \frac{230 + 30 + 15 + 25}{\dfrac{230}{2.56} + \dfrac{30}{1.22} + \dfrac{15}{3.69} + \dfrac{25}{3.55}} \tag{1-2}$$

$$\approx \frac{300}{125.54} \approx 2.39(\mathrm{W} \cdot \mathrm{m}^{-1} \cdot \mathrm{K}^{-1})$$

该值代表了这一井区的综合岩石热导率情况,是下一步计算大地热流值的基础。

（3）岩石热导率的影响因素

影响岩石热导率的因素有许多,包括温度、压力、岩石本身的特性、压实成岩演化程度等,但主要是岩石的成分和结构特点。在致密的岩石中,矿物的性质对热导率起主要控制作用;岩石的结构,如斑晶、劈理、片理、片麻理和层理等定向构造的发育程度,对其也有一定的影响。在疏松多孔的岩石中,孔隙度及其有关特性,如孔隙的大小及连通性、含水量、充填物性质等,对岩石热导率也有较大的影响。其他因素如温度、压力等,对岩石热导率也有影响(赵永信等,1995),但在研究地壳浅部热状况时,一般忽略不计。

沉积岩中,孔隙度对热导率的影响可用下式进行计算:

$$K = K_{\mathrm{S}}^{(1-\omega)} \cdot K_{\mathrm{w}}^{\omega} \tag{1-3}$$

式中,K_{s} 为岩石骨架热导率;K_{w} 为流体热导率;ω 为孔隙度,%。

3. 大地热流

单位时间内流经单位面积的热量称为热流密度(q)。大地热流简称热流,是指地球内热以传导方式传输至地表,而后散发到太空去的热量。大地热流是地球内热在地表最为直接的显示,在数值上等于岩石热导率与垂向地温梯度的乘积,即

$$q = -K \frac{\mathrm{d}T}{\mathrm{d}Z} \tag{1-4}$$

式中,K 为岩石热导率;$\dfrac{\mathrm{d}T}{\mathrm{d}Z}$ 为地温梯度;q 为热流,$\mathrm{mW/m^2}$。

大地热流是一个综合性参数,它比其他地热参数(如温度、地温梯度)更能确切地反映一个地区的地热场特征。热流的测定和分析是地热研究的一个基础工作,它对地壳的活动性、地壳与上地幔的热结构及其与某些地球物理场的关系等理论问题的研究和对区域热状况评定、矿山深部地温预测、地热资源潜力评定等实际问题的研究都有重要的意义。陆地热流的测试一般是在钻井中测量地温和采集相应层段的岩样,然后确定地温梯度,在实验室测定岩层热导率,有了这两个参数就可以获得热流值。海上热流的测试则主要根据热流探针来进行。但在实际工作中,要得到可信的热流数据并不容易。首先,在钻井中所测温度必须是稳态的。因为钻探过程中,钻井温度场受到的干扰很大,只有在停钻、井液循环终止相当长的时间之后,井温与围岩温度达到平衡时所得的资料才是可靠的;在地下水活动强烈的地区和层段,因受水热对流的影响,所得结果不能反映地球内部传导热流。其次,需要有相当数量的岩心标本,才足以代表钻井或某一研究岩层的热导率。此外,山区地形的急剧起伏,近期的气候变化,以及近代的快速沉积或剥蚀,对浅部地温场均有影响,因此需对浅孔的测温结果做校正。

1.3　地温勘探的仪器设备

1.3.1　地温测量仪器

区域地温场的研究工作主要进行钻井地温测量,只在地热资源初步勘查时才采用红外扫描方法进行大面积的勘测。随着电子技术的发展,计算技术、材料科学的进步,钻井测温仪器的研制也取得巨大进步,除专业仪器设备制造公司研制的专用测温仪器外,许多地热科研单位也自行设计和制造了不同类型的钻井测温仪器。

1. 地温测量方法

(1) 直接地温测量法

直接地温测量法是采用物理方法直接测量钻井中的温度,如常用的最高温度计就是一种专门用于钻井测温的水银温度计。它具有成本低、轻便、使用简单等特点,而且无线电元件不存在高温下不稳定和被热水腐蚀等问题。所以最高温度计常用于油田勘探孔中的孔底温度测量。

(2) 间接地温测量法

间接地温测量法是利用感温元件的电阻、频率和形变随温度变化的特性,根据室内测定的常数或标定值推算温度。如利用金属电阻和半导体热敏电阻的阻值随温度变化的特性所制造的电阻温度计。间接地温测量法精度较高,可进行连续温度测量。现在常用的间接地温测量法的测量原理主要有两种类型：

一是直流法,就是用铜电阻、热敏电阻或铂电阻作为感温元件,直接测量其阻值随时间的变化,或者用感温元件作为不平衡电桥的一臂,根据不平衡电桥端压与温度的关系进行测温。这种方法简单方便,成本低,适用于在地质勘探部门推广。

二是交流法,就是用热敏电阻或铂电阻作为阻容振荡电桥的调频元件,将温度的变化转换成频率的变化,然后将输出的频率信号加以放大,直接读数或者由二次仪表转换为温度。这种方法精度高,抗干扰能力强。

2. 地温测量记录方式

（1）读数法

记录钻井不同深度上测温仪器的电阻、电压或频率值,根据事先由室内标定值所绘制的图表查出温度,或者由二次仪器直接显示温度。该法只适用于定点测量。

（2）自动连续记录法

采用各种记录装置(有纸数据记录仪和无纸数据记录仪等),自动连续记录钻井中温度随深度的变化,直接求得钻井的温度剖面,或者连续记录钻井中固定深度上温度随时间的变化。

3. 常用地温测量仪器

（1）最高温度计

最高温度计是利用水银的体积在一定压力下随温度膨胀的原理进行测温的,也称为膨胀温度计。由于水银体积膨胀的同时也受压力的影响,因此在深孔中测温时,孔中水柱压力(每 10 m 水柱压力等于 1 个大气压)对测量结果影响很大,必须进行压力校正。

（2）铜电阻钻井测温仪

我国在 20 世纪 60 年代所生产的 JJW 型钻井测温仪,就是采用铜电阻作为感温元件。铜电阻与温度的关系为

$$R_2 = R_1 [1 + \alpha(\theta_2 - \theta_1)] \qquad (1-5)$$

式中,R_1 表示在起始温度 θ_1 时的铜电阻；R_2 表示温度增加到 θ_2 时的铜电阻；α 为电阻温度系数,等于温度每变化 1 ℃时,每欧姆导体电阻阻值的变量,单位为 ℃$^{-1}$。铜的电阻温度系数 $\alpha = 0.004\,1$ ℃$^{-1}$,表示温度每升高 1 ℃时,电阻值比原来增加（减

少）0.41%，所以当电阻随温度的增加而增加时，α 为正值，当电阻随温度的增加而减小时，α 为负值。采用铜电阻作为感温元件的测温仪器性能稳定，但测量精度较低。

（3）铂电阻钻井测温仪

铂电阻由铂丝绕制而成，一般电阻值为几十欧姆，多者达几百欧姆。铂电阻与温度的关系为

$$R_\theta = R_0(1 + A_\theta + B_\theta^2) \tag{1-6}$$

式中，R_0、R_θ 分别为 0 ℃ 和 θ 时的阻值；A、B 为与铂有关的常数，可根据硫、水和氧三相点时铂电阻的阻值 R 求得。铂的电阻温度系数在 0~100 ℃ 范围内为 0.003 8 ℃$^{-1}$。铂电阻较铜电阻更为稳定，而且不易被水腐蚀。

（4）半导体热敏电阻测温仪

半导体热敏电阻是由锰、镍、铜和铁的氧化物混合后在高温下烧结而成的。热敏电阻与温度的关系为

$$R_\theta = A\mathrm{e}^{B/\theta} \tag{1-7}$$

式中，A、B 为与热敏电阻的材料和大小有关的系数，是温度的函数。A 值相当于温度为无限大时热敏电阻的阻值 R_∞，B 值可按下式计算：

$$B = 2.302\ 59(\lg R_\theta - \lg R_\infty)/(1/\theta) = 2.302\ 59\mathrm{tg}\,\beta \tag{1-8}$$

式中，β 为 $\lg R_\theta$ 与 $1/\theta$ 之间直线关系的夹角。

热敏电阻的电阻温度系数是其他金属的 10 倍以上，在 0~50 ℃ 范围内，电阻温度系数大于 100 ℃$^{-1}$，具有很高的灵敏度。所以，采用半导体热敏电阻作为感温元件的钻井测温仪器分辨率很高，但稳定性不如铜、铂、镍等金属电阻，而且系数 A、B 随时间发生变化，即存在着热敏电阻性能随时间"漂移"的问题。

（5）石英晶体钻井测温仪

石英晶体钻井测温仪用 Y 切型的测温石英晶体作为感温元件。当温度变化时，石英晶体的振荡频率也随之发生近线性关系的变化，易于直接数字显示。如果 0 ℃ 时的基准频率选得足够高时，测温仪器的分辨率很高，可达 0.001 ℃。但石英晶体的切割技术难度大，成本高。

（6）热电偶钻井测温仪

热电偶是由两种不同的金属丝（如康铜和铜丝或镍铜和镍铬丝）并联组成的，两

端用石墨电极焊接。热电偶在电偶（接合端）形成的电动势取决于两种材料的性质和两端的温差，所以也称温差热电偶。测量时将热电偶的一端放在杜瓦瓶中保持 0 ℃，另一端放在所测钻井中，热电偶电动势与温度的关系为

$$U_\theta = \theta \cdot m' \qquad\qquad (1-9)$$

式中，U_θ 为将热电偶工作端放在所测钻井中温度为 θ 时的电动势，mV；m' 为热电偶的热电常数，即热电偶两端温差为 1 ℃ 时热电偶的电动势，mV/℃。镍铬-铜镍热电偶的 $m' = 0.063$ mV/℃，康铜-铜热电偶的 $m' = 0.023$ mV/℃。

热电偶钻井测温仪分辨率高，性能稳定。但金属丝不宜过长，只适用于 1 m 左右的浅孔测温。

除此之外，在地热研究中还有利用膨胀系数不同的双金属片随温度变化产生形变的 KT-B 型机械钟表装置式的钻井测温仪、利用二极管反向穿透电流随温度变化的二极管钻井测温仪等许多其他类型的仪器。

钻井测温仪所采用的二次仪表的类型很多，对于深井温度测量，现在常采用车载专用温度测试仪，用铂电阻作为探头，测温探头精度为 0.01 ℃，数据接收设备每 0.1 m 左右记录一个温度数据，通过传感器直接被电脑接收，并生成文本文件保存记录，数据内容包括温度及对应的深度。

1.3.2 岩石热导率测试仪器

1. 测试方法分类

岩石是一种非均质固体，种类繁多，结构复杂，且多数为天然的多相孔隙介质，具有成分不均一性、结构不均一性，以及不同程度的各向异性等。因此，测量岩石热导率的原理和方法是十分复杂、繁多的。这些方法根据所采用的热流状态，基本可以分为两大类：稳态法和非稳态法（准稳态法是非稳态法中特殊的一类）。

用稳态法测量岩石热导率时，实际测量的各项参数仅仅是岩石热物理性质的函数，与测量的时间无关，也即整个仪器中的温度场是不随时间而变化的稳定场。用非稳态法测量岩石热导率时，实测的物理量是时间的函数，也即整个测试过程中的温度场是随时间而变化的非稳定场。稳态法适合于高温条件下的高精度热导率测量，但仪器结构复杂、测量效率低。非稳态法所涉及的仪器装置比较简单，测量过程相对较

短,长至半小时,短至 1~2 min,但精度低于稳态法。对于热导率大的材料,稳态法和非稳态法的测量精度差异较大,但对于热导率普遍较小的岩石样品,其差异不大。

2. 常用热导率测量仪器

国内外通常用于岩石热导率测量的仪器大致可分为两大类:稳态法的稳定平板式岩石热导仪和稳定分棒式岩石热导仪;非稳态法的环形热源热导仪、线性热源热导仪和光学扫描热导仪。

（1）稳定平板式岩石热导仪

稳定平板式岩石热导仪是根据稳定一维纵向热流模型设计的测试仪器。热导率的测定是通过与标准样品的已知热导率 λ' 的比较而实现的,属稳态比较测量法。我国设计制造的第一台常温岩石热导仪(地热-Ⅰ型稳定平板式岩石热导仪)于 1979 年 12 月通过技术鉴定,后期通过误差因素分析以及与美国地质调查所分棒仪的互检对比,证明了该仪器设计的合理性和整机的实用性。

（2）稳定分棒式岩石热导仪

稳定分棒式岩石热导仪(以下简称分棒仪)是地热研究中应用最为普遍的一种热导仪。分棒仪的原理由本菲尔德于 1938 年创立,所使用的热流模型为一维稳态轴向热流模型。

分棒仪分为三种类型,即原型分棒仪、改型分棒仪和高温分棒仪。目前国际上通用的测量岩石热导率的装置是在定温水套型分棒仪的基础上进一步改进而成的。与线性热源热导仪对比测试,分棒仪测量的结果更为准确,但是线源装置更好地考虑了层状岩石的各向异性。

（3）环形热源热导仪

环形热源探头测量岩石热导率的方法是由萨默顿和 Massahebi 提出的。环形热源探头应用半无限空间内三维热流模型,原理上基于点热源的空间径向非稳定热传导模式。理论上环形热源法可用绝对测量法,但在实践中,一般通过参比样的标定曲线求得热导率,基本上仍是相对测量法。

由于松软岩样无法加工成稳态法所需的圆饼,为适应地热研究中松软岩石热导率测试的需要,中国地质科学院地质研究所于 1985 年研制成功 HY-l 型非稳态环形热源热导仪,可在风干和饱水状态下对坚硬和松软的岩样进行热导率测试,且岩心直径可小于 3~4 cm,测量速度快,样品加工简单,只需在任意形状的样品上磨出一个平面即可,因此得到广泛应用。

（4）线性热源热导仪

线热源法是基于二维非稳态热传导的平面径向热流模型，其基本测试原理为设在无限大的介质中有一个无限长的线性热源，以恒定的功率发热，则由此线性热源引起的任意点上的温度变化，是测点位置、时间、介质的热传导性质及线性热源发热功率的函数。若已知线性热源的发热功率，并测得由此形成的温度场中某特定点上温度随时间的变化，即可求出介质的热导率。常见的仪器有各种探针、探棒以及 QTM 快速热导仪等。

（5）光学扫描热导仪

光学扫描热导仪的核心部件是红外温度传感器光学热源。实验时，将岩石样品放置在前后 2 个已知热导率的参考样品之间，用光学热源对岩石样品进行扫描加热，传感器接收样品加热前后温度的变化值，然后根据参考样品的热导率计算岩石样品扫描点的热导率，具体测量方法见文献（Popov et al.，1999）。这种测试方法的优势在于快速测量，测试时可以连续进行，一次或多次完成大量岩心的岩石热导率的测试，减少不同测试方法、时间造成的系统误差，且对样品岩心基本无损伤（不需要样品预处理）。光学扫描热导仪的测量范围大、误差小，近年来成为最为广泛的岩石热导率测量仪器。

1.4　地温勘探的野外数据采集

浅部温度及恒温层深度、温度等数据可以通过浅井调查获取，深部温度通过钻井温度测量获得，热物性参数通过地面岩样采集、测试获得。

1.4.1　浅层测温法

1. 概念及基本原理

浅层测温法是通过测量近地表的温度，了解地下较深处的热储、构造分布状况，实现地热勘查的目的。

近地表温度值一般由三部分组成，即

$$T = T_n + T_p + T_a \qquad (1-10)$$

式中，T_n 为区域背景地温场值，是由测区所处大地构造单元决定的。当测区范围较小时,T_n 可以看成一个常值。T_p 为近地表温度干扰值,主要由地表气温周期变化、岩性不均匀、地表状况不同及地下水活动等因素引起。对于浅层测温来说,地表气温周期变化引起的温度干扰最大。T_a 为地下热源所引起的异常地温值,是浅层测温法所希望得到的数值。根据 T_a 的平面分布可以推测地下热源的大致分布。地下热源形态大致可以简化为球状热源、柱状热源和脉状热源等。

2. 米测温法

1）米测温法探测能力

理论计算和实际测试表明,1 m 深处的地温已不受气温变化的影响。为提高信噪比,同时尽量降低施工成本,勘查工作选择 1 m 深度测温是合适的。

取 1 ℃ 作为异常下限,对简单形态的热源进行正演计算,可以了解米测温法勘探深度。理论计算表明,一般受构造控制的地下热水,温度为 60~70 ℃,埋深为 300 m 左右,用米测温法不难发现。作为地下热水的可行性勘查方法,只需了解地温分布的大致趋势,米测温法基本可以满足要求。

2）米测温法技术

（1）工作布置

① 测区和测网

布置测区范围时应该考虑:地质任务的要求;矿区地热地质条件;前人工作成果;兼顾配套方法,使资料完整,布点经济、施工方便。

测网可分为规格网法与离散网点法。规格网法基线方向一般平行于所研究对象的走向,在有钻孔的地方应尽量穿过钻孔位置,测线方向垂直于基线。离散网点法可直接利用地形图定点,尽量沿公路与小路布点,实际点位应准确,测点分布应均匀,在研究对象走向的垂直方向上测点相应要密一些。

② 工作比例尺和观测网度

工作比例尺和观测网度应根据地质任务、探测对象规模及特点确定。勘查工作线距不应大于最小探测对象的长度,点距应保证至少有 3 个测点能反映异常（在既定的工作精度）。由于热水受断裂构造控制的居多,其异常宽度往往较窄,因此点距应相对密一些。常用比例尺的线、点距应遵循下述原则:线距为工作比例尺的 1/100,点距可等于或小于线距的 1/10。线距最大的变动范围不得超过 20%。例如在 1:50 000 的勘查工作中,线距应为 500 m,最大不能超过 600 m,点距大致为 50 m。对于离散网点,测点密度一般约为 10 个/km²,山区或工作实在困难处可适当放稀。

③ 测温精度

测温精度根据地质任务的要求、矿区地热地质条件,由探测对象可能引起的温度异常强度、形态及干扰等因素综合确定。仪器误差一般不超过±0.2 ℃,可满足勘查要求。

④ 基点网

当测区范围较大、工作周期较长时,为减小工区间地温场误差,提高测温精度,方便野外生产,应根据需要设计基点网。基点可分为总基点和分基点两级。基点数由实际工作要求确定。当基点数不止一个时,必须进行基点联测。联测工作最好一月一次,野外工作开始和结束时必须进行联测。

(2) 野外工作

① 基点选择。所有的基点均应满足下列要求：位于地温场正常区；基点附近不应存在明显干扰因素,光照、植被等条件至少应与大多数测点相似；易于保护,不易受人为破坏；便于保存。

为了工作方便总基点一般选在驻地附近,分基点在施工现场选定。

② 定点。测点的位置要尽量避开地形的突变地带,避开明显的人为活动干扰或不适宜测温地段；选在地势较平缓、光照条件一致,并且植被较单一处定点。

③ 打孔。打孔方式不拘,但必须控制孔径和孔深,孔径不宜大于 5 cm,成孔后应清理孔口。

④ 测量。打孔半小时后,钻进干扰已基本消除,可进行测量,测量时小心放入探头,使其与孔底紧密接触,待仪器数值平稳后进行读数。

⑤ 记录。认真记录测量时间、地点、天气、孔深、土质及测温值,还应注意记录可能导致温度场畸变的其他因素及其大致位置。

⑥ 质量检查与评价。质量检查采取均匀抽样、选若干剖面重复观测、检查异常等三种方式进行。测温质量检查率不小于 5%。以均方相对误差作为评价全区观测结果的主要标准。

(3) 数据整理

在野外获取数据后,在室内需要完成的工作主要包括：检查、验收原始数据；标定仪器,计算基点网联测及测点观测的结果；检查观测精度；测算有关校正数据；必要时对原始数据进行地形和地表植被等影响校正、气温变化校正等数据处理；编日记录表册；绘制有关图件(交通位置图、实际工作材料图、温度剖面平面图、温度等值线平面图、典型剖面图、推断成果图等)。

3. 浅井测温

对于浅井(主要是机井)温度调查工作,数据的采集适用人工采集。温度数据由温度计直接读取,并记录到表格。调查内容主要包括井位、井深、成井时间等,并从已调查的浅井中选取不同区域具有代表性的浅井进行加密观测。同一浅井每个月观测 1 次,观测周期为 1 年,通过 1 年左右时间温度曲线的变化,确定钻孔位置的恒温带深度及对应温度,为掌握区内恒温层以及编制盖层平均地温梯度图提供依据。如图 1-1 所示,太阳辐射对地层的影响存在滞后效应,在寒冷的冬季,地表温度较低,地表以下地层温度表现为连续升高;在炎热的夏季,地表温度较高,近地表地层温度低于地表,地层温度表现为先降低再升高。不同季节温度曲线相交的层位,地层温度常年基本保持不变,该深度为恒温带深度(H),对应温度(T)为恒温带温度。

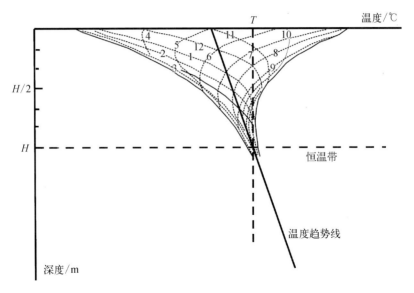

图 1-1　近地表温度剖面
(汪集暘等,2015)
(图中数字代表不同月份测温结果)

1.4.2　深部温度测量

深部地温场研究主要借助各种钻井测温。钻井测温旨在借助测量井液温度显示地下岩层的原始温度,这是研究区域地温场最直接的方法。由于测温类型多种多样,因此测温数据的质量参差不齐。按照数据质量从高到低,钻井测温数据大致可以分为系统稳态测温数据、静井温度、准稳态测温数据和瞬态测温数据四类(邱楠生等,2004)。

1. 系统稳态测温数据

地温分布研究的主要依据是钻井测温。在钻井中要测得一条温度随深度变化的曲线一般较容易做到,但要真正得到代表该地区的真实地温状况的地温曲线却不容易。首先,由于钻探会使钻井周围岩层的天然温度受到破坏,钻探结束井温开始恢复,要达到与原始地温平衡需要时间。其次,也必须考虑在钻井测温时地下水的运动及钻头摩擦和井液循环等的影响。

钻井测温一般是测量井液的温度。刚刚完钻的钻井测温往往得到不真实的地层温度,只有经过长时间静止,即当井液温度和其围岩温度达到平衡时,所测量的井液温度才是地层的原始温度。对钻井中原始温度的正确测量应当了解钻井温度恢复原始状况所需的时间,这个时间称为钻井热恢复时间或热平衡时间。根据理论计算和实验数据可以得到(余恒昌等,1991)。

(1)对整个钻井来说热平衡时间是相当长的,为钻探时间的 10~20 倍。

(2)对热平衡时间影响最大的是长时间的钻探扰动,而钻井半径和岩石热扩散率影响较小。

(3)钻探时间越短、钻井越浅或在相同的条件下越快速钻进,则热平衡时间越短。

(4)越接近井底的测温点,热平衡时间越短,测温结果越接近真实。

在钻井热平衡时间以后的测温叫稳态测温,这种测温资料最可靠。稳态测温数据一般是在停钻之后静井数十天,甚至半年以上测得的温度数据。这些数据随静井时间的增长,而接近于真正的地温。一般而言,1 000 m 左右的钻井,静井 3 天以后测得的温度即比较接近实际的地温情况。而钻进时间较长的钻井,热平衡时间则较长。如历时 3 年半才完成钻探的中国大陆科学钻探(Chinese Continental Scientific Drilling, CCSD)工程,停止扰动后在第 111 天进行第四次测温,发现井中温度与围岩温度仍未达到平衡,而历时 4 年的德国 KTB(Kontinentales Tiefbohrprogramm der Bundesrepublik Deutschland)科探井,经历了 6 年后才基本达到平衡温度(何丽娟等,2006)。在大地热流的研究中,需要的是系统稳态的测温数据。实际工作中,因为很难有完全达到热平衡的钻井,大多数情况下都是选择基本达到热平衡(一般为静井 3 个月以上)的钻井进行温度测量,在实际测量中一般每 10 m 或 20 m 设置一个温度点。通过这样系统的温度测定,就可以得到该钻井深度范围内的详细温度(梯度)变化情况。系统稳态测温数据代表了研究区真实的地温状况,这种测温资料最可靠、精度最高,是研究一个地区地温分布和大地热流分布的基本的、关键的数据,但获取困难,资料较少。图 1-2 是我国准噶尔盆地和柴达木盆地典型井的系统稳态测温结果。

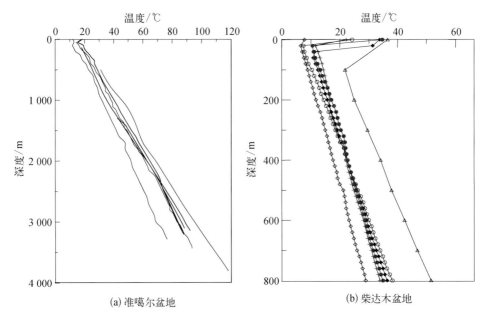

(a) 准噶尔盆地　　　　　　　　(b) 柴达木盆地

图 1-2　准噶尔盆地(a)和柴达木盆地(b)系统稳态测温井的温度-深度变化图
(邱楠生等,2004)

2. 静井温度

通常是在完井后,关井数天或长期关井后将仪器下放至钻井井底或一定深度,进行温度的测量,测得的温度为静井温度。由于关井时间长,可以认为井温已与地层温度达到平衡,它在一定程度上可以替代研究区系统稳态测温,这类资料是地温场研究的主要依据之一。全国各大油田开发时间久,钻井数量多,静井温度数据数量巨大,是研究地温场特征的主要依据之一。最近几十年,随着地热资源开发力度的逐渐加大,获取的地热井测温数据也逐渐增多,为地温场研究提供了更多依据。

3. 其他温度数据

上述系统稳态测温方法要借助保留钻井,除特殊情况外一般都要经过洗井并用套管保护井壁。因此,在地质勘探中普遍进行稳态测温是不现实的,需要寻求在停钻后较短的时间内测得近似真实的地温曲线,这样既可以避免长时间停钻又能基本满足实际工作的需要,这种方法称为瞬态测温方法。

完井后静井 $1\sim3$ d 所测的温度数据叫准稳态测温数据。与稳态测温数据相比,其误差较大,但作为大区域地温的研究来说其误差尚在允许范围内。而在完井后不到 1 d 所测的温度数据则叫瞬态测温数据。由于静井时间短,地温与井温尚未达到平衡,测得的井温曲线不能反映真正的地温情况,与稳态测温数据相比误差较大,只能作为区域地温场研究的必要补充。

上述各类温度数据的精度各异,系统稳态测温数据比较可靠,测井温度数据在实际应用中需要进行校正。校正的方法有:

(1) 在有系统稳态测温数据的地区,根据系统稳态测温数据进行校正。

(2) 在没有系统稳态测温数据的地区,根据静井温度数据进行系统比较,得到两者的偏差值进行校正。

在大多数井内由于泥浆温度低于井底地下温度,测井温度常常比真正的地层温度低。根据准噶尔盆地温度数据的回归分析,在同一深度处测井温度一般低于同等深度下静井温度 $5\sim10$ ℃,两者的差值平均为 $4\%\sim5\%$。

1.4.3　岩石样品采集

对于钻井岩心,要求均匀选取不同深度、不同岩性的样品,每个样品长度不小于 10 cm,厚度不小于 2 cm,并以标签形式在样品上标记样品编号、深度、岩性等基本信息。

样品处理:勘探井采取的岩心提取出井筒后要选取大小合适的块体直接用隔水性较好的塑料薄膜包裹好,最外层用胶带密封,防止水分散失,并及时送去测试。对于已采集较久的岩心样品(尤其是孔隙型岩心样品),条件允许的情况下要进行饱水处理,即将岩心样品放在自来水中浸泡 48 h 方可进行热导率测试。对于不能进行饱水处理的孔隙型岩心干样,可根据式(1-10)进行数据校正。

$$\frac{K_\mathrm{S} - K_\mathrm{P}}{K_\mathrm{S}} = \frac{\phi_\mathrm{C}}{3\dfrac{K_\mathrm{f}}{K_\mathrm{S}} + \phi_\mathrm{C}} \tag{1-11}$$

式中，K_S 为岩石固体基质的热导率；K_P 为孔隙岩石的有效热导率；ϕ_C 为孔隙体积百分比；K_f 为孔隙中流体基质(水或空气)的热导率。

1.5 地温勘探数据处理

获取地层温度及岩石热导率等数据后，需对这些数据进行分析处理，以了解区域地温梯度、大地热流及深部温度分布情况和特征。

1.5.1 温度数据处理

1. 单井温度数据处理

对于钻井测温数据，首先要作钻井测温曲线，并对温度曲线进行线性回归，以获取地温梯度。

钻井内实施地温测量的介质是井液而非岩石，所得到的是钻井内的井液温度而非井壁岩石温度。受钻探过程扰动影响，使得井液温度偏离地层原始地温状态，而且钻探相关的热效应还波及井孔周围一定半径范围(影响半径)的井壁围岩地层。于是，钻探作业使得井液和井壁围岩的温度与原始温度发生偏离，这种偏离会在钻探终止、井液循环停止后，经历持续缓慢的热平衡过程而得到逐步恢复。图1-3是对钻井准稳态测温与非稳态测温数据进行的对比，图中实线代表准稳态测温数据，虚线代表非稳态测温数据。由图可知，非稳态测温数据相对真实地温表现为"跷跷板"形状，即钻井在一定深度存在一个中性点，该深度处的井液温度与原始地层温度相同。以中性点为界，上部井段井液温度高于井壁围岩地层温度，下部井段井液温度低于井壁围岩地层温度。这主要是由钻井过程的井液循环造成的。井液循环是自下而上的，在钻井的最底部，冷的井液与热的地层进行热量交换，地层降温，向上运移过程中井液被井壁围岩加热，井液与地层温差逐渐减小，地层降温也逐渐减小，直到井液温度与地层温度相同的中性点。再向上，热的井液反而加热较冷的井壁围岩，使地层温度升高。相对而言，井底段经历的钻探时间最短，受到的热扰动最小，井壁围岩温度下降小,停止钻井扰动后,井液与井壁围岩快速热交换后,所测温度最接近原始地温。

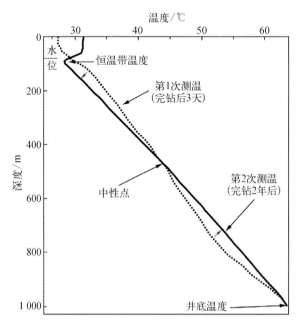

图1-3　钻探过程中井液循环产生的钻井温度扰动

(汪集暘等,2015)

地层温度经常受到地层中流体运移的影响,胡圣标等(1994)通过数学模型与实际测温结果结合的研究,认为实测钻井温度-深度剖面不仅可以反映热流测孔中是否存在垂向地下水运动,而且根据测温曲线的形态,可以判断地下水运动的方向:一般地,"上凸"形温度分布曲线,对应着地下水的垂向上升;"下凹"形温度分布曲线则对应着下渗流。

川东南地区丁山1井的测温曲线,就是典型的"上凸"形,而测温曲线上"凸出"的上下边界,恰好是二叠系的底界和下寒武统的顶界。该地区下奥陶统和中-上寒武统的岩性多为砂屑、生物碎屑鲕粒灰岩或细砂岩,孔隙度和裂隙较为发育,具有较好的渗透性,因此有利于地下流体的运移;中-上奥陶统和志留系及二叠系底部则含有较多的泥岩和页岩,孔隙度和渗透率较小,对流体的运移起封堵的作用(图1-4)。

由于中-上寒武统及下奥陶统具有较大的孔隙度及良好的渗透率,地下流体在

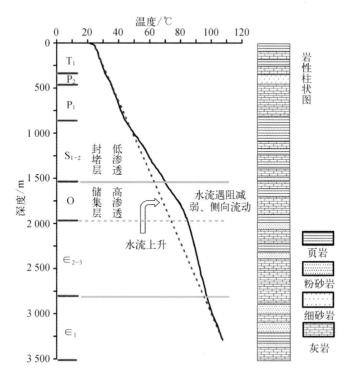

图 1-4　丁山 1 井实测温度剖面及岩性柱状图

（龚浩等，2010）

压力的作用下发生垂向上升运移，因为下层流体相对上部地层温度较高，因此，流体运移过程中会提高其所经过地层的温度。这就是造成丁山 1 井测温曲线的中-上寒武统及下奥陶统层位所反映的地层温度高于正常温度的原因。而上奥陶统和志留系的岩层，以低渗透率的页岩、泥岩及灰岩为主，特别是志留系顶部厚度巨大的页岩、泥岩，较好地封堵了流体的继续运动，上升水流在封堵层与高渗透储集层的界面处减弱并发生侧向流动。流体的运动受到阻碍，其对上部地层温度的影响程度也自然减弱，温度曲线开始向正常趋势回归。志留系之上的实测温度呈极好的线性，反映了上覆地层中流体运移的减弱或消失（龚浩等，2010）。

2. 区域地温数据处理

一个区域在较长时间或一定时间集中进行钻井温度测量后，就会获得大量的地温数据，为了分析区域地温场，需要对这些数据进行处理，然后进行平面和垂向上的分析，包括温度分析和地温梯度分析。

（1）平面地温数据处理分析

首先进行工作区单井温度数据处理，获得不同深度温度的数据和单井地温梯度，然后在地质图或地理底图上绘制不同深度地温等值线图和地温梯度等值线图，以了解不同深度温度和地温梯度的平面分布特征。图1-5是根据收集、测试的钻井温度数据，计算地温梯度，然后绘制的四川盆地现今地温梯度分布图，在平面分布上，四川盆地地温梯度的横向差异比较明显，川中至川西南地区的地温梯度比较大，介于24～30 ℃/km，沿东北方向向外逐渐下降至20 ℃/km左右，川东北外缘甚至低至16 ℃/km左右。通过研究可以发现，地温梯度与基底埋深基本上是负相关关系。在威远构造带，基底埋深较小，最浅处小于5 km，地温梯度超过30 ℃/km；在川中-川西南基底隆起两侧，地温梯度基本上在20 ℃/km左右；川东北山前裂隙发育，地下水向下渗透，引起局部地温梯度进一步减小，大大低于整个盆地平均值。

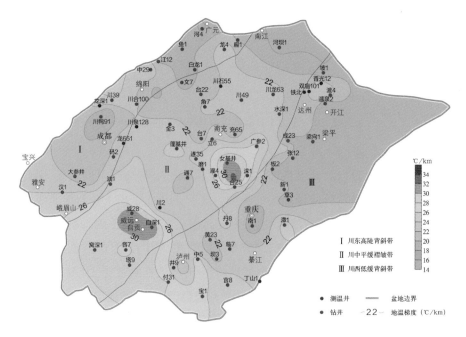

图1-5　四川盆地地温梯度等值线图
（徐明等，2011）

（2）垂向地温数据处理分析

在纵向上，地温随深度增大而增加，但是由于区域基底构造的差异，一定区域范围内各构造区块地温纵向上的变化不同。王钧等（1990）通过统计分析四川盆地中钻井不同深度的地温梯度发现,四川盆地的地温梯度离散度较大,但是具有随深度的增大而减小的规律,4 000 m 以上的地温梯度多在 1.4~3.0 ℃/100 m, 6 000~7 000 m 则在 1.4~1.9 ℃/100 m(图 1-6)。在其他地区,地温梯度纵向上同样随深度增大也是减小的,只是由于构造活动和地下水活动的差异而表现在离散度的不同,但是可以推断在一定的深度之下,地热增温率和地温梯度会趋于一个定值,亦即在地下一定的深度范围内地下的温度将趋于一致;但是在不同区域,其深度可能有所不同,它将受上地幔及地壳的低速高导层的深浅所控制。这一深度将构成一个等温面,它将直接影响深部地温的分布特征。

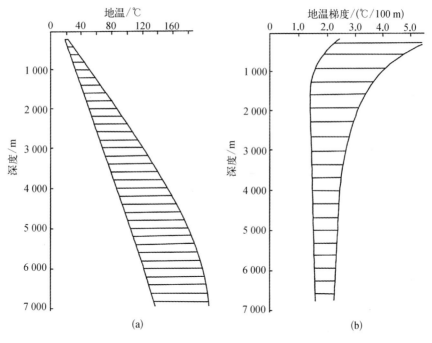

图 1-6　四川盆地地温-深度图（a）和地温梯度-深度图（b）

（王钧等,1990）

1.5.2　热导率数据测试结果及分析

影响岩石热导率的主要因素有矿物成分、孔隙度、温度、压力、孔隙饱水度(Clauser C et al.,1995;Pribnow D et al.,1996)等,岩心样品提取到地面后,温度、压力、岩石含水性等物理特征已经发生变化，与地下原始状态不同，所以有必要对测量的岩石热导率进行原位(in-situ)校正。

　　一般地，岩石热导率随压力增加而升高，随温度增加而降低。在一定程度上，两者在地壳深部可以互相抵消。目前采取的钻井岩心样品深度基本都是小于4 000 m，对应的地温不算高，温度效应不明显。此外，何丽娟等(2006)对苏鲁-大别大陆超深钻岩石热导率测试结果的校正表明，温度、压力校正后的热导率与实测热导率相差不大，为4%左右。校正范围与仪器测量误差很接近，因此没有必要考虑温度、压力校正，所以可以暂不考虑岩石热导率的温度、压力校正，而只考虑岩石含水性对热导率的影响。

　　岩石都具有孔隙，地下热传导是在饱水情况下发生的，而岩石热导率是在不饱水甚至干燥的情况下进行测量的，孔隙中所赋存的主要是空气而不是水。空气和水的热导率有很大差异(Clauser C et al.，1995)，通常需要对岩石热导率进行饱水校正，饱水系数视孔隙发育情况而确定。四川盆地因为抬升剥蚀缺失新生界，大部分地区的第四系沉积物直接覆盖在中生界之上。由于中生界曾覆盖过巨厚的沉积物(曾道福，1988；朱传庆等，2009；邓宾等，2009)，地层压实程度较大，所以岩石结构致密，成岩程度较高，孔隙度较小，可以不做饱水校正(沈显杰等，1994)。对照前人的研究结果(王钧等，1995)，埋藏深度小于3 000 m的泥岩，校正系数取1.1，其他不做校正；埋藏深度小于3 000 m的砂岩，校正系数取1.1~1.4，3 000~6 000 m的取1.1，超过6 000 m的不做校正；碳酸盐岩因其本身十分致密，一律不做校正。

　　通过对四川盆地砂岩、泥岩、灰岩和白云岩等岩心样品进行测试，热导率介于1.694~5.547 W/(m·K)，泥岩的平均值最小，为2.50 W/(m·K)，碳酸盐岩的平均值最大，为3.81 W/(m·K)，从四川盆地岩石热导率分布直方图可以看出，大多数岩心样品的热导率主要集中在2~4 W/(m·K)(图1-7)。从实际测量结果来看，样品的热导率与埋藏深度的关系不大，这是因为四川盆地岩层一般都经历过深埋、压实和抬升剥蚀过程，岩石热导率主要由岩性决定。砂岩由于其成分和结构的差异，孔隙率变化比较大，导致热导率也比较离散[图1-7(b)]。侏罗系及其下地层泥岩离散性较小，说明这些泥岩层的压实性比较好[图1-7(c)]。中、下三叠统碳酸盐岩较其他层位碳酸盐岩的热导率离散，与该层位孔隙比较发育的物理特征相吻合[图1-7(d)]。

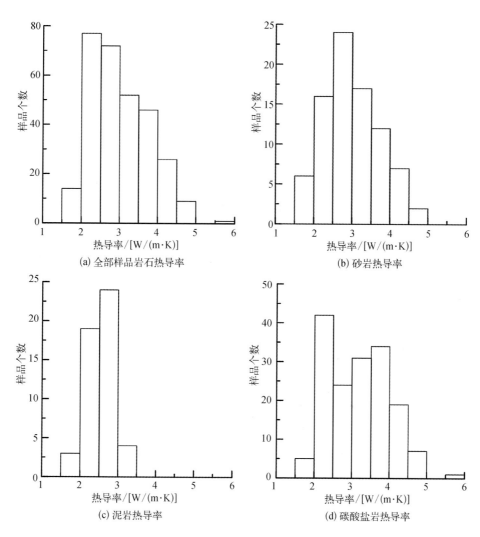

图 1-7　四川盆地岩石热导率分布直方图

1.5.3　大地热流

1. 实测大地热流值

在数值上，大地热流等于岩石热导率与垂向地温梯度的乘积，因此钻井热流值的计算必须具备地温梯度和相应深度的岩石热导率测量值。在大地热流研究中，把具有系统稳态测温数据和相应层段岩石热导率实测值的井段所得到的大地热流值称为实测大地热流值。它是研究和分析一个地区大地热流分布特征的基础。实测大地热流值必须同时给出热流测点的位置、深度范围、地温梯度、岩石热导率和偏差。

在实测大地热流值的计算中，地温梯度可由特定深度区间范围的温度和深度确定，岩石热导率(K)可由算术平均值、加权平均值或调和平均值计算得到。热流值的标准偏差(σ_q)由下式计算：

$$\sigma_q = \sqrt{\frac{n\sum(q_i-\overline{q})^2}{n(n-1)}} = \sqrt{\frac{\sum(q_i-\overline{q})^2}{n-1}} \qquad (1-12)$$

式中，q_i 为各点或各井段的热流值；$\overline{q}$ 为算术平均值；n 为热流测点数。

对于一维、稳态的传导热流，也可用下式进行计算：

$$T = T_0 + q\sum\frac{\Delta D_i}{K_i} \qquad (1-13)$$

利用测温资料，取样深度和样品代表厚度及岩石热导率值经过整理，对一系列的 T 和 $\sum\dfrac{\Delta D_i}{K_i}$ 数据进行回归，便可求得热流值。该方法主要适用于岩石产状平缓的地区，其优点是每一组温度-热导率数据可直接与待求的热流值相关，容易发现一些系统的变化，从而能找出原因，获得比较接近实际的热流值。

2. 估算大地热流值

在实际研究中，要获取一个大地热流值是比较困难的。有时为了分析一个盆地的热流分布特征，还要借助估算大地热流值。所谓"估算大地热流值"，就是在缺乏系统稳态测温数据或岩石热导率数据的情况下计算得到的热流值。在实际钻井的研究中可能存在以下几种情况，在这些情况下计算得到的热流值都归属于"估算大地热流值"的范畴：（1）具有系统稳态测温数据但没有实测岩石热导率数据，借用了相邻钻井的热导率值进行热流计算；（2）具有实测岩石热导率数据但没有系统稳态测温数据，借用相邻钻井或相邻地区的地温梯度进行热流计算；（3）区域内一些钻井具有系统测温数据，但并非稳态的数据，虽然具有实测岩石热导率数据，但得到的热流也不能称为实测大地热流值。

盆地中由于有大量的测温数据，往往能得到大量估算的热流值。但在实际研究中必须注意的是，分析一个地区或盆地的区域热流分布特征时，必须以实测大地热流值为基础，估算的热流值在进行误差分析或校正后，才可以作为热流分布特征分析的参数。

3. 大地热流分布

热流的测试工作始于 20 世纪 30 年代末, 早期进展缓慢, 到 1955 年, 全部热流数据不足 100 个。20 世纪 60 年代随着板块学说的兴起及测量方法的改进, 大地热流测量工作进度大为加快, 1965 年达到 1 044 个, 1990 年年末达到 20 201 个, 至 2013 年, 可靠的全球大地热流数据约为 38 400 个(郝春艳等, 2014)。

我国热流测试工作始于 20 世纪 50 年代末, 1978 年, 中国科学院地质与地球物理研究所地热组正式公布了我国华北地区第一批热流数据 25 个。此外, 中国地质科学院地质力学研究所(1989)、北京大学、天津大学、西藏羊八井地热研究所等单位也一直对我国的理论地热和应用地热进行研究。半个世纪以来, 在国家和各部门科研项目支持下, 不同研究者和单位在华北、东北、西北、攀西、西藏等地区获取了大量的热流数据。

鉴于发表的热流数据分散且数据质量参差不齐, 不利于数据的有效利用和分析, 中国科学院地质与地球物理研究所已先后进行了七次热流数据汇编, 其中第一、二次汇编的热流数据分别以中国大陆地区大地热流数据汇编第一版和第二版的形式公布(汪集旸, 1988; 黄少鹏, 1990), 第三、四、五次汇编仅公布了统计结果, 未发表汇编的热流数据, 第六次汇编将自第二版数据公布以来新增的热流数据汇编成"中国大陆地区大地热流数据汇编"第三版(胡圣标等, 2001), 第三版公开发表我国大陆地区(含渤海海域)热流数据 862 个。2016 年, 姜光政等(2016)在第三版热流数据汇编的基础上, 将 2001 年以来新增的 368 个数据及第三版热流数据构建成中国大陆地区大地热流数据汇编(第四版)。截至目前已汇编我国大陆地区热流数据 1 230 个。新版热流数据统计表明, 中国大陆地区(含渤海海域)热流值范围为 23~319 mW/m^2, 平均值为(61.5±13.9) mW/m^2。

1.6　地温勘探实例

地温勘探是地热资源勘查工作中十分重要的一部分, 下面以天津市滨海新区地热资源勘查为例, 来介绍地温勘探的实际应用。

1.6.1　资料收集、整理和分析

为了避免重复工作, 充分收集天津市已有的地热地质、钻探等相关资料, 重点加强对滨海新区及周边地区以往的测温资料和热物性测试结果的综合整理分析, 从中获取地温梯度、大地热流分布等相关成果，以初步了解工作区地温场垂向和平面的分布规律，为下一步工作部署提供依据。

实际工作中主要收集到天津市盖层平均地温梯度等值线图，选取滨海新区范围作为工作基础。考虑到该成果形成时间已超过10年，本次需要根据工作实际进行等值线校核与修正。

1.6.2 浅井调查

对工作区内浅（机）井（一般400 m以浅）进行调查，调查内容主要包括井位、井深、成井日期等（表1-4），并从已调查的浅（机）井中选取不同区域具有代表性的浅（机）井进行连续测温观测，同一机井每月观测1次，观测周期为1年，为掌握区内恒温层及编制盖层平均地温梯度图提供依据。

表1-4 浅（机）井调查表

地理位置			
地理坐标	E:	N:	
地面高程/m		井口高程/m	
井深/m		水位埋深/m	
取水段起止深度/m		成井日期	
液面温度/℃		气温/℃	
主要用途			
测温深度/m	测量温度/℃	测温深度/m	测量温度/℃

填表说明：（1）地理位置填写到行政村；（2）地理坐标用经纬度表示；（3）地面高程为井口周围地面高程；（4）井口高程为井口装备高程；（5）井深为机井完井深度；（6）水位埋深为液面与地面的相对距离；（7）取水段起止深度为机井含水层顶底板与地面的距离；（8）成井日期为机井施工完成日期；（9）液面温度为液面下20 cm范围内的温度；（10）气温为井口大气温度；（11）主要用途为机井的主要用途；（12）测温深度（可连续或间隔）为探头与地面的距离；（13）测量温度为一定测温深度下探头测试的温度。

图 1-8 为天津市滨海新区某浅层地热长期观测井 1 个完整年度的温度分布图。从图中可以看出,恒温带底界深度约为 41.5 m,温度约为 13.6 ℃。虽然从表 1-1 可知恒温带深度一般不超过 30 m,但是由实际测温结果可以发现,较浅层段的温度曲线不能反映出温度的变化趋势,为了能更好地区分出恒温带与增温带,准确界定恒温带底界深度,测温深度一般要求不小于 50 m。

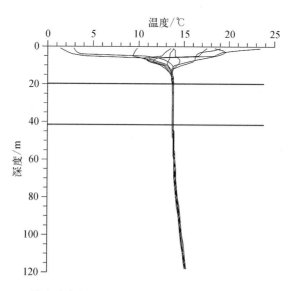

图 1-8　天津市滨海新区某浅层地热观测井每月地温场垂直分布曲线

1.6.3　稳态测温

选择勘探井及不同构造单元的地热井进行稳态测温,目的是通过对获取的资料进行整理、分析和对比,以查明区内地温场的空间变化规律;获取不同构造单元垂向上温度的变化规律,为深部温度预测提供依据;计算出传导增温条件下的地温梯度,为计算大地热流提供支撑。

采用车载专用温度测试仪 SKR3000 进行测温工作。测温探头的精度为 0.01 ℃,数据接收设备每 0.125 m 记录一个温度数据,并保存记录。

稳态测温需要的条件:

(1)钻井深度大,井口无障碍,井内无封堵,能确保测温钻头顺利下放。

(2)静井时间足够长,井内流体温度与地层进行了充分的热交换,基本达到热平衡,一般要求钻井停止使用3个月以上。

本次工作选择4眼位于不同构造单元的钻井进行稳态测温工作,分别为勘探井BST-01、中新生态城ST-01B、大港DG-23和大港DG-28。中新生态城ST-01B、大港DG-23和大港DG-28已多年未使用,钻井内温度与地层温度达到平衡,获取的数据能有效分析区域地层的温度分布情况;勘探井BST-01的测温选择在静井3个月后进行,井内温度达到准稳态,可反映地层温度。

1.6.4　岩石热导率测试

选取稳态测温钻井岩心进行测试,要求选取各层位不同岩性的岩石进行测试,并根据各种岩性地层厚度加权计算。本次工作选取勘探井6块岩心进行测试,计算相应地层岩石热导率。样品选取要求:样品长度不小于10 cm,厚度不小于2 cm。

1.6.5　地温场平面分布特征分析

1. 工作区地温平面分布特征

在以往工作的基础上,结合地温调查及稳态测温结果,对工作区内已有盖层平均地温梯度进行修正,从而对工作区地温场的平面分布特征有了更深入的认识。由图1-9可以看出,工作区内分布有4个地热异常区,分别是看财庄地热异常区、桥沽地热异常区、万家码头地热异常区和沙井子地热异常区。其中桥沽地热异常区和万家码头地热异常区地温梯度值较大,最高可达7.0 ℃/100 m,对应基岩浅埋区。

其他地区的地温梯度整体呈现由西向东逐渐增加,如军粮城至大沽方向,由西部新城附近的2.5 ℃/100 m增大到东部塘沽城区——临港工业区一带的3.0 ℃/100 m左右,最高值出现在大沽附近的TG-03井,为3.3 ℃/100 m;官港至驴驹河方向,由2.5 ℃/100 m增大到3.0 ℃/100 m。

从地热异常区的分布位置发现,工作区内桥沽地热异常区和万家码头地热异常区由北向南位于工作区西部边缘,沿沧东断裂走向分布。深大断裂对地热异常区的形成一般有两点影响:一是断裂断穿深部岩层,沟通浅部和深部热储,形成热对流,导致局部地温异常,起导热构造的作用;二是断裂控制构造形态,影响地层的沉积,导致地层缺失,使得热流在浅部再分配,隆起地区总热阻小,热流集中,形成局部热异常,

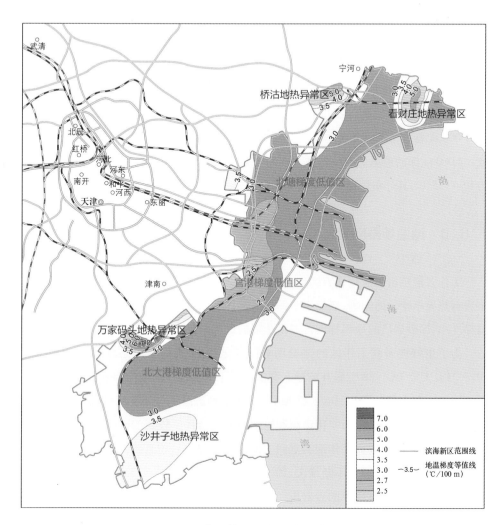

图 1-9　工作区盖层平均地温梯度等值线图

起控热构造的作用。除沧东断裂外,看财庄地热异常区附近的断裂、沙井子地热异常区附近的北大港断裂带都起控热构造的作用。

　　2. 深部地温平面分布特征

　　地热开发最主要的就是利用地热流体的温差,温差越大,开发利用价值越大。因此绘制工作区内不同深度的地温等值线图,可以更直观地了解地热资源的赋存情况。本次工作利用实测和收集的钻井地温资料,通过相关温度数据的整理和分析,计算工作区 1 000 ~ 4 000 m 深度的地温数据,进而绘制 1 000 m、2 000 m、3 000 m、4 000 m 深度的地温等值线图,并分析其展布特征。对于缺少深部温度数据的空白区,选取空白区中地理位置、温度数据有代表性的钻井,利用其浅部温度数据,借助钻井的地温梯度推算其深部温度。

工作区 1 000 m 深的地温为 35~60 ℃,在沧东断裂附近,宁河凸起、北大港断裂带等构造高部位温度较高,在凹陷部位温度较低,其中北塘凹陷附近温度最低。整体来看,1 000 m 深度温度的平面分布特征与盖层平均地温梯度的分布特征基本一致。2 000 m 深的地温为 60~90 ℃,3 000 m 深的地温为 80~105 ℃,4 000 m 深的地温为 95~125 ℃,其分布规律与 1 000 m 深度类似。

1.6.6　地温场垂向变化特征

工作区地热田热流传递方式以传导为主,地温梯度在垂向上的变化主要受地层中岩石热导率变化的影响,热导率小的地层往往地温梯度大,热导率大的地层往往地温梯度小,即砂岩段的地温梯度普遍低于泥岩段的地温梯度。

为了更好地研究工作区的地温场垂向变化特征,以中新生态城 ST－01B、大港 DG－23 及大港 DG－28 三眼井的稳态测温结果来分析地层的垂向温度分布情况。

图 1－10 为 ST－01B、DG－23 和 DG－28 的稳态温度与深度变化曲线图,第四系岩性为松散的砂或黏土,而明化镇组和馆陶组为胶结程度较高的砂泥岩互层,三组地层热导率相差较小,故而整体地温垂向上的变化近似为一条直线。从图中可以看出,地层温度随着埋深的增加不断增大,局部有波状变化,如 DG－23 在 400~900 m 间梯度曲线有波折,此处有较厚的砂岩段,为明化镇组含水层。ST－01B 在 2 224 m 以下,DG－28 在 1 590 m 以下,曲线突然变陡,反映了射孔段井筒内部对流型导热的特征。此外,地热流体地温梯度的垂向变化还受导水导热断裂的影响,这种变化往往发生在构造单元的边界,明显反映出对流型导热特征。

图 1－11 为勘探井 BST－01 的稳态温度与深度变化曲线图,勘探井完井深度为 2 300 m,稳态测温测深为 2 222.64 m。从曲线整体形态上看,地层温度随着埋深的增大逐渐增大。但是不同层段地层增长的速率是由浅至深逐渐减小的(由图 1－11 中的红色直线标示),也就是地温梯度是逐渐减小的,这是因为随着地层埋深的逐渐增大,地层成岩性好、致密,热导率大,不同地层岩石热导率测试结果也显示了这点。但是,这种规律并不是绝对的,因为地层温度在垂向上的特征还受断裂构造和地下水活动

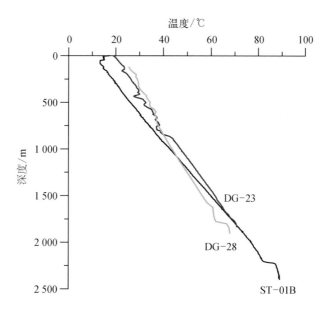

图 1‑10　ST‑01B、DG‑23 和 DG‑28 的稳态温度与深度变化曲线图

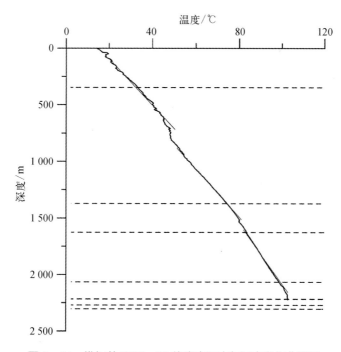

图 1‑11　勘探井 BST‑01 的稳态温度与深度变化曲线图

的影响。如图 1-12 所示，勘探井 BST-01 在 2 100 m 深度附近地层温度出现了异常变化，幅度在 1 ℃左右。在 2 050 m 勘探井 BST-01 开始进入寒武系，从地层温度变化分析，在 2 090 m 左右应该是钻孔钻遇到岩层裂隙，导致温度的局部变化。但该岩层裂隙段不是水层，因此地温梯度变化幅度不大。2 190~2 241 m 地层为含水层，水的对流传热导致地温梯度由 2 190 m 以上地层的 3.48 ℃/100 m 急剧减小为该段地层的 0.58 ℃/100 m。

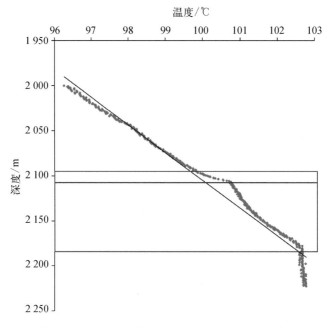

图 1-12　勘探井 BST-01 的深部稳态温度与深度变化曲线图（1 950~2 241 m）

1.6.7　大地热流值分布特征

实际工作中从勘探井 BST-01 采取的岩心较少，其他 3 眼地热井缺少岩心，对于勘探井具备岩心的层段，采用实测岩心热导率。对于其他未取得岩心的地层及无岩心的其他 3 眼钻井，采用区域内其他钻井相应地层岩心的测试结果，并对不同层位根据各类岩石厚度进行热导率加权计算，获得钻井各层位热导率，并结合稳态测温获得的钻井地温梯度，应用式（1-4）对工作区大地热流值进行估算，并绘制了相应的大地热流等值线分布图（图 1-13）。从图中可知，工作区的大地热流值为 40.0~77.8 mW/m²，最高值为 77.8 mW/m²，出现在宁河凸起的勘探井 BST-01 处，最低值约为 40.0 mW/m²,位于北塘凹陷中心处。平均值约为 53.0 mW/m²,低于全球大陆的平均大地热流值(65.0 mW/m²),这与工作区绝大部分地区位于黄骅坳陷的构造特征相对应。工作区大地热流平面分布特征表现为隆起区高于坳陷区,区内大地热流分布状况和盖层平均地温梯度相近,断裂带附近是高热流分布区,其他大部分地区是低热流分布区,此结果反映了构造单元分界断裂对地热资源富集起到控制作用。

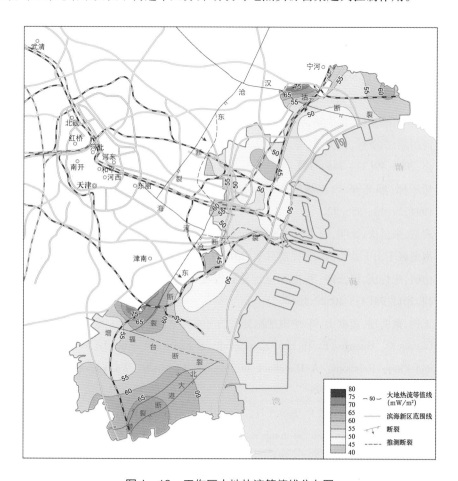

图 1-13　工作区大地热流等值线分布图

参考文献

[1] 余恒昌,邓孝,陈碧琬,等.矿山地热与热害治理[M].北京:煤炭工业出版社,1991.

[2] 赵苏民,孙宝成,林黎,等.沉积盆地型地热田勘查开发与利用[M].北京：地质出版社,2013.

[3] 熊亮萍,胡圣标,汪缉安.中国东南地区岩石热导率值的分析[J].岩石学报,1994,10(3)：323 - 329.

[4] 邱楠生,胡圣标,何丽娟.沉积盆地热体制研究的理论与应用[M].北京：石油工业出版社,2004.

[5] 赵永信,杨淑贞,张文仁,等.岩石热导率的温压实验及分析[J].地球物理学进展,1995,10(1)：104 - 113.

[6] Popov Y A, Pribnow D F C, Sass J H, et al. Characterization of rock thermal conductivity by high-resolution optical scanning[J]. Geothermics, 1999,28(2)：253 - 276.

[7] 汪集暘,胡圣标,黄少鹏,等.地热学及其应用[M].北京：科学出版社,2015.

[8] 何丽娟,胡圣标,杨文采,等.中国大陆科学钻探主孔动态地温测量[J].地球物理学报,2006,49(3)：745 - 752.

[9] 胡圣标,熊亮萍.热流测量中垂向地下水运动干扰的校正方法[J].地质科学,1994,29(1)：85 - 92.

[10] 龚浩,朱传庆,徐明,等.从钻井测温曲线看地下水流方向及油气储藏条件——以川东南地区丁山 1 井为例[J].地质科学,2010,45(3)：853 - 862.

[11] 徐明,朱传庆,田云涛,等.四川盆地钻孔温度测量及现今地热特征[J].地球物理学报,2011,54(4)：1052 - 1060.

[12] 王钧,黄尚瑶,黄歌山,等.中国地温分布的基本特征[M].北京：地震出版社,1990.

[13] Clauser C, Huenges E. Thermal conductivity of rocks and minerals[M]//Rock Physics and Phase Relations：A Handbook of Physical Constants. Washington DC：American Geophysical Union, 1995.

[14] Pribnow D, Williams C F, Sass J H, et al. Thermal conductivity of water-saturated rocks from the KTB Pilot Hole at temperatures of 25 to 300 ℃ [J]. Geophysical Research Letters, 1996,23(4)：391 - 394.

[15] 曾道富.关于恢复四川盆地各地质时期地层剥蚀量的初探[J].石油实验地质,1988,10(2)：134 - 141.

[16] 朱传庆,徐明,单竞男,等.利用古温标恢复四川盆地主要构造运动时期的剥蚀量[J].中国地质,2009,36(6)：1268 - 1277.

[17] 邓宾,刘树根,刘顺,等.四川盆地地表剥蚀量恢复及其意义[J].成都理工大学学报(自然科学版),2009,36(6)：675 - 686.

[18] 沈显杰,李国桦,汪缉安,等.青海柴达木盆地大地热流测量与统计热流计算[J].地球物理学报,1994,37(1): 56－65.

[19] 王钧,汪缉安,沈继英,等.塔里木盆地的大地热流[J].地球科学:中国地质大学学报,1995,20(4): 399－404.

[20] 郝春艳,刘绍文,王华玉,等.全球大地热流研究进展[J].地质科学,2014,49(3): 754－770.

[21] 汪集暘,黄少鹏.中国大陆地区大地热流数据汇编[J].地质科学,1988,(2): 196－204.

[22] 汪集暘,黄少鹏.中国大陆地区大地热流数据汇编(第二版)[J].地震地质,1990,12(4): 351－366.

[23] 胡圣标,何丽娟,汪集暘.中国大陆地区大地热流数据汇编(第三版)[J].地球物理学报,2001,44(5): 611－626.

[24] 姜光政,高堋,饶松,等.中国大陆地区大地热流数据汇编(第四版)[J].地球物理学报,2016,59(8): 2892－2910.

第 2 章

重力勘探

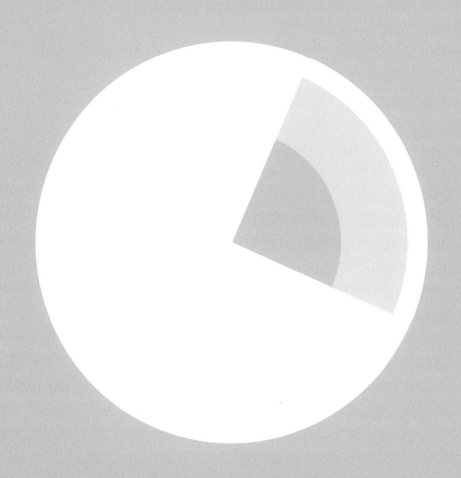

在地热资源勘查开发中,重力勘探是一种非常重要的地球物理勘探方法。它是以地壳中岩、矿石间的密度差异为基础,通过观测和研究重力场的变化规律,获得有关地质体或地质现象产生的重力异常,然后通过系统地处理分析、研究解释这些重力异常的变化规律,从而查明断裂构造空间展布、基岩起伏变化或火成岩体分布特征等,以达到寻找地热田的目的。该方法具有测量仪器轻便、操作简单、抗干扰能力强、施工成本低等优势,已成为寻找地热资源首选的勘探方法之一。

2.1 重力勘探基本理论

重力勘探的基础是牛顿万有引力定律。重力场、重力异常是重力勘探的基本概念,其分别是重力勘探的理论基础及应用基础(曾华霖,2005;焦新华,2009;张胜业等,2004)。

2.1.1 地球重力场

1. 重力和重力加速度

(1) 重力

地球是一个赤道略鼓、两极稍扁的旋转巨大椭球体,在其内部或表面及附近空间的物体都会受到多种力的作用,包括地球质量对物体产生的引力、物体随着地球自转而引起的惯性离心力等,其引力与惯性离心力的合力称为重力。如图2-1所示,图中 F 表示地球引力,C 表示离心力,P 表示重力,则有

$$P = F + C \qquad (2-1)$$

(2) 重力加速度

物体所受的重力作用,不仅与物体在重力场中的位置有关,还与其本身的质量大小有关。当物体只受到重力作用而不受其他力作用时,就会自由下落,物体自由下落的加速

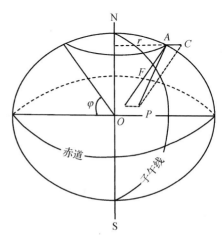

图2-1 重力示意图

度就称为重力加速度,它与重力之间的关系为

$$P = mg \qquad\qquad (2-2)$$

式中,m 为物体的质量;g 为重力加速度。用 m 除上式两端,则得

$$\frac{P}{m} = g \qquad\qquad (2-3)$$

按照场强定义,单位质量的物体在重力场中所受的重力称为重力场强度。由此可知,重力场强度和重力加速度,虽然物理概念不同,但是其数值和量纲完全相同,而且方向也一致。因此,在重力勘探中常用重力表示重力加速度或重力场强度。在后续的讨论中,对两者不再区分。

在法定计量单位制中重力的单位是 N,重力加速度的单位是 m/s^2。国际通用的重力单位为 $10^{-6}\ m/s^2$,简写成"g.u.",即

$$1\ m/s^2 = 10^6\ g.u.$$

为了纪念第一位测定重力加速度值的意大利著名物理学家伽利略,重力加速度的 CGS 制(厘米、克、秒单位制)单位称为"伽",用"Gal"表示,即

$$1\ cm/s^2 = 1\ Gal(伽)$$

并有下列关系:

$$1\ Gal(伽) = 10^4\ g.u. = 10^{-2}\ m/s^2$$

$$1\ mGal(毫伽) = 10^{-3}\ Gal = 10\ g.u. = 10^{-5}\ m/s^2$$

$$1\ \mu Gal(微伽) = 10^{-3}\ mGal = 10^{-2}\ g.u. = 10^{-8}\ m/s^2$$

在美国等国家,常用单位还有 mGal(毫伽),其中:

$$1\ Gal(伽) = 10^3\ mGal(毫伽) = 10^6\ \mu Gal(微伽)$$

2. 重力场

地球的重力场是地球周围空间任何一点存在的一种重力作用或重力效应,或是地球表面或其附近一点处单位质量所受到的重力,数值上等于重力加速度。它是空间中的一种或力场,分布于地球表面及其邻近的空间;空间中任何一质点都受到重力的作用。地球的重力场是引力场和惯性离心力场的合力场(Zeng and Wan, 2004;

曾华霖等,2004)。

(1) 引力场

引力场是空间中存在的一种引力作用或效应。当物体质量存在时,其周围空间中就有与它共存的引力场,两者紧密相连,不能单独存在。引力场的空间分布取决于物体的质量分布;一定的质量分布对应一定的引力场分布。由于引力场是一个矢量场,所以可以采用直角坐标系定义(图 2-2),这样任何矢量的大小和方向都可用它的三个坐标轴上的投影表示。坐标系原点位于地球中心,Z 轴与地球自转轴重合,X、Y 轴在赤道平面内。

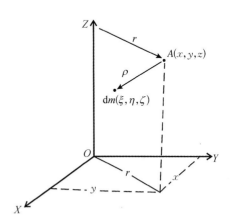

图 2-2　计算地球重力的坐标系

设 dm 为地球内部的某一质量单元,其坐标为 (ξ, η, ζ),A 为地球外部的某一点,其坐标为 (x, y, z)。则 A 点到 dm 的距离

$$\rho = \sqrt{(x - \xi)^2 + (y - \eta)^2 + (z - \zeta)^2} \tag{2-4}$$

则质量单元 dm 对 A 点处单位质量的引力为

$$F = G \frac{dm}{\rho^2} \tag{2-5}$$

式中,G 为万有引力常数,其值等于 $6.67 \times 10^{-11} \, \mathrm{m^3/(kg \cdot s^2)}$;$F$ 的方向是由 A 点指向质量单元 dm。

(2) 惯性离心力场

地球是一个自旋天体,设自旋角速度矢量为 ω,地表任一点 $A(x, y, z)$ 到地球自转轴的距离为 r,则 A 点单位质量所受到的离心力为

$$C = \omega^2 r \tag{2-6}$$

实际离心力的计算公式为

$$C = \omega^2 R \cos \varphi \tag{2-7}$$

式中,φ 为地球的纬度;R 为地球半径。从公式中可以看出离心力是规则变化的,在赤

道上离心力最大,约为引力的1/300,两极离心力最小,为零。

3. 重力位

(1) 重力位

对于重力场来说,可以从场力做功的角度引入一个称之为"位"的标量函数 $W(x, y, z)$,W 的函数形式为

$$W(x, y, z) = G\int_M \frac{dm}{\rho} + \frac{1}{2}\omega^2(x^2 + y^2) = V(x, y, z) + U(x, y, z) \quad (2-8)$$

式中,M 为地球的总质量;V 为引力位;U 为离心力位。函数 W 叫作重力位,它沿某个方向求偏导数就恰好等于重力在该方向上的分力,这是重力位的一个重要性质,它的引入使我们的计算更加方便。

由场论知识可知,在物体的外部,引力位 V 满足拉普拉斯方程:

$$\nabla^2 V = \frac{\partial^2 V}{\partial x^2} + \frac{\partial^2 V}{\partial y^2} + \frac{\partial^2 V}{\partial z^2} = 0 \quad (2-9)$$

在物体内部,引力位满足泊松方程:

$$\nabla^2 V = -4\pi G\sigma \quad (2-10)$$

式中,σ 为物体的密度。

引力场满足高斯通量定律:

$$N = \oint_S \frac{\partial V}{\partial n}dS = -4\pi GM \quad (2-11)$$

式中,n 表示面元 dS 的外法线方向;M 为封闭曲线包含的所有质量的总和。

离心力位 U 不满足拉普拉斯方程:

$$\nabla^2 U = \frac{\partial^2 U}{\partial x^2} + \frac{\partial^2 U}{\partial y^2} + \frac{\partial^2 U}{\partial z^2} = 2\omega^2 \quad (2-12)$$

综上所述,重力位 W 具有以下性质:

在地球外部

$$\nabla^2 W = 2\omega^2 \quad (2-13)$$

在地球内部

$$\nabla^2 W = -4\pi G\sigma + 2\omega^2 \quad (2-14)$$

（2）重力等位面

当沿垂直重力 g 的方向 l 求偏导数时,显然应为

$$\frac{\partial W}{\partial l} = 0 \tag{2-15}$$

积分后得

$$W(x, y, z) = C(常数) \tag{2-16}$$

式(2-16)代表了空间的一个曲面,该面上重力位处处相等,称为重力等位面。该面又处处与重力方向垂直,测量学上又称作水准面。由于积分常数有无数个,因而重力等位面也有无数个。将其中与平均的海洋面(在陆地上是它的顺势延伸而构成封闭的曲面)重合的那个重力等位面称为大地水准面,在重力测量学和大地测量学中,都是以该面作为地球的基本形状来研究的。现在通过对人造卫星观测资料的研究,可以获得更为精确的大地水准面形状。图2-3是夸大了它与参考椭球体的差异而绘制的,在南极凹进去约30 m,而北极附近则凸出 10 m,是一个不规则形状的复杂曲面。

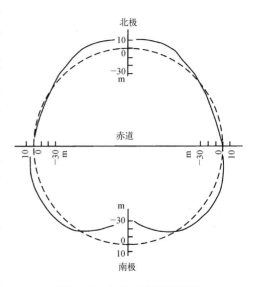

图2-3　大地水准面示意图

1971 年第 15 届国际大地测量和地球物理联合会决定采用的有关地球形状的参数是

赤道半径 $a = 6\,378.160$ km

极地半径 $c = 6\,356.755$ km

地球扁率 $\alpha = \dfrac{a-c}{a} \approx \dfrac{1}{298.25}$

若把地球近似当作一个正圆球体,其平均半径 $R = 6\,371$ km。

当位移方向 l 与重力 g 的方向一致时,有

$$\frac{\partial W}{\partial l} = g$$

用有限量来表示则为

$$\Delta W = g \cdot \Delta l \qquad\qquad (2-17)$$

式中，ΔW 为相邻两等位面的重力位之差，为一常数，由于重力等位面上重力值并不处处相等，所以 g 大的地方 Δl 小，即等位面间距小、密集，反之，则等位面稀疏，故等位面间不是处处平行的。又因为 g 是个有限量，所以 Δl 不可能为零，说明相邻等位面既不可能相切也不会相交。

4. 重力异常

1）重力的变化

应用重力勘探研究地质构造及寻找资源分布，所依据的就是由重力观测值得到的重力异常。重力加速度并不是恒量，在空间上和时间上都存在着一定的变化，只是这种变化相对重力值（约 $9.8\ \text{m/s}^2$）来说太小了，因而需要专门的重力仪器才能测量出这些变化来。

（1）重力在空间上的变化主要表现为：① 地球本身并不是一个正圆球体，而是一个近于两极被压扁的扁球体，因而地心到地表的距离并不处处相等。② 地球在不停地绕自转轴旋转，因而不同纬度处的回转半径也不同。③ 地球表面起伏不平，形态复杂。④ 在漫长的地球演化史中，长期的地质构造运动与岩浆活动等，造成自地表直至上地幔内物质密度分布不均匀。

（2）重力在时间上的变化主要表现为：① 太阳、月亮与地球之间的相对位置存在一定周期的变化，造成海洋潮汐及固体地球的弹性形变等一系列地球物理现象。这种由于太阳、月亮对地球引力的变化使固体地球产生形变而造成地表同一点出现重力随时间的微小变化，称为潮汐变化，也称为重力固体潮，其变化幅度为 2~3 g.u.。② 地球形状的变化和地下物质运动等引起的变化为非周期性的，也称作非潮汐变化，其变化大小一般不超过 1 g.u.。因此不仅可以利用不同地点重力的变化来研究地质构造，还可以利用相同地点不同时间重力的变化来研究地质构造的运动，但是由于重力在时间上的变化要比在空间上的变化小得多，因此需要更高的测量精度才能发现。

2）正常重力公式

由于地球表面形状和内部密度分布十分复杂，因此不能直接利用重力位函数公式求得地球的重力位。为此，需要引入一个与大地水准面形状十分接近的正常椭球体来代替实际地球。假定正常椭球体的表面是光滑的，内部密度是均匀分布的，或者呈层状分布且每层的密度是均匀的,各层界面都是共焦点的旋转椭球面。这样,依据其形状、大小、质量、密度、自转角速度及各点所在的坐标位置等求出其重力位,称为正常重力位,由正常重力位再计算出的重力值就称为正常重力值。这种旋转椭球体有时也被称作参考椭球体。

式(2-8)并不实用,因为既不能准确知道地球的形状,又不知道地球内部实际质量的分布,故想用该式直接计算是不可能的。目前确定重力位的方法主要有以下两种。

(1)拉普拉斯方法

拉普拉斯方法即将地球引力位中的 $1/\rho$ 按球谐函数展开,取前几项之和再加上惯性离心力位,经推导得出精确到地球扁率(α)量级的正常重力位公式,然后沿重力方向求导得到计算正常重力值的公式,这时的正常椭球面是一个旋转的扁球面,其基本形式为

$$g_0 = g_e(1 + \beta\sin^2\varphi) \tag{2-18}$$

(2)斯托克斯方法

斯托克斯方法即根据地球的总质量 M,自转角速度 ω,椭球体的长、短半轴等,经推导可获得精确到地球扁率的二级微量(α^2)的正常重力位公式,这时的正常椭球面是一个严格旋转的椭球面,求导后得到的正常重力值计算公式基本形式为

$$g_0 = g_e(1 + \beta\sin^2\varphi - \beta_1\sin^2 2\varphi) \tag{2-19}$$

以上两式中,

$$\beta = \frac{g_p - g_e}{g_e}$$

$$\beta_1 = \frac{1}{8}\alpha^2 + \frac{1}{4}\alpha\beta$$

式中,g_p 为两极重力值;g_e 为赤道重力值;β 称为地球的重力(或力学)扁度;φ 为计算点的纬度;α 为地球扁率。

从式(2-19)可以看出,其中有三个未知数 g_p、β 和 β_1,似乎有三个不同纬度的实测值,建立三个方程便可解得。但实际上,由于地球表面的海陆分布和地形等差异巨大,要获得最有代表性的 g_p 和 g_e,需要覆盖全球表面上尽可能多的实测重力值,经最小二乘法处理,最后才能求得较合理的 g_e、β 和 β_1,且 β_1 中 α 的选择也因科技的不断进步和对地球形状的不断认识有所修正。不同学者所采用的参数值不同,得到的正

常重力值计算公式也不同。其中比较常用的有

① 1901—1909 年赫尔默特公式：

$$g_0 = 9\ 780\ 300(1 + 0.053\ 02\sin^2\varphi - 0.000\ 007\sin^2 2\varphi)\,\text{g.u.} \qquad (2-20)$$

② 1930 年卡西尼国际正常重力公式：

$$g_0 = 9\ 780\ 490(1 + 0.005\ 288\ 4\sin^2\varphi - 0.000\ 005\ 9\sin^2 2\varphi)\,\text{g.u.} \qquad (2-21)$$

③ 1979 年国际大地测量和地球物理联合会推荐的正常重力公式：

$$g_0 = 9\ 780\ 327(1 + 0.005\ 302\ 4\sin^2\varphi - 0.000\ 005\ 8\sin^2 2\varphi)\,\text{g.u.} \qquad (2-22)$$

从以上讨论可以看出：正常重力是人们根据研究的需要而确定的，不同的计算公式对应不同参数的地球模型，反映的是理想化条件下地球表面重力变化的基本规律，因此它并不是客观存在的确切的正常重力场；正常重力值只与纬度有关，沿经度方向没有变化，在赤道上最小，两极处最大，相差约 5×10^4 g.u.；正常重力值沿经度方向的变化率与纬度有关，在纬度 45° 处最大，而在赤道和两极处为零；正常重力值还随高度的增加而减小，其变化率约为 -3.086 g.u./m。

3）重力异常的意义

（1）重力异常概念

由于实际的地球内部的物质密度分布非常不均匀，因而实际观测的重力值与理论上的正常重力值总是存在着偏差，这种在排除各种干扰因素影响之后，仅仅是由物质密度分布不匀而引起的重力的变化，就称为重力异常。

实际上，观测的重力值中包含了正常重力值和重力异常两个部分。将实测重力值减去该点的正常重力值，也可得到重力异常。因此，某一点的重力异常也可以定义为该点的实测重力值与由正常重力公式计算出的正常重力值之差，即

$$\Delta g = g - \gamma \qquad (2-23)$$

式中，g 为测点上的实测重力值；γ 为该点的正常重力值。

在实际重力勘探中并不是根据某一点重力异常的大小，而是根据某一测线或某一区域面积的重力异常来进行研究的，这时关注的是这一测线或一定面积上的异常变化。若以一条测线或一定面积上某一点重力值作为正常重力值，而以其他测点的重力值与之比较得到的差值称为相对重力异常。

（2）重力异常与剩余质量引力的关系

若在大地水准面上的 A 点进行观测,令地下岩石的密度均匀分布且都为 σ_0 时,其正常重力值为 g_0。当 A 点附近地下有一个密度为 σ 的地质体存在,且体积为 V 时,这个地质体相对于围岩,便有一个剩余密度 $\Delta\sigma$（图 2-4）,其大小为 $\Delta\sigma = \sigma - \sigma_0$。 $\Delta\sigma$ 与该地质体的体积 V 之积就叫作该地质体相对于围岩的剩余质量,即 $\Delta M = \Delta\sigma \cdot V$。当 $\sigma > \sigma_0$ 时,剩余密度 $\Delta\sigma$ 为正,或称地质体的"密度过剩",并引起正的重力异常;当 $\sigma < \sigma_0$ 时,剩余密度 $\Delta\sigma$ 为负,或称地质体的"密度亏损",并引起负的重力异常。

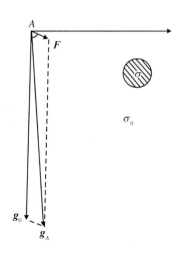

图 2-4 重力异常与剩余质量引力的关系示意图

若令这个地质体在 A 点引起的引力为 F, A 点的正常重力值为 g_0,则在 A 点实测的重力值 g_A 应为 g_0 与 F 的矢量和。由于 g_0 的值达 10^7 g.u.数量级,而 F 最大仅达 10^3 g.u.数量级,所以 g_A 与 g_0 的方向实际上没有偏差,因而 A 点的重力异常为

$$\Delta g = g_A - g_0 = F \cdot \cos\theta \qquad (2-24)$$

式中,θ 为 g_0 与 F 之间的夹角。

由此可见,重力异常就是地质体的剩余质量所产生的引力在重力方向或铅垂方向的分量。因此,重力异常实质上就是引力异常。如果有多个地质体存在,在一个测点处的重力异常就是各个地质体在这个测点引起的引力异常在铅垂方向的叠加。

（3）计算重力异常的基本公式

计算某个地质体所引起的重力异常,可以先根据牛顿万有引力公式计算地质体的剩余质量所引起的引力位 V,然后求出引力位沿重力方向的导数,便得到重力异常。

以地面某一点 O 为坐标原点,Z 轴垂直向下,X、Y 轴在水平面内（图 2-5）。

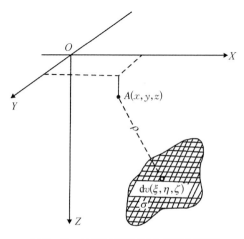

图 2-5 计算地质体重力异常示意图

若剩余密度为 $\Delta\sigma$, 地质体内某一体积元 $\mathrm{d}v = \mathrm{d}\xi\mathrm{d}\eta\mathrm{d}\zeta$, 其坐标为 $(\xi,\ \eta,\ \zeta)$, 它的剩余质量为 $\mathrm{d}m$, 即 $\mathrm{d}m = \Delta\sigma \cdot \mathrm{d}v = \Delta\sigma \cdot \mathrm{d}\xi\mathrm{d}\eta\mathrm{d}\zeta$ 。 设测量点 A 的坐标为 $(x,\ y,\ z)$, 剩余质量单元 $\mathrm{d}m$ 到 A 点的距离为 ρ , 则地质体的剩余质量对 A 点的单位质量所产生的引力位为

$$V(x,\ y,\ z) = G \int_v \frac{\mathrm{d}m}{\rho} = G \iiint_v \frac{\Delta\sigma\mathrm{d}\xi\mathrm{d}\eta\mathrm{d}\zeta}{\left[(\xi-x)^2 + (\eta-y)^2 + (\zeta-z)^2\right]^{\frac{1}{2}}}$$

$$(2-25)$$

因为 Z 的正方向就是重力方向, 故重力异常就可将 V 对 z 求偏导而得

$$\Delta g(x,\ y,\ z) = \frac{\partial V}{\partial z} = V_z = G \iiint_v \frac{\Delta\sigma(\zeta-z)\mathrm{d}\xi\mathrm{d}\eta\mathrm{d}\zeta}{\left[(\xi-x)^2 + (\eta-y)^2 + (\zeta-z)^2\right]^{\frac{3}{2}}}$$

$$(2-26)$$

以上两式中 v 为地质体的体积。

式(2-26)为计算三度地质体(该物体沿 X 、 Y 、 Z 三个方向的延伸大体相近)重力异常的基本公式。如果地质体的形状和埋藏深度沿某个水平方向均无变化, 且沿该方向是无限延伸的, 这样的地质体就称为二度地质体, 异常的计算只需将式(2-26)中的 Y 轴选择与地质体延伸(或走向)方向一致, η 的积分限由 $-\infty$ 到 $+\infty$, 并令 $y=0$, 就可得到沿 X 方向剖面上计算二度地质体重力异常的基本公式:

$$\Delta g(x,\ z) = 2G \iint_S \frac{\Delta\sigma(\zeta-z)}{(\xi-x)^2 + (\zeta-z)^2} \mathrm{d}\xi\mathrm{d}\zeta \qquad (2-27)$$

式中, S 为二度地质体的横截面积。

我们还可以推导计算出重力异常在水平方向(X)和铅垂方向(Z)的变化率, 即 $\partial\Delta g/\partial x = V_{xz}$ 和 $\partial\Delta g/\partial z = V_{zz}$, 亦即地质体剩余质量引力位的二阶偏导数, 二阶偏导数的常用单位为 E(厄缶), 导出如下:

$$\frac{1/\mathrm{s}^2}{\mathrm{m}} = \frac{1}{\mathrm{m}\cdot\mathrm{s}^2},\ 1\ \mathrm{E} = 10^{-9}/\mathrm{s}^2 \qquad (2-28)$$

相应的计算公式分别为

① 三度地质体

$$V_{xz}(x,\ y,\ z) = \frac{\partial\Delta g}{\partial x} = 3G \iiint_v \frac{\Delta\sigma(\zeta-z)(\xi-x)}{\left[(\xi-x)^2 + (\eta-y)^2 + (\zeta-z)^2\right]^{\frac{5}{2}}} \mathrm{d}\xi\mathrm{d}\eta\mathrm{d}\zeta$$

$$(2-29)$$

$$V_{zx}(x, y, z) = \frac{\partial \Delta g}{\partial z} = G \iiint_v \frac{\Delta\sigma\left[2(\zeta - z)^2 - (\xi - x)^2 - (\eta - y)^2\right]}{\left[(\xi - x)^2 + (\eta - y)^2 + (\zeta - z)^2\right]^{\frac{5}{2}}} d\xi d\eta d\zeta$$

$$(2-30)$$

② 二度地质体

$$V_{xz}(x, z) = 4G \iint_S \frac{\Delta\sigma(\zeta - z)(\xi - x)}{\left[(\xi - x)^2 + (\zeta - z)^2\right]^2} d\xi d\zeta \qquad (2-31)$$

$$V_{zz}(x, z) = 2G \iint_S \frac{\Delta\sigma\left[(\zeta - z)^2 - (\xi - x)^2\right]}{\left[(\xi - x)^2 + (\zeta - z)^2\right]^2} d\xi d\zeta \qquad (2-32)$$

至于 V 的三阶偏导数,目前常用的是 V_{zzz},其单位是

$$\frac{1/s^2}{m} = \frac{1}{m \cdot s^2} = 1 \text{ MKS}$$

相应的计算公式分别为

$$V_{zzz}(x, y, z) = \frac{\partial^2 \Delta g}{\partial z^2}$$

$$= 3G \iiint_v \frac{\Delta\sigma\left[2(\zeta - z)^3 - 3(\zeta - z)(\xi - x)^2 - 3(\zeta - z)(\eta - y)^2\right]}{\left[(\xi - x)^2 + (\eta - y)^2 + (\zeta - z)^2\right]^{\frac{7}{2}}} d\xi d\eta d\zeta$$

$$(2-33)$$

$$V_{zzz}(x, z) = \frac{\partial^2 \Delta g}{\partial z^2} = 4G \iint_S \frac{\Delta\sigma\left[(\zeta - z)^3 - 3(\zeta - z)(\xi - x)^2\right]}{\left[(\xi - x)^2 + (\zeta - z)^2\right]^3} d\xi d\zeta$$

$$(2-34)$$

2.1.2　岩(矿)石的密度

1. 决定岩石、矿石密度的主要因素

岩(矿)石的密度是指单位体积内岩(矿)石的质量,其单位为 g/cm³ 或 kg/m³。不同地质体之间存在的密度差异是开展重力勘探工作的前提条件。有关的密度资料是对重力观测资料进行一些校正和对重力异常做出合理解释的极为重要的参数。大量测定研究结果认为,决定岩(矿)石密度大小的主要因素有: ① 组成岩(矿)石的各种矿物成分及其含量的多少。② 岩(矿)石中孔隙度大小及孔隙中的充填物成分。

③ 岩(矿)石的埋藏深度,即所承受的压力等。下面分别对火成岩、沉积岩和变质岩的密度特点做简要介绍。

（1）火成岩的密度

火成岩的密度主要取决于矿物成分及其含量的百分比,因为这类岩石的孔隙度很小(一般为1%~2%),几乎不影响其密度的大小。从图2-6中可以看出,从酸性岩向基性岩过渡(酸性岩→中性岩→基性岩→超基性岩)时,其密度值随着岩石中铁镁暗色矿物含量的增多而逐渐增大。

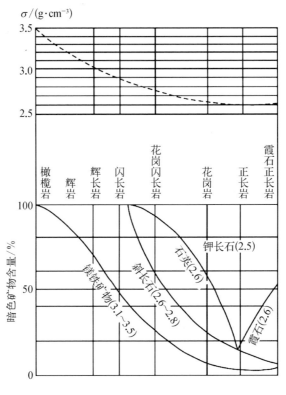

图2-6　火成岩成分与密度的关系

对于同一种侵入岩体,在岩浆侵入后的冷凝过程中,结晶分异作用会导致形成不同岩相带从而引起密度差异,一般而言,在周围为偏基性,向中心逐渐发育为偏酸性。

对于不同时期侵入的同类岩体,其矿物成分虽然相同,当其含量有所变化时,密度也会产生差异。对于同源岩浆,尽管化学成分可能一样,但当成岩环境不同时,也可能形成不同的矿物和岩石,其密度也不同。由此可知,侵入岩和喷出岩之间密度存在较大差异。

（2）沉积岩的密度

沉积岩一般具有较大的孔隙度,如灰岩、页岩、砂岩等,孔隙度可达 30%～40%,因此这类岩石的密度主要取决于孔隙度大小,干燥岩石的密度随着孔隙度的减少而线性增大（图 2-7）。孔隙中如有充填物,充填物的成分（如水、油、气等）及充填孔隙占全部孔隙的比例也会明显影响密度值。

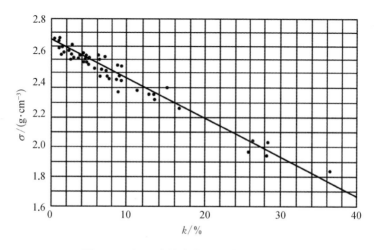

图 2-7　沉积岩的密度和孔隙度的关系图

此外,沉积岩的密度还受其年代、沉积历史及埋藏深度等的影响。一般而言,近地表的沉积岩受到的压力较小,其孔隙度较大、密度较小;随着埋藏深度的增加,上覆地层对其压实作用加强,其孔隙度减小,密度增大。对于同一成分的沉积岩,成岩年代早晚不同也会造成孔隙度差异,年代较老的沉积岩要比年代新的同类岩石密度大。

当然,对于同一年代同类岩性的沉积岩来说,由于受地质作用条件的不同,在不同部位,其密度也会有所不同。图 2-8 为鄂尔多斯盆地奥陶系等密度曲线,由图可知在盆地边缘的密度大,而向盆地中心密度逐渐减小。

（3）变质岩的密度

对变质岩这类岩石来说,其密度与矿物成分、矿物含量和孔隙度均有关,这主要由变质的性质和变质程度来决定。一般区域变质作用的结果,会使变质岩密度大于

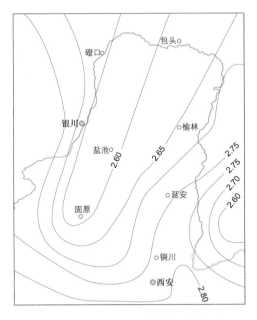

图2-8　鄂尔多斯盆地奥陶系等密度
曲线（单位：g·cm^{-3}）

原岩密度,如变质程度较深的片麻岩、麻粒岩等的密度要比变质程度较浅的千枚岩、
片岩等的密度大些。而如果是受动力的变质作用,则会因原岩结构遭受破坏,矿物被
压碎而使其密度下降。但动力变质作用若使原岩发生硅化、碳酸盐化及重结晶时,又
会使密度值比原岩大。由于变质作用的复杂性,所以这类岩石的密度变化很不稳定,
要具体情况具体分析。在不同构造单元中,同一年代的变质岩密度相差不大,但年代
越老密度往往也越大。

　　上面简单介绍了有关各类岩石密度的主要特征,并对各类岩石的成分、含量、孔
隙度、成岩条件、成岩环境及构造条件等因素进行了分析。表2-1列出了部分常见岩
石的密度。从表中可以看出,整体上火成岩的密度比沉积岩的大,但有部分重叠。变
质岩密度的变化规律一般与原岩密度的变化规律相似,但由于变质过程的复杂性,其
密度的变化与沉积岩、火成岩相比更加不稳定。

　　2. 岩石、矿石标本的密度测定

　　在实际工作中,可以通过直接测定岩(矿)石标本的密度大小来确定它们所代表
的岩性密度或它们之间的密度差。

表 2-1　部分常见岩石的密度

火　成　岩		沉　积　岩		变　质　岩	
名　称	密度/(g/cm³)	名　称	密度/(g/cm³)	名　称	密度/(g/cm³)
流纹岩	2.3~2.7	表　土	1.1~2.0	石英岩	2.0~2.9
安山岩	2.5~2.8	干　沙	1.4~1.7	片　岩	2.4~2.9
花岗岩	2.4~3.1	冲积物	1.9~2.0	云母片岩	2.5~3.0
闪长岩	2.7~3.0	黏　土	1.5~2.2	千枚岩	2.7~2.8
辉绿岩	2.9~3.2	砾　石	1.7~2.4	大理岩	2.6~2.9
玄武岩	2.6~3.3	砂　岩	1.8~2.8	蛇纹岩	2.4~3.1
辉长岩	2.7~3.4	页　岩	2.1~2.8	板　岩	2.7~2.9
纯橄榄岩	2.5~3.3	灰　岩	2.3~2.9	片麻岩	2.6~3.0
橄榄岩	2.6~3.6	白云岩	2.4~3.0		
辉石岩	2.9~3.3				

1）岩（矿）石标本采集要求

在进行岩石、矿石标本密度测定工作时,标本采集具体有以下要求。

（1）应系统采集测区内不同构造单元且有代表性的地层、矿石等标本,在小比例尺大面积测量中,力争取得深层位的岩样标本（如钻井岩心）。

（2）每类岩样标本数量一般为 30~50 块,每块标本的质量一般在 300 g 左右。

（3）必须在岩（矿）石未风化的基岩上进行采集。

（4）对标本应统一编号,登记其名称、采集地点、地质年代、埋深等。

2）标本密度的测定方法

标本密度的测定方法主要有以下几种。

（1）天平测定法

若标本质量为 m,体积为 V,则密度 σ 为

$$\sigma = \frac{m}{V} \tag{2-35}$$

标本的体积可以根据阿基米德原理来确定，即物体在水中减轻的质量，等于它排开同体积水的质量，从而可间接求出体积 V。

设标本在空气中的重量为 P_1，在水中的重量为 P_2，σ_0 为水的密度，则有

$$P_1 - P_2 = V \cdot \sigma_0 \cdot g$$

即

$$V = \frac{P_1 - P_2}{\sigma_0 \cdot g} \qquad (2-36)$$

通常取净水的密度 σ_0 为 $1\,g/cm^3$，故上式为

$$V = \frac{P_1 - P_2}{g} \qquad (2-37)$$

把式（2-37）代入式（2-35）中，因为 $P_1 = mg$，所以可得

$$\sigma = \frac{m}{\dfrac{P_1 - P_2}{g}} = \frac{m \cdot g}{P_1 - P_2} = \frac{P_1}{P_1 - P_2} \qquad (2-38)$$

只要先求出 P_1、P_2，就可以计算出密度 σ。

对于多孔的标本，为了防止水分浸入孔隙而影响测定结果，可在标本表面涂一层石蜡。这时，标本涂蜡后的重量用 P_2 表示，浸入水后的重量用 P_3 表示，则由式（2-38）可得

$$\sigma = \frac{P_1}{\dfrac{1}{\sigma_0}(P_2 - P_3) - \dfrac{1}{\sigma_k}(P_2 - P_1)} \qquad (2-39)$$

式中，σ_0 为水的密度；σ_k 为石蜡的密度，一般石蜡的密度 $\sigma_k = 0.9\,g/cm^3$。

（2）密度计测定法

天平测定法的主要问题是效率低，不能直接显示密度值，还需要计算。密度计则是依据天平测定法的原理设计出的一种直接指示出标本密度的仪器，其精度为 $\pm(0.01 \sim 0.02)\,g/cm^3$。

该仪器主要由一个折式秤臂 AOB 构成，其折角为（$180° - \varphi$），AO 与 BO 的长度为 r，可绕重心 O 转动，工作前，先将秤臂调试成随遇平衡状态。测定时，先用细线（或橡

皮筋)将标本系于 B 端样本钩上,调节 A 端悬挂在砝码盘中的砝码的重量(实际上,仅当只需密度值时,完全可用碎石块粗调,然后加砂粒细调,效率会更高),使仪器指针定在起始刻度 n 处,此时 AO 与水平面的夹角为 α_1,若用 P 表示 A 端砝码的重量,P_1 表示 B 端标本的重量,则由图 2-9 可知,其平衡关系式是

$$P \cdot r \cdot \cos\alpha_1 = P_1 \cdot r \cdot \cos(\varphi - \alpha_1) \qquad (2-40)$$

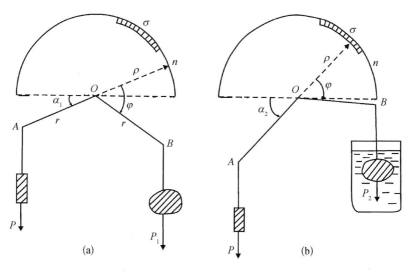

图 2-9　密度计工作原理图

当将标本完全浸入水中时,由于水的浮力使 B 端升高至新的平衡位置,此时 AO 与水平面的夹角为 α_2,平衡关系式为

$$P \cdot r \cdot \cos\alpha_2 = P_2 \cdot r \cdot \cos(\varphi - \alpha_2) \qquad (2-41)$$

式中,P_2 为标本在水中的重量。由式(2-40)和式(2-41)分别求出 P_1 和 P_2,代入式(2-38),经简化后有

$$\sigma = \frac{\cot\varphi + \tan\alpha_2}{\tan\alpha_2 - \tan\alpha_1} \qquad (2-42)$$

由上式解出 α_2 与 σ 的对应关系为

$$\alpha_2 = \arctan\frac{\cot\varphi + \sigma\tan\alpha_1}{\sigma - 1} \qquad (2-43)$$

式(2-43)表明 σ 仅与 α_2 有关,因为 φ 为仪器构造常数,每次测定标本时,调节砝码使指针始终定在 n 刻度上,故 α_1 也是常数。不同的 σ 对应不同的 α_2,因此,刻度盘上就可以直接刻画出密度分划值,因而每次将标本完全浸入水中平衡后,指针停留时所指的刻度就是标本自身的密度值了。

（3）利用电子式密度仪直接测定密度

根据前述的测量标本密度的原理和方法,可以制成以数字显示标本密度值的电子式密度仪。吉林大学于1990年开始独立研制生产电子式密度仪,DM-2型岩（矿）石密度测定仪(图2-10)是第二代产品。

DM-2型岩（矿）石密度测定仪具有智能化程度高,自动显示密度值,自动打印测试结果,测量速度快,测量精度高和测量简便等优点,可供室内或野外条件下测定不溶于水的岩（矿）石标本和其他固体物的密度、体积等参数。其面板功能如图2-10(a)所示。

该仪器主要由称重传感器、放大器、模拟转换器、单片机系统、键盘、显示器、标本测量支架等部分组成。测量过程是通过键盘的各种功能,按测量参数要求,逐步按下所需按键来完成的。其结构框图如图2-10(b)所示。

该仪器为密度测量提供了一种效率高、测量误差小的测量方法,预示着岩（矿）石标本密度测定工作向智能化方向发展已成为趋势。

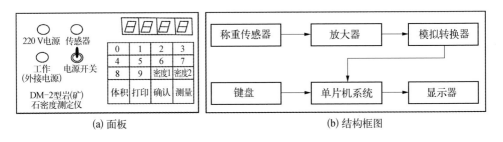

(a) 面板   (b) 结构框图

图2-10　DM-2型岩（矿）石密度测定仪

3）测定结果的整理

对于同类均质岩石、矿石标本密度的测定值,应服从算术正态分布。据此可以对同一类标本的测定结果进行整理,以得出其平均值和常见值。根据标本数目的多少可以采用不同的整理方法。

（1）当同类标本数目小于30块时,可按下式求其算术平均值。

$$\bar{\sigma} = \frac{\sum\limits_{i=1}^{N} \sigma_i}{N} \tag{2-44}$$

式中，σ_i 为第 i 块标本的测定值；N 为标本总块数。这样，可列表给出不同岩类标本的 $\bar{\sigma}$、每一岩类标本密度的最小值和最大值。

（2）当同类标本数目大于 30 块时，可绘制频率分布曲线。首先，将密度值按相等间隔 $\Delta\sigma$ 分组，分组数与标本总块数的关系在对数坐标中呈线性变化，见表 2 - 2。然后算出每一密度间隔中标本块数 N_i 占标本总块数 N 的百分比（频数 f_i），$f_i = (N_i/N) \times 100\%$，绘制出以频数为纵坐标、密度为横坐标的频率分布曲线，如图 2 - 11 所示。

表 2 - 2　分组数与标本总块数的关系

标本总块数	31~40	41~60	61~80	81~100	101~120	121~140	141~170	171~200
分组数	4	5	6	7	8	9	10	11

根据正态分布的特点可知，曲线极大值所对应的密度为常见密度值，本例中为 2.74 g/cm³；极大值的 0.606 倍所对应的两个点的横坐标之差的一半为密度测定的标准离差 D，它反映了密度值的离散程度，图 2 - 11 中的 $D = \frac{1}{2} \times (2.78 - 2.71) = 0.035 (\text{g/cm}^3)$。

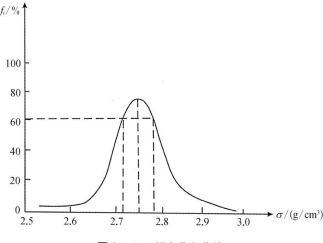

图 2 - 11　频率分布曲线

3. 地层平均密度的测定

在重力勘探中,除直接用仪器测定岩(矿)石标本以用于地质解释外,还可以用试验和计算的方法来估计岩层、地层平均密度,以供有关校正及异常解释时使用。

(1) 用重力试验剖面估计中间层密度

内特尔顿在 1942 年提出了一个在野外用重力试验剖面估计中间层密度的方法(内特尔顿等,1987)。在野外有地形起伏的地区布置一个重力剖面并进行观测,重力测点的点距要很小。每点的重力测量值用由不同密度 σ 得到的布格校正系数进行校正,便得到不同的重力剖面曲线(图 2-12)。从这些剖面中找出一条地形对重力值影响最小的剖面,这条剖面所用的密度值(图中为 2.2 g/cm³),就是所取地形高程范围内的平均密度值。选择地形时,最好选择山脊地形而不选山谷,因为后者底部可能有非典型的泛滥的平原沉积物;地形两边应当具有大致相同的高程。

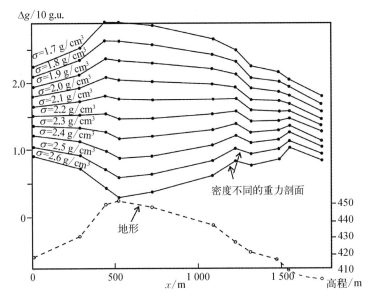

图 2-12 估计中间层密度的重力剖面

(2) 用统计法估计中间层密度

用重力试验剖面估计中间层密度不仅需要事先进行纬度校正,而且很难避免局部异常和区域异常的影响。实际上,要找到满足上述要求的理想地区也比较困难,为此可以采用统计法估计中间层密度。

此方法无论在面积测量或剖面测量中均可应用。以经过正常场校正的重力观测值为纵坐标,高程(或高差)为横坐标,将各测点坐标$(\Delta g, h)$按比例标在图$2-13$上。在没有区域异常与局部异常影响时,这些散点应基本落在一条直线上,用最小二乘法求出这条直线的方程,该直线的斜率即布格校正系数,然后据此系数反算出中间层密度。当散点相对直线R分布很散时,应考虑分区进行统计,不同地区岩石密度不一样,斜率就不同;当工作区内存在较强的区域背景时,往往会造成直线R的斜率的较大变化,出现由反算的密度值与我们所掌握的密度变化数值相差较大的情况,这就必须根据异常特征先做区域校正后再进行统计。

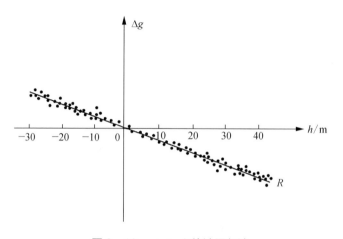

图 2-13 Δg-h 统计回归法

（3）利用竖井中的重力测量结果计算地层平均密度

当工作区内有竖井或钻孔时,可利用地面重力仪在竖井中,或井中重力仪在钻孔中,自下而上按一定深度间隔进行井中测量(当然也可以自上而下地进行),以获得不同深度岩层的间隔密度(亦称视密度,在地层水平时就是真密度)。如图$2-14$所示,A、B为井壁,1、2两点为上、下两个测点,其间的垂直距离为$h_{1,2}$,所对应的地层密度设为$\sigma_{1,2}$,若g_1、g_2分别代表上、下两点的重力观测值,在仔细做过地形校正和井壁变化等校正后,应有以下关系式成立。

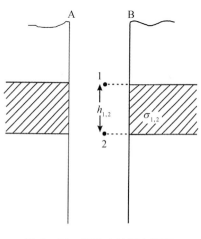

图 2-14 竖井中的重力测量

$$g_2 + 2\pi G\sigma_{1,2}h_{1,2} - \left(\frac{\partial g}{\partial z}\right)h_{1,2} = g_1 - 2\pi G\sigma_{1,2}h_{1,2} \qquad (2-45)$$

进而得到

$$\sigma_{1,2} = \frac{1}{4\pi Gh_{1,2}}\left[(g_1 - g_2) + \left(\frac{\partial g}{\partial z}\right)h_{1,2}\right] \qquad (2-46)$$

式中，$\partial g/\partial z$ 为重力垂直梯度，可用 3.086 g.u./m 来代替，由此求得的不同深度的密度值十分有用，既可求出地层平均密度用于有关校正，又可研究地层密度随深度变化的统计规律，有利于深化重力异常的解释。

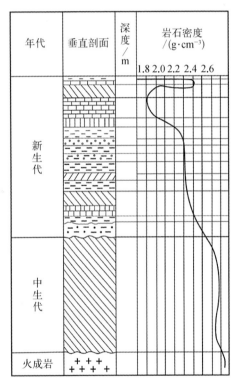

图 2-15　根据不同地层密度值绘制的柱状综合剖面图

（4）按厚度加权求地层平均密度

根据测得的不同地层的密度值，可以绘制出柱状综合剖面图，如图 2-15 所示。

如果标本取自钻井岩心或不同地质年代的地层，则可将密度测定或计算的结果与地质柱状剖面图综合在一起，从这种图中可以清楚地看出哪几个年代的地层密度分界面对重力勘探有利。

绘制柱状综合剖面图时，如果同一地质年代的岩层由若干个不同岩性的薄层组成，则可用厚度加权的方法求出地层平均密度，计算公式为

$$\bar{\sigma} = \frac{\sum\limits_{i=1}^{N}\sigma_i\Delta h_i}{\sum\limits_{i=1}^{N}\Delta h_i} \qquad (2-47)$$

式中，σ_i 和 Δh_i 分别为各岩层的密度与厚度；N 为薄层数。

2.2　重力资料采集方法与技术

根据重力测量所处的空间位置的不同，重力野外测量可分为地面重力勘探、航空

重力勘探和海洋重力勘探几种测量方式。此外,现代重力勘探除了常规重力值观测外,还有垂直梯度测量。这里主要介绍在地热资源勘查中常用的地面重力勘探的观测仪器、工作方法及相关资料整理(刘天佑,2007;王妙月,2003)。

2.2.1　重力观测仪器

重力测量法的应用范围在很大程度上取决于重力测量所使用的仪器。凡与重力有关的物理现象,理论上都可以用来测定重力值。根据测量的物理量的不同,重力测量法可以分为动力法和静力法两类。动力法观测的是物体的运动状态(时间与路径),用来测量重力的值,即绝对重力值;而静力法则是观测物体的平衡状态,用以确定两点间的重力差值,也就是相对重力值。重力勘探一般都是相对重力测量,然后再根据绝对重力值已知点进一步转换为绝对重力值。相应于这两类重力测量法的仪器分别称为绝对重力仪和相对重力仪。

1. 绝对重力仪

绝对重力测量通常利用振摆的自由摆动或自由落体运动(自由下落法和上抛法)来计算重力加速度。绝对重力仪制造复杂,精度要求高,因而设备笨重,观测时间一般为 1~2 d,仪器安装及观测条件要求较高,所以只能在少量点上进行。我国是当今少数几个能进行绝对重力测量的国家之一。我国于 1979 年成功试制出精度为 ±0.1 g.u. 的绝对重力仪,1980 年制造出精度约为 ±0.2 g.u. 的 NIM - Ⅰ 型可移式仪器,1985 年后又制造出 NIM - Ⅱ 和 NIM - Ⅲ 型可移式绝对重力仪。NIM - Ⅱ 型可移式绝对重力仪的精度为 ±0.14 g.u.,质量也减轻至 250 kg。NIM - Ⅲ 型可移式绝对重力仪改进为“双下落”方案,将自由落体放在小真空室内,下落时小真空室与物体一起在大真空室下落,使测量期间无内震源,以提高精度。

2. 相对重力仪

大量的重力测量工作是相对重力测量,这种测量的仪器要求质量轻,体积小,精度高,便于野外工作。

目前应用最广泛的相对重力仪有两种结构:一种为石英弹簧重力仪,如加拿大先达利(Scintrex)公司的 CG - 5 型全自动重力仪、美国的 Worden 重力仪和我国的 ZSM 型重力仪;另一种为金属弹簧重力仪,目前世界上应用最广泛的是美国制造的 LaCoste-Romberg 型重力仪,其可分为 G 型(大地型)和 D 型(勘探型)两种,其测量精度约为±0.1 g.u.,灵敏度较高,其中 G 型仪器的直接测程为 70 000 g.u.,可进行全球范围的相对重力测量,而无须调整测程。

1) 石英弹簧重力仪

石英弹簧重力仪是当前世界使用最广泛的相对重力仪之一,种类较多,构造大同小异,工作原理类似。这里简单介绍一下石英弹簧重力仪的构造及有关问题。

石英弹簧重力仪的构造主要由三部分组成。

(1) 弹性系统,又称灵敏系统。它主要由负荷、摆杆、扭丝、主弹簧及温度补偿丝等装置组成。除负荷及温度补偿丝为金属外,其余均由石英制成。这些部件由一个矩形石英框架支撑着,并固定在密封容器(真空瓶胆)内。

(2) 光学系统,又称指示系统。它是一个长焦距显微镜,由目镜、刻度片、场镜、反射镜、物镜、聚光镜、灯泡等组成。

(3) 测量系统。它由读数装置、测程调节装置及纵向水准器、横向水准器等组成。

2) 金属弹簧重力仪

金属弹簧重力仪灵敏度较高,操作简单,使用方便,零点漂移小,有恒温装置,可保持读数稳定。它具有两套读数系统(光学读数和电子读数)。仪器结构与石英弹簧重力仪类似。不同的是平衡体的转轴为一很细的金属丝(已经过退磁),而不是石英弹簧。

3. 影响重力仪精度的因素及消除影响措施

影响重力仪精度的因素主要有温度、气压、电磁力、安置状态不一致和零点漂移等。

(1) 温度

温度变化会使重力仪各部件热胀冷缩,各着力点间相对位置发生变化;弹簧的弹力系数和空气密度(与平衡体所受浮力有关)也是温度的函数。以石英弹簧为例,它的弹性温度系数约为 120×10^{-6},即温度变化 1 ℃时,相当于重力变化了 1 200 g.u.。因此,消除温度变化的影响是提高重力仪精度的重要保证。减小或消除这种影响的途径是:① 选择受温度变化影响小的材料制造仪器的弹性元件;② 采用温度补偿装置;③ 采用电热恒温使仪器内部温度基本保持不变。

(2) 气压

气压变化会使空气密度改变从而使平衡体所受的浮力发生变化,并在仪器内腔形成额外气流。因此,一般将弹性系统放在密封的容器中。此外,还可增加气压补偿装置。

（3）电磁力

若重力仪的弹性系统是由石英制成的,则由于摩擦吸附作用,往往会自动积累电荷,使平衡体受到附加静电力。为了消除这种影响,通常在绝缘体的表面镀一层金属膜,或在平衡体附近放一定量的放射性物质使空气电离,从而避免电荷积累。若弹性系统是用铁磁性金属材料制作的,则要考虑磁场变化的影响。所以,有些金属弹簧重力仪都对弹性系统消磁并放在磁屏里,以消除这种影响。

（4）安置状态不一致

由于重力仪在各测点上的安置不可能完全一样,因而摆杆与重力的交角就会不一致,从而使测量结果既包含各测点间重力的改变值,又包括摆杆与垂直方向交角不一致的影响。为了使后者的影响降低到最低限度,应取平衡体的质心与水平转轴所构成的平面为水平时的平衡体位置作为重力仪的零点位置。因此,重力仪都装有指示水平的纵、横向水准器和相应的调平脚螺丝,有的还装有灵敏度更高的电子水准器和自动调节系统。

（5）零点漂移

在同一点上不同时间进行多次观测的结果,在完全去掉其他各项影响之后,还会出现差异。这种随时间变化的现象称为重力仪的零点漂移。其原因主要是弹簧连续不断受重力作用后,导致弹簧出现弹性疲劳及发生蠕变,变化的大小和规律与制造弹簧的材料及工艺水平有关。故零点漂移的规律和大小因仪器而异。一台高质量的重力仪,其零点漂移和时间成正比。为了消除这种影响,首先应选择合适的制造弹性系统的材料。实际工作时,还应根据零点漂移的基本规律及零漂值的大小进行零漂校正。

2.2.2　重力勘探的工作方法

重力勘探工作的全过程大致可分为三个阶段：首先根据承担的地质任务进行现场踏勘并编写技术设计书;然后开展野外重力测量,采集各种有关数据;最后对实测数据进行必要的处理和解释,编制成果图及报告。

1. 重力勘探野外工作技术设计

野外施工之前,应根据具体的地质任务先编写技术设计书,它是野外重力施工的依据。技术设计书中主要解决的问题是工作比例尺的确定和测网的选择、精度要求和误差的分配等。

1）工作比例尺的确定和测网的选择

重力测量的方式一般为面积测量和剖面测量。面积测量是重力测量的基本形式，它可以提供工区内重力异常全貌。剖面测量多用于详查或专门性测量。不论是进行剖面测量还是面积测量，首先应确定工作比例尺，针对不同地质任务选择合适的比例尺。

（1）工作比例尺的确定

工作比例尺反映了工作的详尽程度，也就是提交的重力异常图的比例尺。工作比例尺一般是根据地质任务、探测对象的大小及异常的特点来确定的。工作比例尺越大，对重力异常的研究详细程度就越高。

小比例尺一般可分为4种：1:1 000 000、1:500 000、1:200 000 和 1:100 000。其中，1:1 000 000 和 1:500 000 这两种比例尺主要适用于重力空白区的调查，其目的是研究地壳深部构造和区域构造划分等。1:200 000 和 1:100 000 这两种比例尺主要用于能源普查或经区域调查确定的成矿远景区。

大比例尺一般可分为 1:50 000~1:500 的各种比例尺，多用于构造详查或研究局部构造、岩矿体位置、产状等。

以上比例尺的划分大体对应地质上的概查、普查和详查。

（2）测网的选择

面积测量一般分为非正规测网和正规测网。非正规测网又称自由网；正规测网又分为长方形网和正方形网，线距大于点距为长方形网，线距等于点距则为正方形网。

在小比例尺测量中，一般可以选用自由网，沿一些交通路线布置，并使测点均匀分布在全区，在图上每平方厘米内有 0.5~3 个测点。在详查或更大的比例尺中，则要建立正规测网。对于等轴状的地质体应采用正方形网，对于有一定走向的地质体应采用长方形，而且测线方向尽量垂直地质体走向布置，同时测线距离大于测点距离。一般来讲，测线距离不能大于地质体在地面上的投影长度的 1/3~1/2。其目的是保证至少有 2~3 条测线同时穿过所寻找的地质体。

实际工作中，测点的距离是根据可信异常宽度大小确定的。可信异常宽度是指测线上异常曲线幅值大于异常均方误差 2 倍的两个测点之间的水平距离。一般测点的距离应为可信异常宽度的 1/3~1/2,以保证不漏掉有意义的异常。表 2-3 和表 2-4 列出了各种比例尺重力测量时的点距、线距要求,供设计时参照选择。

表 2-3 小比例尺重力测量时的点距要求

比例尺	面积测量时的测点密度 /(km²/测点)	剖面测量时的相邻点距 /km
1:1 000 000	80~160	5~10
1:500 000	20~40	2~5
1:200 000	4~8	1~2
1:100 000	1~2	0.5~1

表 2-4 大比例尺重力测量时的点距、线距要求

比例尺	长方形网		正方形网
	线距/m	点距/m	线距/m (点距=线距)
1:50 000	500	100~500	—
1:10 000	100	20~50	—
1:5 000	50	10~20	30~40
1:2 000	20	5~10	10~20
1:1 000	10	2~5	5~10
1:500	5	1~2	2~5

2) 精度要求和误差的分配

确定重力异常的精度,一般用重力异常的均方误差来衡量,它包括重力观测值的均方误差和对重力观测值进行校正时各项校正值的均方误差。重力异常的均方误差应根据地质任务和工作比例尺来确定。对于不同比例尺的重力测量,《区域重力调查规范》给出了可供选择的精度要求及误差分配值,施工前可参照编写技术设计书。在满足重力异常精度要求的前提下,可以根据仪器性能、工区地形情况、测地工作技术

条件等合理地分配重力观测值的均方误差与各项校正值的均方误差。误差分配合理，可以提高野外施工的工效，降低生产费用。

2. 仪器的检查与标定

在野外施工前和施工过程中，为确保取得合格的测量数据，应按照有关技术规定要求，定期对使用的重力仪进行检查和调校，对仪器的性能进行试验和分析。

重力仪应依次进行测程、面板位置、水准器位置、亮线灵敏度等的检查和调校。仪器的性能试验包括静态试验、动态试验和一致性试验。仪器的标定一般情况下是指仪器格值的标定，特殊情况下还要进行温度系数、气压系数和磁性系数的标定。实际经验表明，调校不符合要求不能进行试验，试验不符合要求不能进行标定，否则重力测量的精度难以保证。

（1）重力仪的静态试验

该试验用于了解仪器静态零点漂移是否呈线性变化、受气温变化的影响大小或在抽气（为保持仪器的真空度）前后读数的变化和稳定性等。

将仪器置于安静、通风的平房或楼房一层的室内，每隔 20～30 min 观测一次，同时记录室内温度，连续进行 24 h 以上的观测，经固体潮校正后得到重力仪的静态零点漂移曲线。静态零点漂移曲线应近于线性，在设计的闭合时间内，静态零点漂移曲线与直线的最大偏差应小于设计的观测均方误差。

图 2-16 为某一 CG-5 型重力仪静态零点漂移试验曲线图，从图中可以看出，该仪器的静态观测时间满足大于 24 h 的要求，在大于 24 h 的连续观测时间内，重力仪的静态零点漂移曲线呈连续线性，最大总掉格为 -0.064×10^{-5} m/s^2，静态零点漂移曲线与直线的最大偏差为 -0.002×10^{-5} m/s^2。

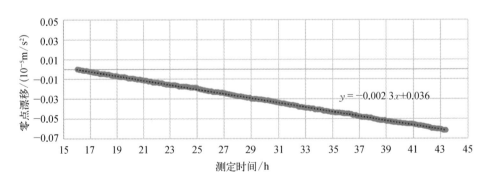

图 2-16　某一 CG-5 型重力仪静态零点漂移试验曲线图

（2）重力仪的动态试验

动态试验的目的是了解仪器动态混合零点漂移的速率、动态观测下达到的可能精度，以及确定最佳工作时间范围和最大线性零点漂移时间间隔。

动态试验是在接近野外施工条件下进行的，选取具有一定重力差的两个点或多个点，采用与施工相同的搬运方式，以多次重复观测的方法进行。采用两点动态试验时，两点间重力差不小于 $3×10^{-5}$ m/s²；采用多点动态试验时，相邻点间重力差一般在 $0.5×10^{-5} ~ 5×10^{-5}$ m/s²，两点间单程观测时间间隔不大于 20 min，同时记录气温。试验时间应超出开工前和收工后各一个小时，并不少于 12 h。

观测结果经重力固体潮校正后得到重力仪的动态混合零点漂移曲线。动态观测精度计算公式为

$$\varepsilon = \pm\sqrt{\frac{\sum\limits_{i=1}^{m} V_i^2}{m-n}} \qquad\qquad (2-48)$$

式中，V_i 为各边段上单个独立增量与该边各独立增量平均值的差；m 为独立增量总个数；n 为边段数。当仅有两个点时，$n=1$。动态观测的均方误差不能大于设计的测点重力观测均方误差的 1/2，否则认为仪器性能不能满足施工要求。下面以两点动态试验进行说明。

在某地采用 CG-5 型重力仪进行两点动态试验，选择的两试验点之间的重力差值为 $4.627×10^{-5}$ m/s²，采用与野外测点施工相同的搬运方式，以步行多次重复观测的方式进行。两点间单程观测时间间隔为 15~20 min，试验时间大于 12 h，CG-5 型重力仪带有恒温器，自动记录环境温度，并进行了温度补偿。观测结果经理论固体潮校正后，得到重力仪的动态混合零点漂移曲线，根据其计算出仪器的动态观测精度、动态零点漂移率和零点漂移线性部分的持续时间。图 2-17 为该仪器动态零点漂移测定曲线图，表 2-5 为依据式（2-48）计算的观测精度统计结果，表明仪器的动态零点漂移线性部分的持续时间大于 12 h，观测值重复性较好，数据稳定，仪器性能符合规范要求的精度。

（3）重力仪的一致性试验

当需用两台以上的仪器在工区工作时，应做此试验。一致性试验点数应不少于 30 个（不包含基点），采用汽车或步行运送，闭合时间、点距和路面状况应与实际工

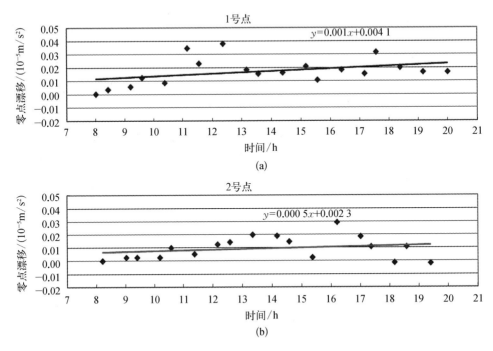

图 2-17　CG-5 型重力仪动态零点漂移测定曲线图

表 2-5　CG-5 型重力仪动态零点漂移试验观测精度统计结果

仪器型号	动态观测均方误差 $\varepsilon/(10^{-5}\ m/s^2)$	动态零点漂移率 $/[10^{-5}\ m/(s^2/h)]$	试验结果
CG-5 型	±0.007	0.001	合　格

作相同或类似。它可以与动态观测的试验结合进行,也可另选一些重力变化大的点(相邻点间重力值的变化一般要求大于 $1\times10^{-5}\ m/s^2$),用往返重复观测的方式进行。试验结果仍用式(2-48)计算均方误差,但其中的 V_i 表示某台仪器在某点上的观测值与各台仪器在该点上的观测平均值的偏差, m 为各台仪器总的观测次数, n 为观测点数减 1。计算应对各台仪器分别进行,超出精度要求的仪器,不能参加重力测量。

(4)重力仪格值的标定

准确标定重力仪格值是消除系统误差的重要保证。虽然仪器出厂时标定了格值,但可能发生变化。重力生产工作要求在开工前和野外收工时必须对仪器格值进行校正,当施工中仪器受到强烈震动后也应进行校正。在野外工作中,一般要求由仪器格值测定误差造成的任一闭合段内测点观测的最大误差,不得超过设计的重力观测均方误差。重力仪格值常用已知点法和倾斜法进行标定。

3. 基点网的布置与观测

1)基点、基点网和总基点

由于重力仪本身存在着无法消除的零点漂移,随着观测时间的延长,零点漂移积累越大,且往往不与时间呈线性关系。因此重力仪在测点上进行观测时,需要有一些精度更高、重力值已知的点来控制,这些点称为基点。当测区面积很大时,只设一个基点工作很不方便,为了控制普通测点的观测精度,须设立多个基点,这些基点相互联系就组成基点网。此外,重力测量往往是相对测量,仪器测出的异常须在全区内选一个基准点作为异常的起算点,这个起算点即总基点。

基点网的作用在于检查重力仪在工作过程中的零位移情况,确定零位移校正系数;控制普通测点的观测精度,避免积累误差;推算全区重力测点上的相对重力值或绝对重力值。

2)基点网的设立原则

(1)基点网中的基点一般要均匀分布在全区,在地形条件差的地段要多增设基点,同时基点要有统一的编号。基点间距离的远近应根据仪器零点漂移量的大小来确定,在保证精度的前提下应尽量减少基点的个数。

(2)基点应选择在交通方便,标志明显,易于永久保存的地方。

(3)基点网联测可采用一台仪器多次重复观测或多台仪器重复观测,保证基点值的精度高于普通测点观测精度的2~3倍。所以,基点之间的重力差值(增量或段差值)至少应由两个以上独立增量的平均值来确定。

3)基点网的联测

基点网的观测方法以能对观测数据进行可靠的零漂校正,能满足设计提出的精度要求为原则,当所有重力仪的零点漂移很小又近于线性时,可以采用往返重复观测法。否则,应采用多台仪器多次重复观测的方法,目前最常用的是三重小循环观测法。

(1)往返重复观测法:重复观测路线先从一个基点出发按顺序依次进行测量,到最后一个基点后按原路线返回再依次重复测量,路线如图 2-18 所示。

(2)三重小循环观测法:为了提高精度,尽量保证重复时间相近,基点网联测可以采用三重小循环观测路线方法,即采用 A→B→A→B→C→B→C→D→C→

D……的观测路线,如图2-19所示。利用这样的方式可以分别计算出A、B基点间两个非独立增量,最后由这两个非独立增量的平均值计算出该段的总平均值,称为一个独立增量。

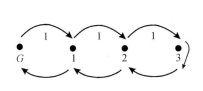 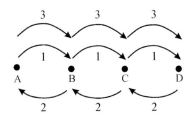

图2-18　往返重复观测法　　　　　图2-19　三重小循环观测法

4. 普通测网的布置与观测

（1）测地工作

布置测网、确定测点的坐标位置及高程均属测地工作。测地工作质量的好坏直接影响重力测量精度。

在较大比例尺（如大于1∶50 000）的重力测量中,可使用经纬仪、水准仪等测距、测高,以保证精度;在某些小比例尺（小于1∶200 000）的重力测量中,可用相应的地形图来确定点位和高程。随着测地技术的发展,目前很多测地工作均使用全球定位系统（GPS）来确定点位和高程。

重力异常变化与测点高程密切相关,点位和高程测量的精度由布格重力异常均方误差的标准而定。测地工作结束后,无论是点位测量还是高程测量均需做精度评价。

（2）普通测点观测

普通测点是测区内为获得探测对象引起的重力异常而布置的观测点,它们应按设计的测网形状、点线距等均匀布设在全区。布点时若因地物、地形限制,测线或测点均允许偏离,一般不得超过设计的点线距的20%,最大不超过40%。

在利用已知基点网的前提下,普通测点观测是从某一个基点出发经过一些测点后回到该基点或到另一个基点的闭合观测。普通测点一般采用单次观测,其路线如图2-20和图2-21所示,但必须在规定时间内起止于基点,以便按时测定重力仪的零点漂移,准确地对各观测点进行零点校正。

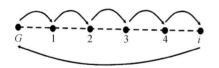

图 2-20　使用单基点的测点
观测路线图

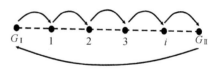

图 2-21　使用两个基点的测点
观测路线图

（3）检查点观测

为了检查在普通测点上重力观测的质量,需要抽取一定数量的点做检查点观测,按规范要求检查点数占总点数的 5%～10%,在大面积的区域调查中也不应少于 3%,而且检查点应尽量均匀分布于研究区。

检查点观测应贯穿野外施工全过程,做到一同三不同,即同点位,不同仪器、不同时间、不同操作人员。

2.2.3　重力野外资料的整理

野外重力观测数据须经过一系列整理和计算后才能成为具有确切意义的异常值。主要包括以下两步:① 通过观测数据的初步整理得到各个测点的相对重力值;② 相对重力值经过地形、中间层、高度及纬度校正得到重力异常。

1. 观测资料的初步整理

整理的目的是求出消除仪器的零点漂移之后各测点相对于基点的重力值。

仪器的零点漂移是时间的函数,严格来说仅指弹性元件疲劳等造成的读数变化,也称为纯零点变化。但实际上除了零点漂移外,观测数据中还包括重力日变(重力固体潮)影响和温度变化残余影响,习惯上将这几种因素叠加在一起统称为混合零点漂移。对于中、小比例尺的测量来说,这一整理就称为混合零点校正;对于大比例尺的详查、精测来说,一般应先进行固体潮校正,对余下的纯零点漂移和温度影响残余再做零点校正。

如图 2-21 所示的观测方式,在 G_I 与 G_{II} 两基点间进行观测的第 i 个测点的零点漂移值计算公式为

$$\left.\begin{array}{l} \Delta g_{it} = k(t_i - t_I) \\[2mm] k = -\dfrac{\Delta g'_{II,I} - \Delta g_{II,I}}{t_{II} - t_I} \end{array}\right\} \tag{2-49}$$

式中，k 为校正系数；$\Delta g'_{\text{II、I}}$ 为进行普通测点观测时求得的 G_{II} 与 G_{I} 两基点间的重力差，而 $\Delta g_{\text{II、I}}$ 为这两个基点经平差后的已知重力差；t_{II}、t_{I} 和 t_i 分别表示在 G_{II}、G_{I} 两个基点和第 i 个观测点上的观测时刻。用各个测点的重力读数减去零点漂移值，即进行零点校正，便得到该点的相对重力值。如果 G_{I} 与 G_{II} 为同一基点，则令式(2-49)中的 $\Delta g_{\text{II、I}} = 0$ 即可。

2. 基点网平差

（1）基点网段差的计算方法

各相邻两基点间（一个边段）的重力差值称为段差。常用的三重小循环观测法，由于同一点相邻两次观测的时间差较小，可以较好地监测重力仪的零点漂移，且在较短的时间内，也可以较合理地将零点变化视为线性。按这种方式进行观测，可以用下述解析法求相邻两基点间经零点校正后的重力段差值。

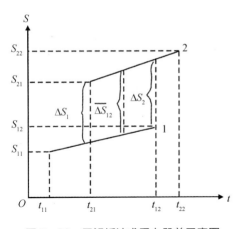

图 2-22 表示 1、2 两点上各自的零点漂移折线，S_{11}、t_{11} 分别表示第一点上第一次观测的读数值和观测时刻，其余类推，于是有

$$\left.\begin{aligned} \Delta S_1 &= S_{21} - S_{11} - \left[\frac{S_{12} - S_{11}}{t_{12} - t_{11}}(t_{21} - t_{11}) \right] \\ \Delta S_2 &= S_{22} - S_{12} - \left[\frac{S_{22} - S_{21}}{t_{22} - t_{21}}(t_{22} - t_{12}) \right] \\ \overline{\Delta S_{12}} &= \frac{\Delta S_1 + \Delta S_2}{2} \end{aligned}\right\}$$

图 2-22　用解析法求重力段差示意图

$$(2-50)$$

所以 1、2 两点间的重力差为 $\Delta g_{12} = \overline{\Delta S_{12}} \times C$，$C$ 为该仪器的格值。其余各个段差可用同一方法计算。

（2）闭合差

理想情况下，对一个基点网闭合环路的观测，将每个边段的重力差相加后应为零。实际上，因为重力观测和校正中存在着各种不可避免的误差，往往使得段差之和不为零，这个不为零的数就称为基点网的闭合差。基点网平差就是将每个环路的闭合差按照一定的方法和条件分配到相应环路的每个边段上，使分配后环路上各边的段差之和为零，因而这种平差又称为条件平差。平差无误后，可以求出各基点相对起始基点(或总基点)的相对重力值(或绝对重力值),最后再计算基点网平差后的精度。

图 2-23 就是计算闭合差的例子。各边外侧圆括号内的数值是段差值,它们的符号由选定的正方向来确定。例如以顺时针方向为正方向,DE 边上的 13.61 表示 E 点比 D 点高 13.61 g.u.,其余类推。根据每边的段差(包括符号),可以求得两个环路各自的闭合差为 0.60 和-0.80,并称为原始闭合差。要注意的是公共边上两侧的值的符号是相反的,因为同一条边在两个环中的正方向正好相反。产生闭合差的主要原因是重力仪混合零点校正的不完全。

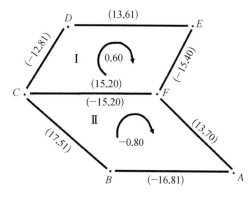

图 2-23　基点网的闭合差及平差

(3) 条件平差

基点网可按网内是否包含更高一级的基点而分为自由网与非自由网。所谓非自由网,是指网内包含有精度更高一级的基点,它们的值已知,不参与本级基点网的平差;而不包含更高一级基点的网则称为自由网。

若只有一个闭合环路,该环的闭合差为 V,每边上观测的平均时间为 t_i,在按各边观测时间的长短来分配闭合差时,其平差系数为

$$k = \frac{V}{\sum t_i} \qquad (2-51)$$

则第 i 条边上的平差值为

$$\delta g_i = - k t_i \qquad (2-52)$$

这样,该闭合环满足了 $V + \sum \delta g_i = 0$ 的条件。

当基点网由多个环路组成,每个环上都有一条或多条公共边时,就要求用由每个环的闭合差所求得的 k_i 来进行平差,并使同一条公共边上两侧的平差值大小相等而符号相反。

3. 重力异常的计算

经过零点校正后的重力观测结果是各测点相对于总基点的相对重力值,它是地

下介质、周围地形、纬度、高度等多种因素综合作用的结果,而我们关心的是由地壳上层内物质分布不均匀所引起的重力的变化情况,所以在进行有关处理和解释之前,要对观测资料进行地形校正、中间层校正、高度(自由空间)校正、正常场(纬度)校正等工作以获取有意义的重力异常。

(1) 地形校正

如图 2-24 所示,设 A 点为观测点,曲线 S 代表地面。地形校正就是要将高出 A 点部位(图中 M 区)的物质影响消除,将低于 A 点的部位(图中 N 区)填充上同样密度的物质,在重力值中加上其影响。我们很容易由万有引力定律推导出 M、N 区的校正公式:

$$\left.\begin{aligned}\Delta g_M &= G \iiint_z^0 \frac{\zeta \sigma \mathrm{d}v}{r^3}\\[2mm]\Delta g_N &= G \iiint_z^0 \frac{\zeta \sigma \mathrm{d}v}{r^3}\end{aligned}\right\} \qquad (2-53)$$

式中,G 为万有引力常数;σ 为 M 区中的介质密度;r 为 A 点至 M 区或 N 区中某微质量单元 $\mathrm{d}m$ 的距离。M 区 Z 值为负,N 区 Z 值为正。

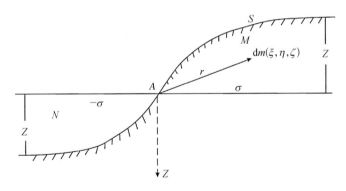

图 2-24 地形影响示意图

由此可知,与地形平坦的情况相比,高于 A 点的地形质量对 A 点产生的引力,其铅垂方向的分力会使 A 点的重力值减小;低于 A 点的地形,由于缺少物质,也会使 A 点的重力值减小。所以,不管 A 点周围地形是高还是低,在 A 点周围地形平坦的情况下,其地形影响值都将使 A 点的重力值变小,故地形校正值总是正的(在不考虑大地水准面弯曲的情况下)。

由于实际地表起伏很复杂,积分限很难用数学解析式表示。因此,通常采用一些近似方法进行地形校正,即将以测点为中心的四周地形分割成许多小块,计算出每一小块地形质量对测点的重力值,然后累加求和便得到该点的地形校正值。

根据测点周围地形分块的形状,地形校正方法分为扇形分区法及方形域法。前者是一种利用地形校正量板进行手算的方法,在重力勘探中流行了许多年,现在很少使用;后者是正在使用的采用计算机的快速算法。

通常做地形校正把测点(计算点)周围地区分为近、中、远区,在这三个区内,高程值的取数密度可以不同,即近区的取数点距较小,而中、远区的稍大。以 1∶50 000 的重力调查为例,近区地形改正范围为 0~20 m,测点高程应根据设计精度采用野外实测或用地形图读图计算,也可将两种方法结合使用,读图所用地形图的比例尺不小于 1∶5 000。中区地形改正范围为 20~2 000 m,所用地形图或航摄资料的比例尺一般为 1∶5 000、1∶10 000,在没有 1∶5 000 或 1∶10 000 的地形资料时,也可使用不超过 1∶50 000 的最新地形图或航摄资料。DEM 高程数据的网格节点距一般为 5~25 m,对于地形起伏较大的地区,应使用加密高程数据。远区地形改正分为远Ⅰ区和远Ⅱ区,远Ⅰ区地形改正范围为 2~20 km,远Ⅱ区地形改正范围为 20~166.7 km。平原地区可只进行远Ⅰ区地形改正,山区宜进行远Ⅱ区地形改正。远Ⅰ区地形改正应使用 1∶50 000 或更大比例尺的地形图或航摄资料,其 DEM 高程数据的网格节点距为 25~200 m。远Ⅱ区地形改正使用 5′×5′ 平均高程数据进行。因此,地形校正值计算公式为

$$\Delta g_T = \Delta g_{近} + \Delta g_{中} + \Delta g_{远} \tag{2-54}$$

（2）中间层校正

地形校正后,相当于测点周围为平地。如图 2-25 所示,B 为总基点,A' 为 A 点在过 B 点的水准面(或大地水准面)上的投影,h 为 A 点与 B 点的高度差(或海拔高程)。A 点与 A' 点相比,多了一个密度为 σ、厚度为 h 的物质层(称为中间层)的引力作用。由于各测点高度不同,所以受中间层引力铅垂分量影响的大小也不相等,为此,必须进行中间层校正,以去掉这种影响。

中间层校正的公式为(以圆柱坐标表示)

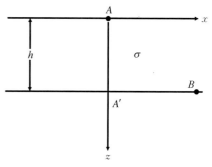

图 2-25　中间层影响示意图

$$\Delta g_{\sigma} = -\left(0.419 - \frac{0.209\,5}{\{R\}_{\mathrm{m}}}\{h\}_{\mathrm{m}}\right)\{\sigma\}_{\mathrm{g\cdot cm^{-3}}}\{h\}_{\mathrm{m}}(\mathrm{g.u.}) \qquad (2-55)$$

或

$$\Delta g_{\sigma} = -0.419\{\sigma\}_{\mathrm{g\cdot cm^{-3}}}\{h\}_{\mathrm{m}}(\mathrm{g.u.}) \qquad (2-56)$$

式中，σ 的单位为 $\mathrm{g/cm^3}$；h 的单位为 m，测点高于基点时 h 为正，反之为负；R 为地形校正最大半径，单位为 m。

（3）高度（自由空间）校正

经过地形校正和中间层校正后，与 A' 点相比，A 点只剩下高度 h 的影响，对这个高度影响予以消除则称为高度校正，也称为自由空间校正。

高度校正公式为

$$\Delta g_h = 3.086(1 + 0.000\,7\cos 2\varphi)\{h\}_{\mathrm{m}} - 7.2 \times 10^{-7}\{h\}_{\mathrm{m}}^{2}(\mathrm{g.u.}) \qquad (2-57)$$

式中，φ 为测点的纬度；h 的单位为 m，测点高于基点时 h 为正，反之为负。

通常将中间层校正与高度校正进行合并，称为"布格校正"，即

$$\Delta g_b = \Delta g_{\sigma} + \Delta g_h \qquad (2-58)$$

（4）正常场（纬度）校正

测点 A 上的重力观测值经上述三项校正后，已将其中的正常重力值部分归算到 B 点所在的水准面（或大地水准面）上。但如果 A' 点与 B 点不在同一个纬度上，则 A' 点与 B 点还存在因纬度不同而带来的正常重力值的不同，这一影响也必须去掉。

在大面积测量中，采用的方法是将测点的纬度值 φ 代入式(2-20)算出正常重力值，再从观测值中减掉它，这种校正方法称为正常场校正。

在小面积测量中，通常是求测点相对于总基点的纬度变化所带来的正常重力值的变化，并予以校正，称为纬度校正。可由式(2-20)得出近似纬度校正公式：

$$\Delta g_{\varphi} = -8.14\sin 2\varphi\{D\}_{\mathrm{km}}(\mathrm{g.u.}) \qquad (2-59)$$

式中，D 为测点与总基点间纬向（南北向）的距离，单位为 km。在北半球，当测点位于总基点以北时 D 取正号，反之取负号。φ 为总基点纬度或测区平均纬度。

2.2.4 重力异常的地质-地球物理含义

由于在进行各种重力校正的过程中，对地球的物质分布进行了不同的调整，得到

了不同的重力异常,因而相应的重力异常具有各自的地质-地球物理含义。图2-26
是按艾里均衡假说的地壳质量分布表示的各种校正及其相应的重力异常意义示意
图,此图可以帮助我们进一步理解这些校正的物理意义和重力异常的含义。此处取
地壳的平均密度为 2.67 g/cm³,上地幔的平均密度为 3.27 g/cm³。

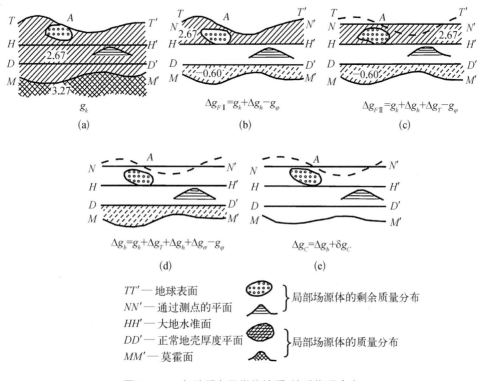

图2-26　各种重力异常的地质-地球物理含义

1. 自由空间重力异常(Δg_F)

图2-26(a)表示在地球表面 TT' 上 A 点处进行重力测量,将经零点漂移校正后的
重力观测值设为 g_k。A 点在大地水准面 HH' 上投影处的正常重力值为 g_φ。自由空间
重力异常的意义示于图2-26(b)中,观测值仅做高度校正和正常场校正所得结果即
为自由空间重力异常,则有

$$\Delta g_{FI} = g_k + \Delta g_h - g_\varphi \qquad (2-60)$$

自由空间重力异常 Δg_{FI} 反映的是实际地球的形状和质量分布与大地椭球体的偏

差。大范围内负的自由空间重力异常,表明其下有物质相对亏损,反之则有物质相对盈余。

若在自由空间重力异常 Δg_{FI} 的基础上,再做地形校正,所得异常称为法伊异常[图2-26(c)],即

$$\Delta g_{FII} = g_k + \Delta g_h + \Delta g_T - g_\varphi \qquad (2-61)$$

2. 布格重力异常(Δg_b)

图2-26(d)表示了布格重力异常的意义。这是勘探部门应用最为广泛的一种重力异常。它是将观测值经过地形校正、布格校正和正常场校正后得到的,即

$$\Delta g_b = g_k + \Delta g_T + \Delta g_h + \Delta g_\sigma - g_\varphi \qquad (2-62)$$

显然,布格重力异常包含了壳内各种偏离正常密度分布的矿体与构造(图2-26中局部场源体的剩余质量)的影响,也包括了地壳下界面起伏而在横向上相对上地幔质量的巨大亏损(山区)或盈余(海洋)的影响。所以,布格重力异常除了有局部的起伏变化之外,从大范围来说,在陆地,特别是在山区,是大面积的负值区;山越高,异常负得越大;在海洋区,则属大面积的正值区。

3. 均衡重力异常

实测重力异常显示,高山之下存在某种物质的缺失,而在湖海等低洼地带则会出现物质盈余。为解释这种现象,人们提出地壳均衡理论,即从地下某一深度起,相同截面所承载的质量趋于相等。根据这个理论,山之下会存在较深的山根,相对周围物质其密度较低,海之下则有隆起的反山根,其密度相对较高。

如果将进行地形校正时移去的大地水准面以上多余的、按正常地壳密度分布的物质回填到大地水准面以下至均衡补偿面之间,计算出的这种回填物质在测点处的影响,称之为均衡校正值。对布格重力异常进行均衡校正就得到均衡重力异常,如图2-26(e)所示。

在完全均衡的条件下,均衡重力异常接近于零,反之会因补偿不足或补偿过剩而出现正的或负的均衡重力异常。

下面举例说明我国的地壳均衡状态。图2-27是我国的一条东西向,由青岛通过济南、太原、西宁、拉萨直到边境的地形起伏与相应地壳厚度变化的对比剖面。图2-27表明,地形起伏与相应地壳厚度变化呈反相关关系,遵循了艾里的均衡假说;同时"莫霍界面深度图"和"中国地形"中高程变化的非常好的反相关关系表明我国在总体上达到了地壳均衡。

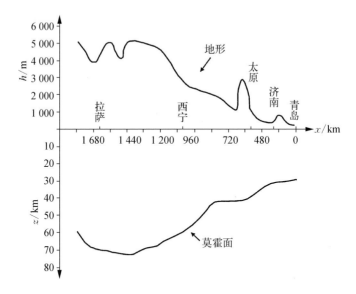

图 2-27　中国部分地区地形起伏与相应地壳厚度变化对比剖面

2. 3　重力资料的处理与解释

2. 3. 1　重力异常的处理与转换

重力异常处理与转换的过程是根据重力异常的数学物理特征,对实测异常进行必要的数学加工处理,提高信噪比,突出用异常使实际异常满足或接近解释理论所要求的条件。

重力异常处理与转换的内容较为广泛,既可以在空间域中进行,也可以在波数域中进行。以下主要介绍在空间域进行计算和处理的内容。其主要内容包括数据的网格化、异常的圆滑、区域异常和局部异常的划分、异常的转换等。

1. 数据的网格化

在进行重力勘探野外工作时,由于实际地形、人文干扰等因素的影响,导致某些测点无法进行测量,结果会出现漏点或造成实测点分布不均匀。此外,如果利用某些原始重力异常图件进行有用信息的二次开发,必要时需要进行数字化重新取数,此时的取样点也可能呈不规则分布。而重力资料处理需要使用规则网数据,因此,首先必须对测区的重力数据进行网格化从而获得网格化数据,数据网格化的实质就是对不规则的数据点进行插值。插值的方法很多,有拉格朗日多项式法、克里格法、最小二乘拟合法(多项式回归法)和加权平均法(近邻法)等。

2. 异常的圆滑

这项处理旨在消除数据中的某些偶然误差,压制浅层局部干扰。平滑方法主要有以下三种。

(1) 徒手圆滑法

徒手圆滑法适合于对剖面异常的处理,是依据重力异常剖面上的变化规律,徒手修改(圆滑)掉某些明显的突变点。这种做法要求平滑前后各点的重力异常值的偏差,不应超过实测异常的均方误差,即被平滑掉的只应该是误差。

(2) 最小二乘圆滑法

实测重力异常总会有一定的变化趋势,故我们可以用一个多项式来拟合它。最小二乘圆滑法是实现这一目的的一种简便方法。其步骤为首先根据异常的形态,确定一拟合多项式(曲线或曲面),此多项式可以是一次(线性)或多次的;再根据已知异常数据值,采用最小二乘法确定拟合多项式的系数;最后通过拟合多项式求出待圆滑点的圆滑结果。

(3) 平均圆滑法

平均圆滑法就是以计算点为中心,取该计算点周围距离相等的点做平均并作为圆滑计算结果。

3. 区域异常和局部异常的划分

区域异常是叠加异常中的一部分,主要是由分布较广的中、深部地质因素所引起的异常。这种异常的特征是异常幅值较大,异常范围也较大,但异常梯度小,具有"低频"特征。

局部异常也是叠加异常中的一部分,主要是指相对区域因素而言范围有限的研究对象,引起的范围和幅度较小的异常,但异常梯度相对较大,具有"较高频率"特征。

从布格重力异常中去掉区域异常后的剩余部分,称为剩余异常,习惯上看作局部异常。

区域异常和局部异常是相对而言的,没有绝对的划分标准。如图 2 - 28 所示,相对于异常 A 或 A' 而言,B 和 C 皆是区域场,相对于 C 而言,A'、A 和 B 又都是局部场。区域场较局部场范围大得多。区域场通常由深部地质因素引起,局部场由浅部地质因素引起,但也存在相反情况。为单独研究区域场或局部场,必须将它们从实测的叠加场中分离开来。

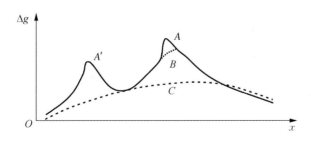

图 2－28　区域异常与局部异常的相对性示意图

异常划分中的许多计算都类似于异常圆滑中的计算,一般将圆滑后的结果称为区域场,将原始异常与圆滑后异常的差称为局部场。异常划分的主要方法有以下几种。

(1) 图解法

图解法是一种传统的手工方法。根据布格异常形态,利用区域异常和局部异常特征上的差异,特别是参照已知的地质情况,凭解释者的经验和估算的区域异常梯度大小及变化,徒手画出直线、曲线或它们的平面组合线,用它们分别表示剖面上的区域异常曲线或平面上的区域异常等值线,然后用每点的布格异常减去该点的区域异常,就得到各点的局部异常(剩余异常)。图解法虽然简便,但效果在很大程度上取决于解释者的经验和对地质情况的熟悉程度。在区域异常趋势比较明显和局部异常较为突出的情况下,这个方法可以获得较好的效果。

图 2－29 是在重力剖面上用直线表示区域异常分离叠加异常的例子。图 2－30 是在剖面上用曲线表示区域异常分离叠加异常的例子。图 2－31 是用一组平行直线表示区域异常分离叠加异常的例子,图 2－31(a)是叠加异常,图 2－31(b)是局部异常。

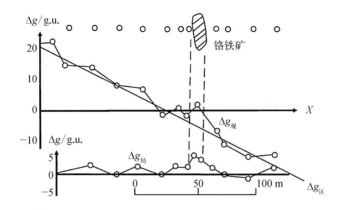

图 2－29　用直线表示区域异常的异常分离实例

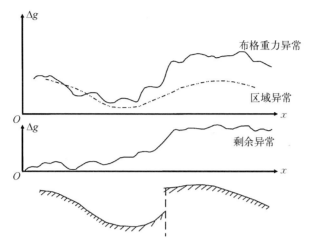

图 2‑30　用曲线表示区域异常的异常分离实例

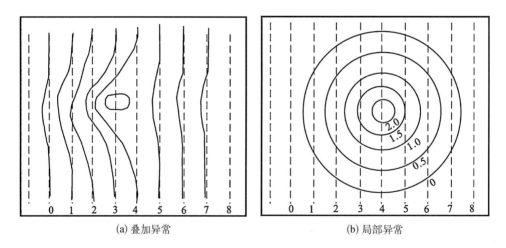

(a) 叠加异常　　　　　　　　(b) 局部异常

图 2‑31　用平行直线表示区域异常的异常分离实例

（2）平均场法

平均场法的基本原理是认为区域异常在一定范围内（剖面上）或一定面积上（平面上）是线性变化的，因而这些区域里异常的平均值可视为中心点处的区域异常。而对局部异常来说，其范围应等于或小于求平均异常时所选用的范围。

（3）趋势分析法

趋势分析法是选用一个 n 阶的多项式来描述整个测区的区域异常，用全区测点上的异常数据通过最小二乘法确定多项式的系数,由测点的布格异常减去由此多项式计算出的区域异常,即得局部异常。

4. 异常的转换

异常的转换是指由观测平面或剖面上的重力异常推算出某任意高度面或剖面上的重力异常及其各种导数的过程。

(1) 位场转换的理论基础

在场源外的空间,引力位及其在各个方向上的偏导数都是调和函数,都满足拉普拉斯方程。在位论中已知对拉普拉斯方程有如下的边值问题。

① 狄利克雷(Dirichlet)问题(第一边值问题)的解:

$$\begin{cases} \nabla^2 \mu = 0 \\ \mu \mid = f(M) \end{cases} \quad (2-63)$$

式中,位场 μ 定义在区域 Ω 内,R 为 Ω 的边界,且在边界上 $\mu \mid_R = f(m)$。

② 诺依曼(Neumann)问题(第二边值问题)的解:

$$\begin{cases} \nabla^2 \mu = 0 \\ \dfrac{\partial \mu}{\partial n} \bigg|_R = \varphi(M) \end{cases} \quad (2-64)$$

式中,各量的意义与式(2-63)中相同,但在边界 R 上 $\dfrac{\partial \mu}{\partial n} \bigg|_R = \varphi(M)$。

绝大部分位场转换的讨论均是建立在上述边界问题中解的积分表达式上的。

(2) 重力异常的解析延拓

根据某观测平面(或水平线)上的观测异常值,确定场源外其他位置空间的重力异常的过程称为解析延拓。向上延拓是将实测异常转换到上半空间的某一高度,反之则称为向下延拓。

向上延拓的主要作用是压制浅部、小的地质体所产生的局部异常,突出深部较大的地质体异常。重力场随距离的衰减速度与场源体积有关。体积越大,重力场衰减越慢。对于同样大小的地质体,场值随距离衰减的速度与场源埋深有关。这样就可以通过向上延拓来压制局部异常的干扰,反映出深部大的具有剩余密度的地质体。

向下延拓的主要作用是相对突出浅部局部异常。它的应用主要表现在两个方面。① 划分水平叠加异常:在埋深较大的情况下,水平叠加异常将成为一个宽而缓的异常。随下延深度的增加,异常范围逐渐变窄且接近地质体的边界。因此,向下延拓在划分水平叠加异常方面有一定的效果。② 评价低缓异常:由于低缓异常的某些特征经常是不明显的,对它进行直接推断解释有一定难度。向下延拓一方面可以突出叠加在区域背景上的局部异常,使之尽量少受区域场的影响;另一方面可以"放大"某些在低缓异常中不够明显的异常特征(如拐点、极值点、零值点等),有利于进一步解释推断。

图 2 - 32 分别为某地向上延拓 1 km、2 km、3 km、4 km 的布格重力异常平面图,可以看出,随着向上延拓高度的增加,重力异常发生较为明显的变化,从而反映了不同深度处重力异常特征的变化。

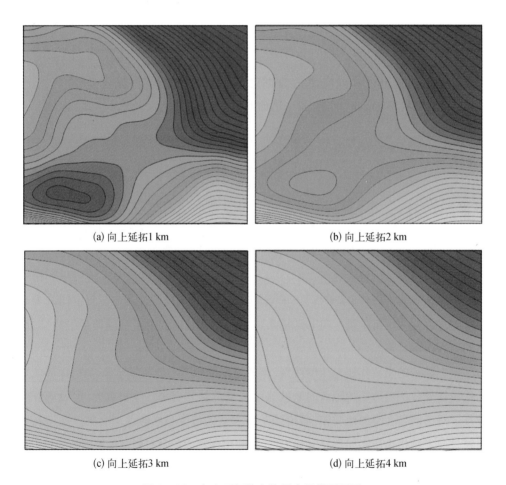

(a) 向上延拓1 km

(b) 向上延拓2 km

(c) 向上延拓3 km

(d) 向上延拓4 km

图 2 - 32　向上延拓的布格重力异常平面图

（3）重力异常导数计算

将布格重力异常换算成它的各阶导数,如 V_{xz}、V_{zz} 和 $V_{zzz}(g_{zz})$ 等的方法称为高阶导数法。这种方法的优势是:① 重力异常的导数在不同形状地质体上有不同的特征,因此它有助于对异常的解释和分类;② 可以突出浅而小的地质体异常特征而压制区域性深部地质因素的重力效应,在一定程度上可以划分不同深度和大小异常源产生的叠加异常,且导数的次数越高,这种分辨能力就越强(图2-33);③ 重力高阶导数还可以将几个相互靠近、埋深相差不大的相邻地质体引起的叠加异常分离开来(图2-34)。

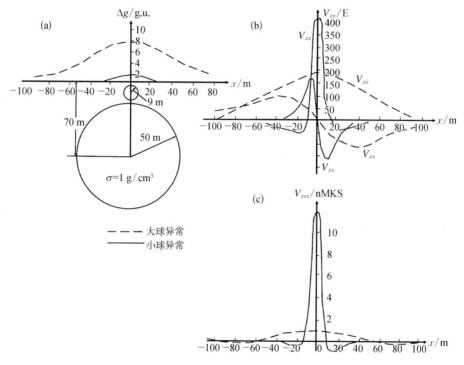

图2-33　两个不同深度、大小的球体异常

图2-33表明,小球的重力异常比大球小许多,两者的叠加异常很难显示出小球的存在[图2-33(a)]。然而,重力异常的垂向一阶导数[图2-33(b)]和垂向二阶导数[图2-33(c)]却突出了小球的异常特征,压制了大球的影响。

图2-34为两个相距很近的球体引起的异常剖面图。仅从 Δg 曲线看,很难看出这是相距很近的两个球体引起的异常,如果当作单一球体来解释,必然得出不合理的结果。然而,重力异常的高阶导数却显示出两个球体的存在。

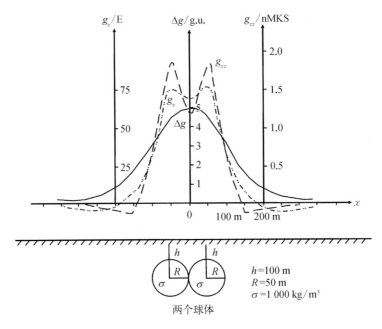

图 2 - 34　两个相邻球体异常的叠加

　　重力异常导数分辨率高的主要原因是重力位导数的阶次越高,异常随所在测点与场源体距离的加大,或场源体的加深而衰减越快。在水平方向上,基于同样道理,阶次越高的异常范围越小。

　　需要注意的是,在重力异常的分离中,高阶导数法的作用与图解法、平均场法等的不同,它并非把叠加异常中的局部异常和区域异常分离开来,而是把重力异常换算为另一种位场要素,以突出某种场源体引起的异常。

　　由于垂向二阶导数 g_{zz} 对叠加异常的分辨率较高,因而具有较好地突出被区域场掩盖,甚至被歪曲了的浅部地质体引起的弱小异常的能力。所以,在重力异常解析中垂向二阶导数的应用较为广泛,至今推导出的垂向二阶导数公式较多,然而基本原理相似,常用的为哈克(Healck)公式、罗森巴赫(Rosenbach)公式和埃尔金斯(Elkins)公式(Elkins, 1951;Rosenbach, 1953)。下面以某矿区 g_{zz} 异常实例进行简要说明(图2 - 35)。从 Δg 平面等值线图[图 2 - 35(a)]上很难发现次级断裂 F_1,此图只对 F_2 有些显示,但位置也难确定。g_{zz} 异常等值线图[图 2 - 35(b)]清楚地显示出次级断裂 F_1 和 F_2 的存在及位置。由图 2 - 35(b)还可以分析出这两条断裂的性质并不相同,F_1 主要为岩层的水平错动,而 F_2 主要为两侧岩层的相对升降。

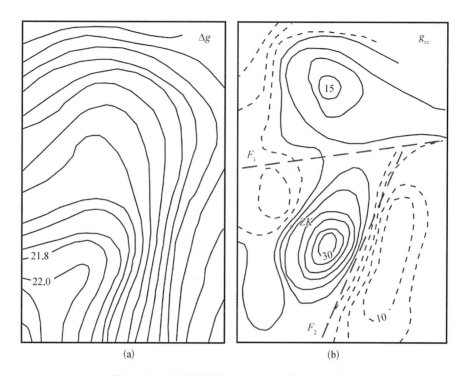

图 2-35　江苏某铁矿区 Δg 和 g_{zz} 的平面示意图

2.3.2　重力异常正演

在重力异常解释理论中,由地质体的赋存状态(形状、产状、空间位置)和物性参数(密度)计算该地质体引起的重力异常过程称为正演,也称为正问题,反之称为反演或反问题。研究不同形状的地质体在地面产生的重力异常及其特征,是对实测异常解释的基础,也是反演过程的重要组成部分。

1. 简单规则形体的正演

密度均匀的球体、水平圆柱体、铅垂台阶、倾斜台阶、二度铅垂柱体等,都属于规则形体,它们的正演可通过式(2-26)解析求解。

在此,我们以球体为例,说明简单规则形体的正演计算。一些近于等轴状的地质体,如矿巢、矿囊、矿株、穹隆构造等,都可近似看成球体。

设球体的半径为 R,剩余密度为 σ,埋深为 D,选球心在地面处的投影为坐标原点。由式(2-26)可知,令 $\xi = \eta = y = x = 0$, $\zeta = D$,可得到过坐标原点的任意水平剖面上的异常公式为

$$\Delta g = \frac{GD\sigma}{(x^2 + D^2)^{\frac{3}{2}}} \iiint \mathrm{d}\xi \mathrm{d}\eta \mathrm{d}\zeta \qquad (2-65)$$

通过式(2-65),我们就可精确求出球体在地表产生的异常大小,进一步还可以求得异常梯度。

图2-36是球体异常正演结果。图2-36(a)是重力异常剖面图,从图中可以看出,异常在 $x = 0$ 处取极大值,往两边逐渐减小。图2-36(b)是异常平面等值线图,从图中可以看出,球体异常在平面上的等值线为一簇同心圆。图2-36(c)是 V_{xz}、V_{zz} 剖面图,图2-36(d)是 V_{zzz} 剖面图,从图中可以看出,V_{zz}、V_{zzz} 曲线的形态类似 Δg 曲线,但峰值区变窄,并且两边出现了负值;V_{xz} 曲线出现了一正一负两个极值,分别对应于球体两侧的边缘,这种特征非常有利于解释。

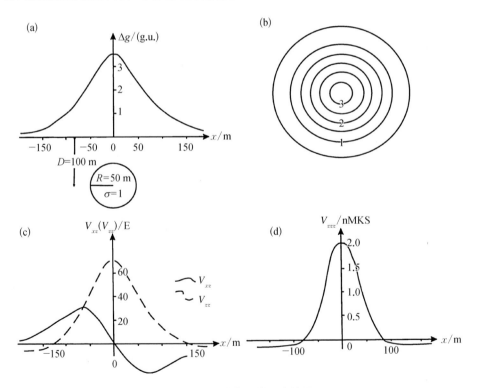

图2-36　球体异常正演结果

　　由式(2-26)可得其他几种规则形体的重力异常正演计算公式,坐标取向如图
2-37 所示。

　　(1) 密度均匀的水平圆柱体[图2-37(a)]

$$\Delta g = \frac{2G\lambda D}{x^2 + D^2} \tag{2-66}$$

式中,λ 为单位长度圆柱体内的剩余质量,即剩余线密度;D 为圆柱体中轴线埋深;G
为万有引力常数。

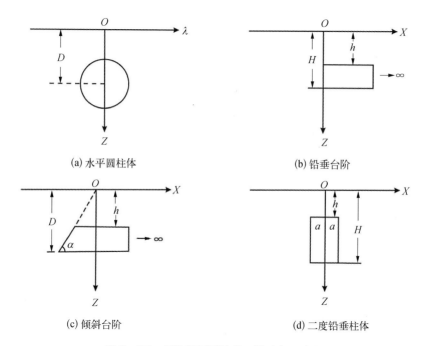

(a) 水平圆柱体　　　　　　　　　　　　(b) 铅垂台阶

(c) 倾斜台阶　　　　　　　　　　　　　(d) 二度铅垂柱体

图2-37　几种规则形体的正演坐标示意图

　　(2) 铅垂台阶[图2-37(b)]

$$\Delta g = G\sigma \left[\pi(H - h) + x\ln \frac{x^2 + H^2}{x^2 + h^2} + 2H \arctan \frac{x}{H} - 2h \arctan \frac{x}{h} \right] \tag{2-67}$$

式中,σ 为剩余密度;h 和 H 分别为台阶的顶面深度和底面深度。

　　(3) 倾斜台阶[图2-37(c)]

$$\Delta g = G\sigma \left[\pi(H - h) + 2H \arctan \frac{x + \cot \alpha}{H} - 2h \arctan \frac{x + h\cot \alpha}{h} + \right.$$

$$
x\sin^2\alpha \ln \frac{(H + x\sin\alpha\cos\alpha)^2 + x^2\sin^4\alpha}{(h + x\sin\alpha\cos\alpha)^2 + x^2\sin^4\alpha} -
$$

$$
2x\sin\alpha\cos\alpha \arctan \frac{x(H - h)\sin^2\alpha}{x^2\sin^2\alpha + (H + h)x\sin\alpha\cos\alpha + Hh} \Big] \qquad (2-68)
$$

式中，σ 为剩余密度；h 和 H 分别为台阶的顶面深度和底面深度；α 为斜倾角。

（4）二度铅垂柱体［图 2-37(d)］

$$
\Delta g = G\sigma \Big[(x + a) \ln \frac{(x + a)^2 + H^2}{(x + a)^2 + h^2} - (x - a) \ln \frac{(x - a)^2 + H^2}{(x - a)^2 + h^2} +
$$

$$
2H\Big(\arctan \frac{x + a}{H} - \arctan \frac{x - a}{H}\Big) - 2h\Big(\arctan \frac{x + a}{h} - \arctan \frac{x - a}{h}\Big) \Big]
$$

$$
(2-69)
$$

式中，σ 为剩余密度；h 和 H 分别为二度铅垂柱体的顶面深度和底面深度；a 为二度铅垂柱体的上下面的半宽度。

2. 复杂形体的正演

对于复杂形体或密度分布不均匀体所产生的异常，不能写出精确解析的表达式，它们的正演问题只能采用近似方法求解。主要有两种实现途径：一是将复杂形体分解为若干个小的规则形体，每个小规则形体可视为均匀体，分别计算出各小规则形体的异常，最后累加即得复杂形体异常的近似解；另一种途径是用多边形或多面体去逼近复杂形体的二度体或三度体，通过各个角点坐标的输入而直接算出它们的异常。

基于这两种途径，主要有如下几种算法。

1）量板法

量板法的原理是按一定的方法和要求，先将地下半无限空间划分成许多形状相似，但大小不等的二度体或三度体，使其中的每个二度体或三度体单元，在某一确定点上所引起的重力或重力位二阶、三阶导数值相等。

这样，在计算二度体或三度体引起的异常时只要将它们的横截面的形状按一定的比例尺描画出来，然后放在量板上，数出它们在量板上所占据的格数，最后乘以格值即得到异常体在所研究点上的异常值，将各点的异常值连接起来就得到完整的异常曲线。

2）二度体的多边形截面法

对于横截面为任意形状的二度体可以用多边形来逼近其截面的形状,只要给出多边形各角点的坐标,就可以用解析式计算出它的重力异常。此方法的精度主要取决于多边形的逼近程度。

3）三度体的分割法

三度体的分割法分为面元法、线元法和点元法。它们是计算机实现的近似数值解法。

（1）面元法:用一组相互平行的平面把任意形体分割成很多截面,每个截面用多边形逼近它,求出其二重积分值,然后在垂直截面的方向上,用数值积分法求出第三重积分,即可得到整个形体在观测点的重力位。

（2）线元法:用两组相互垂直的平面把任意形体分割成许多棱柱体,每个棱柱体以其中的线元来表示,用解析法求出沿线元方向的一重积分值,然后在垂直棱柱体的方向上完成二重数值积分,即得整个形体的三重积分近似值。

（3）点元法:将一个任意形体按适当的方法分割成很多小的规则形体(如长方体、立方体等),这些小单元体被视作点元。若每个简单规则形体的密度(或密度差)均匀,则这些简单规则形体产生的场值可解析求出,再叠加求和,即得整个形体的近似值。

4）多面体逼近法

类似于二度体的多边形截面法,对于三度体,可用一系列多边形面来逼近三度体形状。根据位论中的奥-高公式,体积分可以转化为沿多面体的表面的积分。所以,只要确定了多面体各角点的坐标,就可近似解析求出三度体的重力异常。

3. 密度分界面的正演

重力勘探中,有很大一部分工作是对分界面(密度分界面)的探测,因此有必要谈谈密度分界面的正演问题。由于多个界面的问题可以分解为单个密度界面来处理,所以我们只需讨论单密度界面的情况。

单密度界面有三种处理办法进行正演。如图 2-38 所示,设界面上、下物质密度分别为 σ_1 和 σ_2。图 2-38(a)表示将地面与界面之间看成剩余密度为 $\sigma = \sigma_1 - \sigma_2$ 的异常物质层;图 2-38(b)表示将界面到其下方某一水平面间部分看成剩余密度为 $\sigma' = \sigma_2 - \sigma_1$ 的异常物质层;图 2-38(c)表示将界面与一穿过界面的水平面所包络的上、下部分看成异常源,剩余密度分别为 σ' 和 σ。可以证明,不论何种方案,计算所得重力异常,彼此形态(相对变化)完全一样,只差某一个常数而已。在多个界面情况下,为方便起见,一般都是以地面为起算面,逐一将各界面与地面构成一个个物质层,取相应的剩余密度来进行正演计算。

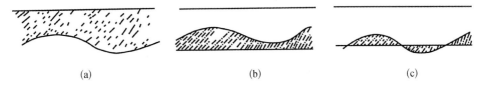

(a)   (b)   (c)

图2-38 单密度界面正演的处理方式

经过上面任何一种处理后,便可利用前面讲述的二度体或三度体的正演方法对密度分界面进行正演,只是对于二维情况,需要将界面两端各外延一个较大的距离后与地面闭合。除了常规的二度体或三度体正演方法外,密度分界面的正演还可采用扇形域量板法、方域计算法等。

4. 重力异常的反演

由重力异常求解场源的赋存状态和物性参数的问题称为重力异常的反演或反问题。重力异常的反演方法多种多样,下面我们对一些主要反演方法进行简介。

1)特征点法和任意点法

根据分离出来的异常或异常导数形状特征及某些其他已知信息,如果能够确定场源体接近某种剩余密度为常数的规则形体,则可采用特征点法或任意点法反演出场源体的某些特征参数(如中心点埋深、产状等)。

特征点法是利用异常曲线上的特征点(如极值点、半极值点、零值点或拐点等)来反演场源体的产状要素。任意点法是利用异常曲线的任意点来计算地质体的产状。任意点法可利用较多观测值,比特征点法有较高的计算精度和抗干扰能力,但计算复杂得多。

由于此类反演方法的反演公式是从简单规则形体异常的正演公式导出的,所以用实测曲线进行反演前,应对异常曲线做平滑处理,准确分离异常场,判明异常的场源体最可能的几何形状,并要尽量准确地确定坐标原点的位置。

2)选择法

选择法又称试错法,其原理是根据实测重力异常的特征,结合工区的其他地质、地球物理资料,确定引起异常的初始地质体模型,然后进行正演计算,将理论异常与实测异常进行对比,当两者偏差较大时,修改初始模型,再进行正演对比,反复进行下去,直至理论异常与实测异常的偏差达到误差要求的范围为止,这时就把最后的理论模型作为所求的解。选择法的优点是解题范围大,且不必对异常进行平滑,求解时用的是整条观测曲线或平面上相当多的具有一定特征的点来进行对比,即使个别点受到歪曲,结果受影响也不大。它比较适合于复杂异常的解释。显然,解释前应进行异常场分离处理以获得目标异常。

选择法可通过人工或计算机来实现。传统人工法主要采用人工制作量板来获得理论正演结果。计算机技术的发展使选择法的实现更容易,也更趋完善。最优化选择法是在计算机上实现的一种选择法。其实现过程如下。

设理论模型异常为

$$\Delta Z = f(X, b_1, b_2, \cdots, b_n) \tag{2-70}$$

该式是参数 $b_i(i = 1, 2, \cdots, n)$ 的非线性函数。其中 $X = (x, y, z)$ 为变量。设 $\Delta Z_k(k = 1, 2, \cdots, m)$ 为 m 个观测点 $X_k(k = 1, 2, \cdots, m)$ 上的实测异常,现在要求与观测异常相对应的地质体参数 $b_i(i = 1, 2, \cdots, n)$,使目标函数即理论模型异常值与实测异常值偏差的平方和

$$\Phi = \sum_{k=1}^{m} \left[\Delta Z_k - f(X_k, b_1, b_2, \cdots, b_n) \right]^2 \tag{2-71}$$

为最小,设 b_i 的初始值为 $b_i^{(0)}$,则

$$b_i = b_i^{(0)} + \delta_i(i = 1, 2, \cdots, n) \tag{2-72}$$

式中,δ_i 为每一步的校正值。求取 δ_i 是最优化反演的关键,现已发展了多种方法,如高斯法、最速下降法、阻尼最小二乘法等。

3) 归一化总梯度法

我们知道,重力位及其导数都是解析函数,可以从已知区(比如已获得重力数据的地面)解析延拓到场源以外的区域而仍保持其解析性,但在场源处,函数失去解析性。使函数失去解析性的点叫奇点。根据这一原理,可以把确定重力场场源的问题归结为通过向下解析延拓来确定解析函数的奇点问题。也就是根据地表观测的位场值,先向下延拓标出场源周围某指定范围内位场的数值,然后利用这些场的分布规律和变化特征,做出引力场原因的有关结论,如地质构造,场源的形状、大小和位置等。

这就是重力归一化总梯度法的出发点。

所谓重力归一化总梯度法，即在沿测线的垂直面 xOz 内对向下延拓后的重力总梯度进行归一化运算。归一化总梯度 $G^{H}(x, z)$ 的计算公式为

$$G^{H}(x, z) = \frac{G(x, z)}{G_{平均}(x, z)} = \frac{\sqrt{V_{xz}^{2}(x, z) + V_{zz}^{2}(x, z)}}{\dfrac{1}{M+1} \sum_{n=0}^{M} \sqrt{V_{xz}^{2}(x, z) + V_{zz}^{2}(x, z)}} \quad (2-73)$$

式中，$G(x, z) = \sqrt{V_{xz}^{2}(x, z) + V_{zz}^{2}(x, z)}$，为测线所在的 xOz 垂直面上的重力总梯度；$G_{平均}(x, z) = \dfrac{1}{M+1} \sum_{n=0}^{M} \sqrt{V_{xz}^{2}(x, z) + V_{zz}^{2}(x, z)}$，为深度 Z 上重力总梯度的平均值；M 为间隔数（$M+1$ 为测点数）。

由式（2-73）可知，要得到 xOz 面上各点的 $G^{H}(x, z)$，首先要确定位场的二次导数 V_{xz} 和 V_{zz}。通常有两种途径：其一是可用扭秤直接测定；其二是由重力异常 Δg 进行换算并向下延拓得到。

4）直接法

直接法是指利用某种积分运算和函数关系的辅助，直接求取地下介质的有关参数。该方法较少受解释人员主观因素的影响。直接法也有多种形式，如利用地下介质性质与地面异常间的积分关系的积分法，以及将异常与反演参数近似看成线性关系，通过求取线性方程组来反演有关参数的正则化方法、广义逆矩阵法等。

5）层析成像法

采用层析成像法的目的是提高反演的分辨率和可靠性。为了提高分辨率，需将研究区域分割成尽可能多的子区域，每个子区域的物性参数是未知数。当未知数足够多时，为了提高可靠性，需要信息多次覆盖。求解过程分为形成层析成像方程和求解层析成像方程两个步骤。

（1）形成层析成像方程

首先将研究区域分割成一系列矩形网格（二维）或长方体网格（三维），并假设在矩形网格或长方体网格内，物性参数均一，使问题线性化。一般情况下位场 U 可写成

$$U = U_0 + \frac{\partial U}{\partial P}(P - P_0) + \frac{1}{2!}\frac{\partial^2 U}{\partial P^2}(P - P_0)^2 + \cdots +$$

$$\frac{1}{n!}\frac{\partial^n U}{\partial P^n}(P - P_0)^n \quad (2-74)$$

式中，P 是物性参数，略去高于一阶的高阶导数项有

$$\Delta U = U - U_0 = \frac{\partial U}{\partial P}(P - P_0) = \frac{\partial U}{\partial P}\Delta P \qquad (2-75)$$

进一步简写为

$$\Delta U = A\Delta P \qquad (2-76)$$

式（2-76）即层析成像方程。式中，ΔU 是位场观测值和迭代的理论值之差；ΔP 是模型物性参数和初始模型物性参数之差；A 是雅可比矩阵，其元素 A_{ij} 表示第 j 个网格的物性参数变化对第 i 个场值的影响。对于重力层析成像，ΔU 是重力观测值，ΔP 是密度差。

（2）求解层析成像方程

当研究区域被分割成一系列矩形网格或长方体网格后，在线性情况下，A_{ij} 可根据规则形体的解析表达式来计算，因此是已知的。式（2-76）中，ΔU 和 A 是已知的，求解式（2-76）可反演获得 ΔP 的分布。

式（2-76）的求解方法一般有两类，一类是矩阵变换法，如 QR 分解法、奇异值分解法、广义逆法等，这些方法适用于未知数 ΔP 的个数较少的情况，例如小于 1 000 个。另一类是迭代法，如代数重建法、同步迭代代数重构法、高斯-赛德尔迭代法等。这些方法适用于未知数 ΔP 的个数较多的情况，例如大于 5 000 个。

2.3.3　重力资料的地质解释

重力异常的地质解释就是利用实测异常或经过适当处理的重力异常，结合工区内岩（矿）石的物性参数和地质条件，分析引起这些异常的原因，得出地质上的结论或做出推断，这是重力勘探工作成果解释的最终目的。

1. 重力资料地质解释的内容、方法和步骤

1）重力基础资料的分析与检查

为了保证资料的完备性和解释的可靠性，在解释前应考虑以下条件或因素：重力实测精度的高低，有无系统误差，是否存在干扰因素；测网形状和测点密度是否合理；正常场选择是否合适；各种岩（矿）石物性参数测定的数量和质量是否满足要求等。这些是能否取得可靠地质解释的前提。

2）异常的定性解释

定性解释包括两个主要步骤：一是初步判断引起异常的地质原因，对目标体存在的可能性及大小做出判断；二是大致判断地质体的形状、产状和范围。其基本内容可以概括为以下四个方面。

（1）异常分类（区）

重力资料综合反映了地下各种不同赋存状态、不同物性参数地质体，因此在解释前应对异常进行分类。如在普查作业中，首先根据异常的分布范围，分为区域异常或局部异常。区域异常一般与区域地质构造、火成岩体分布有关，局部异常可能与断裂破碎带、侵入体有关。

（2）由"已知"到"未知"

因为相近的地质条件引起的异常具有相似的特征，所以在对局部异常的解释中，应根据已知工区内的地质情况，按照物性参数的差别，将异常的分布特征（强度、梯度、极值、形状、走向等）与地质构造、地层分布进行对比，总结其对应规律。即从已知的对应规律出发，运用对比分析方法对条件相同的未知地区异常进行地质解释。例如，利用一口钻井资料（点）或一条地震剖面资料（线）的解释作为控制依据，将获得的地质成果推广到周围条件相似地区的异常解释中去；或者根据露头区的异常特征推断相邻覆盖区的异常成因。实现由"已知"到"未知"，从点、线到面的认识过程。

（3）确定最佳解释方案

鉴于重力异常的复杂性，各种数据处理及解释方法又都有自身的局限性，因此，应针对解释的具体地质任务和条件选用相应方法，并通过试验确定有关参数（如延拓高度、滤波窗口大小等），从中选择最佳解释方案，再结合地质资料，判断可能引起异常的地质原因。

（4）地球物理资料的综合分析

由于地下地质情况的复杂性，仅应用一种地球物理方法所获得的资料判断引起异常的地质原因会很困难，且不全面。需要综合其他物探方法的解释成果，才能从不同角度对引起异常的场源性质、产状等做出较为合理的判断，与重力异常解释相互补充、相互印证。同时，还应收集工区内相应的地质、钻探、物性和其他物（化）探资料，尽可能地增加已知条件或约束条件，减少解释的多解性。

3）异常的定量解释

定量解释通常是在定性解释的基础上进行的。定量解释往往可以补充定性解释的结果。定量解释主要包含以下几个方面。

（1）依据反演所得到的地质体的位置、几何参数和物性参数,进一步判断可能引起异常的地质原因。

（2）提供地层或基底埋深、倾角、厚度在平面或剖面上的变化,以便推断地下地质构造。

（3）提供地质体在平面上的投影位置及地质体的深度、倾向等,以便布置下一步勘探工作。

4）地质结论和图示

地质结论是异常解释的主要成果,是对场源重力异常规律的归纳和总结,也是由定性解释、定量解释与地质规律相结合所得出的地质推论。

地质图示是重力工作成果的集中表现和形象描述。重力工作成果应尽可能以推断成果图的形式表示,如推断地质剖面图、推断地质略图、推断构造纲要图等。

2. 异常的识别

1）重力异常图示及异常特征

通过前期数据处理等工作,得到各测点的重力异常之后,为了形象地显示重力异常的全貌,便于解释推断引起异常的地质原因,总是把重力异常用各种图件表示出来,这样更加直观化、可视化,也更有利于开展后续的研究工作。

（1）重力异常平面等值线图

重力异常平面等值线图的绘制方法与地形等高线的绘制方法类似,是按照设计要求的比例尺,把测点的坐标位置全部标在图上,然后注明每一点的重力异常值,再按一定的异常值线距用线性内插的方法把异常值相同的点连起来(图 2-39)。等值线一般都取整数,等值间距一般不小于异常均方误差的 2~3 倍。等值线的绘制方法与地形等高线的绘制方法相似。

重力异常平面等值线图表示了全区重力异常的平面分布特征及变化规律。其异常特征主要是指区域异常的走向及其变化,区域性重力梯级带的方向、延伸长度、平均水平梯度和最大水平梯度值等。对局部异常来说主要指的是异常的弯曲和圈闭情况,需要描述其基本形状,如等轴状、长轴状或狭长带状,重力高低及其分布特点,异常走向及其变化,异常幅值大小及其变化等。在综合分析区域异常与局部异常的基

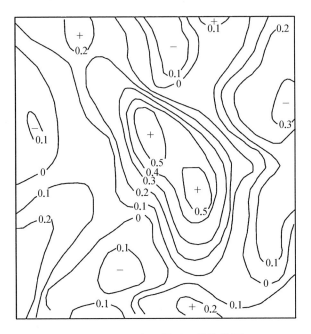

图2-39　重力异常平面等值线图

本特征后,再根据异常特征的不同将工区划分为若干小区,以便做下一步的深入分析研究。

（2）重力异常剖面图

重力异常剖面图是进行异常定性解释和定量解释的基本图件（图2-40）。其作法是以测量剖面为横轴,按工作比例尺将测点分布在横轴上,并按适当比例尺在纵轴上标记重力值,然后将各测点的重力值用点标在图上,并用曲线将它们连接起来。

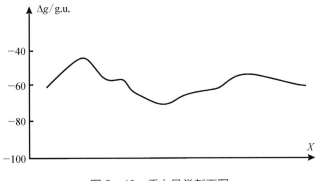

图2-40　重力异常剖面图

在重力异常剖面图上,应注意异常曲线上升或下降的规律、异常曲线幅值的大小、区域异常的大致形态与平均变化率、局部异常极大值或极小值的幅值或所在位置等。

（3）重力异常平剖图

重力异常平剖图是将测区内各测线按工作比例尺和实际位置绘在图上,并按一定比例尺绘出各测线的重力异常剖面曲线(图 2-41)。这类图件常用于大比例尺重力测量中,可对比各剖面异常的平面分布特征,了解测区内重力异常的全貌,较清楚地展示异常的走向和细节变化。

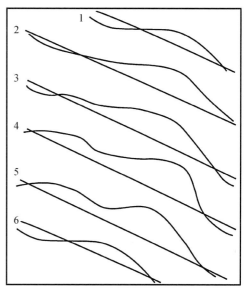

图 2-41　重力异常平剖图

2）典型局部异常的可能解释

由于不同的地质因素往往会在重力异常平面等值线图或重力异常剖面图上显示出相似的异常特征,因此,根据某一局部异常来判定它是由什么地质因素引起的,常常太片面。为此,有必要结合地质资料或其他物探解释成果进行综合解释。下面仅叙述常见的几种局部异常与可能反映的地质因素的对应关系,供作地质解释时参考。

（1）等轴状重力高

① 基本特征:重力异常等值线圈闭成圆形或接近圆形,异常值中心高,四周低,有极大值点。

② 相对应的规则几何形体:剩余密度为正值的均匀球体、铅直圆柱体、水平截面接近正多边形的铅直棱柱体等。

③ 可能反映的地质因素:囊状、巢状、透镜体状的致密金属矿体,如铬铁矿、铁矿、铜矿等;中基性岩浆(密度较高)的侵入体,形成岩株状,穿插在较低密度的岩体或地层中;高密度岩层形成的穹窿、短轴背斜等;松散沉积物下面的基岩(密度较高)局部隆起;低密度岩层形成的向斜或凹陷内充填了高密度的岩体,如砾石等。

（2）等轴状重力低

① 基本特征:重力异常等值线圈闭成圆形或接近圆形,异常值中心低,四周高,

有极小值点。

②相对应的规则几何形体：剩余密度为负值的均匀球体、铅直圆柱体、水平截面接近正多边形的铅直棱柱体等。

③可能反映的地质因素：盐丘构造或盐盆地中盐层加厚的地段；酸性岩浆（密度较低）的侵入体，侵入在密度较高的地层中；高密度岩层形成的短轴向斜；古老岩系地层中存在巨大的溶洞；充填新生界松散沉积物的局部加厚地段。

（3）条带状重力高（重力高带）

①基本特征：重力异常等值线延伸很大或闭合成条带状，等值线的值中心高，两侧低，存在极大值线。

②相对应的规则几何形体：剩余密度为正值的水平圆柱体、棱柱体和脉状体等。

③可能反映的地质因素：高密度的岩性带或金属矿带；中基性侵入岩形成的岩墙或岩脉穿插在较低密度的岩石或地层中；高密度岩层形成的长轴背斜、长垣、地下的古潜山带、地垒等；地下的古河道是由高密度的砾石充填的等。

（4）条带状重力低（重力低带）

①基本特征：重力异常等值线延伸很大或闭合成条带状，等值线的值中心低，两侧高，存在极小值线。

②相对应的规则几何形体：剩余密度为负值的水平圆柱体、棱柱体和脉状体等。

③可能反映的地质因素：低密度的岩性带或非金属矿带；酸性侵入岩形成的岩墙或岩脉穿插在较高密度的岩石或地层中；高密度岩层形成的长轴向斜、地堑等；充填新生界松散沉积物的地下河床。

（5）重力梯级带

①基本特征：重力异常等值线分布密集，异常值向某个方向单调上升或下降。

②相对应的规则几何形体：垂直或倾斜台阶。

③可能反映的地质因素：垂直或倾斜断层、断裂带、破碎带；具有不同密度的岩体的陡直接触带；地层拗曲。

3）断裂构造的识别

无论是在布格重力异常图上还是在经过处理转换的其他各类重力异常图上，均明显反映了断裂构造，因此，利用重力资料推断与研究断裂构造是行之有效的手段和方法。

断裂构造在重力基础图件上一般具有以下标志,如图 2–42 所示。

(1) 线性重力高与重力低之间的过渡带[图 2–42(a)]。

(2) 异常轴线明显错动的部位[图 2–42(b)]。

(3) 串珠状异常的两侧或轴部所在位置[图 2–42(c)]。

(4) 两侧异常特征明显不同的分界线[图 2–42(d)]。

图 2–42　断裂构造识别的标志

（5）封闭异常等值线突然变宽、变窄部位［图2-42(e)］。

（6）等值线同向扭曲部位［图2-42(f)］。

下面以推断断裂实例进行说明，图2-43是我国鄂尔多斯地台北部边缘的区域重力异常剖面图及推断的地堑和断裂。由图2-43(a)可以看出，沿东西方向延伸的重力梯级带中有串珠状异常且异常轴线发生水平错动，据此推断地堑如图2-43(b)所示，图2-43(c)为横穿地堑的重力异常剖面及推断地质剖面图。

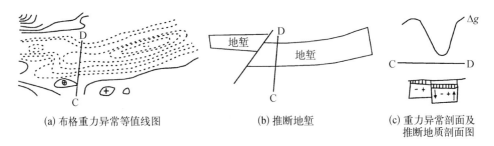

(a) 布格重力异常等值线图　　　　　(b) 推断地堑　　　　　(c) 重力异常剖面及
　　　　　　　　　　　　　　　　　　　　　　　　　　　　　　推断地质剖面图

图2-43　鄂尔多斯地台北部边缘重力异常及推断结果

重力资料在推断基底隆起、凹陷，判断深大断裂构造位置及走向，尤其在平原覆盖区及城市人文活动强烈地区往往可以取得较好的应用效果，但是其在细小断裂构造的划分和地层分层方面不具优势，不能直接探测地热有关信息，这就需要借助其他地球物理勘探方法来进一步综合研究，比如结合地震方法在划分地层和精细断裂构造方面的优势，电法对低阻体敏感等特性在寻找富水区的优势等。

2.4　重力资料在地热资源预测中的应用

由于重力勘探精度的不断提高及重力解释方法的不断完善，重力方法在地热资源勘查中的应用也越来越广泛。实际勘探结果证明，重力勘探在满足以下条件时，有利于取得较好的地质效果。① 重力异常的产生首先必须有密度不均匀体存在，即目标体与其围岩之间存在明显的密度差；② 利用重力测量研究地质构造问题时，上覆岩层与下伏岩层有足够大的密度差，且岩层有明显的倾角，或断层有较大的落差；③ 在工作区内非研究对象引起的重力异常（如表层密度不均匀、深部岩石的密度变化所引起的异常）越小越好，或通过校正能予以消除；④ 地表地形平坦或较为平坦。

2.4.1　重力资料在地热资源勘查中的主要应用

目前,在国内外的地热资源勘查中,重力方法已经在以下几个方面发挥了重要作用(吴钦,1982): ① 研究控制地热资源的区域构造;② 研究地热田位置和可能与热源有关的火成岩体;③ 研究地热流体的动态变化,指导地热田的合理开发;④ 圈定干热岩靶区。

1. 利用重力资料研究控制地热资源的区域构造,预测有利远景区

全世界有强烈地热的地区,一般与活动地壳板块碰撞带、近期火山岩浆活动带及地震现象频繁带一致,也就是说地热点的分布受断裂构造控制,在成因上或受地下水深循环加热作用,或与沿构造断裂展布的火山作用、岩浆活动有关。如新西兰的大部分高温地热田集中分布在北岛的中央火山带。我国东部地区的地下热水受以北东向为主的构造控制,热泉的分布方向与构造延展方向一致,也有一些温泉受北北东向构造控制。与此同时,温泉又常常受与主干断裂相伴生的次一级北西向张性或北北西、北东东向张性断裂控制。因此,就构造的性质而言,热水的形成与出露往往受压性断裂与张性断裂的双重控制。在两者交会处岩石破碎,裂隙发育,形成导水、导热的良好通道。

这些控热构造体系在重力异常图上都有明显显示,如重力异常等值线密集带、异常的突然错动或同向扭曲等。因此,利用重力资料研究控制地热资源的区域构造,即勘查基底隆起、凹陷,判断深断裂构造位置及走向,尤其在平原覆盖区及城市人文活动强烈地区往往可以取得良好的勘查效果。通过解释的地质构造特征预测地热田可能形成的有利远景区,从而有效地缩小地热田勘查靶区。在这方面的应用已取得不少成功实例,下面简述几个实例。

根据安庆市 1 : 50 000 的重力测量成果推断了北东向的头坡断裂(怀宁-全椒大断裂的安庆段),查明该断裂带延续分布钾长花岗岩体,且十分破碎,同时在怀宁象山、韦家墩出现一系列温泉群。在该断裂处布置的钻孔于 289.51 m 见破碎带,主要岩性为角砾岩,有钾长花岗岩呈脉状穿插,并有 30 ℃ 左右热水涌出,因此认为头坡断裂是良好的导水、导热构造。安庆市区距离头坡断裂约 6 km,头坡断裂中的地下热水需要经由近南北向的次级导热构造进入市区。因此,寻找近南北向的导热构造是地热勘查的关键,为此,对区域内大比例尺重力资料做了相应处理。图 2-44 是

布格重力异常45°方向导数平面图(杨立本等,2005),反映了北西向断裂构造,在此断裂处钻孔也证实了它的存在,在孔深100 m处见构造角砾岩及破碎带,地温梯度为5.73 ℃/100 m,证实了该断裂为导热构造(图2-44)。

图2-44　布格重力异常45°方向导数平面图

在邯郸地区应用重力资料勘查地热资源(刘振华等,2013),图2-45为邯郸地区剩余重力异常图,重力局部异常总体走向是 NE 向,重力高与重力低相间排列,异常值幅度较低。重力高反映了灰岩基底的凸起区,重力低反映了奥陶系灰岩基底的凹陷区。通过重力水平总梯度异常图(图2-46)可以明显看出有三条重力断裂带信息。结合重力高值区和断裂带信息分析认为研究区东边两个断裂带发育区是地热的有利富集区,有效缩小了地热田勘查靶区,再结合可控源音频大地电磁法较好地实现了对地热有利井区的预测。

2. 利用重力资料研究地热田位置和可能与热源有关的火成岩体

地热田常与近期火山活动或岩浆岩的侵入有关,其重力异常的特征也有所不同,我国华北地区的几个地热田、新西兰著名的布罗德兰兹(Broadlands)热田、美国加利福尼亚州的梅萨(Mesa)热田、日本秋田县栗驹热田和宫崎县雾岛热田、意大利切塞

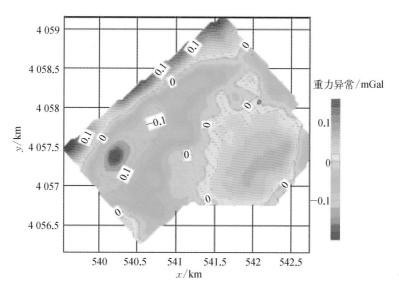

图 2-45　邯郸地区剩余重力异常图

图 2-46　邯郸地区重力水平总梯度异常图

纳(Cesena)热田等,都对应重力高值。其原因可能是基岩隆起带的地温梯度一般高于相邻的基底凹陷带,在背斜构造顶部的地温和地温梯度一般也比其两侧高;也可能是由于地热田的水热蚀变作用造成深部的高温热水溶解了大量的 SiO_2,在热水上升过程中,水温下降,使 SiO_2 沉淀析出,发生硅化作用,密度增大,致使地热田局部重力高。也有相反的情况,如新西兰的那发地热田对应重力低值(-40 g.u.),分析认为是由高密度SiO_2的环状沉淀引起的。美国加利福尼亚州的盖瑟尔斯(Geysers)热田附近重力低(-300 g.u.),分析认为是由岩浆通道引起的。造成地热田上出现重力低还可能有以下原因:岩石的热膨胀,密度降低,这种影响的量值较小;热田区地层孔隙率大,致使密度偏低;蒸气型热田,属于汽相流体,故热田区密度变小等。还有一些地热田处在重力异常梯级带上,如北京一些地热田和日本群马县白根南部热田等。重力异常梯级带反映了地下构造断裂或破碎带,也就是热水通道。西藏羊八井地热田处在一个东北向的地堑断陷盆地中,为湿蒸气地热田,气量约占热储总量的70%;而且可能存在浅部岩浆囊,因此地热田显示重力低(图2-47)。地热田南部对应重力异常梯级带,出露的温沸泉也最多,认为该处存在断裂破碎带。

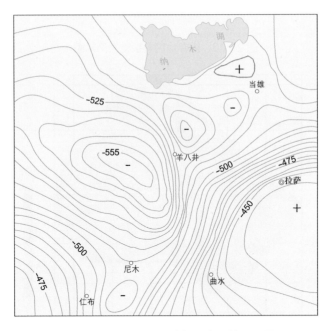

图2-47　羊八井地区布格重力异常平面图

　　重力法还可以配合电测深法、磁法、地震法等物探方法了解地热田的基底起伏及计算基岩的埋藏深度,以研究热储的规模和范围。在西藏羊八井地区开展的重磁电震等综合物探方法,进一步确定了热源为深达10 km以下的局部岩浆房,深层热储主要位于地热田北区,赋存于花岗岩破碎裂隙带中,深度为1 000~3 000 m,已有钻孔证实温度超过300 ℃;地热田南区的浅层热储属次生热储,热流体主要来源于北区深部,在向南东渗流过程中,有大量冷潜水混入,使之温度降低,流量增加(吴钦等,1996)。

3. 利用重力资料研究地热流体的动态变化

随着地热田的持续开发,热蒸汽或热水被大量开采,当地热田的补给量小于排出量时,地下热储就会不断亏损,地热田枯竭,因而造成生产区明显的地面沉降和水平位移,致使地热田上的地面建筑和管道遭受损害。因此需要应用长周期重复性的地面高精度重力测量来监测地热田热流体的动态变化,了解地热流体质量亏损情况,以指导地热田的合理开发(雷晓东等,2019)。

世界上首个开展重力监测的地热田是新西兰的怀拉基(Wairakei)地热田,监测始于 20 世纪 50 年代。目前除了新西兰的怀拉基(Wairakei)地热田之外,还有新西兰的罗托鲁瓦(Rotokawa)地热田和陶哈拉(Tauhara)地热田,菲律宾的布拉鲁(Bulalo)地热田,印度尼西亚的卡摩樟(Kamojang)地热田,日本的泷上(Takigami)地热田、奥会津(Okuaizu)地热田和 Ogiri 地热田,意大利的 Travale 地热田,以及我国西藏羊八井地热田等均开展了系统的地热田重力监测,这些地热田大部分已经积累了几十年的重力动态监测数据。下面简要介绍几个地热田的重力监测概况。

新西兰的 Wairakei 地热田,早在 1950 年热田开发之前就进行了详细的重力测量。多年的重力监测结果显示 Wairakei 地热田热水的纯质量损耗大约是:1950—1961 年 101×10^9 kg,1961—1967 年 234×10^9 kg,1967—1974 年 36×10^9 kg;在 1 km² 的开采区内,重力有 $-1\,000(\pm300)$ μGal 的变化,向外逐渐变小,影响范围约 50 km²(Hunt,饶运涛,1982)。20 世纪 90 年代之前热田未实施回灌,长期处于采灌不平衡状态,导致采区中心呈现明显的负异常。采区之外连续的单井回灌始于 1994 年,至 2001 年约回灌 58 Mt,微重力测量显示回灌水量通过侧向径流沿渗透性较高的通道回补至采区东部和西部,模拟结果显示 1997—2001 年的回灌量 51 Mt 中至少有 33 Mt 的热水进入循环系统,采区西部深层水压增加了约 0.2 MPa。

新西兰的 Tauhara 地热田,1972 年至 2006 年开展的 5 次微重力测量的结果显示该地热田北部在 1985 年之前存在较大的重力降低的现象,可能原因是其西北部的 Wairakei 地热田开采造成了压力下降。1985 年起地热田北部的重力值增加到 240 μGal,对应的储层水体质量增加约 20 Mt。重力值增加最大的区域位于 TH4 井附近,推断该井在 393 m 深度因套管损坏导致上层承压水顺井管流入下层蒸汽区(深度为 900 ~ 1 000 m),从而导致下层的再饱和。重力数据反演结果显示饱和区呈锥形,高度为 150 ~ 250 m,侧向延伸 1 ~ 2 km。地热田中南部重力值的变化小于 50 μGal,显示质量亏损较小,受 Wairakei 地热田开采的影响较小[图 2-48(a)](Hunt and Graham,2009)。

菲律宾的 Bulalo 地热田,于 1980 年开始监测,监测时间长达 20 年,1999 年与 1980 年对比,地热田采区有-600 μGal 的重力变化[图 2-48(b)],地面沉降量平均约为 560 mm(Nordquist et al.,2004)。这一变化与菲律宾的提维(Tiwi)地热田(-600 μGal)和新西兰的 Wairakei 地热田(-700 μGal)的变化相似。

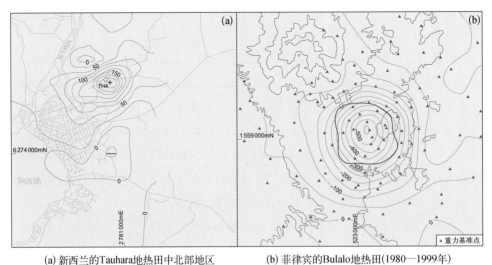

(a) 新西兰的Tauhara地热田中北部地区
(1985—2006年)　　　(b) 菲律宾的Bulalo地热田(1980—1999年)

图2-48　典型地热田重力变化图

印度尼西亚的 Kamojang 地热田,于 1984 年开始进行重力监测,1999—2005 年在 51 个重力基准点上开展了微重力测量,计算了储层的质量变化,结果显示地热田质量亏损量是 3.34 万吨/年,天然补给量约是 2.73 万吨/年,采补处于不平衡状态(Sofyan et al.,2010)。

日本的 Takigami 地热田位于大分县南部,北九州岛东北部的 Hohi 地热区内,该地热田属于埋藏性地热田,地表无热异常显示。地热田勘探开发始于 1979 年,1991 年地热开始进行连续的重力监测,1996 年之前为天然状态,1996—1997 年为第一阶段,利用重力监测数据计算得到储层热水均衡量为-648 万吨/年,1997—2002 年为第二阶段,均衡量为-24.4 万吨/年,2002—2008 年为第三阶段,均衡量为 30.5 万吨/年(Oka et al.,2013)。通过重力监测计算可知,在地热田启动初期,地下热水亏损量较大,到第三阶段,地热田已经恢复至初期状态。

意大利的 Travale 地热田自 1973 年开采以来就建立了高精度的水准测量网，1978—1980 年的观测结果显示地热田中心年均沉降量为 20 mm。1979 年开始建立了高精度重力监测网，覆盖了地热田及周边地区，在地热田外地质条件稳定地区布设了 3 个参考点，1981 年建立了 1 个绝对重力测量站点，用来了解参考点的重力变化和测量设备随时间变化的有关特性。监测结果显示，自由空气校正后的各测点重力异常变化量在 0~37 μGal 之间（Geri et al.，1982）。

我国西藏羊八井地热田于 1977 年开始用地热流体发电，共装机 25 MW，发电 $6×10^{11}$ W·h 以上，是我国最大的地热发电基地。随着地热田开发规模的扩大，浅层热储特征发生显著变化，例如水位下降、蒸汽带变厚，温泉消失、热储质量亏损等。西藏地质矿产勘查开发局在羊八井地热田开展了精密水准和高精度重力测量，定期对地热田的开发动态进行监测。从 1983 年开始，基本上每年观测一次，共布设 31 个监测点，采用三程循环观测法，观测精度达 10 μGal。持续监测发现，1990 年以前高程和重力值变化不大，1990 年后变化加大。根据重力变化计算的热储亏损量，1983—1990 年为 274.3 万吨，亏损 3.8%，1990—1993 年亏损量增至 895 万吨，亏损 20.3%，热储损耗加重。

国内外大型地热田利用高精度重力测量开展储层变化监测，及时获得了开采和回灌条件下的储层水量与流体参数，为地热田的可持续开发提供了重要数据。相对而言，国外大型地热田重力监测积累的数据和经验比我国要丰富、成熟，目前我国有报道的地热田重力监测的项目仅见于西藏羊八井地热田，实际上在盆地或平原地区开发利用程度较高的水热型地热田有很多，储层变化应该引起足够重视。随着重力观测设备的不断更新换代，精度越来越高，数据处理技术也越来越先进，国内一些科研单位也引进了性能较好的绝对重力仪，为国内大型地热田更好地开展高精度重力监测提供了保障。地热田重力监测逐步由相对重力测量发展为混合重力测量，加入了绝对重力测量作参考，绝对重力点构成高精度控制网，相对重力观测视为与该网的定期联测，形成具有绝对基准的动态监测网，可以有效提高观测数据的精度。同时测绘系统连续运行参考站（continuously operating reference stations，CORS）网的运行为重力测点定位特别是在城市地区的高精度定位提供了技术保障，这项技术将在未来的地热田重力监测中有望得到广泛应用。

4. 利用重力资料圈定干热岩靶区

根据地热能赋存状态和温度，可以将地热能分为浅层地热资源、水热型地热资源及增强型地热资源,干热岩地热资源即增强型地热资源。按照国际上流行的定义:干热岩是指埋深较浅、温度较高、有较高经济开发价值的热岩体,埋藏于距地表 3 ~ 10 km深处,岩体温度范围在 150~650 ℃,主要是各种变质岩或结晶类岩体,较常见的岩石有黑云母片麻岩、花岗岩、花岗闪长岩等。

重力勘探可以进行大面积的扫面工作,而且重力数据与温度、侵入体、大地构造格架有明显的相关关系,因而,利用重力数据进行大范围的干热岩靶区圈定有着独特的优势(赵雪宇等,2015;杨冶等,2019)。

国内外在应用地球物理勘探干热岩的过程中取得了许多成果,积累了大量经验。在澳大利亚中部的库珀(Cooper)盆地地区,其沉积岩之下有大量高温的花岗岩体,利用三维重力反演及三维图像上所出现的"裂缝"区解释了基底之下的低密度区域,最终在沉积岩之下的 3 000 m,找到了干热岩赋存区域。在八丁原(Hatchobaru)地区利用 59 个观测站进行微重力测量,最终通过微小的重力值变化得出了干热岩区域开发时储层物质的流失情况。赵雪宇等(2015)利用松辽盆地重力磁法勘探数据,进行莫霍面、居里面等界面的深度反演,计算不同深度的地热温度值及梯度值,计算出各深度的地热热流值,分析了松辽盆地干热岩形成的机理,圈定了干热岩潜在靶区。

2.4.2　应用实例详述

为了详细地说明重力勘探在储层和地热预测中的应用,以郑州某地为例,从测线布设、数据采集与处理、地质解释与圈定地热靶区等方面做以下介绍。

1. 地质概况

工作区地处I级构造单元华北地台,II级构造单元华北断拗,III级构造单元太康隆起,IV级构造单元砖楼凹陷与鄢陵凸起结合部位。区内发育的断裂主要有新郑-太康断裂、大隈镇断裂、郭店断裂、张庄断裂、孟庄断裂和李粮店断裂等,以 NWW 向为主,其次为 NNE 向断裂。新郑-太康断裂以北基底构造受新密向斜控制,新密向斜轴向呈 NE 向,向斜核部基底地层为三叠系中统,两翼依次发育三叠系下统和尚沟组,其中北西翼和东南翼奥陶系埋深浅,向斜轴部奥陶系则埋深较大,反映了该褶皱构造发育规模较大。地层由新到老依次发育有第四系、新近系、三叠系、二叠系、石炭系、奥陶系、寒武系等。

2. 测线布设

在工作区内同时布设 1 : 50 000 的重力扫面和 1 : 10 000 的重力剖面。其中,完成面积性测量 210 km^2,共计 1 317 个测点,每平方千米约 6 个测点。共布设了 2 个重力剖面 ZL01 和 ZL02,平均点距为 40 m,在干扰区和测量无法进行的地段,适当调整了测点位置。其中 ZL01 剖面长 23.84 km,方位角为 16°,测点个数为 596;ZL02 剖面长 22.56 km,方位角为 8°,测点个数为 565。

3. 数据采集与处理

(1) 数据采集

重力测量工作使用的 3 台仪器为加拿大先达利(Scintrex)公司生产的 CG-5 型重力仪,测地工作使用的设备为中国航发南方工业有限公司生产的银河 1 plus 型 GPS。施工前分别对 3 台重力仪进行了调校和仪器性能试验,仪器的性能指标和试验结果均符合相关规范要求,可以投入生产。

本次重力基点是以国家 2000 网重力基本点为基础,使用 CG-5 型重力仪,将国家 2000 网重力基本点引入工作区,求取各重力基点精确的重力值。

重力测点采用单程观测法进行观测,测线端点布设物理点;每日出工前,重力测点观测首先在基点上进行基-辅-基观测,基点读三次数,辅基读两次数(图 2-49),最大读数与最小读数之差小于 0.005 格;然后进行测点观测,每个测点读三次数,两次读数之间差值小于 0.010 格。平均数采用四舍五入法记录,最后闭合于重力基点。工作过程中,如发现仪器受震出现突掉现象,至少返回受震前两个测点进行重测,以检查突掉情况,并进行改正。每个工作单元闭合时间一般不超过 12 h;观测时间采用北京时间 24 小时制,准确到分钟;观测之前,随时检查仪器内温是否升到规定的恒温温度,否则停止工作;重力测点用小木桩留下明显标记,并注明点线号;重力仪在一个闭合单元内的零点掉格值不大于观测精度值的 3 倍,否则返工。

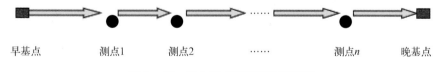

早基点　　　　测点1　　　测点2　　　……　　　　测点n　　　晚基点

图 2-49　重力测点观测工作路线图

(2) 数据处理

重力数据处理主要使用中国地质调查局发展研究中心研发的区域重力信息系统 RGIS2006 计算完成。对测点重力值进行了固体潮校正、混合零点改正、高度改正、地形改正、布格改正等获得各测点的布格重力值。

　　对整理的重力资料进行常规数据处理,主要包括网格化、上延、局部异常分离、水平一阶导数、垂向二阶导数等,并对重力剖面进行拟合计算,用模型引起的重力理论异常与实测异常相比较,通过逐步修改地质-数学模型,使理论异常与实测异常相拟合来实现,达到反演地下地质体的几何形态和确定物性参数的目的。

4. 地质解释

　　从图2-50所示的布格重力异常平面图可以看出,布格重力场形态整体呈现北西

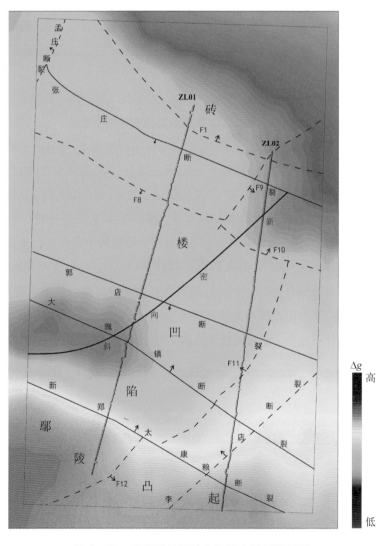

图2-50　郑州某地区的布格重力异常平面图

向高低相间式展布,南部为重力高值区,北部为重力低值区。其幅值的分布范围说明了区内基底地层掀斜隆起的地质构造特征变化较大,分别对应鄢陵凸起和砖楼凹陷,两者之间的重力异常等值线密集带反映了新郑-太康断裂的存在,是两个Ⅳ级构造单元鄢陵凸起和砖楼凹陷的分界线。鄢陵凸起表现为重力异常值相对较高,揭示了该区的重力高异常是其古生界基底受新郑-太康断裂控制大幅抬升所致,这与该区域内缺失三叠系沉积是一致的。砖楼凹陷内的布格重力场幅值总体为相对低值区,在其中部有一 NE 向的低值异常带,与新密向斜轴部位置相符,沿轴部向两翼重力异常值逐渐增大,说明轴部寒武-奥陶系埋深较大,北西翼和东南翼埋深则较浅。

　　由 1∶50 000 的面积性重力资料推断了主要断裂构造的位置及其性质,提供了断裂平面走向的证据。据此,划分了新郑-太康断裂、大隗镇断裂、郭店断裂、张庄断裂、李粮店断裂、孟庄断裂,并厘定了推断断裂 F1、F8～F12。这些断裂在布格重力异常平面图上均表现为走向明显的线性梯度带或重力高与重力低之间的线性过渡带。

　　依据区内地质、地层密度特征不断修正地质模型进行拟合计算,最终获得 2 条 1∶10 000 的重力剖面地质模型(图 2-51、图 2-52),推断了断裂的位置、产状等要素,划分了地层结构。

　　ZL01 剖面重力曲线重力值自南西向北东总体呈减小趋势。该剖面在新郑-太康断裂以南为布格重力高值区,新郑-太康断裂以北为布格重力低值区,剖面中间 8.36 km 处布格重力值最小,剖面 0 km 处布格重力值最大。根据其布格重力异常水平一阶导数、垂向二阶导数、水平一阶导数的极值特征划分了新郑-太康断裂、大隗镇断裂、郭店断裂、张庄断裂、推断断裂 F1 和 F8 等断层性质。拟合结果显示该剖面新生界底界埋深在 700～1 100 m 之间,地层起伏较为平缓,新郑-太康断裂以南区域最薄,厚度仅在 700 m 左右。新郑-太康断裂以南区域(鄢陵凸起)缺失三叠系与石炭-二叠系。新郑-太康断裂以北区域(砖楼凹陷)三叠系底界埋深一般在 2 200～2 800 m 之间;石炭-二叠系底界埋深一般在 3 500～4 000 m 之间。寒武-奥陶系顶界在鄢陵凸起内埋深最浅,新近系直接与寒武-奥陶系呈不整合接触关系,仅在 700 m 左右。

　　ZL02 剖面重力曲线重力值自南西向北东总体呈减小趋势。该剖面在新郑-太康断裂以南为布格重力高值区,新郑-太康断裂以北为布格重力低值区,剖面终点处布

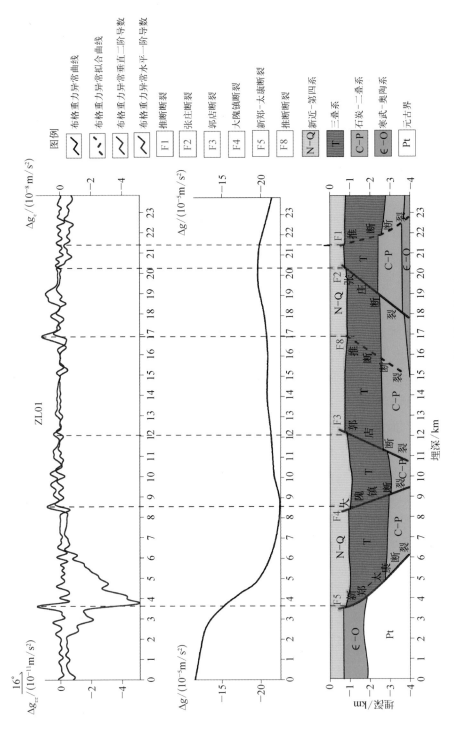

图 2 - 51 ZL01 剖面拟合结果图

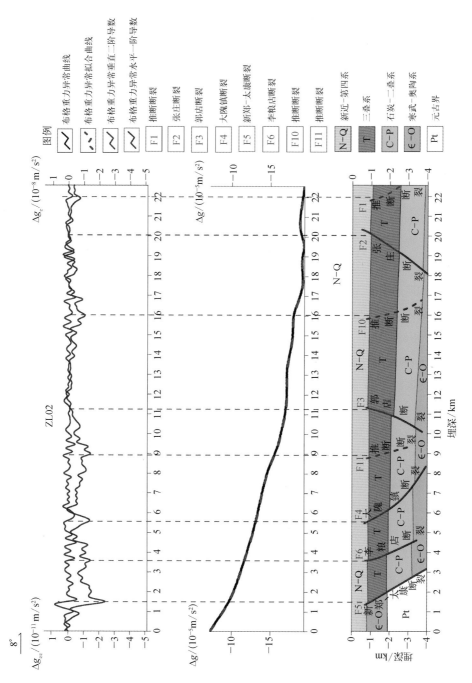

图 2 - 52 ZL02 剖面拟合结果图

格重力值最小,剖面起点处布格重力值最大。根据布格重力异常水平一阶导数、垂向二阶导数、水平一阶导数的极值特征划分了新郑-太康断裂、李粮店断裂、大隗镇断裂、郭店断裂、张庄断裂和推断断裂 F1、F10、F11 等断层。拟合结果显示该剖面新生界底界埋深在 700~1 000 m 之间,地层起伏较为平缓,新郑-太康断裂以南区域最薄,厚度仅在 700 m 左右。新郑-太康断裂以南区域(鄢陵凸起)缺失三叠系与石炭-二叠系。新郑-太康断裂以北区域(砖楼凹陷)三叠系底界埋深一般在 2 000~2 500 m 之间;石炭-二叠系底界埋深一般在 3 000~3 800 m 之间。寒武-奥陶系顶界在鄢陵凸起内埋深最浅,新近系直接与寒武-奥陶系呈不整合接触关系,仅在 700 m 左右;推断断裂 F1 以北区域埋深最大,近 4 000 m。

5. 地热资源远景区预测

为突出局部构造所产生的重力场效应,通过滑动趋势分析法获得了窗口半径为 8 km 和 12 km 的剩余重力异常平面图(图 2-53)。该重力高异常显示了局部凸起和基底断凸构造的平面位置,异常幅值最高值位于鄢陵凸起内,重力低异常则主要分布于砖楼凹陷内,且重力异常多呈北西方向展布,并挟于 NWW 向和 NNE 向断裂控制之中,反映了断裂构造对局部异常的形成有着重要的控制作用。区内主要存在 Dr1、Dr2、Dr3、Dr4 四处重力高值区,其布格重力异常和剩余重力异常均为高值反应,分析认为与其受断裂控制、形成基底断凸有关。

为了进一步确定寒武-奥陶系岩溶型热储的有利区域,分析研究了工作区及周边的地热井的地热地质条件,研究表明,其寒武-奥陶系地热井基本分布在区域性断裂构造附近,并且寒武-奥陶系的顶界埋深一般小于 2 500 m。这是因为断裂构造发育地段,裂隙、溶隙发育,地下水易于富集(张海娇,2019)。此外,寒武-奥陶系顶界埋深越浅,上部地层对下部寒武-奥陶系的压实作用越弱,碳酸盐岩孔缝洞越容易保存下来,越容易形成地下水的径流通道(江国胜,2014)。因此综合认为区域性控制断裂和寒武-奥陶系顶界埋深(≤2 500 m)较浅区域的岩溶裂隙较发育,具备良好的导水、导热条件,属于地热资源远景区。

从 ZL01 和 ZL02 剖面拟合结果可以看出,寒武-奥陶系顶界埋深在砖楼凹陷一般超过 3 000 m,上部地层对寒武-奥陶系的压实作用较强,岩溶裂隙发育程度可能较低,成井风险高;而鄢陵凸起区的寒武-奥陶系顶界埋深在 700~1 000 m 之间,且断裂构造相对发育,是寒武-奥陶系热储形成的有利远景区。

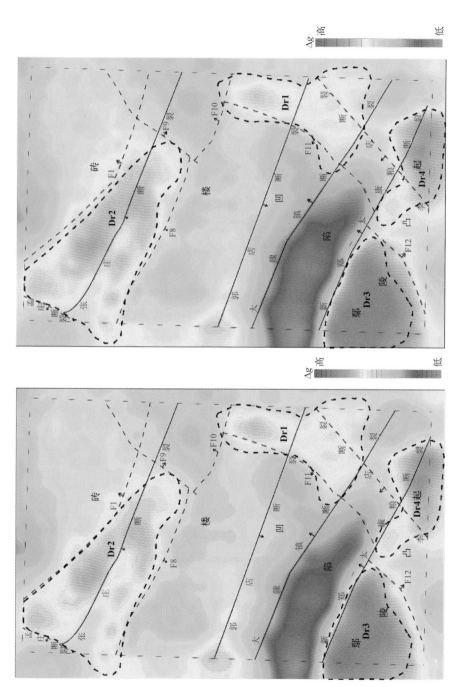

图 2 - 53　郑州某地区的剩余重力异常平面图（左：窗口半径为 8 km；右：窗口半径为 12 km）

2.4.3　重力勘探三维技术的应用

近年来,重力勘探技术的进步主要表现在三维技术的发展。在复杂地区开展重力勘探,三维模型比二维模型更符合地下地质体的真实状态。理论上的三维反演结果也会明显优于二维剖面反演。常规技术已经难以满足复杂地区三维目标重力勘探的需要,因此,形成和发展重力勘探三维技术已经成为重力勘探学科的重要研究课题之一。

三维重力勘探是以三维采集为基础,三维反演为关键手段,三维解释为目标的系统工程。三维重力勘探采集、处理、解释的数据体是高精度、高密度、高一致性的三维数据体。

三维重力采集技术主要体现在高精度、高密度和面元采集。高精度即布格重力异常的总精度在 $0.010×10^{-5}$~$0.050×10^{-5}$ m·s^{-2};高密度即重力测网要求是规则测网,测点密度要求为 100 m×100 m~500 m×500 m,点线距要求为 1:2~1:1。为获得如此高精度、高密度的三维重力数据体,需要采用有针对性的三维重力采集复测技术,即面元正交复测技术和镶边采集技术。采用以上技术手段,布格重力异常精度较以往提高 15%~20%。

三维重力反演是三维重力勘探的重要环节。三维重力反演可以分为多密度界面三维重力反演和三维重力物性(密度)反演。三维重力反演的关键是提高反演速度和减少求解的多解性。在三维重力快速反演研究方面已经有较大的进步。而减少求解的多解性成为三维重力反演方法实用化的关键。克服三维反演多解性的基本方法有两种,一是增加约束信息;二是剥离非目标重力异常从而使反演目标范围缩小。

三维重力解释技术包括对三维重力的处理、反演结果的三维可视化、切片提取、体属性分析、三维重力综合地质解释等。三维重力解释的优势在于它可以实现三维可视化,获取水平切片、沿测线垂向切片、连井切片和任意剖面的切片,达到沿层追踪解释或信息提取等目的。

李键等(2022)利用重力自适应异常权函数三维密度反演方法重建了东海陆架盆地东部凹陷带空间密度结构,分析东部凹陷带中生界残留的分布特征(图 2-54)。李祎昕等(2022)利用三维可视化技术,将沈北盆地中已知钻孔资料进行矢量化处理后,叠加到布格重力异常三维模型中,更直观地反映了盆地基底的起伏情况,并圈定了沈北地热田远景区(图 2-55)。

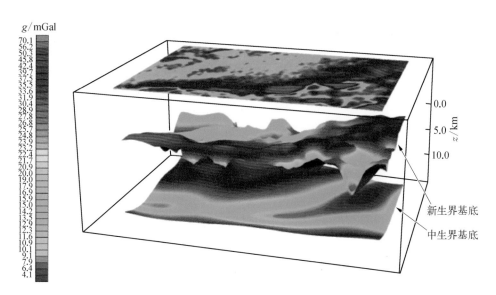

图 2-54　钓北凹陷地层结构三维展布

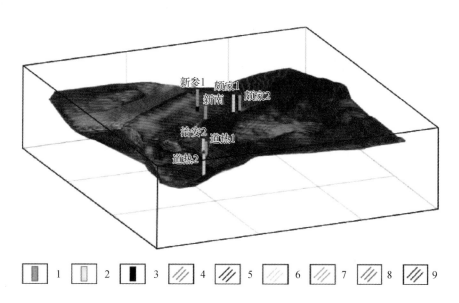

1—新近系；2—第四系；3—蓟县系；4—10~12 mGal；5—12.5~13 mGal；6—13.5~14.5 mGal；
7—15~17 mGal；8—17.5~21.5 mGal；9—22~23 mGal

图 2-55　布格重力异常三维可视化模型

随着三维重力反演技术的发展，三维重力采集、处理与解释技术将会引起更多关注；而随着各项技术的不断完善，三维重力勘探在解决复杂构造、火成岩、深层目标，以及在三维地震-三维重力联合勘探等方面，有望发挥更大的积极作用，重力勘探必将走向三维技术时代。

参考文献

［1］曾华霖.重力场与重力勘探［M］.北京：地质出版社，2005.

［2］焦新华，吴燕冈.重力与磁法勘探［M］.北京：地质出版社，2009.

［3］张胜业，潘玉玲.应用地球物理学原理［M］.武汉：中国地质大学出版社，2004.

［4］Zeng H L，Wan T F. Clarification of the geophysical definition of a gravity field［J］. GEOPHYSICS，2004，69(5)，1252－1254.

［5］曾华霖，万天丰.重力场定义的澄清［J］.地学前缘，2004，11(4)：595－599.

［6］内特尔顿.石油勘探中的重力法和磁法［M］.苏盛甫，高明远，译.北京：石油工业出版社，1987.

［7］刘天佑.地球物理勘探概论［M］.北京：地质出版社，2007.

［8］王妙月.勘探地球物理学［M］.北京：地震出版社，2003.

［9］吴钦.地热田上重磁方法的应用［J］.物探与化探，1982，6(2)：121－124.

［10］杨立本，程长根.重力测量在地热田勘查工作中的应用［C］.地球科学与社会可持续发展——2005年华东六省一市地学科技论坛.南京，2005.

［11］刘振华，李世峰，杨特波，等.综合物探技术在邯郸地热田勘查中的应用［J］.工程地球物理学报，2013，10(1)：111－116.

［12］吴钦.西藏羊八井地热田物探新成果研究［J］.物探与化探，1996，20(2)：131－140.

［13］雷晓东，王立发，杨全合，等.世界地热田重力监测研究进展［J］.地球物理学进展，2019，34(6)：2173－2179.

［14］赵雪宇，曾昭发，吴真玮，等.利用地球物理方法圈定松辽盆地干热岩靶区［J］.地球物理学进展，2015，30(6)：2863－2869.

［15］杨冶，姜志海，岳建华，等.干热岩勘探过程中地球物理方法技术应用探讨［J］.地球物理学进展，2019，34(4)：1556－1567.

［16］李键，何新建，黄鋆.重力密度反演的自适应异常权函数法及其对东海钓北凹陷地层结构划分［J］.吉林大学学报(地球科学版)，2022，52(1)：229－237.

［17］李祎昕，蒋丽丽，王超，等.三维可视化技术在沈北盆地地热资源开发中的应用［J］.地

质与资源,2022,31(1):76-80,75.

[18] Elkins T A. The second derivative method of gravity interpretation[J]. GEOPHYSICS, 1951, 16(1):29-50.

[19] Rosenbach O. A contribution to the computation of the "second derivative" from gravity data [J]. GEOPHYSICS, 1953, 18(4):769-973.

[20] Hunt T M,饶运涛.根据重复的重力测量确定怀拉开地热田水的补给[J].国外地质勘探技术,1982(12):37-44.

[21] Hunt T M, Graham D J. Gravity changes in the Tauhara sector of the Wairakei-Tauhara geothermal field, New Zealand[J].Geothermics, 2009, 38(1):108-116.

[22] Nordquist G, Protacio J A P, Acuña J A. Precision gravity monitoring of the Bulalo geothermal field, Philippines: Independent checks and constraints on numerical simulation [J]. Geothermics, 2004, 33(1/2):37-56.

[23] Sofyan Y, Daud Y, Kamah Y, et al. Microgravity method to model mass balance in the Kamojang Geothermal Field[J]. Current Applied Physics, 2010, 10(2):S108-S112.

[24] Oka D, Fujimitsu Y, Nishijima J, et al. Mass balance from gravity in the takigami geothermal reservoir, Oita prefecture, Japan[J]. Procedia Earth and Planetary Science, 2013, 6:145-154.

[25] Geri G, Marson I, Rossi A, et al. Gravity and elevation changes in the Travale geothermal field (Tuscany) Italy[J]. Geothermics, 1982, 11(3):153-161.

[26] 张海娇.内黄隆起地下热水化学特征及其形成机制研究[J].地下水,2019,41(4):23-25.

[27] 江国胜.天津市奥陶系热储层发育主控因素研究[D].北京:中国地质大学,2014.

[28] 刘云祥,赵文举,徐晓芳.三维重力勘探技术新进展[C].北京:SPG/SEG 北京 2016 国际地球物理会,2016.

第 3 章
磁法勘探

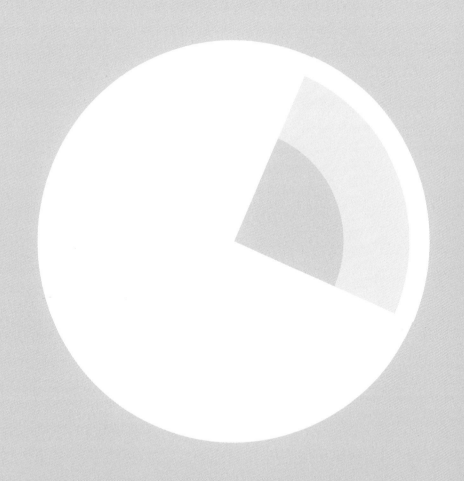

　　磁法勘探是地球物理勘探方法之一。自然界中含有磁性的岩、矿石在地球磁场磁化作用下,使得局部地区出现磁异常。通过对这些磁异常的发现和研究,进而寻找磁性岩、矿体和研究地质构造的勘探方法称为磁法勘探。该方法需满足两个条件:一是探测对象与围岩具有磁力仪能够识别的磁性差异;二是干扰磁场可被压制、分辨或消除(管志宁,2005)。

　　作为目前主要的物探方法之一,磁法勘探具有轻便易行、效率高、成本低、不受地域限制、应用范围广等优点,根据工作环境的不同可将其分为航空磁测、地面磁测、海洋磁测、井中磁测。航空磁测不受地貌条件的限制,测量速度快、效率高,已被广泛应用。地面磁测用以判断引起磁异常的地质原因及磁性体的赋存形态,并广泛应用于地质调查的各个阶段。海洋磁测是综合性海洋地质调查的组成部分,还用于寻找滨海砂矿及为海底工程服务。井中磁测对地面磁测起印证和补充作用,主要用于划分磁性岩层、寻找盲矿等。

　　磁法勘探在地热资源勘查中应用广泛,尤其是在寻找断裂构造带的位置及走向,圈定侵入岩体范围(申宁华,1985),以及利用磁测数据反演居里面(管志宁等,1991;汪集暘等,2015)获取深部热结构分布等方面表现突出,可以为大面积地热资源勘查起指导作用。

3.1　磁法勘探基本理论

3.1.1　地磁场及磁异常

1. 地磁要素

　　地球周围存在着的磁场即地磁场。它是一个不均匀的矢量场,且主体为稳定磁场。如图 3-1 所示,采用直角坐标系,原点 O 为地面上任一点,x 轴指向地理正北,y 轴指向地理正东,z 轴垂直向下,xOy 所在的平面为水平面。O 点的地磁场总矢量为 T(磁感应总强度矢量),它在各轴上的投影分别为北向分量 X、东向分量 Y 和垂直分量 Z;H 为 T 投影在 xOy 平面上的水平分量;T 与 xOy 水平面的夹角 I 称为磁倾角,

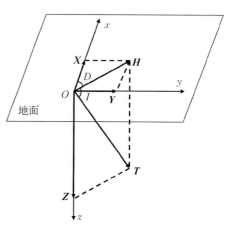

图 3-1　地磁坐标示意图

从水平面向下为正,反之为负;通过 T 的铅直平面称为磁子午平面,水平分量 H 与地理正北 x 轴的夹角 D 称为磁偏角,从正北开始计算,向东偏为正,向西偏为负(罗孝宽等,1991;刘天佑,2013)。

上述 T、Z、X、Y、H、D、I 为地磁要素,它们之间的关系为

$$T^2 = H^2 + Z^2 = X^2 + Y^2 + Z^2$$

$$H = T\cos I$$

$$X = H\cos D$$

$$Y = H\sin D \qquad\qquad (3-1)$$

$$Z = T\sin I = H\tan I$$

$$\tan I = \frac{Z}{H}$$

$$\tan D = \frac{Y}{X}$$

按照上述关系,7 个地磁要素并非完全独立,只要已知三个要素便可以求出其他各个要素及磁感应总强度矢量 T。在地磁学中常用 H、D 和 I 来研究地磁场的分布,在其他勘探中常研究的是垂直分量 Z 的变化(管志宁,2005)。

2. 磁异常

(1) 磁异常的划分

地磁场 T 的构成可用下式表示:

$$T = T_\varphi + T_m + T_{se} + T_a + \delta T \qquad\qquad (3-2)$$

式中, T_φ 为中心偶极子场,代表了地磁场空间分布的主要特征; T_m 为非偶极子场,也称为大陆磁场或世界异常; T_φ 与 T_m 的和称为地球基本磁场; T_{se} 为地球外部的稳定磁场,数量级很小,通常可被忽略; T_a 为地壳磁场,称为异常场或磁异常,又分为局部异常和区域异常; δT 为地球外部的变化磁场。

根据研究目的的不同,可将地磁场分为正常地磁场(正常场)和磁异常场(异常场),其中正常场的选择根据异常场的要求来确定。例如,在研究大陆异常场时,通常将重心偶极子场作为正常场,而研究地壳磁场时,则以中心偶极子场和大陆异常场之和作为正常场。

下式中,通常将 T_φ、T_m 和 T_{se} 的矢量和作为正常场,记为 T_0。对于磁异常总强度

矢量 T_a,在消除变化磁场 δT 后,有

$$T_a = T - T_0 \tag{3-3}$$

（2）磁异常总强度矢量与总强度磁异常的区别与联系

已知正常地磁场矢量为 T_0,某点的实际磁感应总强度矢量 T 应为正常地磁场矢量 T_0 与磁异常总强度矢量 T_a 的矢量和,显然 T 与 T_0 的方向是不一致的。将某点的实际磁感应总强度矢量 T 与正常地磁场矢量 T_0 的模量差定义为 ΔT,称为总强度磁异常（管志宁等,1991;管志宁,2005;刘天佑,2013）,即

$$\Delta T = |T| - |T_0| \tag{3-4}$$

如图 3-2 所示,总强度磁异常 ΔT 既不是磁异常总强度矢量 T_a 的模量,也不是 T_a 在 T_0 方向的投影。但是在一般情况下,当磁异常总强度矢量 T_a 较弱时（为 T_0 的数十分之一以下时）,可近似地把 ΔT 看作 T_a 在 T_0 方向的分量。

由于 T_0 的方向在相当大的区域内可以认为是不变的（10 000 km² 内变化 1°左右）,因此,把 ΔT 看作 T_a 在固定方向上的投影。在航空磁测中,磁异常通常在数百至一千纳特之间,上述关系的近似程度比较高。当磁异常强度很大时,可根据几何关系得出磁异常要素。

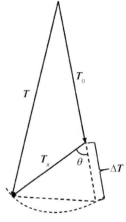

图 3-2　ΔT 与 T_a 的关系

3.1.2　岩（矿）石的磁性

所有物质按其磁化率的不同划分为三大类：抗磁性、顺磁性和铁磁性（管志宁,2005;刘天佑,2013）。组成岩石的大多数矿物是属于无磁性或弱磁性的,岩（矿）石之所以具有磁性是因为其中含有铁磁性矿物。

（1）抗磁性：其磁化率很小,且为负值,与温度无关。有些常见的矿物是抗磁性的,如岩盐、石油、方解石等,它是自然界最普遍的性质。

（2）顺磁性：其磁化率为正值,与温度成反比。有些矿物是顺磁性的,如黑云母、辉石、褐铁矿等。

（3）铁磁性：其磁化率较抗磁性和顺磁性大很多,与温度的关系服从居里-韦斯定律,又可细分为铁磁性（如铁、钴、镍）、反铁磁性（如铬、锰）和亚铁磁性（如磁铁矿、

铁氧体）。

1. 描述岩石磁性的物理量

在磁法勘探中，岩石（包括矿石）的磁性常用磁化率、感应磁化强度及剩余磁化强度来表示（管志宁，2005；刘天佑，2013）。

1）磁化率和感应磁化强度

岩石被现在的地磁场磁化而具有感应磁化强度，可表示为

$$M_i = \kappa(T_0/\mu_0) \tag{3-5}$$

式中，T_0 为正常地磁场矢量；M_i 为感应磁化强度；κ 为岩石的磁化率；μ_0 为真空磁导率，为 $4\pi\times10^{-7}$ N/A^2。

2）剩余磁化强度和总磁化强度

剩余磁化强度 M_r 是岩石在形成时，处于一定的条件下，受当时地磁场磁化所保留下来的磁性，与当代地磁场无关。只要岩石中含有铁磁性矿物，它就可能具有一定的剩余磁化强度（以下简称剩磁）。

总磁化强度用 M 表示，它代表岩石总的磁性，其与 M_i 和 M_r 的关系为

$$M = M_i + M_r = \kappa(T_0/\mu_0) + M_r \tag{3-6}$$

2. 矿物和岩石的磁性概述

1）矿物和岩石的磁性

自然界中绝大部分矿物属抗磁性和顺磁性，只有少数矿物属铁磁性，如表3-1所示。

表3-1　常见矿物磁化率　　　　单位：10^{-6}SI（κ）

磁性矿物分类	名　称	$\kappa_{平均}$	名　称	$\kappa_{平均}$
抗磁性矿物	石　英	−13	方铅矿	−26
	正长石	−5	闪锌矿	−48
	锆　石	−8	石　墨	−4
	方解石	−10	磷灰石	−81
	岩　盐	−10	重晶石	−14

续表

磁性矿物分类	名　称	$K_{平均}$	名　称	$K_{平均}$
顺磁性矿物	橄榄石	20	绿泥石	200~900
	角闪石	100~800	金云母	500
	黑云母	150~650	斜长石	10
	辉　石	400~900	尖晶石	30
	铁黑云母	7 500	白云母	40~200
铁磁性矿物	磁铁矿	70 000~200 000	锰尖晶石	2 000 000
	钛磁铁矿	0.1~10 000	镁铁矿	80 000
	磁赤铁矿	30 000~200 000	针铁矿	2~8 000
	赤铁矿	1~10	纤铁矿	90~250
	磁黄铁矿	100~1 000	菱铁矿	2 000~6 000
	铁镍矿	50 000		

（1）抗磁性矿物

抗磁性矿物有岩盐、锆石、方解石、石英等，其 κ 值很小，数量级为 $-10 \times 4\pi \times 10^{-6}$ SI(κ)。

（2）顺磁性矿物

顺磁性矿物有黑云母、辉石、角闪石、橄榄石等，其磁化率变化范围为 (0 ~ 60 000) $\times 4\pi \times 10^{-6}$ SI(κ)。

（3）铁磁性矿物

自然界中主要是铁钛氧磁性的矿物对岩石的磁性起决定性的作用，如铁的氧化物和硫化物及其他金属元素的固熔体等。

2）岩石的磁性特征

一般来说，火成岩磁性最强，沉积岩磁性最弱，变质岩则介于两者之间，其磁性取决于原岩的磁性，见表 3 - 2。

表3-2　地壳岩石的磁化率和
天然剩余磁化强度

岩石类型	$\kappa /10^{-6}\text{SI}(\kappa)$	$M_r/(\text{A/m})$
超基性岩	$10\sim1\,000$	$0.1\sim10$
基性岩	$1\sim1\,000$	$0.001\sim10$
酸性岩	$1\sim100$	$0.001\sim10$
变质岩	$0.01\sim0.1$	$0.001\sim0.1$
沉积岩	$0.1\sim10$	$0.001\sim0.1$

（1）火成岩的磁性

依据火成岩的产出状态，又可分为侵入岩和喷出岩：侵入岩的κ值的平均值随岩石基性增强而增大，且磁化率数值分布范围宽。超基性岩是火成岩中磁性最强的岩石；一般来说，基性岩、中性岩的磁性较超基性岩次之；花岗岩普遍是铁磁-顺磁性的，磁化率不高。喷出岩在化学和矿物成分上与同类侵入岩相近，其磁化率一般特征相同，但磁化率离散性大。火成岩天然剩余磁性明显，不同岩石群组的柯尼希斯贝格比值（为天然剩余磁化强度与感应磁化强度之比）范围为$0\sim10$，甚至更大。

（2）沉积岩的磁性

沉积岩的磁化率比火成岩及变质岩的磁化率小，如果不含铁质，磁化率可以认为接近零。在含有少量铁质时，κ值有所增大。所含铁矿物越多则磁性越强。在火成岩或变质岩附近剥蚀地区的沉积岩，通常κ值较大。砾岩和砂岩因颗粒较粗，形成时靠近剥蚀地区，κ值稍大。泥灰岩、灰岩等的κ值可忽略不计。沉积岩感应磁化强度或剩余磁化强度较小，常用于古地磁研究（管志宁，2005）。

（3）变质岩的磁性

变质岩的磁性取决于原岩的磁性。如正片麻岩的磁性接近于花岗岩的磁性，副片麻岩的磁性则接近于泥砂质岩石的磁性。纯的大理岩和石英岩的磁性很弱，千枚岩磁性稍强。某些变质岩中含有大量铁质时，磁性特别强，如含铁石英岩、磁铁石英片麻岩等，无论感应磁化强度还是剩余磁化强度都很强。蛇纹岩及角闪岩等有时也具有较强磁性。

3. 影响岩石磁性的主要因素

（1）岩石磁性与铁磁性矿物含量的关系：一般来说，岩石中铁磁性矿物含量越多，磁性也越强。

（2）岩石磁性与磁性矿物颗粒大小、结构的关系：在其他条件一定时，颗粒粗的较之颗粒细的，磁化率大。喷出岩的剩磁常较同一成分侵入岩的剩磁大。铁磁性矿物在岩石中的结构，对其磁化率也有影响，如颗粒相互胶结的比颗粒呈分散状的磁性强。

（3）岩石磁性与温度的关系：高温对矿物和岩石的磁性会产生影响，甚至温度升高,还会导致岩石剩余磁化强度退磁。顺磁体的磁化率与温度的关系满足居里定律。铁磁性矿物的磁化率与温度的关系,有可逆型和不可逆型。可逆型磁化率随温度升高而增大,接近居里点则陡然下降趋于零,加热和冷却过程中,在一定条件下磁化率都有同一个数值。不可逆型磁化率在加热和冷却过程中,数值曲线前后不吻合,这表明温度升高后有不稳定的铁磁性矿物存在。岩石的居里温度分布仅与铁磁性矿物成分有关,因此热磁曲线可用于分析确定岩石中的铁磁性矿物类型。

（4）岩石磁性与压强的关系：实验结果表明,含有亚铁磁性矿物的岩石,其磁化率及剩磁随着压强的增大而近于线性降低,在 100 MPa 时可降低 10% ~ 20%,在 1 000 MPa 时可降低 50%。

此外,地壳内岩石随着深度的增加,地温升高,岩石圈的(静)压强也增大,温度与压强对岩石磁性有较大影响,因此在解释深部磁异常估计地壳岩石磁性时应考虑温度、压强的影响。

4. 岩石圈居里面

通过岩矿石的居里点温度,可以大致反推地壳内岩石失去铁磁性的深度,该深度为居里面深度(Curie point depth, CPD)。居里面表现为在地壳上部埋深几十千米处存在的一个高低起伏不平的等温面。该处的温度使岩石中的铁磁性矿物失去磁性,也就是从铁磁性转变成顺磁性的温度。在居里面以下,岩石剩余磁化强度和感应磁化强度均发生突变性锐减,磁化强度骤然降低。这样一来,在居里面以上存在的具有磁性的侵入岩及火山岩、磁性变质岩、磁性基底等各类磁性地质体,会产生一个明显的磁性底界面。由此可以看出居里面不但是个温度界面,也是个磁性界面(裴锡瑜等,1985;南方舟等,2015)。

由于不同铁磁性矿物和岩石的居里点不同,如磁铁矿的居里点为 575~582 ℃(梁学堂等,2015)、磁赤铁矿的居里点为 675 ℃、磁黄铁矿的居里点为 300~325 ℃、火成岩的居里点为 580~610 ℃,因此居里面并非等温面。但是居里面与温度息息相关,故而居里面的起伏对大地热流的影响是巨大的。居里面隆起的区域,地表会测得负的磁异常,反映出该地具有较高的大地热流密度(孙帮民,2016)。

5. 岩石的热剩余磁性分类及其特征

1）热剩余磁性

在恒定磁场作用下,岩石从居里点以上的温度,逐渐冷却到居里点以下,在通过居里温度时受磁化所获得的剩磁,称为热剩余磁性(以下简称热剩磁)。其特点如下。

（1）强度大。在弱磁场中，其热剩磁强度大致正比于外磁场强度，并同外磁场方向一致。因此，火成岩的天然剩余磁化强度方向，一般代表了成岩时的地磁场方向。

（2）稳定性强。热剩磁衰减时间很长，即磁性弛豫很长。

（3）服从特里埃第一定律。总热剩磁是居里温度至室温，各个温度区间的部分热剩磁之和。

（4）服从特里埃第二定律。具有热剩磁的岩石在零磁场环境下，从室温加热到某一温度再冷却至室温，或产生某一温度以下的部分热退磁，并且可不提高温度来获取居里温度的热剩磁强度。

2）碎屑剩余磁性

沉积岩中含有从母岩风化剥蚀带来的许多碎屑颗粒，其中磁性颗粒在水中沉积时，受当时的地磁场作用，使其沿地磁场方向定向排列，或者这些磁性颗粒在沉积物的含水孔隙中转向地磁场方向。沉积物固结成岩后，按其碎屑的磁化方向保存下来的磁性，称为碎屑剩余磁性（以下简称碎屑剩磁）。其特点如下。

（1）它的强度正比于定向排列的磁性颗粒数目。其强度比热剩磁小得多。

（2）形成碎屑剩磁的磁性颗粒大都来自火成岩，其原生磁性来自热剩磁，因此碎屑剩磁比较稳定。

（3）磁性颗粒为等轴状颗粒，其碎屑剩磁方向和外磁场（地磁场）方向一致。

3）化学剩余磁性

在一定磁场中，某些磁性物质在低于居里温度的条件下，经过相变过程（重结晶）或化学过程（氧化还原），所获得的剩磁，称为化学剩余磁性（以下简称化学剩磁）。其特点如下。

（1）在弱磁场中，其剩磁强度正比于外磁场的强度。

（2）化学剩磁有较高的稳定性。

（3）在相同磁场中，化学剩磁强度远小于热剩磁强度，大于碎屑剩磁强度。

4）等温剩余磁性

在没有加热的常温情况下，岩石因受外部磁场的作用，获得的剩磁称为等温剩余磁性（以下简称等温剩磁）。等温剩磁是不稳定的，其大小和方向随外磁场的变化而发生变化。

5）黏滞剩余磁性

岩石生成之后，长期处在地磁场作用下，随着时间的推移，其中原来定向排列的磁畴,逐渐地弛豫到作用磁场的方向,所形成的剩磁称为黏滞剩余磁性(以下简称黏滞剩磁)。其特点如下。

(1) 它的强度与时间的对数成正比。

(2) 随着温度的升高,黏滞剩磁增大。裸露于地表的岩石,受昼夜及季节的温差变化的热骚动影响,随着时间的延长,会形成较强的黏滞剩磁。

热剩余磁性、碎屑剩余磁性、化学剩余磁性统称为原生剩磁。等温剩余磁性、黏滞剩余磁性统称为次生剩磁(管志宁,2005)。

3.2　磁测工作方法与技术

磁法勘探工作一般包括以下四个阶段。

(1) 设计阶段。接受任务后,应着手收集与工作区有关的地貌地物、地质、物性(主要是岩、矿石的磁性)及物探资料,并组织现场踏勘。在此基础上编写设计磁测工作。

(2) 施工阶段。施工阶段的工作包括磁测仪器的性能检查、测区测网的敷设、基点和基点网的建立、磁异常的观测、物性标本的采集测定,质量检查、室内整理计算及绘制各种野外成果图件。

(3) 数据处理阶段。根据所获得的磁测资料和地质任务,提出相应的数据处理方案,并进行处理和正反演计算,为磁测异常的分析解释提供资料。

(4) 解释分析和提交成果报告阶段。进行定性、定量与综合解释,并按设计要求编写成果报告。

3.2.1　工作设计

根据任务目的要求编制设计书,其中包括但不限于:任务目的及要求,地质、地球物理特点,工作方法与技术,经济与安全生产管理,拟提交的成果。

1. 测区比例尺的确定

测区范围尽量使磁测结果轮廓完整规则,并尽可能包括地质、物探工作过的地段,周围有一定面积的正常场背景,以利于数据处理与解释推断。测线应垂直于测区内总的走向或主要探测对象的走向,必要时可在同一测区内布置不同方向的测线(中华人民共和国地质矿产部,1995)。

　　基础地质调查的磁测工作比例尺，应等于相应地质工作比例尺或较大一级比例尺，其线距大体为该工作比例尺图上 1 cm 所代表的长度，点距可根据需要选定，一般为线距的 1/10~1/2。

　　普查性磁测工作的线距不大于最小探测对象的长度，点距应保证至少有三个测点能反映有意义的最小异常。在小比例尺地质填图中，磁测工作的主要任务是探测结晶基底的起伏及内部构造、研究盖层沉积构造的形态、追索大断裂等。在中、大比例尺地质填图中，主要任务是确定岩层接触带，圈定岩体，构造破碎带、断层和岩脉等，在矿产资源勘查中，其主要任务是通过进一步寻找磁异常来查明地质构造和矿产。

　　详查或勘探性磁测工作，应有 5 条测线通过主要磁异常或所要研究的地质体，点距应满足反映异常特征的细节及解释推断的需要，并尽可能密一些。详查通常选在成矿有利地段被发现的异常或粗略推测为矿体引起的异常上进行磁测。磁测的任务是通过研究磁异常形态来寻找和评价矿产，配合矿区勘探工作。

　　常用比例尺的点距、线距列于表 3-3，表中线距变动范围为 2%。

表 3-3　常用比例尺的点距、线距

比例尺	长方形测网		正方形测网
	线距/m	点距/m	点距（线距）/m
1∶50 000	500	50 ~ 200	500
1∶25 000	250	25 ~ 100	250
1∶10 000	100	10 ~ 40	100
1∶5 000	50	5 ~ 20	50
1∶2 000	20	4 ~ 10	20
1∶1 000	10	2 ~ 5	10
1∶500	5	1 ~ 2	5

　　对于航空磁测，一般情况下，区域性航空磁测的最大比例尺为 1∶200 000，最小比例尺为 1∶1 000 000；以油气勘查为主的综合性航空磁测的最大比例尺为 1∶50 000，最小比例尺为 1∶100 000；专属性航空磁测的最大比例尺为 1∶10 000，最小比例尺为 1∶100 000。当测区内平均离地飞行高度不能低于 250 m 时，不宜进行大于 1∶50 000 的

航空磁测,高差大于 600 m 的山区,不宜进行大于 1：200 000 的航空磁测。

2. 磁测精度的确定

磁测工作中采用的磁力仪的类型不同,可以达到的磁测精度也各不相同。根据实际情况,可将磁测精度确定如下(管志宁,2005)。

(1) 特高精度磁测:均方误差<2 nT。

(2) 高精度磁测:均方误差≤5 nT。

(3) 中精度磁测:均方误差为 6~15 nT。

(4) 低精度磁测:均方误差>15 nT。

首先要考虑磁测的地质任务,探测对象是最小可分辨的磁异常强度 $B_{max,低}$,再确定磁测精度 $m < (1/6 \sim 1/5) \cdot B_{max,低}$。

确定了磁测精度后,为了达到规定的精度,这就需要对各个环节的独立因素的误差进行分配:仪器性能的选择及调节,若有多台仪器在同一工区施工,必须做仪器一致性检查。假定仪器的均方误差为 m_1;基点及基点网建立的均方误差为 m_2;野外磁异常观测的均方误差为 m_3;消除干扰的各项改正的均方误差为 m_4;整理计算的均方误差为 m_5;其他因素为 m_6。根据误差理论,总观测精度 m 的均方误差的平方等于各个独立因素均方误差的平方之和,即满足

$$m^2 = m_1^2 + m_2^2 + m_3^2 + m_4^2 + m_5^2 + m_6^2 \tag{3-7}$$

各个环节的精度确定后,就可以确定各个环节相应的工作方法和技术指标,以便确保总精度的实现。

3.2.2　磁力仪简介

观测磁场变化的工具叫作磁力仪。我国通常用到的磁力仪分为两种:一种是机械式磁力仪,包括刃口式磁力仪和悬丝式磁力仪,现已被淘汰;另一种为电磁式磁力仪,是较为常用的磁力仪,包括质子磁力仪、磁通门磁力仪、光泵磁力仪、超导磁力仪、核子旋进磁力仪及无定向磁力仪等。

具体介绍如下。

1. 质子磁力仪

质子磁力仪具有灵敏度、准确度高的特点,可测量地磁场总强度 T 的绝对值(或

相对值)、梯度值,如表 3 - 4 所示,在航空、海洋及地面等领域均得到应用(侯志成,2011)。

表 3 - 4　常见的国产质子磁力仪

型　号	量程/nT	分辨率/nT	精　度/nT	梯度容限/(nT/m)	存储量/κB
CZM - 5	20 000~100 000	0.1	±0.5	≤5 000	100 000
WCZ - 1	20 000~100 000	0.1	±1	≤5 000	120 000
PM - 1A	25 000~80 000	0.1	±1	≤5 000	240 000
PMG - 2	20 000~100 000	0.1	±1	≤1 000	24 500
G856F	20 000~100 000	0.1	±0.5		12 000/5 700
EREV - 1+	10 000~150 000	0.01	<±0.2	≤7 000	标配 16GB SD 卡

2. 光泵磁力仪

光泵磁力仪的特点是灵敏度高,可达±0.01 nT,如表 3 - 5 所示,可以测定总磁场强度的绝对值,没有零点掉格及温度影响,工作时不需准确定向,适于在运动条件下进行高精度快速连续测量,如航空磁测和海洋磁测等(侯志成,2011)。

表 3 - 5　常见的光泵磁力仪

型　号	量程/nT	灵敏度/nT	精度/nT	梯度容限/(nT/m)
CS - L	15 000~105 000	0.000 6	<2.5	≤5 000
G - 862	20 000~100 000	0.004	<3	≤5 000
HC - 95	38 000~80 000	0.05	±1	≤5 000

3. 磁通门磁力仪

磁通门磁力仪的原理是利用高磁导率的坡莫合金,其磁感应强度 $\boldsymbol{B}$ 与外磁场 $\boldsymbol{H}$ 之间呈非线性关系,通过产生的电磁感应信号,来测量 ΔT 或 ΔZ。几种常见的磁通门磁力仪如表 3 - 6 所示(侯志成,2011;刘佳等,2007)。

表 3-6　常见的磁通门磁力仪

型　号	量程/nT	分辨率/nT	地磁场补偿范围/nT	转向差/nT
CCM-4	±39 999	1	35 000~55 000	≤10
MCL-2	0~80 000	1	无须补偿	≤±10
CBT-1	绝对测量±100 000	10	30 000~60 000	10
	相对测量±19 999	1		

4. 超导磁力仪

超导磁力仪,又称超导量子干涉仪(superconducting quantum interference device, SQUID)。其灵敏度高出其他磁力仪几个数量级,可达 10^{-6}~10^{-5} nT,能测出 10^{-3} nT 级磁场。它的测程范围宽,磁场频率响应高,观测数据稳定可靠。由于这种仪器的探头需要低温条件,常用装于杜瓦瓶的液态氦进行冷却,因此装备复杂,费用较高(张昌达,2005;侯志成,2011)。

3.2.3　野外施工

1. 基点、基点网的建立

为了提高观测精度,控制观测过程中仪器零点漂移及其他因素对仪器的影响,并将观测结果换算到统一的水平,在磁测工作中要建立基点。基点分为总基点、主基点及分基点。总基点和主基点的主要作用为观测磁场的起算点。当测区面积很大,必须划分几个分工区进行工作时,必须设立一个总基点;若干个分工区的主基点,形成一个基点网。分基点的主要作用为测线观测时控制仪器性能的变化。

对各类基点的选择须有严格的要求。在组成基点网或分基点网后,必须选用高精度仪器进行连测,连测时要求在日变幅度小和温差较小的早晨或傍晚前短时间内进行闭合观测,若主基点(或分基点)很多,可以分成具有公共边的若干个闭合环进行连测,可以选用多台仪器一次往返观测,或用一台仪器多次往返观测。

由连测的结果计算均方误差,然后进行误差分配,要求连测的均方误差小于总均方误差的二分之一,如果是多环连测必须进行平差。

2. 日变观测

在高精度磁测时,如不设立分基点网进行混合改正,则必须设立日变观测站,以便消除地磁场日变化和短周期扰动等的影响。日变观测站,必须设在正常场(或平稳场)内温差小、无外界磁干扰和地基稳固的地方,观测时要早于出工的第一台仪器,晚于收工的最后一台仪器。日变观测站的有效作用范围与磁测精度有关,低精度测量时,一般半径在 50~100 km 范围内,可以认为变化场差异微小;高精度磁测时,最大有效范围一般以半径 25 km 设一个站为宜。

3. 测线观测

要按照磁测工作设计书规定的野外工作方法技术严格执行。针对不同的磁测精度、不同的观测仪器和不同的校正方法,采用不同的野外观测方法,但每天的测线观测都始于基点而终于基点。对建立分基点网的,要求测量过程中 2~3 h 闭合一次分基点观测。

野外观测时,切忌操作人员和仪器探头携带者携带磁性物品。要注意地质、地形和干扰物的记录,以便分析异常时使用,如发现明显异常,要随时注意合理加密测线、测点,追索异常,以便准确地确定异常形态。

4. 质量检查

质量检查的目的是了解野外所获得异常数据的质量是否达到了设计的要求。这是野外工作阶段贯彻始终的重要环节。质量检查的基本要求:要有严格的检查量,平稳场的检查点数要大于总检查点数的 3%,不得少于 30 个点。异常场的检查点数为总检查点数的 5%~30%。磁测的质量检查评价以平稳场的检查为主。检查观测应贯穿于野外施工的全过程,做到不同时间、同点位、同探头高度。

此外,航空磁测在做测量飞行前应对航磁仪器系统、导航定位系统、飞机磁场的补偿及地面日变监测系统按规范与设计要求进行检验,使其达到精度要求。在停机坪附近建立航磁校正基点。经以上工作后再进行测量飞行(管志宁,2005)。

3.2.4　磁测结果的计算整理及图示

1. 磁测结果的校正计算

在某个测点上观测值 B_i 是由各种因素引起的磁场的叠加,而磁测的目的是提取所研究对象的磁异常 ΔB_i(Z_a 或 ΔT),因此由其他因素引起的磁场均为校正场,此校正场可分为两类:一类与地磁场及背景场有关,如正常地磁场或正常背景场的校正 B_0、日变校正 B_1;另一类与仪器工作状态及性能有关,如温度校正 B_2、零点校正 B_3,因此满足(刘天佑,2013):

$$\Delta B_i = B_i \pm B_0 \pm B_1 \pm B_2 \pm B_3 \qquad (3-8)$$

(1)正常地磁场校正

正常地磁场随纬度呈现规律性变化,水平梯度为 $2 \sim 3$ nT/km。正常地磁场校正的目的就是消除正常地磁场的这种影响。校正方法是应用最近时期的地磁图,确定出工区正常地磁场的水平梯度值,正常地磁场的水平梯度值乘以测点至基点之间的距离的结果就是相应测点的校正值。在北半球,测点在基点以北时正常地磁场的影响值是正的,所以校正值应为负;反之测点在基点以南时,校正值应为正。

(2)日变校正

日变校正就是消除地磁场随时间的变化。消除方法是在野外工作的同时在基地进行日变曲线的测量。日变校正值可从日变曲线上查得。在日变曲线上量得某时刻相对早基时间的日变值并取反号,即为该时刻的日变校正值。如图 3-3 所示,t_0 为起始时间,校正时按照对应野外观测点的时间 t_2,在日变曲线上读取该时间的日变值 ΔZ,即为日变校正值。ΔZ 为正,校正值为负,反之校正值为正。

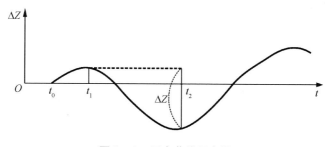

图 3-3　日变曲线示意图

(3)温度校正

磁性体对温度的敏感性一般较大,有些磁力仪虽然有温度补偿装置,但其温度系数并不为零,因此测点观测时仪器的温度与基点观测时的温度不同,则观测数据须进行温度校正。校正方法是按事先求出的仪器的温度系数(一般是线性的)进行校正。

(4)零点校正

由于磁力仪的扭丝有非弹性形变和其他一些原因使仪器的零点有移动。校正方法是在磁测时常常间隔一定时间到基点重复观测,求出此时基点磁场的变化值,从中去掉日变值和温度影响值,即得各重复观测时的零点掉格值,取其反号值即为零点校正值。据此作出零点校正曲线,即可利用该曲线查得在重复观测时段内某时刻做磁测的零点校正值。

除上述常用校正外,在设置基点网的大面积磁测工作中,应进行基点校正,即将各基点起算的磁测结果统一为相对于总基点的异常值。航空磁测工作还应进行飞行方向差校正和磁场水平校正。

2. 磁测图件

磁测图件可分为磁测基础图件、数据换算图件和解释图件,后两类图件是在基础图件的基础上根据不同目标及任务所作的不同图件。在磁测工作中,为了使磁异常特征一目了然,往往把磁异常值用图件形式直观表示出来。反映测区磁异常特征的基本图件有三种,即磁异常剖面图、剖面平面图和平面等值线图。

磁异常剖面图是反映某一剖面(测线)磁异常变化形态的图件,如图3-4所示。若将各测线的磁异常剖面图依据线距大小拼绘在一起,就可得到磁异常剖面平面图,如图3-5所示。磁异常平面等值线图是反映磁异常的平面变化特征的图件,如图3-6所示(管志宁,2005)。

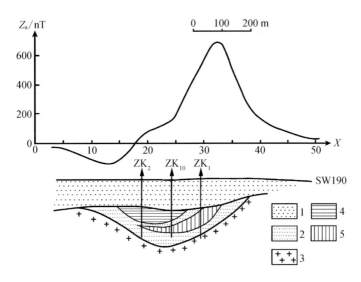

1—表土;2—矽卡岩;3—闪长岩;4—灰岩;5—铁矿

图3-4　磁异常剖面图

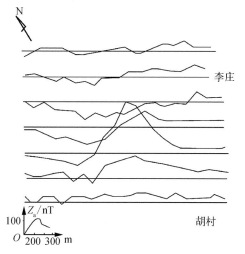

图 3-5　垂直磁异常剖面平面图

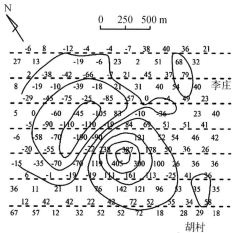

图 3-6　垂直磁异常平面等值线图

$\left[\,\text{图中的数据为}\,Z_a(\text{nT})\,\right]$

3.2.5　磁性测定

　　为了满足物性参数统计需要,采集岩(矿)石的基岩露头或钻井的岩心标本数量一般不能少于 30 块,且采集点要均匀分布。标本形状尽可能为等轴状或立方体,体积应以 10 cm×10 cm×10 cm 为宜,即使是强磁性标本也不能小于 400 cm³。

　　为了研究岩(矿)石剩余磁化强度的大小和方向,需要确定标本在原生露头上的空间位置。采集完标本后,对其编录,使用高精度磁力仪,测得磁化率 κ 和所需方向的剩磁强度 M_r,最后对标本数据进行统计分析,确定岩(矿)石磁性参数(中华人民共和国地质矿产部,1995)。

3.3　磁测资料的处理与解释

3.3.1　磁异常的正演

　　磁法勘探的主要解释任务是根据所观测到的磁异常来判断和确定引起磁异常的地质体的几何参数及磁性参数。根据磁场理论,运用数学工具由已知地质体来求出磁场分布,即磁异常的正演。反之,由磁异常求出地质体的几何参数和磁性参数,即为磁异常的反演。只有通过正演求出地质体的磁场分布,总结磁场特征与地质体的几何参数和磁性参数之间的内在规律,才能运用这些规律对磁异常做出解释和推断。

1. 简单形体磁异常的正演

尽管地质体的形态一般都是不规则的,但是在一定的埋深时,可以宏观地概化为规则的形体。因此,为了方便理论研究,我们可以将各种地质体简化为规则的形体,如柱体、板状体等。在自然界中,许多地质体都可简化为板状体,如磁性岩脉、岩墙等。只要沿走向长度较大,都可以当作是厚度、产状不同的板状体。简单形体的磁异常可以通过解析解或者半解析解来定量给出磁异常的响应,往往对于大规模地质体可以看成简单形体。例如球体、水平圆柱体,无限延伸或有限延伸的柱体、厚板状体、薄板状体,接触带等简单形体很容易得出其磁异常的响应。这些简单形体的磁异常正演都是在观测面是水平的、磁性体为单个的规则形体、磁体被均匀磁化、剩余磁化强度与感应强度方向一致、无退磁影响、围岩无磁性等假设下建立的。

2. 复杂形体磁异常的正演

地下磁性介质往往都是复杂形体磁异常介质,面对磁法勘探的新发展,复杂形态目的体的高精度、快速磁异常正演是当前磁法勘探中的一项重要工作。复杂形体磁异常正演可通过数值模拟手段进行,按形体不同可以分为三度体和二度体。二度体指的是沿走向方向无限延伸,且在走向方向上该磁性体的埋深、截面形状、大小和磁化特点皆稳定不变的形体。三度体指的是没有明显走向的磁性体或沿走向方向磁性体的埋深、形状、大小有明显变化的磁性体。按求解域还可分为空间域正演方法和频率域正演方法(李焓等,2008)。

1) 空间域正演方法

复杂形体磁异常正演在空间域中的计算又可分为两大类:有限单元法和边界单元法。空间域正演方法的基本优点是适用于任意测网。

(1) 有限单元法

此方法的基本思想是用不同的方式对复杂形体进行分割,使之转化为一系列简单形体的组合,计算该简单形体的磁异常再求和即可得整个复杂形体的异常。这就包括了两个方面的近似:一是分割方式与实际形体的拟合程度;二是数值积分代替解析积分的近似程度。根据有限元的表现形式分为点元法、线元法和面元法。

（2）边界单元法

此方法的基本思想是将复杂形体磁异常的体积分通过奥-高公式转化为面积分，再由格林公式转为线积分，最后累加求和得到整个形体的场值。根据边界元的表现形式，对于三度体，有六面体法、四面体法，对于二度体，有多边形截面法（徐世浙等，1986）。

2）频率域正演方法

复杂形体磁异常正演在频率域中的计算称为谱正演法。该方法的基本思想是对任意形体的重、磁异常做傅里叶变换得到场的频谱表达式。在实际计算时，先按场的频谱表达式算出这些谱的离散值，然后再做快速傅里叶反变换，所得值就是任意形体磁场的正演值。其中，对于三度体，有点元法谱正演法、面元法谱正演法、多面体谱正演法，对于二度体，有线元法谱正演法、面元法谱正演法。

不同复杂地质体、不同求解域、不同正演方法对比如表 3-7 所示，可根据需要选择适当的方法。

表 3-7　二度体、三度体磁异常正演归类总结

方　法			已 有 模 型		方 法 评 述		发 展 方 向	
			二度体	三度体	二度体	三度体	二度体	三度体
空间域正演方法	有限单元法	点元法	—	直立六面体法	—	适用于任意测网，可以模拟非均匀物性横向及纵向变化的形体	—	导出无解析"奇点"的重力异常表达式，提高计算速度
		线元法	线元法	直立线元法	只能沿二度体方向切割，要求每个线元内物性是均匀的，或者物性沿二度体方向呈规律性变化，适用于任意测网	适用于任意测网，可以模拟非均匀物性垂直线元方向变化的形体	提高计算速度	研究水平线元和倾斜线元的情况
		面元法	水平面元法、垂直面元法	面元法	只能沿二度体方向切割，要求每个面元内物性是均匀的，适用于任意测网	适用于任意测网，可以模拟非均匀物性沿某一特定方向变化的形体	提高计算速度	解决"奇点"问题，并研究倾斜面元的情况

续表

方　　法		已　有　模　型		方　法　评　述		发　展　方　向	
		二度体	三度体	二度体	三度体	二度体	三度体
空间域正演方法	边界单元法	多边形截面法	六面体法	均匀物性,适用于任意测网	适用于任意测网,用于均匀物性的正演较好	提高计算速度	解决"奇点"问题
		—	四面体法	—	适用于任意测网,用于均匀物性的正演较好	—	解决"奇点"问题
频率域正演方法	谱正演法	线元法谱正演法	点元法谱正演法	只适用于平面规则网,而且要求形体位于整个计算点下方,整个速度与精度是否优于空间域,还有待进一步研究		适用于高于形体之上随机测网的频率域的计算方法	
		面元法谱正演法	面元法谱正演法				
		—	多面体谱正演法				

3.3.2　磁异常的处理与转换

在磁异常正演的讨论中,为了简单起见,对讨论的问题做了种种假设,如磁性体形状规则、磁化均匀、观测面水平等,在这些假设条件下,建立了磁性体与磁异常特征之间的关系和相应的解释理论。然而实际情况却与这些理论假设有很大差别。因此需要根据磁异常的数学物理特征,对实测磁异常进行必要的数学处理,以满足某些特定的需要,其目的在于：使实测磁异常满足或接近解释理论所要求的假设条件；使实测磁异常满足解释方法的要求；突出磁异常某一方面的特点。考虑每种处理和转换的方法有其特点和适用条件,因此,在应用过程中要明确合理地处理和转换的方法和具有对结果进行正确解释的能力。需要注意的是,磁异常的处理和转换只是一种数学处理手段,它仅仅只能使资料中某些信息更加突出和明显,不能获得在观测数据中不存在的信息。同时在应用时必须要注意实测资料的精度和处理方法自身的精确度。

为了消除实测磁异常中的干扰异常,突出有用异常,经常采用的处理方法有圆滑、插值、数据网格化、相关分析法、解析延拓、导数法、化直法、化磁极和水平方向导数等(管志宁,2005;刘天佑,2013)。

1. 圆滑

由于测量误差、各项改正的误差及近地表的随机干扰等,常常使磁异常曲线呈现无规律的锯齿状。因此在解释这样的磁异常之前,必须进行圆滑处理。圆滑的方法较多,有徒手圆滑法、多次线性内插圆滑法、最小二乘圆滑法等。

2. 插值

插值是划分区域场与局部场的一种方法。其实质是根据不受局部场干扰或干扰很小的测点(称为插值节点)上的场值,构造一个插值函数,然后用这个函数来计算受干扰地段的磁场值,并作为这些地段的区域场值。实测值与求得的区域场值的差即为局部场值。拉格朗日插值函数是一种比较简单、常用的插值函数。

3. 数据网格化

实践中由于某些客观原因,在一些测点上不能实际测量,从而造成实测点分布不均匀。但是磁异常的处理要求数据均匀分布,因此必须由分布不规则的实测数据换算出规则网格节点上的数据,此过程即为数据网格化。数据网格化的实质是对不规则数据点进行插值。数据网格化应当先确定选用哪些点作为插值节点,一般在被插节点的周围搜索距离最近的若干点作为计算该点场值的插值节点,再构造插值多项式(如拉格朗日插值多项式、多次样条插值多项式、反距离加权平均插值多项式等)来计算被插节点的值。

4. 相关分析法

当磁异常分布没有规律时,如弱异常受到强干扰时,使得相邻剖面不能对比,这时可采用相关分析法来发现弱异常。

5. 解析延拓

由水平面上的观测异常计算出场源外部空间中的异常,称为磁异常的解析延拓。由地面实测的磁异常计算出地面以上任一平面的磁场称为向上延拓,反之计算出地面以下任一平面的磁场称为向下延拓。

向上延拓的主要用途是削弱局部干扰异常,反映深部异常。向下延拓的主要作用是突出浅部异常,同时使得误差也随之增大;但是利用向下延拓可以处理旁侧叠加异常,增加浅部横向分辨能力。此外,向下延拓可以"放大"其中不够明显的异常特征(如拐点、极值点、零值点等),有利于进一步的解释和推断。

6. 导数法

为了消除区域场,突出局部异常,在生产中常用导数法。导数法主要是通常采用的二次导数。通过求得的异常导数,可以消除或削弱背景场,确定异常体的边界。

7. 化直法

由于实际地形经常是起伏不平的,而对磁异常的解释都是按磁场在一水平面上来讨论的,因而当实测磁异常是在地形有起伏的情况下观测的,需用化直法将它换算成在某一水平面上观测到的值。

8. 化磁极

化磁极是通过数学运算将斜磁化变为"垂直磁化",这一过程相当于人为地将磁性体转移到磁极地区,而垂直磁化条件下,磁异常的形态及其与磁性体的对应关系比较简单,便于进行正确的地质解释。

9. 水平方向导数

将磁异常沿着水平方向求一阶导数可使所含异常成分的比例发生变化,有利于对磁异常的划分。实践中常用水平方向导数来分析区内某一方向上的构造线特征。

上述磁测资料的处理转化,以及对磁性地质体的磁性特征和磁性的均匀性、方向性、大小进行分析这一过程,就是磁测资料的预处理和预分析阶段。

3.3.3　磁异常的反演

由磁异常求出地质体的几何参数和磁性参数,即磁异常的反演。磁异常反演技术的研究大都以其正演的磁场的表达式即建立的正演模型为基础。确定地质体的正演模型,分析地质体的几何参数、磁性参数与磁异常分布之间的关系,从而导出反演计算公式(李焓等,2008;安玉林等,2003)。

1. 磁异常反演的目的

根据工作地区测定的磁异常的分布特征,结合有关地质资料和岩、矿石的物性资料,确定磁性体的赋存位置、形状及规模大小,如磁性体的中心位置、埋藏深度、倾向、倾角、延伸长度和分布范围,以及磁化强度的大小和方向等。

2. 磁异常反演的方法

磁异常反演的方法很多,也可分为空间域反演方法和频率域反演方法。目前,较为常用的还是空间域反演方法。磁异常反演常用的方法如下(张华,2011)。

（1）特征点法

特征点法是利用异常曲线的某些特征点的坐标位置和它们之间的距离,来求解地质体的位置和产状的方法。它的实质是对各种规则形状磁性体的磁场表达式进行分析,求出异常曲线各种特征点同磁性体的位置和产状之间的关系式,然后再从实测异常曲线上取得各种特征点的坐标及异常值,代入这些关系式,从而计算磁性体的位置和产状。

（2）切线法

异常曲线上的一些特征点的切线相交,用其交点坐标计算磁性体产状要素的方法即切线法。此法方便快捷,受正常场选择的影响较小,在航磁异常 ΔT 的定量解释中得到广泛应用。

（3）选择法

选择法是将实测的 Z_a 曲线与各种形状、产状和磁化强度的磁性体的 Z_a 理论曲线进行对比,以求出磁性体形状和产状的方法。如果实测曲线与某一形状、产状的磁性体理论曲线吻合得较好,则可认为该磁性体的形状和产状就是实际地质体的产状和形状。

（4）沃纳反褶积法

沃纳反褶积法除了利用记录的磁场总场强度曲线外,还利用了一个测量的或计算的垂直梯度剖面及一个计算的水平梯度剖面。沃纳反褶积法的基本模型是下延无限的直立或倾斜薄板、接触带。用总场强度可以很好地解释薄板异常,而用总场强度矢量的水平梯度则可以解释接触带或其他形式的磁性基底模型。

（5）异常变换法

异常变换法包括磁异常梯度积分法、矢量解释法、希尔伯特变换法等,主要是为了压制干扰异常,突出有效磁异常。

（6）联合反演法

联合反演法是在对复杂形体磁异常正演的基础上引进其他地球物理勘探方法,联合反演拟合地下物性参数,从而达到地下介质磁性分布的范围。地下介质的不同物性反映不同物理响应,联合其他地球物理方法,可以降低多解性,为异常体的范围圈定做好基础。

3. 3. 4　磁异常的解释

磁异常的解释，是根据磁测资料、岩（矿）石（目标物）的磁性资料，以及地质和其他物探资料，运用磁性体磁场理论和地质理论解释推断引起磁异常的地质原因及其相应地质体（目标体）的空间赋存状态、平面展布特征、矿产和地质构造或其他目标体分布的全过程。

1. 磁异常的定性解释

磁异常的定性解释包括两个方面的内容：一是初步解释引起磁异常的地质原因；二是根据实测磁异常的特点，结合地质特征运用磁性体与磁场的对应规律，大体判定磁性体的形状、产状及其分布。对磁性体进行地质解释的首要任务是判断磁异常的地质原因。实际工作中，由于地质任务和地质条件的不同，磁异常的定性解释的重点与方法也不同，但一般都从以下几个方面着手（管志宁等，1991）。

1）将磁异常进行分类

分类的目的是更好地查明异常的地质原因，便于重点研究。由于实际情况千差万别，对磁异常的分类很难给出一个标准的分类方法。一般是根据异常的特点（如极值、梯度、正负伴生关系、走向、形态、分布范围等）和异常分布区的地质情况，并结合物探工作的地质任务进行分类。

2）由已知到未知

这种方法是先从已知地质情况着手，根据岩石的磁性参数，对比磁异常与地质构造或矿体等的关系，找出异常与矿体、岩体或构造的对应规律，确定引起异常的地质原因，并以此确定的对应规律，指导条件相同的未知区异常的解释。在推断未知区时，应充分注意某些条件的变化（如覆盖、干扰等）对异常的可能影响。

3）深入研究区内的岩（矿）石磁性

岩（矿）石磁性的研究是对异常进行正确解释的重要基础工作。对区内各类岩（矿）石都应采集不同数量的定向标本，进行磁参数测定，了解感应磁场和剩磁的大小及方向，并用正演公式，粗略估算异常分布范围内各类岩（矿）石所引起的异常强度，然后与实测异常对比，以判断实测异常是由地表还是由地下深部岩、矿体所引起的。

如对于基底岩石的物性，酸性岩，包括花岗岩、流纹岩等总体表现为弱磁特征；中基性岩，包括闪长岩、辉长岩、安山岩、玄武岩、安山质凝灰岩等，表现为强正磁异常；

动力变质岩(糜棱岩)和区域变质岩中的浅变质砂岩、粉砂岩、泥岩、千枚岩、板岩等表现为弱负磁异常。

如果异常分布在第四系覆盖区,这时应充分利用附近已知区的磁参数资料,还可以根据实测异常,选择合适的公式,估算异常源的磁性大小,并与已知的同类型岩(矿)石的磁参数进行比较,以提供确定异常体性质的依据。

4) 对异常进行详细分析

详细分析研究异常的目的,是结合磁性和地质情况确定引起异常的地质原因。在研究异常时,应注意它所处的地理位置、异常的规则程度、叠加特点,同时还应大致判断场源的形状、产状、延伸和倾向等,如表 3-8 所示,通过这些规则磁性体的垂直磁异常的剖面图、平面等值线图或者空间等值线图的特征,大致判断磁性体的形状和倾向。另外也可通过磁异常等值线来推断断裂位置。

(1) 磁性体形状的初步判断。磁异常的平面等值线形态,往往反映地下磁性体的形态。例如球体的 Z_a 异常等值线为等轴状,有一定走向的地质体引起一定走向的长带状异常。如果正异常的两侧伴生有负异常,可认为磁性体为下延有限的磁性体,如果只有正异常而无明显的负异常伴生,则可认为磁性体下延很大;而当正异常一侧伴生有负异常,另一侧无负异常时,则判断较复杂,需具体分析。磁性体形态不同,磁异常断面等值线也不同。对于厚板状体及水平薄板状体, Z_a 断面等值线有交于两点的趋势,这两点的深度及间距分别与板体的上端和水平宽度相当。对于接触带,则在一侧有相交的趋势。对于薄板状体、水平圆柱体, Z_a 断面等值线则有交于一点的趋势。对于无限延伸薄板状体, Z_a 曲线不同高度的极大值、极小值及零值点横坐标的连线相交于板顶。不同高度的水平圆柱体异常的极大点、极小点、零值点及半极值点的连线也为直线且相交于圆柱中心。厚板状体磁异常在不同高度上各特征点的连线非直线。以 Z_a 为纵坐标、 H_a 为横坐标,将各点的磁场值 Z_a 与 H_a 分别连成曲线,根据参量曲线图的形态也可以判断磁性体的形状。无限延伸薄板状体的 $Z_a - H_a$ 参量图为圆形;水平圆柱体为心形线;无限延伸厚板状体为椭圆形;有限延伸厚板状体为椭圆心形线;有限延伸薄板状体参量曲线形状接近水平圆柱体;球体则为 Z_a 轴方向拉长的心形线。

(2) 磁性体倾向的初步判断。南北走向长椭圆状异常,反映磁性体走向为南北向,在垂直异常走向剖面内,有效磁化强度为垂直向下;当 Z_a 正异常一侧下降缓慢,另一侧下降较快,并出现负极值,则磁性体倾向 Z_a 下降较缓的一侧,在此侧较远处若出现负异常,则由磁性体下端所引起;当 Z_a 曲线对称时,则表明磁性体直立,若两侧无负

表3-8 若干规则磁性体的垂直磁异常特征示意图汇总表

磁性体类型	剖面图	平面等值线图	空间等值线图	磁性体类型	剖面图	平面等值线图	空间等值线图
无限延伸顺轴磁化柱体				水平圆柱体			
有限延伸顺轴磁化柱体			—	无限延伸顺层磁化薄板状体			
球体	E-W / S-N		E-W / S-N	无限延伸斜交磁化薄板状体			—
无限延伸顺层磁化薄板状体				垂直磁化水平薄板			

续表

磁性体类型	剖面图	平面等值线图	空间等值线图	磁性体类型	剖面图	平面等值线图	空间等值线图
无限延伸斜交磁化薄板状体				斜交磁化水平薄板			
有限延伸顺层磁化薄板状体			—	接触带			—
有限延伸斜交磁化薄板状体				—	—	—	—

值或负值不明显,则说明磁性体下延较大,反之若有负值存在,系下端延伸较小所致。东西走向长椭圆状异常,在南北向剖面内,忽略剩磁,则其磁化方向即当地地磁场方向;若 Z_a 曲线近于对称,说明磁性体向北倾斜,且倾角与地磁倾角相近,相当于顺层磁化。若北侧较远处出现负值,系矿体下端延伸有限引起;若 Z_a 曲线北侧下降较快,有明显的负极值,南侧下降较缓,这是磁性体倾角大于磁化倾角的板状体异常特征。若北侧下降急剧,且负值与正值相比所占比例较大,则磁性体南倾,南侧远处如有负异常,则系由下端延伸有限引起。反之,如果北侧 Z_a 下降只比南侧略陡,则板状体近于直立或略向北倾,此时最好计算其倾角,以便正确确定其倾向(郭志宏等,2004)。

(3)断裂位置的初步判断。沿断裂有磁性岩脉(岩体)充填时,沿断裂方向会有高值带状异常(或线形异常带)分布。若沿断裂方向岩浆活动不均匀,可能产生断续的串珠状异常;有些断裂破碎带范围较大,构造应力比较复杂,既有垂直变位也有水平变位和扭转现象,这种情况会造成雁行排列的岩浆活动通道,因此,在这类构造上就会出现雁行状异常带。在断块活动比较复杂的地区,可见到放射状异常带组,每一个线形异常,都标志一条断裂岩浆活动线。根据磁异常推断断裂构造时,一是要注意标出异常轴,二是要肯定异常与岩浆活动有关。另一种情况是,磁性岩石断裂,无岩浆活动伴随,但当其断裂破碎现象显著时,因磁性变化,会出现低值或负的异常带,这就是所谓的"干断裂"异常。一个磁性层或磁性体当其为断层错开时,不论是上下错动还是水平错动,当断距较大时,都会使磁异常发生明显变化。一般上盘的磁异常强度小,范围也小,下盘的磁异常反映为缓、宽、弱,较平稳;若为水平错动,磁异常等值线会发生扭曲,异常轴向发生明显变化。

图3-7(a)是利用磁异常推断断裂的例子,可以看出,其磁场为两种不同性质的磁异常,西北部磁异常较平缓,范围大;东南面磁异常数目多,较不平静。产生这一现象的原因,可以认为是由于断层的存在,两边岩石的埋藏深度不同,从而表现出两边磁异常的性质不同。图3-7(b)是异常等值线的突然转向和骤然散开,它表明由于断层的存在,使岩石在断层的两边有深度差和水平方向有位移,从而出现异常走向的突然转向和异常线突然变疏的现象(管志宁,2005)。

2. 磁异常的定量解释

定量解释通常是在定性解释的基础上进行的,但其结果常可补充初步地质解释的结果。定量解释的目的在于:根据磁性地质体的几何参数和磁性参数的可能数值,结合地质规律,进一步判断场源的性质;提供磁性地层或基底(如结合大地热流值得

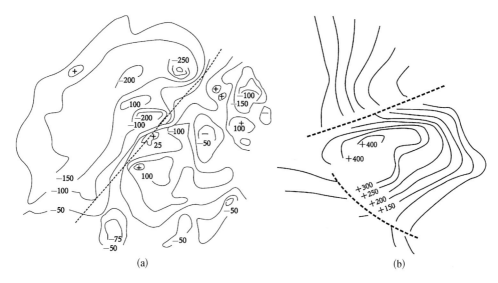

图 3-7　磁异常等值线推断断裂示意图

[虚线为推断断裂的位置,数据为 $Z_a(\mathrm{nT})$]

到居里面)的几何参数(主要是埋深、倾角和厚度)在平面或沿剖面的变化关系,以便推断地下的地质构造;提供磁性地质体在平面上的投影位置、埋深及倾向等,以便合理布置工程,提高勘探的经济效益。

1)根据工作目标任务合理选择定量解释方法

对于区域磁测资料,若是以配合地质填图研究区域构造和基底构造,圈定岩体和油气区盆地为目标的解释工作,则应选择能应用于大面积多体磁异常快速反演的方法。如磁性界面(包括居里面)反演方法、视磁化强度填图方法、拟 BP 反演方法、各种快速自动反演深度方法、欧拉法、总梯度模法、沃纳法、切线法等。综合利用上述方法,再辅以合适的分场滤波方法即可获得深、浅层位的磁性构造,磁性层、磁性体的深度、轮廓及空间展布规律。

对于测区磁测资料,若以查明磁性体的三维形态细节为目标,则应选择精细三维正反演方法,如四面体、二度半组合体人机交互可视化正反演方法等。

对于航磁异常检查与小矿山磁测工作,由于一般只做少量剖面磁测属踏勘性剖面,可以采用简便的特征点法、切线法等估算磁性体深度。

2)根据地形、地理与地质特点合理选择处理转换与定量解释方法

对于区域磁测资料,如南北跨度大的测区、低纬度测区、地形起伏大的测区等,则

应针对这些复杂情况,选用变磁倾角化极、低纬度化极及曲面磁异常化极与曲面延拓、导数转换的方法,对转换后的资料再做反演,也可直接选用在曲面地形上反演的方法,如已有曲面实测 ΔT 及其 $\Delta T'_x$、$\Delta T'_y$、$\Delta T'_z$,则可直接在起伏地形下用欧拉法反演、复场强反演与球谐级数展开反演。

对于测区磁测资料,若地形起伏、地质体磁性分块均匀,则仍可用三角形、多面体与二度半组合体人机交互可视化正反演方法进行定量解释。

在做处理转换时应特别结合测区的地质情况选择合适的延拓高度与有效的滤波方法,避免盲目使用处理转换方法,增加不必要的图件与工作量。

3) 平面与剖面相结合,合理组合使用反演方法

在进行区域磁测资料解释时,一方面选择能控制全区的少量典型剖面做三维精细反演,可采用人机交互可视化正反演方法。在此基础上给出全区磁性界面反演的定解条件,以此来控制全区磁性界面反演的效果。另一方面可先进行宽约束条件下的拟 BP 反演,反演出浅、中、深不同层位的磁化强度分布,进而给出区内磁性体展布的大致轮廓,以此作为初始模型,提供三维精细反演做进一步反演。这样将不同特点的反演方法有机结合,可以提高反演的效果。

3. 地质结论和图示

地质结论是磁异常地质解释的成果,也是磁测工作的最终成果,它是磁场所反映的全部地质情况的归结,是由定性、定量解释与地质规律结合所得出的地质推论。它不一定与地质人员的地质推论相同。

地质图示是磁测工作地质成果的集中表现。因此,磁测成果应尽可能以推断成果图的形式反映出来,如推断地质剖面图、推断地质略图、推断矿产预测略图等。这些图件不仅便于地质单位使用,也便于根据验证结果和新的地质成果进行再推断。要求根据不同的任务,要有不同的成果图。

4. 磁异常解释中应注意的几个问题

1) 高值异常与低值异常

异常的高值与低值不仅与磁性体的磁性大小有关,还与其埋藏深度,磁性体的大小、形状、产状等因素有关,往往体积大、磁性弱、埋藏浅的岩体可以引起较强的异常,而体积小、磁性强、埋藏深的矿体可引起较弱的异常。如表3-9所示,在不同形体、埋深、磁化强度等条件下,计算出的磁异常也会相近。因此,在处理过程中不能只关注高值异常而忽略低值异常。

表 3 - 9　不同情况下磁性体中心上方的磁异常

磁异常 Z_a 磁化强度 J	球体 半径 $r=1$				水平圆柱体 截面半径 $r=1$,走向长度 $2L=16$				水平板状体 长 $2L=16$,宽 $2W=10$,厚 $2H=1$			
	0.2	0.1	0.05	0.01	0.2	0.1	0.05	0.01	0.2	0.1	0.05	0.01
2	16 751	8 375	4 188	838	27 420	13 710	6 855	1 371	9 476	4 738	2 369	473
4	2 152	1 076	538	108	5 560	2 780	1 390	278	7 908	3 954	1 977	395
6	620	310	155	31	2 220	1 110	555	111	7 656	3 828	1 914	382
10	134	67	34	6.7	685	343	172	34	4 709	2 355	1 177	236
16	33	16	8	1.6	197	99	48	10	3 059	1 529	765	153

（埋深）

磁异常 Z_a 磁化强度 J	直立厚板状体 长 $2L=\infty$,宽 $2W=20$,延深 $2H=\infty$				垂直接触带 长 $2L=\infty$,宽 $2W=\infty$,延深 $2H=10$			
	0.01	0.005	0.002	0.001	0.01	0.005	0.002	0.001
2	3 800	1 940	776	388	1 085	504	219	109
4	3 360	1 680	672	336	771	386	154	77
6	3 080	1 540	616	308	603	302	120	60
10	2 130	1 065	426	213	426	213	86	43
16	1 760	880	352	176	298	149	60	30

（埋深）

说明：1. 磁性体的大小（长、宽、厚或延深）及埋深均以球体半径 r 为单位。2. 磁化强度 J 是绝对电磁单位制（CGSM），磁化倾角 $i=45°$，磁异常 Z_a 以伽马为单位。3. 表中磁异常为磁性体中心在地面上的投影上的磁异常。4. 上表中形体的体积大，相当于矿体；下表中形体的体积小，磁性强，相当于岩体。

2）大异常与小异常

在解释磁异常时必须注意矿体可能的产状及其埋藏深度等，否则会得出错误的结论。异常大小和矿体大小的关系是比较复杂的。因此，从分析异常大小到推测矿体大小，必须全面分析考虑各种因素，不为表象所惑，而应做深入细致的具体分析。

3）正异常与负异常

我国境内一般都是斜磁化的情况，一个磁性体产生的异常，总是包括正负两部分，有时因周围磁性体磁场的叠加或负异常很弱，负值会变得不是很明显。我国从南到北地磁倾角变化不大，长江以南，地磁倾角在45°以下，这时异常的正值相应减小，负值相应增大。正异常和负异常常属同一个整体，只有在特定条件下，才可能出现无明显正异常的负异常。因此，在分析异常时应注意正负异常的关系。

4）局部异常与整体异常

要分清局部异常和整体异常，整体异常有时表现得不如局部异常突出，往往让人执着于浅地表的局部异常，从而减小了圈定范围，减少了储量，浅化埋深。此时应该看到整体异常的存在性，扩大探测范围。

5）规则异常与不规则异常

磁异常形态的规则与否，和许多因素有关，如磁性的均匀与否、磁性体本身的规则与不规则、磁性体表面的平整与起伏、磁性体的埋深、磁测比例尺的大小、磁测精度等，在一定条件下上述因素都会影响异常的规则程度。因此，在实际工作中不应把规则异常与不规则异常绝对化，而应关注不同观测精度对磁异常形态规则与否有着一定的影响，具体情况具体分析。

3.4　磁测资料在地热勘查中的应用

3.4.1　低负磁异常特征的地热田调查

利用磁测可以勾画出地热研究区的凹陷和基底构造，寻找控制地下热水的构造，如断层和火成岩等。在正常情况下火成岩有一定磁性，在热水活动范围内因热蚀变作用而使磁性降低，这有利于利用磁测圈定热蚀变带。故不同地质成因的地热，调查可得到不同磁异常特征。下面介绍低负磁异常特征的地热田调查。

秦皇岛龙家店地热田，地表为第四系覆盖，厚度为50～100 m，其下为区域变质的花岗片麻岩。地表水在下部增温后从破碎带上升到第四系中被一层黏土覆盖,形成热田。花岗片麻岩有较强的磁性,热退磁作用使受到热水侵蚀的花岗片麻岩磁性减弱。由图 3-8 的视电阻率拟断面图基本上确定了热水分布范围,而根据磁异常基本上圈定了由于热水而使岩石蚀变产生的蚀变带,间接地确定了热水的存在,为圈定热水分布范围提供了面支撑(管志宁,2005)。

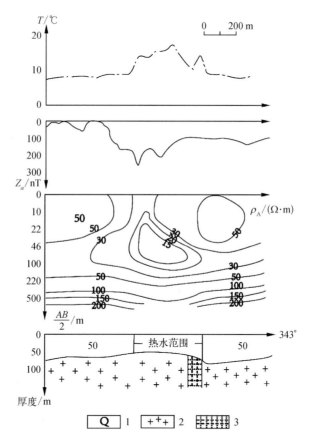

1—第四系覆盖;2—花岗片麻岩;3—断裂带

图 3-8　秦皇岛龙家店地热田地质物探综合剖面图

3.4.2　川西高温水热活动区的深部地热资源勘查

居里面深度与大地热流及地温梯度呈弱的负相关,随着居里面深度增加,地温梯度和大地热流值都显著降低,并且变化范围也收窄。通过研究居里面深度的变化,得到地下深部热构造特征(杨海,2015)。下面以川西高温水热活动区为例。

1. 地热地质背景

川西地区位于青藏高原东延部分,平均海拔为3 000~4 000 m。区内地层总体呈北北西向条带状分布,主要出露三叠系,岩性主要为砂岩、粉砂岩、板岩、千枚岩等。二叠系及其他年代地层零星出露,侏罗系与白垩系缺失。川西地区温泉、热泉点分布广泛,构造活动非常强烈,断裂广泛发育,这些温泉大多沿北西-南东向的金沙江断裂、德格-乡城断裂、甘孜-理塘断裂、鲜水河断裂等呈条带状分布在巴塘、甘孜、乡城、理塘等地区,温度较高,如图3-9所示。

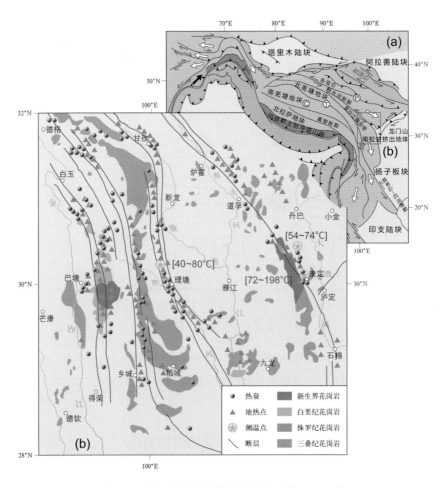

图3-9　川西地热地质简图（李午阳等,2018）

　　由西至东形成了三个典型的地热带：德格-巴塘-乡城地热带、甘孜-新龙-理塘地热带、炉霍-道孚-康定地热带。从晋宁期(晋宁构造运动期)至喜山期(喜马拉雅期)，有多期岩浆活动，早期以闪长岩类为主，晚期以花岗岩类为主，华力西-印支期以喷发活动为主，燕山-喜山期以侵入活动为主(周荣军等，2005；张健等，2017；李午阳等，2018)，断层摩擦生热、放射性元素衰变放热、距离现今时间较为接近的岩浆活动余热和熔融潜热等，都可能是该区水热活动的重要因素(黄金莉等，2001；张培震，2008)。

　　川西地区的大地热流总体特征为西南高、东北低。图 3-10 反映了青藏高原"东构造结"北东向推挤的热传递效果。西南部由于新生代印度-欧亚板块沿雅鲁藏布江

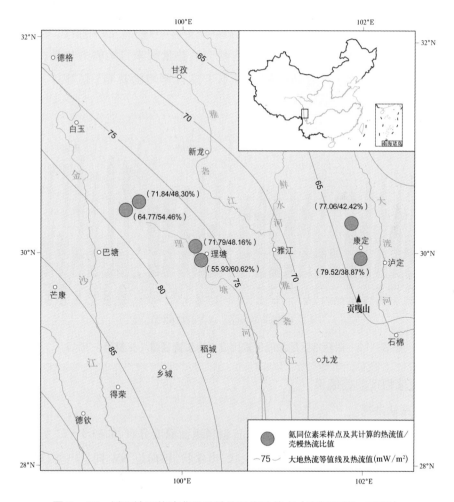

图 3-10　川西地区热流背景及地热异常计算点(李午阳等，2018)

缝合带的陆-陆碰撞及地中海-喜马拉雅地热活动带的岩浆作用导致热流值高。中部和东北部地区受到青藏高原"东构造结"北东向推挤的远程效应,浅层变形,热扰动微弱,故而表现为逐步减小的大地热流背景。但在一些地下水排泄区,如康定、理塘、巴塘等水热活动区,热流通量较高,形成局部地热异常带(张健等,2017;李午阳等,2018)。

2. 地球化学勘查成果

在巴塘、理塘、康定等地采集部分水样,经试验测定并计算得到各采样点的热流密度和地壳热流在地表热流中的占比,如图 3 - 11 所示。巴塘的热流密度为61.64 ~ 73.60 mW/m²,平均占比为51.38%;理塘的热流密度为55.36 ~ 75.27 mW/m²,平均占比为54.39%;康定的热流密度为77.36 ~ 82.22 mW/m²,平均占比为42.42%。结果表明:理塘、巴塘等水热活动区来自地壳的热量较来自地幔的热量相当或略多,而康定水热活动区来自地壳的热量小于来自地幔的热量(张健等,2017;汪洋,2000)。

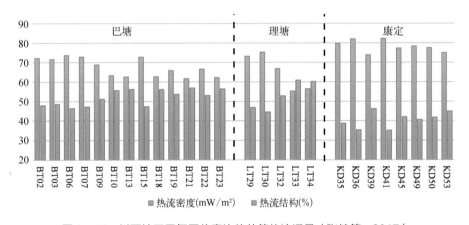

图 3 - 11   川西地区用氦同位素比值估算热流通量(张健等,2017)

3. 地球物理勘查成果

(1)磁法勘探

由航磁异常反演得到的康定、理塘、巴塘居里面深度分布,如图 3 - 12 所示,区域内居里面深度为 15 ~ 20 km,异常呈团块状、串珠状,轴向近 NW 向。巴塘、理塘地区居里面深、浅交替,深度范围为 15 ~ 17 km。康定地区表现为分布范围较大的高值异常,居里面深度为 17 ~ 18 km(李午阳等,2018;高玲举等,2015)。

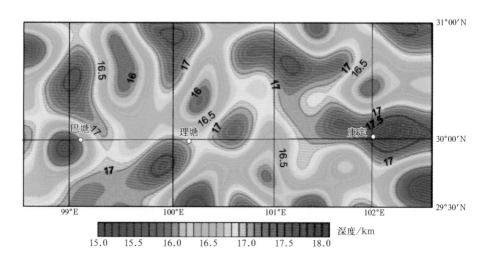

图 3-12 川西水热活动区航磁异常反演居里面深度（李午阳等，2018）

（2）重力勘探

由重力异常反演得到的康定、理塘、巴塘的莫霍面深度分布，如图 3-13 所示。莫霍面深度范围为 50~60 km，高值出现在巴塘、理塘地区中央的北侧，呈现出中间高、向东西两侧逐渐降低的规律，反映了中、新生代以来青藏高原北东向挤出的深部动力学过程。巴塘、理塘、康定的莫霍面深度分别约为 57.1 km、57 km、51 km（李午阳等，2018；高玲举等，2015）。

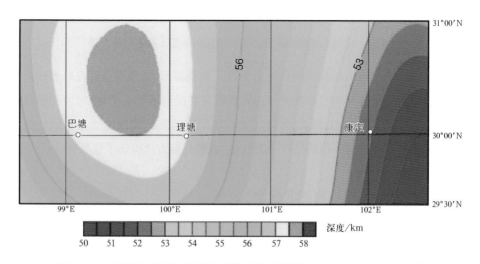

图 3-13 川西水热活动区重力异常反演莫霍面深度（李午阳等，2018）

（3）天然地震勘探

如图 3-14 的剪切波速度所示，剖面中深度为 15~35 km 处存在一个明显的低速层，低速层顶界面与居里面深度范围接近，为 15~20 km，地震数据显示的地壳低速层顶界面与航磁异常反演得到的磁性底界面较为吻合（李午阳等，2018）。

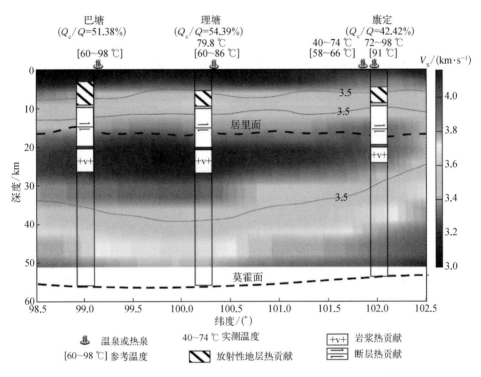

图 3-14　川西地区深部地震 S 波速度结构示意图（李午阳等，2018）

综上所述，利用重力勘探得到的重力异常反演莫霍面，与地壳热流在地表热流中的占比变化呈负相关；利用磁法勘探得到的航磁异常反演居里面变化，与地壳热流在地表热流中的占比变化呈正相关，并且居里面埋深与地震 S 波低速层顶界面较为吻合，因此磁法勘探在探测深部热结构中为其他物探、化探方法提供了很好的印证。

3.4.3　松辽盆地干热岩靶区圈定

干热岩作为一种新型的地热资源，其勘探与开发具有重要意义。由于可以进行大面积的重磁测量，且重磁数据与温度、侵入体、大地构造格架有明显的关系，所以地球的内热能对于地温梯度有着重要的影响,如果莫霍面深度小于平均莫霍面深度,上地幔处于隆起的状态,"烘烤"强,使其可以成为干热岩的热能主要来源。此外,居里面深度如果较浅,也可间接反映出该地区地热为高值状态,因而利用重磁数据进行大范围的干热岩靶区圈定有着独特的优势(赵雪宇等,2015)。

1. 松辽盆地地质背景

松辽盆地位于郯庐断裂带的西部,地跨东北三省及部分内蒙古自治区,面积约为 $26\times10^4\ km^2$。在地质上,松辽盆地西部及北部是大兴安岭-内蒙古海西褶皱带,东北部和东部为黑龙江、吉林海西褶皱,南部以东西向断层与内蒙古地轴相隔,依兰-伊通断裂带从它的东边界通过(刘殿秘等,2007)松辽盆地,从地貌上是嫩江、松花江、辽河水系流经的平原沼泽区,地面海拔为 120~300 m,属中、新生代形成的大型陆相近海湖成盆地,既是一个四周高起、中间低凹的地貌盆地,也是一个地质上的沉积盆地,属于非海相盆地。其基底是指侏罗系以下的地层岩体,主要为石炭二叠系浅变质岩系及不同年代的侵入岩体,埋深范围为 0.8~7 km(刘殿秘,2008)。从岩性来说,基底岩性以千枚岩、泥质板岩、结晶灰岩等浅变质岩为主,同时还有片麻岩、片岩及花岗岩和闪长岩类。从导热性来说,这些变质岩及侵入岩的热导率相对较高,为下部热流向上覆盖层传导创造了良好的条件。同时,在基底断裂及褶皱的周边地区,以及盆地边界一带广泛分布花岗岩,由于其产热率在所有岩石中最高,故可起局部热源的作用。

2. 地温场分布

地温梯度变化范围大,为 26~57 ℃/km,从盆地边缘向中心依次增大,大致呈马鞍状轴对称分布,轴向为北东-南西向。最大值在中央凹陷区,且以松原至哈尔滨一线为轴的北西南东 2 km 左右的范围内存在明显的高值区,达 48~57 ℃/km。

3. 圈定干热岩靶区的方法思路

(1)酸性岩,包括花岗岩、流纹岩等,总体表现为中低密度、弱磁性的特征;中基性岩,包括闪长岩、辉长岩、安山岩、玄武岩、安山质凝灰岩等,总体为强磁性高密度,表现为强正磁异常、强重力正异常;动力变质岩(糜棱岩)和区域变质岩中的浅变质砂岩、粉砂岩、泥岩、千枚岩、板岩等的密度较高,表现为负磁异常、强重力正异常。

(2)对重力数据进行处理,反演莫霍面深度,圈定莫霍面深度较浅的区域;对航磁异常数据进行处理,反演居里面深度,确定基底起伏的情况,圈画出莫霍面及居里面深度较浅的区域。

(3)利用反演出的居里面深度,以及已知的近地表地温梯度,勾画出地下深层的地温和地温梯度的变化情况,寻找出地温高温场所在的区域,进一步缩小干热岩靶区区域。

（4）对重磁数据进行常规处理及构造增强欧拉反褶积,进行重力场源分离、重磁对应分析等处理,结合地质资料,进一步圈定有利于地热汇集的褶皱、断裂及花岗岩区域,缩小范围,最终确定干热岩靶区。

4. 重力异常数据分析与处理

对于松辽盆地布格重力异常而言,其变化平稳,多呈正异常值,异常梯度比较小,带内具有南、北分块的特点。小兴安岭地区异常多为负值,异常走向沿小兴安岭山脉呈北西向展布,没有明显走向。盆地区域异常比较平缓,异常总体走向北东,但具有北西的间断及局部南北向异常走向,如图 3-15 所示。

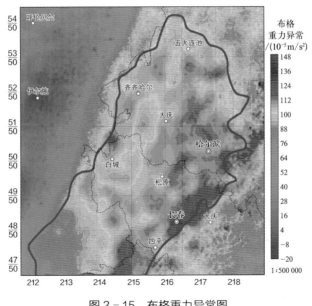

图 3-15　布格重力异常图

针对所获得的数据,进行延拓、比对,确定向上延拓 9 km 后的场值作为区域场。利用该区域场值,运用 Park 法,综合给出的莫霍面深度（杨宝俊等,2003）,如图 3-16所示。通过欧拉反褶积处理、方向导数的求取,初步划明了断裂构造,见图 3-17。

5. 磁异常数据分析与处理

对于磁异常,其以松辽盆地为中心,盆地周围的异常值大小、走向与形态迥然不同。盆地内磁异常形态舒缓,异常值为-200~300 nT;航磁异常方向主要有 NE-NNE向、EW 向和 SN 向,其中 NE-NNE 向是研究区的主要磁异常方向,如图 3-18 所示。

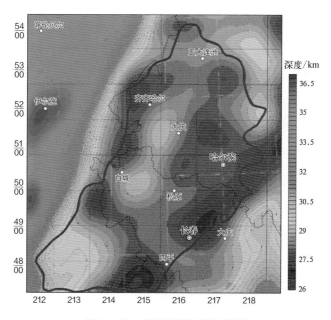

图 3-16　莫霍面平面等值线图

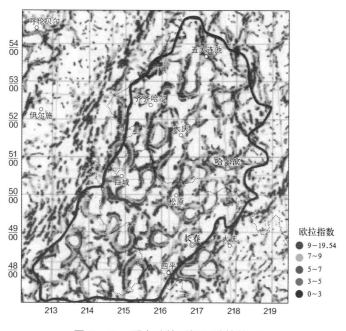

图 3-17　重力欧拉反褶积计算结果图

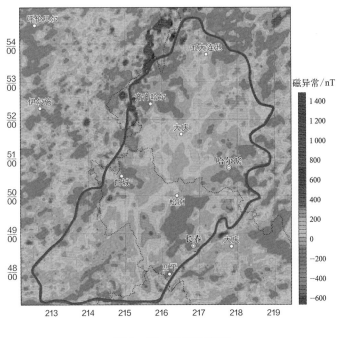

图 3‑18　航磁异常图

　　根据磁区域场数据及居里面平均深度(20 km)(胡旭芝等,2006),求取居里面深度,见图 3‑19。通过欧拉反褶积处理(图 3‑20)、方向导数的求取,初步划明了断裂构造。

　　利用重磁分析对应的原理(曾昭发等,2012;吴真玮等,2015),给出了研究区基底岩性分布图,如图 3‑21 所示。

　　6. 干热岩靶区圈定

　　(1) 干热岩有利条件:根据重力数据及航磁数据分别计算出的莫霍面及居里面深度,在松辽盆地中部及北部深度表现均较浅,可视作干热岩的赋存主要热源之一。利用重磁常规处理结果,结合地质资料,也发现松辽盆地赋存了大量基底断裂,为热量向上传递提供了良好的通道。

　　(2) 靶区圈定:首先勾画出松辽盆地莫霍面及居里面较浅的区域,即松辽盆地中部及北部的大范围区域。根据所求的不同地层的温度值,将范围缩小至高温区域。根据所获得的断裂、褶皱、花岗岩等地质信息,最终圈定如图 3‑22 所示的干热岩赋存的 3 个靶区。

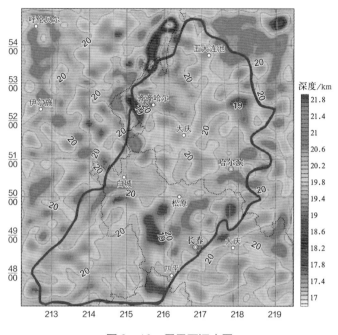

图 3 - 19　居里面深度图

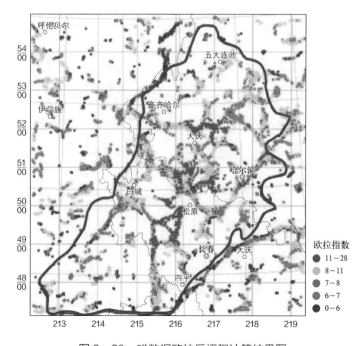

图 3 - 20　磁数据欧拉反褶积计算结果图

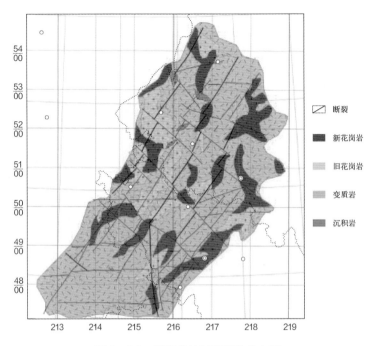

图3-21　松辽盆地基底岩性分布图

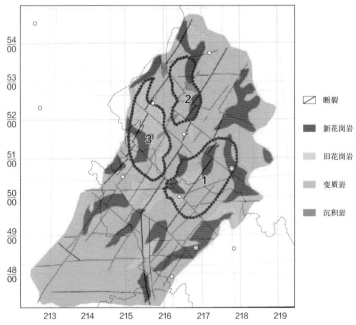

1—松原-哈尔滨连线一带；2—大庆北部区域；3—洮南-齐齐哈尔所在的背斜褶皱一带

图3-22　干热岩靶区位置示意图

参考文献

［1］ 管志宁.地磁场与磁力勘探［M］.北京：地质出版社,2005.

［2］ 申宁华.用航磁数据计算居里点深度的原理及方法［J］.物化探计算技术,1985,7(2)：89 - 98.

［3］ 管志宁,安玉林.区域磁异常定量解释［M］.北京：地质出版社,1991.

［4］ 汪集暘,庞中和,胡圣标,等.地热学及其应用［M］.北京：科学出版社,2015.

［5］ 罗孝宽,郭绍雍.应用地球物理教程——重力　磁法［M］.北京：地质出版社,1991.

［6］ 刘天佑.磁法勘探［M］.北京：地质出版社,2013.

［7］ 裴锡瑜,陈文德,张家涛,等.利用重磁资料对四川西部地区地壳深部构造及其与地震关系的初步研究［J］.四川地震,1985(2)：16 - 22.

［8］ 南方舟,徐亚,梅金顺.基于磁异常数据的居里面反演方法研究［J］.地球物理学进展,2015,30(3)：1078 - 1084.

［9］ 梁学堂,刘磊,李义,等.湖北省居里面特征与干热岩分布预测［J］.资源环境与工程,2015,29(6)：999 - 1005.

［10］ 孙帮民.航磁数据反演居里面及在东北地区的应用［D］.长春：吉林大学,2016.

［11］ 中华人民共和国地质矿产部.地面磁勘查技术规程：DZ/T 0144 - 94［S］.1995.

［12］ 侯志成.磁力仪发展及相关标准应用现状［J］.标准科学,2011,(11)：52 - 55.

［13］ 刘佳,段红梅,李伟.井中磁通门磁力仪探磁技术研究［J］.地质装备,2007,8(5)：21 - 23.

［14］ 张昌达.量子磁力仪研究和开发近况［J］.物探与化探,2005,29(4)：283 - 287.

［15］ 李焓,邱之云,王万银.复杂形体重、磁异常正演问题综述［J］.物探与化探,2008,32(1)：36 - 43.

［16］ 徐世浙,楼云菊.计算任意形体磁异常的边界元法［J］.物化探计算技术,1986,8(4)：260 - 275.

［17］ 安玉林,陈玉东,黄金明.重磁勘探正反演理论方法研究的新进展［J］.地学前缘,2003,10(1)：141 - 149.

［18］ 张华.磁法勘探反演技术及应用研究［D］.邯郸：河北工程大学,2011.

［19］ 郭志宏,管志宁,熊盛青.长方体 ΔT 场及其梯度场无解析奇点理论表达式［J］.地球物理学报,2004,47(6)：1131 - 1138.

［20］ 杨海.中国陆域居里面特征研究［D］.成都：成都理工大学,2015.

[21] 周荣军,陈国星,李勇,等.四川西部理塘—巴塘地区的活动断裂与1989年巴塘6.7级震群发震构造研究[J].地震地质,2005,27(1)：31-43.

[22] 张健,李午阳,唐显春,等.川西高温水热活动区的地热学分析[J].中国科学：地球科学,2017,47(8)：899-915.

[23] 李午阳,张健,唐显春,等.川西高温水热活动区深部热结构的地球物理分析[J].地球物理学报,2018,61(7)：2926-2936.

[24] 黄金莉,赵大鹏,郑斯华.川滇活动构造区地震层析成像[J].地球物理学报,2001,44(S1)：127-135.

[25] 张培震.青藏高原东缘川西地区的现今构造变形、应变分配与深部动力过程[J].中国科学(D辑：地球科学),2008,38(9)：1041-1056.

[26] 汪洋.利用地下流体氦同位素比值估算大陆壳幔热流比例[J].地球物理学报,2000,43(6)：762-770.

[27] 高玲举,张健,董淼.川西高原重磁异常特征与构造背景分析[J].地球物理学报,2015,58(8)：2996-3008.

[28] 赵雪宇,曾昭发,吴真玮,等.利用地球物理方法圈定松辽盆地干热岩靶区[J].地球物理学进展,2015,30(6)：2863-2869.

[29] 刘殿秘,韩立国,翁爱华,等.松辽盆地西北边界部分地球物理特征[J].地球物理学进展,2007,22(6)：1722-1727.

[30] 刘殿秘.松辽盆地及其周围典型盆地部分地球物理特征[D].长春：吉林大学,2008.

[31] 杨宝俊,李勤学,唐建人,等.松辽盆地反射地震莫霍面的形态三瞬处理结果及其地质解释[J].地球物理学报,2003,46(3)：398-402.

[32] 胡旭芝,徐鸣洁,谢晓安,等.中国东北地区航磁特征及居里面分析[J].地球物理学报,2006,49(6)：1674-1681.

[33] 曾昭发,陈雄,李静,等.地热地球物理勘探新进展[J].地球物理学进展,2012,27(1)：168-178.

[34] 吴真玮,曾昭发,李静,等.基于重磁场特征的松辽盆地基底岩性研究[J].地质与勘探,2015,51(5)：939-945.

第 4 章

电磁法勘探

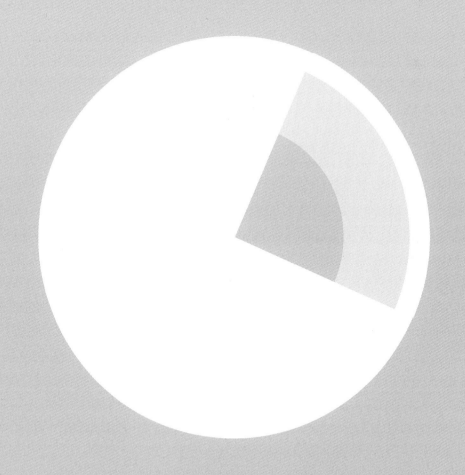

在我国寻找地热资源的地球物理勘探方法中,最常使用的是电磁法勘探。电磁法勘探具有勘探深度大、施工效率高、资料处理解释技术成熟等优点,在地热资源勘查中应用最为广泛。

电磁法可归结为电阻率法,主要利用地下介质的导电性、导磁性和介电性差异,应用电磁感应原理观测和研究人工或天然形成的电磁场分布规律(频率特性和时间特性),进而解决有关地质问题(柳建新等,2012)。

电磁法的分类方式有多种,按场源形式可以分为天然场源(被动源)电磁法和人工场源(主动源)电磁法;按电磁场性质可以分为时间域电磁法和频率域电磁法;按观测方式可以分为电磁剖面法和电磁测深法;按工作场所可以分为地面电磁法、航空电磁法、井中电磁法和海洋电磁法。地热资源勘查常用的电磁法有天然场源的大地电磁测深法(magnetotelluric sounding, MT)、人工场源的可控源音频大地电磁测深法(controlled source audio-frequency magnetotelluric, CSAMT)及广域电磁法(wide-field electromagnetic method, WFEM),这三种方法均属于电磁测深法,其效果已经由我国众多地热田勘探结果所证实。

地热资源地球物理勘探的主要任务是勘查地层及地质构造信息。随着目前地热资源勘探开发深度的加大(大多已超过 2 000 m),由地表观测地下热储构造引起的微弱低频电磁异常信息越来越重要。MT 的观测频率一般为 $10^{-4} \sim 10^4$ Hz,其可以对地球深部的数个圈层进行电性探测,最大探测深度超过 100 km;CSAMT 的观测频率一般为 $0.1 \sim 10^4$ Hz,其优点是测量信号的信噪比高,能适合电磁环境较为复杂的测区;WFEM 的观测频率为 $0.1 \sim 10^4$ Hz,它继承了 CSAMT 的优点,同时拓展了观测范围,是近些年发展起来的电磁勘探新方法。

4.1 电磁法基本理论与主要勘探方法

4.1.1 电磁法基本理论

电磁法基本理论是基于卡尼亚尔(Cagniard)提出的以地球天然交变电磁场为场源的勘探方法,其经典理论中假设:① 场源位于高空,形成垂直入射到地面的均匀的平面电磁波。② 地质模型为水平的层状介质。③ 每层介质的电性是均匀的、各向同性的(柳建新等,2012)。电磁测深法离不开电磁场基本理论,因此有必要介绍一下电磁场基本方程及边界条件。

1. 麦克斯韦(Maxwell)方程组

Maxwell 方程组是电磁场必须遵从的微分方程组,含有以下四个方程,分别反映了四条基本的物理定律。

$$\nabla \times \boldsymbol{E} = -\frac{\partial \boldsymbol{B}}{\partial t}（法拉第定律） \qquad (4-1)$$

$$\nabla \times \boldsymbol{H} = \boldsymbol{j} + \frac{\partial \boldsymbol{D}}{\partial t}（安培定律） \qquad (4-2)$$

$$\nabla \cdot \boldsymbol{B} = 0（磁通量连续性原理） \qquad (4-3)$$

$$\nabla \cdot \boldsymbol{D} = \rho（库仑定律） \qquad (4-4)$$

式中,$\boldsymbol{E}$ 为电场强度,V/m;$\boldsymbol{B}$ 为磁感应强度或磁通密度,Wb/m²;$\boldsymbol{D}$ 为电感应强度或电位移,C/m²;$\boldsymbol{H}$ 为磁场强度,A/m;$\boldsymbol{j}$ 为电流密度,A/m²;ρ 为自由电荷密度,C/m³。

假设地球模型为各向同性介质,则电磁场的基本量可通过物性参数 ε 和 μ 联系起来,它们的关系为

$$\boldsymbol{D} = \varepsilon \boldsymbol{E} \qquad (4-5)$$

$$\boldsymbol{B} = \mu \boldsymbol{H} \qquad (4-6)$$

$$\boldsymbol{j} = \sigma \boldsymbol{E} \qquad (4-7)$$

式中,σ 为介质电导率,S/m;ε 和 μ 分别为介质的介电常数和磁导率,一般以相对介电常数 (ε_r) 和相对磁导率 (μ_r) 的形式给出:

$$\varepsilon = \varepsilon_r \varepsilon_0 \qquad (4-8)$$

$$\mu = \mu_r \mu_0 \qquad (4-9)$$

真空中的介电常数和磁导率分别为 $\varepsilon_0 = 8.85 \times 10^{-12}$ F/m,$\mu_0 = 4\pi \times 10^{-7}$ H/m。

在实用单位制下,如令初始状态时介质内不带电荷,采用式(4-5)、式(4-6)和式(4-7)的介质方程组后,各向同性介质的 Maxwell 方程组可变为

$$\nabla \times \boldsymbol{E} = -\mu \frac{\partial \boldsymbol{H}}{\partial t} \qquad (4-10)$$

$$\nabla \times \boldsymbol{H} = \sigma \boldsymbol{E} + \varepsilon \frac{\partial \boldsymbol{E}}{\partial t} \qquad (4-11)$$

$$\nabla \cdot \boldsymbol{H} = 0 \tag{4-12}$$

$$\nabla \cdot \boldsymbol{E} = 0 \tag{4-13}$$

2. 谐变场的 Maxwell 方程组

利用傅里叶变换可将任意随时间变化的电磁场分解为一系列谐变场的组合,取时域中的谐变因子为 $\mathrm{e}^{-\mathrm{i}\omega t}$,电场强度和磁场强度可表示为

$$\boldsymbol{E} = \boldsymbol{E}_0 \mathrm{e}^{-\mathrm{i}\omega t} \tag{4-14}$$

$$\boldsymbol{H} = \boldsymbol{H}_0 \mathrm{e}^{-\mathrm{i}\omega t} \tag{4-15}$$

在电磁测深法频率观测范围内,可以忽略位移电流对场分布的影响,于是谐变场的 Maxwell 方程组表示为

$$\nabla \times \boldsymbol{E} = \mathrm{i}\mu\omega \boldsymbol{H} \tag{4-16}$$

$$\nabla \times \boldsymbol{H} = \sigma \boldsymbol{E} \tag{4-17}$$

$$\nabla \times \boldsymbol{H} = 0 \tag{4-18}$$

$$\nabla \times \boldsymbol{E} = 0 \tag{4-19}$$

式(4-16)~式(4-19)是电磁测深法理论研究的出发点。

3. 电磁场的波动方程和边界条件

电磁场在空间中以波动的形式传播,其波动方程可以由谐变场的 Maxwell 方程组导出。对 Maxwell 方程的式(4-16)取旋度:

$$\nabla \times \nabla \times \boldsymbol{E} = \mathrm{i}\mu\omega (\nabla \times \boldsymbol{H}) \tag{4-20}$$

又

$$\nabla \times \nabla \times \boldsymbol{E} = \nabla(\nabla \cdot \boldsymbol{E}) - \nabla^2 \boldsymbol{E} = -\nabla^2 \boldsymbol{E} \tag{4-21}$$

将式(4-17)代入,得

$$-\nabla^2 \boldsymbol{E} = \mathrm{i}\omega\mu\sigma \boldsymbol{E} \tag{4-22}$$

或写成

$$\nabla^2 \boldsymbol{E} - k^2 \boldsymbol{E} = 0 \tag{4-23}$$

$$k = \sqrt{-\mathrm{i}\omega\mu\sigma} \tag{4-24}$$

式中,k 为传播系数或传播常数。

类似地,可以求得

$$\nabla^2 \boldsymbol{H} - k^2 \boldsymbol{H} = 0 \qquad (4-25)$$

式(4-23)和式(4-25)称为亥姆霍兹(Helmholtz)方程，它们是谐变场情况下的电磁场波动方程。

∇^2 为拉普拉斯算子，在直角坐标系中有

$$\nabla^2 = \frac{\partial^2}{\partial x^2} + \frac{\partial^2}{\partial y^2} + \frac{\partial^2}{\partial z^2} \qquad (4-26)$$

因此，Helmholtz 方程在直角坐标系中展开有如下形式：

$$\nabla^2 E_x = \frac{\partial^2 E_x}{\partial x^2} + \frac{\partial^2 E_x}{\partial y^2} + \frac{\partial^2 E_x}{\partial z^2} = k^2 E_x$$

$$\nabla^2 E_y = \frac{\partial^2 E_y}{\partial x^2} + \frac{\partial^2 E_y}{\partial y^2} + \frac{\partial^2 E_y}{\partial z^2} = k^2 E_y$$

$$\nabla^2 E_z = \frac{\partial^2 E_z}{\partial x^2} + \frac{\partial^2 E_z}{\partial y^2} + \frac{\partial^2 E_z}{\partial z^2} = k^2 E_z$$

$$\qquad (4-27)$$

$$\nabla^2 H_x = \frac{\partial^2 H_x}{\partial x^2} + \frac{\partial^2 H_x}{\partial y^2} + \frac{\partial^2 H_x}{\partial z^2} = k^2 H_x$$

$$\nabla^2 H_y = \frac{\partial^2 H_y}{\partial x^2} + \frac{\partial^2 H_y}{\partial y^2} + \frac{\partial^2 H_y}{\partial z^2} = k^2 H_y$$

$$\nabla^2 H_z = \frac{\partial^2 H_z}{\partial x^2} + \frac{\partial^2 H_z}{\partial y^2} + \frac{\partial^2 H_z}{\partial z^2} = k^2 H_z$$

由 Maxwell 方程组的积分形式可以推导出波动方程在不同介质的边界上具有如下边界条件：

$$E_{1t} = E_{2t}$$

$$H_{1t} = H_{2t}$$

$$D_{1n} = D_{2n}, j_{1n} = j_{2n} \qquad (4-28)$$

$$B_{1n} = B_{2n}$$

即平行于分界面的电场是连续的，平行于分界面的磁场是连续的，垂直于分界面的电场是不连续的，垂直于分界面的磁场是连续的。

4. 均匀介质中的平面电磁波

在笛卡儿坐标系中，令 z 轴垂直向下，x、y 轴在地表水平面上，假设电磁波垂直入

射到均匀各向同性大地介质中,其电磁场在水平方向上是均匀的,即

$$\frac{\partial E_z}{\partial x} = \frac{\partial E_z}{\partial y} = 0$$

$$\frac{\partial H_z}{\partial x} = \frac{\partial H_z}{\partial y} = 0 \tag{4-29}$$

Maxwell 方程组可以简化为

$$-\frac{\partial E_y}{\partial z} = \mathrm{i}\omega\mu H_x$$

$$\frac{\partial E_x}{\partial z} = \mathrm{i}\omega\mu H_y$$

$$H_z = 0$$

$$-\frac{\partial H_y}{\partial z} = \sigma E_x \tag{4-30}$$

$$\frac{\partial H_x}{\partial z} = \sigma E_y$$

$$E_z = 0$$

式(4-30)中, E_x 只和 H_y 有关, H_x 只和 E_y 有关,它们都沿 z 轴传播。在 y、z 坐标平面内考虑问题,即假设真空中波前与 x 轴平行,这时的平面电磁波可以分解成电场仅有水平分量的 E 极化方式(TE 波型)和磁场仅有水平分量的 H 极化方式(TM 波型),它们的关系式如下。

(1) E 极化方式

$$\frac{\partial E_x}{\partial z} = \mathrm{i}\omega\mu H_y$$

$$-\frac{\partial H_y}{\partial z} = \frac{1}{\rho}E_x$$

$$\frac{\partial E_x^2}{\partial z^2} - k^2 E_x = 0 \tag{4-31}$$

$$\frac{\partial H_y^2}{\partial z^2} - k^2 H_y = 0$$

（2）H 极化方式

$$\frac{\partial H_x}{\partial z} = \frac{1}{\rho} E_y$$

$$-\frac{\partial H_x}{\partial z} = i\omega\mu H_x$$

$$\frac{\partial E_y^2}{\partial z^2} - k^2 E_y = 0 \tag{4-32}$$

$$\frac{\partial H_x^2}{\partial z^2} - k^2 H_x = 0$$

5. 介质的电阻率和波阻抗

平面电磁波的波阻抗定义为

$$Z = \frac{E}{H} \tag{4-33}$$

波阻抗的单位为

$$[Z] = \frac{[E]}{[H]} = \frac{V/m}{A/m} = \Omega \tag{4-34}$$

它与电阻具有相同的单位。

E 极化波方程 $\frac{\partial E_x^2}{\partial z^2} - k^2 E_x = 0$ 是一个二阶常微分方程，其通解为

$$E_x = Ae^{-kx} + Be^{kx} \tag{4-35}$$

在均匀半空间的无限远处，应有 $E_x = 0$，于是要求 $B = 0$，因此有

$$H_y = \frac{1}{\sqrt{-i\omega\mu\rho}} Ae^{-kx} \tag{4-36}$$

因此

$$Z_{xy} = \frac{E_x}{H_y} = \sqrt{-i\omega\mu\rho} = \sqrt{\omega\mu\rho} \cdot e^{-i\frac{\pi}{4}} \tag{4-37}$$

同理，有

$$Z_{yx} = \frac{E_y}{H_x} = -\sqrt{-i\omega\mu\rho} \cdot e^{i\left(\pi - \frac{\pi}{4}\right)} \tag{4-38}$$

可知波阻抗与电阻率具有如下简洁的关系：

$$| Z | = | Z_{xy} | = | Z_{yx} | = \sqrt{\omega \mu \rho} \qquad\qquad (4-39)$$

$$\rho = \frac{1}{\omega \mu} | Z |^2 \qquad\qquad (4-40)$$

Z 是地面上任意正交的电磁场分量之比，又称为输入阻抗或表面阻抗。式 (4-40) 是电磁测深法中最重要的公式，它建立了表面阻抗与地下介质电阻率之间的关系。

4.1.2　大地电磁测深法

大地电磁测深法 (MT) 是苏联学者吉洪诺夫 (Tikhonov) 和法国学者 Cagniard (1953) 在 19 世纪 50 年代初提出来的利用天然交变电磁场研究地球电性结构的一种地球物理勘探方法。由于它不采用人工供电，成本低，工作方便，不受高阻层屏蔽的影响，对低阻层分辨率高，而且勘探深度随电磁场的频率而异，浅可以是几十米，深可达数百千米。因此，近年来在许多领域都得到了成功的应用，引起了地球物理学家的广泛兴趣和极大的重视。

大地电磁场的起源一般认为是一种宇宙现象，天然电磁场源是由于太阳风的作用而形成的地球磁层和电离层的变化。地球正常的偶极磁场在太阳风的作用下发生畸变，在地球的电离层中形成变化迅速的电流，所以大地电磁场的场源位于地球电离层中，高度约为 100 km，在地表有限区域内大地电磁场可视为平面电磁波。在各种自然天气的作用下，地球上空分布着一个天然的交变电磁场，天然的交变电磁场入射到地球表面上时，一部分电磁波入射到地下被介质吸收而衰减，另一部分则被反射在地表。大地电磁测深就是采集地球表面的电场、磁场分量，来研究地下介质导电性差异的。

当交变电磁场以平面波形式垂直入射大地时，由于电磁感应耦合作用，地面电磁场的观测值实际上也包含了地下介质电阻率分布的信息。由于电磁场的趋肤效应，即电磁波在介质中向下传播的强度会随着入射深度的增加而衰减，不同周期的电磁波具有不同的穿透深度，较高频电磁波的强度会在较浅深度衰减，接近为零，只有较低频率的电磁波才能传播到较大的深度。地表的高频电磁场只和浅部的地层有耦合作用,只包含浅部地层的电阻率信息,而在地表测量到的较低频率的电磁波信号,除了包含浅部地层的信息之外,还包含了较大深度上的地层电阻率信息。通过适当的处理反演方法,可以将地下地层的电阻率分布信息从地表测量到的电磁场信号中提取出来。因此,可以利用大地电磁场的不同频率达到测深的目的。

　　根据理论研究,电磁场为谐变场时,电磁场的波长和趋肤深度都与岩石的电阻率成正比,与电磁场的频率成反比。一般来说,电磁场频率越高,其趋肤深度越小,在地下介质中传播的深度越浅;电磁场频率越低,其趋肤深度越大,能在介质中传播得越深(图 4-1)。因此研究地表不同频率的电磁场特征,可以获得地下不同深度处的电性结构特征。将观测资料与给定的不同模型的理论响应做对比,一步步修改给定的模型,可以获得某种意义上与观测资料吻合的地电模型。

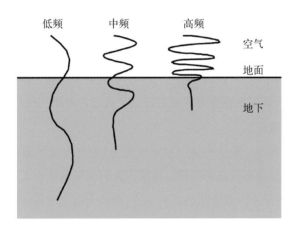

图 4-1　电磁波地下传播示意图

　　天然大地电磁场的频率范围很宽,大致在 10^{-4} ~ 10^4 Hz 之间,不同频率的大地电磁场场源及特征也不一样。大地电磁的高频信号($f > 1$ Hz)主要是由全球性的闪电活动引起的,具有一定的周期性,而大地电磁的低频信号(0.001~5 Hz)则源于地磁脉动。大地电磁场的频带很宽,趋肤深度差别很大,利用这个原理可以获得不同深度的电性结构特征,所以可以解决的地质问题较多,应用较广。目前国内外大地电磁测深技术蓬勃发展,被应用于各种领域,如深部地壳上地幔电性结构研究、矿产资源勘探、油气资源普查、地热资源勘查、海洋地球物理勘探、地震活动性研究及地下水资源勘查和环境保护等。

4.1.3　可控源音频大地电磁测深法

可控源音频大地电磁测深法(CSAMT)是一种利用接地水平电偶极源为信号源的电磁测深法。该方法的工作频率为音频,其原理和常规大地电磁测深法类似,其实质是利用人工激发的电磁场来弥补天然场能量的不足(石昆法,1999;汤井田等,2005;底青云等,2008)。由于 CSAMT 具有野外观测数据质量高、重复性好,解释与处理方法简单、解释剖面横向分辨率高、不受高阻层屏蔽及工作成本低廉等优点,近年来,该方法不仅在油气勘探中得到广泛应用,而且在工程物探、找水、地热与金属矿勘探等方面也受到了地球物理工作者的青睐。

1. 测量装置类型划分

依据观测的电磁场分量的平面覆盖范围和接收电极相对供电电极的位置不同,CSAMT 有三种测量装置,即赤道 E_x/H_y 装置(观测 E_x/H_y,接收电极分布在供电电极中垂线两侧约 45° 张角的扇形区域内)、轴向 E_x/H_y 装置(观测 E_x/H_y,接收电极分布在供电电极轴向线两侧约 30° 张角的扇形区域内)和 E_y/H_x 装置(观测 E_y/H_x,接收电极分布在交于供电电极中点的两条斜对称轴两侧约 40° 张角的扇形区域内)。在同样条件下,赤道 E_x/H_y 装置与轴向 E_x/H_y 装置、E_y/H_x 装置相比,其测量信号强度大,生产效率高,野外应用广泛。

2. 测量方式分类

依据测量方式的不同,CSAMT 可分为标量测量方式、矢量测量方式和张量测量方式,其野外布极方式及测量范围有较大差别。

(1)标量测量方式

标量测量方式利用单一场源观测两个场分量(E_x、H_y 或者 E_y、H_x),即一个电场分量和一个磁场分量(图 4-2)。在磁场均匀、地质情况简单的地区,可测量多个电场分量和共用一个磁场分量。标量测量方式一般用于探测一维层状介质和走向已知的二维地质目标体。标量测量方式成本较低、生产效率高,在野外实际工作中经常使用。

标量测量方式的原理是将大地看作水平介质,大地电磁场是垂直投射到地下的平面电磁波,在地面可观测到相互正交的电磁场分量为 E_x、H_y、H_x、E_y。通过测量相互正交的电场和磁场分量,可以确定介质的卡尼亚电阻率值。它基于电磁波传播理

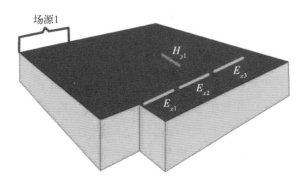

图 4-2　标量可控源共磁道测量方式示意图

论和 Maxwell 方程组导出水平电偶极源在地面上的电场及磁场公式为

$$E_x = \frac{Id_{AB}\rho_1}{2\pi R^3}(3\cos^2\theta - 2)$$

$$E_y = \frac{3Id_{AB}\rho_1}{4\pi R^3}\sin^2\theta$$

$$E_z = (i - 1)\frac{Id_{AB}\rho_1}{2\pi R^3}\sqrt{\frac{2\rho_1}{\mu_0\omega}}\cos\theta$$

$$H_x = -(i + 1)\frac{Id_{AB}}{4\pi R^3}\sqrt{\frac{2\rho_1}{\mu_0\omega}}\cos\theta \cdot \sin\theta \tag{4-41}$$

$$H_y = (i + 1)\frac{Id_{AB}}{4\pi R^3}\sqrt{\frac{2\rho_1}{\mu_0\omega}}(3\cos^2\theta - 2)$$

$$H_z = I\frac{3Id_{AB}\rho_1}{2\pi\mu_0\omega R^4}\sin\theta$$

式中，I 为发射电流；d_{AB} 为供电偶极长度；R 为场源到接收点之间的距离，即收发距；μ_0 为自由空间磁导率。

将式（4-41）沿 x 方向的电场（E_x）与沿 y 方向的磁场（H_y）相比，并经过一些简单的运算，就可以得到地下的视电阻率 ρ_ω 的公式：

$$\rho_\omega = \frac{1}{5f}\left|\frac{E_x}{H_y}\right|^2 \tag{4-42}$$

式中，f 为频率。CSAMT 的探测深度 h 大致为

$$h = 356\sqrt{\frac{\rho}{f}} \qquad\qquad (4-43)$$

可见介质的电阻率越小,工作频率越低,探测的深度越大。

（2）矢量测量方式

矢量测量方式是利用单一场源测量四个或五个场分量（E_x、E_y、H_x、H_y,有时加测 H_z）（图 4-3）。矢量测量方式一般用于探测地下二维和三维地质目标体。

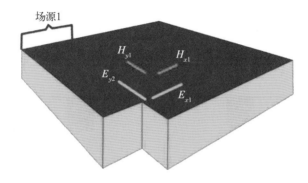

图 4-3　矢量可控源测量方式示意图

（3）张量测量方式

张量测量方式是利用两个分开或重叠的场源测量十个场分量（E_{x1}、E_{x2}、E_{y1}、E_{y2}、H_{x1}、H_{x2}、H_{y1}、H_{y2}、H_{z1}、H_{z2}）（图 4-4）。张量测量方式可以提供更多的信息,一般用于探测地下复杂（二维、三维）或各向异性的地质目标体。但由于其价格昂贵和生产效率很低,实际工作中很少使用。

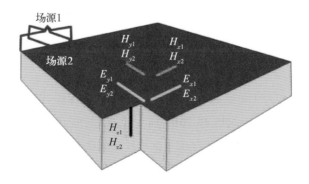

图 4-4　重叠场源张量可控源测量方式示意图

3. 测量模式分类

根据供电电极、接收电极和测线布置方向相对于地质构造走向的关系,CSAMT 有 TM 和 TE 两种测量模式(图 4 - 5)。

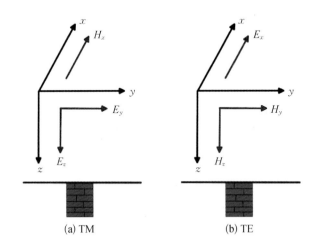

(a) TM   (b) TE

图4-5　TM(a)与TE(b)测量模式示意图

(1) TM 测量模式

供电电极、接收电极和测线布置方向垂直于二维地质构造走向布设。TM 测量模式横向分辨能力较强,观测的电场受静态位移和地形影响较大。

(2) TE 测量模式

供电电极、接收电极和测线布置方向平行于二维地质构造走向布设。TE 测量模式垂向分辨能力较强,与 TM 测量模式相比,观测的电场受静态位移和地形影响较小。

4.1.4　广域电磁法

广域电磁法是相对于传统的可控源音频大地电磁测深法(CSAMT)和磁偶源频率测深法(MELOS)提出来的(何继善,2010;周文斌,2013;鲍力知,2013;何继善,2019)。CSAMT 采用人工场源,克服了 MT 场源的随机性和信号微弱的缺点,但是它沿用在远区测量一对正交电、磁场分量,按远区近似公式计算视电阻率的做法,限制了它的适用范围。远区测量的信号微弱,背离了采用人工场源使信号强大的初衷;如在近一些的地方测量,确实能增大信号强度,可是远区近似公式又难以成立(略去了不可略去的高次项,"牺牲"了精度),出现了新的矛盾。MELOS 突破了远区的限制,大大拓展了频率域电磁法的观测范围,但它是把非远区的测量结果校正到远区,增加了野外和室内的工作量。

针对上述常用电磁法的不足,何继善院士提出了广域电磁法。广域电磁法继承了 CSAMT 使用人工场源克服场源随机性的优点,也继承了 MELOS 非远区测量的优势,摒弃了 CSAMT 远区信号微弱的劣势,扩展了观测适用的范围,也摒弃了 MELOS 的校正办法,保留了计算公式中的高次项。它既不是沿用卡尼亚公式,也不是把非远区校正到远区,而是用适合于全域的公式计算视电阻率,大大拓展了人工场源电磁法的观测范围,提高了观测速度、精度和野外工作效率。

广域电磁法通过记录每个频率的电流强度,去除电场信号中的电流因素,只保留地下地层电导率因素对电场强度曲线的影响,可以从地表测量得到电场强度随频率变化的曲线,通过反演技术得到测点地下电导率随深度的分布变化,即达到电磁测深的目的。

广域电磁法根据场源形式或观测方式可以做详细的划分,考虑到野外实际情况,目前采用水平电流源发射信号测量电场的 x 分量的 $E-E_x$ 广域电磁法应用最为广泛,这里以电场水平分量 E_x 来说明 $E-E_x$ 广域电磁法和广域电阻率的概念。

均匀大地表面水平电流源的电场 x 分量的计算公式为

$$E_x = \frac{I\mathrm{d}L}{2\pi\sigma r^3} \left[1 - 3\sin^2\varphi + \mathrm{e}^{-\mathrm{i}kr}(1 + \mathrm{i}kr) \right] \qquad (4-44)$$

式中,I 为发射电流;$\mathrm{d}L$ 为电偶极源的长度;i 表示纯虚数;k 为均匀半空间的波数;r 为收发距,即观测点距偶极子中心的距离;σ 为电导率;φ 为电偶极源方向和源的中点到接收点矢径之间的夹角。

视电阻率综合反映了地下电性不均匀体和地形起伏,它能够反映介质电性的空间变化,或者说视电阻率是空间上介质真电阻率的复杂加权平均。由均匀大地表面水平谐变电偶极子的电场 x 分量表达式[式(4-44)]可知,其包含了电导率参数,可通过反算求得电阻率参数。

将电场水平分量 E_x 的表达式改写为

$$E_x = \frac{IdL}{2\pi\sigma r^3} F_{E-E_x}(ikr) \tag{4-45}$$

式中，

$$F_{E-E_x}(ikr) = 1 - 3\sin^2\varphi + e^{-ikr}(1 + ikr) \tag{4-46}$$

式(4-45)是一个与地下电阻率、工作频率及发射-接收距离有关的函数。实际勘探中，E_x 测量是通过测量两点（M、N）之间的电位差实现的，即

$$\Delta V_{MN} = E \cdot MN = \frac{IdL\rho}{2\pi r^3} F_{E-E_x}(ikr) \cdot MN \tag{4-47}$$

令

$$K_{E-E_x} = \frac{2\pi r^3}{dL \cdot MN} \tag{4-48}$$

式中，MN 为测量的电极距。K_{E-E_x} 是一个只与极距有关的系数，称为装置系数。于是，式(4-47)可以提取视电阻率如下：

$$\rho_a = K_{E-E_x} \frac{\Delta V_{MN}}{I} \frac{1}{F_{E-E_x}(ikr)} \tag{4-49}$$

式(4-49)定义的就是广域视电阻率，只要测量出电位差、供电电流及有关的极距参数，采用迭代法计算，便可提取视电阻率信息。

为了从式(4-49)中提取视电阻率，广域电磁法采用计算机迭代的方法。首先任取一个可能的电阻率 ρ 值（例如频率为 0 时的直流电阻率），将它与发射电流 I、电偶极源的长度 dL、收发距 r、电偶极源方向和源的中点到接收点矢径之间的夹角 φ 等参数一同代入式(4-44)，看得到的 E_x 与实测的 E_x 相差多少。反复修改选取的 ρ 值，逐次迭代，直到得到的 E_x 与实测的 E_x 符合的精度满意为止，并把最后选取的 ρ 作为该装置、该工作频率条件下大地的视电阻率的最佳值。

图 4-6 是三层 K 型断面的数值模拟得到的频率-视电阻率曲线，K 型断面的参数如图所示，在进行广域电磁法和 CSAMT 数值模拟时的参数完全一致，收发距均为 10 km。由图可知，MT 曲线很好地反映了 K 型断面的电性特征；CSAMT 采用"Cagniard 电阻率"定义，舍弃了高次项信息，导致低频段的非平面波效应严重，视电阻率曲线以 45°斜角上升；广域电磁法可有效地压制非平面波效应，基本真实反映了基底的电阻率特征。

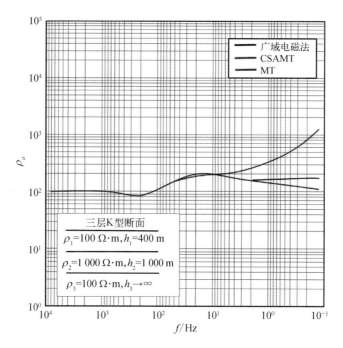

图 4-6　广域电磁法、CSAMT 和 MT 曲线对比图

4.2　电磁法勘探的工作方法与技术

4.2.1　MT 的工作方法与技术

大地电磁测深法的野外工作包括选点、布极、观测等内容。此外,新到一个工作区和工作开始前,还要对设备进行标定、一致性试验及平行试验等工作,严格的操作方法有助于避免或抑制干扰,提高原始数据质量(肖宏跃等,2008;陈乐寿等,1989;陈乐寿等,1990)。

1. 选点

测点的周边环境对观测质量的影响很大,为了获得高质量的野外观测资料,测点选择的原则如下。

(1)根据地质任务及施工设计书,布置测线、测点,在施工中允许根据实际情况在一定范围内调整,但必须满足规范要求。若测区内有有利异常,应及时申请加密测线、测点，以保证至少有三个测点位于异常部位。

（2）测点附近地形应当平坦，尽量不要选在狭窄的山顶或深沟底部，应选在开阔的平地布极，至少两对电极的范围内地面相对高差与电极之比小于10%，以避免地形的起伏影响大地电流场的分布。

（3）测点应避开河流、湖泊、沼泽、地表局部电性不均匀体。

（4）测点应远离电磁干扰源，如发电厂、电台和大型用电设施，在不能调整的情况下，应采取其他措施减少电磁干扰。

（5）测点应选在僻静之处，避开公路、铁路、住宅和其他人们经常活动的地区。

2. 测站的布置和观测

如果已知测区的地质构造走向，最好选取 x、y 轴分别与构造的走向和倾向平行，即为主轴方向，这样可直接测量入射场的 TE 波和 TM 波。若地质构造走向未知，通常取正北为 x 轴，正东为 y 轴，全区的各测点的 x 和 y 取向尽量保持一致，以便在确定测区介质电性主轴方位角时，能有统一的标准。野外电极布置一般采用十字形布极方式（图4-7），这种方式能较好地克服表层电流场不均匀的影响，仪器安置在十字交会点附近，还有助于消除共模干扰。特殊情况下，如地形等原因，也可采用 T 形或 L 形布极方式。

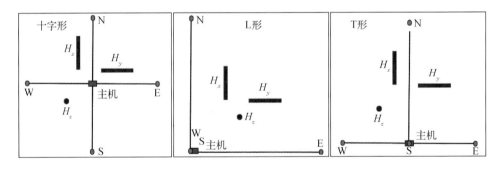

图4-7　MT 野外布极示意图

（1）电极距。电极距的长度一般为 50~300 m。若地形条件允许，两端电极应尽量水平，如测点周围地表起伏不平，电极两端不在同一水平面上，则应按实测水平距离计算电极距。

（2）磁探头。水平磁探头与垂直磁探头埋入土中应保持水平和垂直，水平磁探头入土深度不小于 30 cm，垂直磁探头入土深度应为磁探头长度的 2/3 以上。露出地面部分，应用土埋实（图4-8）。

图 4-8　磁探头埋深实例图

（3）电缆。连接电极、磁探头与主机的信号电缆，由于大地电磁信号微弱，要求信号传输过程干扰小。铺设电缆时，切忌悬空，因为悬空的电缆易在地磁场中摆动，其感应电流严重影响观测结果，最好将电缆掩埋，这样既可以防风，又可减小温度变化的影响。

3. 提高观测资料质量的措施

（1）掌握天然场源信号的规律，尽可能在天然场源信号强的时段组织野外采集工作。

（2）在人文干扰较严重的地区，充分利用干扰较少、相对平静的夜间进行观测。

（3）延长观测时间，增强功率谱的叠加次数，提高信噪比。

（4）对铁路、城镇和矿区造成的干扰，可采用远参考道的方法减少干扰的影响，参考站要远离干扰源。

（5）定期对极罐（不极化电极）进行检查清洗，用极差较小的电极配套成为测量电极对。

（6）接地电阻较大时，采取电极四周垫土，周围浇盐水或采取多电极并联，降低接地电阻。

4. 标定

到一个新工作区，第一步是标定大地电磁测深主机及磁探头，标定工作应在正式开始工作之前进行。施工期间如果出现设备故障（如电缆损坏），需要重新标定。相邻两次标定结果的相对误差 m 不大于 2%。m 根据下式计算：

$$m = \frac{1}{n} \sum_{i=1}^{n} \frac{|A_i - A_i'|}{\overline{A_i}} \times 100\% \qquad (4-50)$$

式中，n 为仪器标定频点数；A_i 为第一次标定第 i 个频点的振幅，单位为毫伏(mV)，或为相位，单位为弧度(rad)或度(°)；A_i' 为第二次标定第 i 个频点的振幅，单位为毫伏(mV)，或为相位，单位为弧度(rad)或度(°)；$\overline{A_i}$ 为相邻两次标定第 i 个频点的振幅平均值，单位为毫伏(mV)，或为相位平均值，单位为弧度(rad)或度(°)。

每次的标定工作必须一次完成，其间不能停止或中断。实际工作中通常先标定主机，再标定磁探头。远参考点是最好的标定地点，也可以在第一次数据观测的时候即工作区内第一个测点采集前首先进行标定工作，这样就能在标定成功后马上开始数据采集。MTU 系列设备标定主机大约需 10 min，标定磁探头约需 1 h。

标定主机时不需要连接磁探头，标定磁探头时需注意以下事项。

(1) 磁探头埋设地点距离主机不少于 10 m(图 4-9)。

(2) 安设接地电极，将接地电极连接到主机的接地接线柱上。

(3) 将需要标定的磁探头平行摆放，之间相隔不少于 3 m，并将磁探头深埋不少于 30 cm，磁探头的接线端朝向主机。

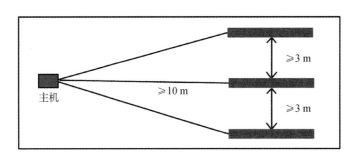

图 4-9　大地电磁测深磁探头标定示意图

图 4-10 为某地 MTU-5A 型大地电磁测深仪标定曲线，该主机各道幅值和相位一致性非常好，仪器工作正常。图 4-11 为 MTC-80H 型磁探头标定曲线，磁探头由高频到低频的幅值及相位连续性好，没有跳点，设备工作情况良好。

5. 一致性试验

同一测区有两台或两台以上仪器测量时，测量开工前与结束后应进行多台仪器一致性对比试验，应有 80% 以上频点的测量结果的均方相对误差不大于 5%。

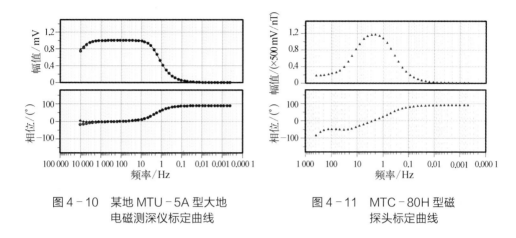

图 4 - 10　某地 MTU‐5A 型大地　　　　图 4 - 11　MTC‐80H 型磁
电磁测深仪标定曲线　　　　　　　　　　探头标定曲线

仪器一致性由某测点多台仪器观测的视电阻率总均方相对误差 $\varepsilon_{一致性}$ 来衡量，$\varepsilon_{一致性}$ 用下式计算：

$$\varepsilon_{一致性} = \pm \sqrt{\sum_{i=1}^{n}\sum_{j=1}^{m}\frac{V_{ij}^{2}}{(L-n)}} \qquad (4-51)$$

式中，V_{ij} 为第 j 台仪器在第 i 个频点的视电阻率观测值与 m 台仪器在第 i 个频点的视电阻率观测值平均值的相对误差，$V_{ij} = \dfrac{\rho_{ij} - \overline{\rho_i}}{\overline{\rho_i}}$（$\rho_{ij}$ 为第 j 台仪器在第 i 个频点的视电阻率观测值；$\overline{\rho_i}$ 为 m 台仪器在第 i 个频点的视电阻率观测值平均值，$\overline{\rho_i} = \displaystyle\sum_{j=1}^{m}\frac{\rho_{ij}}{m}$）；$m$ 为参加一致性试验的仪器台数；n 为参加一致性试验的观测频点数；L 为相对误差的总个数，$L = m \times n$。

图 4 - 12 为某地三套 MTU‐5A 型大地电磁测深仪一致性试验曲线，三套仪器在同一测点的视电阻率、相位曲线不论在曲线形态还是数值上，都具有很好的一致性，说明三套仪器均正常工作且一致性良好。

6. 平行试验

野外测量仪器应在测区开工前和收工后进行平行测试，以保证仪器各道（电道和磁道）正常工作，其中电道与电道之间、磁道与磁道之间所采集的信号幅值应大小相似，信号相关性强，相邻电道或磁道间测试的频率域结果相对误差不大于 2%。图 4 - 13 为某地 MTU‐5A 型大地电磁测深仪平行试验各道的原始时间序列，从图中可以看出两个电道之间信号相关性很强，三个磁道之间信号幅值、大小也均一致。

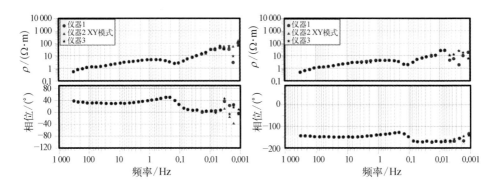

图 4‑12　某地三套 MTU‑5A 型大地电磁测深仪一致性试验曲线

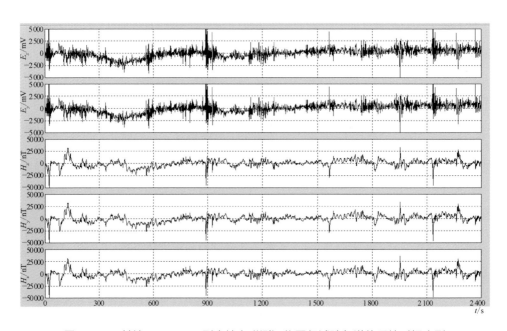

图 4‑13　某地 MTU‑5A 型大地电磁测深仪平行试验各道的原始时间序列

4.2.2　CSAMT 的工作方法与技术

1. 观测区域的选择及测线布置

在 CSAMT 野外工作中，一般把观测区域布置在一个梯形面积内（图 4‑14），梯形的上底为 AB，A、B 为发射偶极所在的位置，测线到 AB 的距离应大于 3 倍的趋肤深度。

测线的长度,应保持在梯形面积之内。理论研究与实践表明,在梯形的边部,场强度明显变弱。因此,野外工作时最好把测区布置在一个以 AB 为边的矩形面积之内,以保证观测精度。

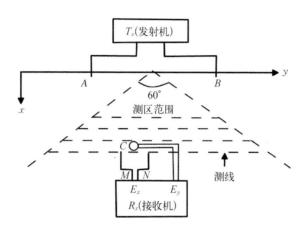

图 4-14 CSAMT 野外工作布设示意图

测线、测点的编号对后续的数据处理的影响极大,应按一定的规则统一进行编号,以便进行计算机计算。测线、测点的编号原则是将 N 或 E 定为正,S 或 W 定为负,编号以实际距离为准。如 000N 线与 500N 线的距离就是 500 m,1000N 线与 000N 线的距离为 1 000 m,并且规定沿向北方向为测线编号的增大方向。又如测点号 25E和 75E 之间的距离就是 50 m,0E 与 100E 之间的距离就是 100 m,并且规定沿向东方向为测点编号的增大方向。

如图 4-15 所示,符号"■"代表电极位置,符合"△"代表记录点(或测点)的位置,测点是取测量电极的中点。

2. 收发距 r 的选择

CSAMT 因场源采用人工场源,所以在采集数据时,既存在因收发距 r 太小,使观测区过早进入近区(或 S 区)的问题,又存在因收发距 r 太大,使信噪比太低,难以保证

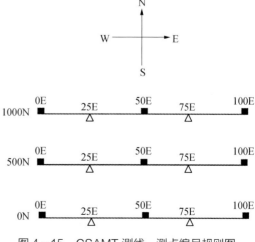

图 4-15 CSAMT 测线、测点编号规则图

观测精度的问题。野外工作时如何协调两者关系，显得十分必要。理论公式推导结合野外工作经验表明，r 应满足以下两个条件：

$$\begin{cases} r \geqslant 3H \\ r_{\max} = \left(\dfrac{IAB\rho\sin\theta}{\pi E_{\min}} \right)^{1/3} \end{cases} \quad (4-52)$$

式中，H 为勘探深度；I 为发射电流；AB 为发射偶极长度；θ 为 r 与 AB 之间的夹角；$E_{\min}$ 为接收机能观测到的最小信号，一般取 $7\mu V$。

在布置工作之前，若能大致估计探测目标的深度 H，又能大致了解测区的电阻率值，就可以根据发射功率的大小计算收发距 r 的大小。

3. 发射偶极长度 AB 的选择

发射偶极长度 AB 及接收偶极长度 MN 的大小，主要考虑要满足偶极子的条件，即 AB 与 MN 相对于 r，要足够小。通常取 $AB \leqslant \left(\dfrac{1}{5} \sim \dfrac{1}{3} \right) r$，$MN \leqslant \dfrac{1}{10}r$ 即可。

另外还需考虑，AB 大时，低频特性好，AB 小时，高频特性好。在探测较深的地质目标体时，AB 可选择大一些；在探测较浅层的地质目标体时，AB 可选择小一些。

4. 接收偶极长度 MN 的选择

对 MN 来说，MN 过大其分辨率会降低，但测量到的电位差值大，易于观测，另外可提高工作效率，一个排列覆盖的范围大。MN 变小，其分辨率会提高，但测量到的电位差值变小，不能保证观测质量。另外因一个排列所覆盖的范围变小而使工作效率变低。但如果是探测深部的大地质目标体，MN 应选择大一些；如果是探测较浅部的小地质目标体，MN 应选择小一些。

5. 仪器的准备和测试

（1）仪器标定

CSAMT 野外工作的设备标定类似 MT，可参考前述内容进行。图 4-16 为某地 GDP-32^{II} 多功能电法仪配套 ANT/6 型磁探头的标定曲线，振幅和相位曲线形态平滑度好，没有突跳点，说明仪器性能良好。

（2）接收仪器的一致性测定

当两台或两台以上仪器在同一测区施工，应在施工前、后进行一致性测定。一致性测定不同仪器的平均均方相对误差不应大于 5%，均方相对误差 m 按下式计算：

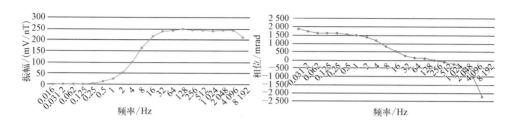

图 4-16 某地 GDP-32^Ⅱ多功能电法仪配套 ANT／6 型磁探头的标定曲线

$$m = \sqrt{\frac{1}{n} \sum_{i=1}^{n} \left(\frac{A_i - \overline{A_i}}{\overline{A_i}} \right)^2} \times 100\% \qquad (4-53)$$

式中，i 为频点号（$i = 1, 2, 3, \cdots, n$）；n 为仪器观测频点数；A_i 为单台仪器第 i 个频点的视电阻率，单位为欧姆米（$\Omega \cdot m$），或相位，单位为弧度（rad）或度（°）；$\overline{A_i}$ 为所有仪器第 i 个频点的视电阻率平均值，单位为欧姆米（$\Omega \cdot m$），或相位平均值，单位为弧度（rad）或度（°）。

6. 场源布设注意事项

（1）发射电极 A、B 点位的地理位置既要尽可能满足远区观测的条件，又要使 A、B 尽可能平行于测线方向布设，其方位误差应小于 3°。

（2）布设 A、B 极需考虑交通情况和接地条件。应布设在交通方便，土壤坚实且潮湿、接地条件好的地方。若采用铜板、钢丝网、铝箔等片状电极，应平敷在接地点上，并用湿土或沙袋压实。采用多根金属电极时，可将电极布设成放射状、弧形或直线形，并将电极垂直打入接地点，使其与土壤密实接触。若表层土壤干燥，应采取有效措施减小接地电阻，以满足发射电流需求。

（3）布设 A、B 极要尽量避开高压线、矿山（洞）上方、暗埋管道、溪流水域、平行的断裂构造等地区，以减少电磁干扰。

（4）A、B 极布设完毕后，应检查供电导线是否有漏电情况，A、B 极是否正确连接，以及接地情况是否良好，各连接点是否牢固。

图 4-17 为某地 CSAMT 场源布设示意图。

7. 接收装置布设注意事项

（1）接收导线应贴地布设，避免因风吹使导线晃动而产生电磁干扰。

（2）接收电极 M、N 不允许埋设在流水、污水处或废石堆上，极坑内不得留有砾

图 4-17　某地 CSAMT 场源布设示意图

石和杂物；地表干燥时，应提前向坑内浇水以减小接地电阻；测点岩石裸露时，应填以湿土，并使电极底部与湿土有良好的接触。接收电极的接地电阻一般应小于 2 kΩ，如遇基岩裸露地区，可适当放宽，但不应大于 10 kΩ。

（3）接收电极 M、N 处遇到人文设施（如人工导体、金属栏杆、管道、供电线路、无线电塔、铁路、钻井、道路等）时，应视电磁干扰强度适当平移，以减小干扰。

（4）磁探头应垂直于发射电极 A、B 或接收电极 M、N 方向布设，采用罗盘仪定位，方位误差应小于 $2°$；磁探头应水平放置，为避免较大的误差，应使用长度大于 40 cm 的水平尺校准；磁探头应紧贴地面放置或固定在非金属材料制成的专用支架上。大风天气为避免震动产生噪声，应将磁探头埋入地面以下。

（5）磁探头到接收机的距离应大于 7 m；磁探头布设应远离高压输电线，远离有车辆行驶的道路等干扰源，观测期间所有人员和车辆应远离磁探头，并停止使用所有通信设备。

（6）采用共磁道测量方式观测时，为施工方便，接收机、磁探头应尽可能布设在多道电极排列的中间。

（7）M、N 极布设完毕后，应检查接收导线是否有漏电情况。

（8）M、N 极和磁探头布设完毕后，应检查接收电极、磁探头是否正确连接，检查接收电极接地是否良好，检查各连接点是否牢固。

（9）M、N 极布设完毕后，应检查接收电极间直流电位差的稳定性。

8. 需采取的安全措施

（1）出工前必须对供电导线进行检查，可采用人工目检方式完成，任何损坏和开裂都必须进行及时修复和替换,接头处应使用高压绝缘胶布包裹。仪器绝缘性检测,采用绝缘电阻测试仪分别测量 A、B 供电端对仪器面板的绝缘电阻,测量结果要求不低于仪器规定的技术指标。

(2)收、放导线经过高压线时,严禁抛、抖导线,以防高压触电。在发射电极和导线经过的村庄、路口等障碍物的位置,应有明显清晰的高压警示标志,并派专人巡视看管。

(3)供电前,操作人员必须仔细检测供电线路,确认接线正确、连通和接地情况良好后,明确发出供电指令,当确认所有工作人员已离开 A、B 极,方可开始供电。

(4)供电期间,操作人员应密切看护发射机及配套设备,保证其处于正常工作状态,并随时处置出现的故障;在改变发射机输出电压挡位、变换频点前,必须退出发射状态;需手动调节发射机输出电流时必须平稳缓慢调节;退出发射状态前,必须将输出电流调节钮旋至最小。

(5)发电机组运行期间,不得添加燃油。

(6)连接或断开供电导线、发射控制器电缆、发射机电源输入电缆时,必须确认发射机处于关机状态。

(7)移动测站前或全天工作结束后,在尚未收到发射机操作人员明确断电的指令前,为确保人身安全不允许任何人接触供电导线和电极。

(8)野外作业车辆应配备灭火器、急救箱等;野外人员应配齐可靠的通信工具;供电系统人员必须使用绝缘胶鞋、绝缘手套等防护用品。

(9)雷雨天气,应停止野外作业。突遇雷电,应迅速关机、断开连接仪器设备的所有电缆。

(10)布线需要经过水域时,除处理好导线外,应保证过水安全,严禁徒手拖拽导线涉水(或泅渡)。水上或冰上作业必须制订相应的安全制度和应急措施。

9. 数据采集注意事项

(1)数据采集前,操作人员应确保接收机与发射机的时钟源(石英钟、GPS 时钟等)处于同步状态;操作人员应检测接收电极和磁探头的接地与连通的情况,确保接收电极接地良好,其间的直流电位差稳定,磁探头工作正常。

(2)在供电之前,应观测噪声水平,根据噪声情况,设定叠加次数。供电观测时,应停止无线电通信。当工作频率干扰较严重时,可选取陷波滤波器抑制噪声。强干扰条件下应选择避开干扰严重的时间段采集数据。当干扰较弱时,单个频点一般至少取两次读数；当干扰较强时，应增加观测读数次数。

（3）单频点多次观测的卡尼亚电阻率读数中最大值与最小值的相对误差应符合下列要求：

$$\left[\,(\rho_a^{\max} - \rho_a^{\min})/(\rho_a^{\max} + \rho_a^{\min})/2\,\right] \times 100\% \leqslant \sqrt{2n}\,M \qquad (4-54)$$

式中，$\rho_a^{\max}$ 为某频点观测的卡尼亚电阻率读数中的最大值；$\rho_a^{\min}$ 为某频点观测的卡尼亚电阻率读数中的最小值；n 为某频点卡尼亚电阻率读数的个数；M 为设计工作的精度。

（4）观测时要做野外观测现场工作记录，应使用铅笔记录。除按规定记录点、线号等信息外，还应记录观测点附近影响观测结果的地质现象、地形地貌，可能引起噪声的干扰源等，要求字迹清晰。

（5）同一测线需改变场源位置时，应有 2~3 个重复观测点，场源位置改变前后观测的卡尼亚电阻率和阻抗相位曲线形态应大体一致或基本重合。当曲线形态、数值差别较大时要调整场源，重新观测。

（6）收工后应及时将当天采集的数据全部传入计算机，经检查确认无丢失、遗漏数据后，另存盘备份并设定为唯一标识，直至确认所有数据无遗漏并备份成功后方可清除仪器内存储的数据。

（7）野外工作期间，如遇仪器发生故障无法排除时，应立即送回基地（或返厂）维修，不得自行拆卸，并做好记录。严禁仪器带故障工作。野外必须建立仪器检测、维护记录，详细记录仪器使用中出现的故障和排除故障的措施。野外施工过程需要有严谨全面的备忘录。

10. 提高观测资料质量的措施

在发射功率一定的条件下，采用低压大电流的供电方式，可最大限度地提高发射系统的效能。因为观测的电磁场值的大小与发射电流 I 成正比，即 I 越大，E_x、H_y 值越大，易于观测，但是要增大发射电流 I，不应该靠提高电压来实现，因为这会损失发射系统的功率，而应该尽量减小接地电阻和导线电阻，以保证在低压下能供出大电流。

为此，A、B 极的布设是关键，在 A、B 极处，应挖呈放射状的深沟，在深沟内埋设铝箔，并浇上盐水或肥皂水，填土压实，这样可最大化减小接地电阻。另外供电导线应尽量选择 10~20 芯的全铜线。

4.2.3　广域电磁法的工作方法与技术

广域电磁法的野外数据采集主要包括场源布设要求、接收装置布设要求、安全措施及数据采集注意事项等内容（湖南省质量技术监督局，2018）。广域电磁法野外工作布置示意图如图 4-18 所示。

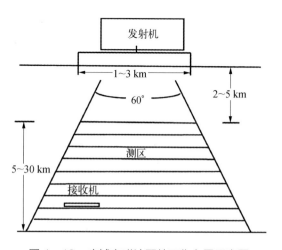

图 4-18　广域电磁法野外工作布置示意图

1. 场源布设要求

（1）发射电极 A、B 应根据任务要求和实际地形、地物情况，选择合适的场地进行布设。发射电极 A、B 的间距一般要求在 1~3 km，实际接地点（A 或 B）应按照测量规范要求测定其坐标。

（2）发射电极应选择土壤潮湿处埋设，采用多块金属板、网、箔（约 1 m×2 m）等材料，挖数个电极坑埋设，坑深不小于 0.5 m，相邻坑距不小于 3 m，也可用多根柱电极以弧形并联相接，保证接地良好，以满足发射电流要求。

（3）发射电极处须有明显的警示标志，供电导线连接处应用绝缘胶布包裹，遇障碍物应挖沟架空埋设（保证绝缘）。供电点和导线均应挂上"高压危险"的标志，在 A、B 接地电极周围 10 m 范围内拉警戒线，沿线派专人查护，确保人畜生命安全。供电站应选在地面干燥处，发射机操作人员应有高压防护措施。

（4）发射电极 A、B 布设要尽量避开高压线、矿山（洞）上方、暗埋管道、溪流水域、平行的断裂构造等地区，以减少电磁干扰。

（5）发射电极 A、B 的布设应尽量避开已知矿山、变电站、湖泊、溶洞和局部电性不均匀体等可能引起场源效应的已知地质体。

（6）发射电极 A、B 布设完毕后，应检查供电导线是否有漏电情况，是否正确连接，接地情况是否良好，各连接点是否牢固。

2. 接收装置布设要求

（1）M、N 极采用不极化电极或铜电极，与土壤接触良好，并浇水压实。

（2）M、N 极的接地电阻一般应小于 2 kΩ，如遇基岩裸露地区，可适当放宽，但不应大于 10 kΩ。在沙漠、戈壁及岩石裸露区，应采用多电极并联，电极周围采取垫土浇水等措施降低接地电阻。

（3）M、N 极与土壤接触良好，两电极埋置条件基本相同，不能埋在树根处、流水旁、繁忙的公路旁和河床内，同时应避免埋设在沟、坎处。如果观测时有信号不稳现象，应检查电极埋设质量和接地条件，需处理达到稳定要求后再观测。

（4）连线不能悬空，防止晃动干扰。

3. 安全措施

广域电磁法数据采集时应采取的安全措施同 CSAMT。

4. 数据采集注意事项

广域电磁法数据采集注意事项同 CSAMT。

4.3　电磁法资料的处理与解释

4.3.1　MT 资料的处理与解释

1. MT 资料的处理

大地电磁测深法资料的处理主要包含以下几个方面：频谱分析；阻抗张量元素的求取；视电阻率与阻抗相位计算；极化模式识别；去噪处理；静校正；地形校正。

1）频谱分析

大地电磁测深法野外测量得到的是电场及磁场分量的时间域信号，而之后的视电阻率及阻抗相位的计算都是在频率域中进行的，所以首先需要把时间域电磁场响应转换到频率域,得到电场及磁场分量的频率响应数据。频谱分析应用最广泛的是傅氏变换法。

对于随时间变化的函数 $f(t)$ 而言,其傅里叶变换由下式表示。

$$f(\omega) = \frac{1}{\sqrt{2\pi}} \int_{-\infty}^{+\infty} f(t) e^{-j\omega t} dt \qquad (4-55)$$

式中,$f(\omega)$ 为 $f(t)$ 的傅里叶变换。

而对于离散时间信号 $x(n)$ 而言,其傅里叶变换由下式表示。

$$X(e^{j\omega}) = \sum_{-\infty}^{+\infty} x(n) e^{-j\omega t} \qquad (4-56)$$

式中,$X(e^{j\omega})$ 为连续函数。

为了在计算机上实现信号的频谱分析,要求信号在时间域和频率域内都是离散且有限长的。若 $x(n)$ 为时间域离散信号,其离散傅里叶变换如下式所示。

$$X(k) = \sum_{n=0}^{N-1} x(n) e^{-j\frac{2\pi}{N}nk} (k = 0, 1, \cdots, N-1) \qquad (4-57)$$

式中,$X(k)$ 为 $x(n)$ 在频率域中的傅里叶频谱。通常利用快速傅里叶变换算法来实现离散傅里叶变换。

2）阻抗张量元素的求取

大地电磁测深法研究的是波阻抗的频率响应,而电磁场是将观测的时间域记录进行频率信息提取,根据频谱分析结果求取阻抗张量元素。常用的阻抗张量元素的求取方法有最小二乘法、Robust 估算方法及远参考道法。其中最小二乘法是最简单、常用的方法之一,它在处理受高斯噪声干扰的 MT 资料时效果较好,但对非高斯噪声干扰的 MT 资料无能为力;Robust 估算方法在处理部分受非高斯噪声干扰的 MT 资料时比较有效;远参考道法是一种克服相关噪声影响的处理方法。

（1）最小二乘法

最小二乘法是一种传统的阻抗张量元素估计方法。大地电磁场满足下式:

$$\begin{aligned} E_x &= Z_{xx}H_x + Z_{xy}H_y \\ E_y &= Z_{yx}H_x + Z_{yy}H_y \\ H_z &= T_{zx}H_x + T_{zy}H_y \end{aligned} \qquad (4-58)$$

式中，E_x、E_y、H_x、H_y、H_z表示电磁场的 5 个分量；Z_{xx}、Z_{xy}、Z_{yx}、Z_{yy}表示阻抗张量元素；T_{zx}、T_{zy}表示倾子矢量元素。

利用最小二乘法对阻抗张量元素和倾子矢量元素进行估计，其表达式可以写成下面的形式。

$$Z_{xx} = \frac{(E_x A^*)(H_y B^*) - (E_x B^*)(H_y A^*)}{(H_x A^*)(H_y B^*) - (H_x B^*)(H_y A^*)}$$

$$Z_{xy} = \frac{(E_x A^*)(H_x B^*) - (E_x B^*)(H_x A^*)}{(H_y A^*)(H_x B^*) - (H_y B^*)(H_x A^*)}$$

$$Z_{yx} = \frac{(E_y A^*)(H_y B^*) - (E_y B^*)(H_y A^*)}{(H_x A^*)(H_y B^*) - (H_x B^*)(H_y A^*)}$$

$$Z_{yy} = \frac{(E_y A^*)(H_x B^*) - (E_y B^*)(H_x A^*)}{(H_y A^*)(H_x B^*) - (H_y B^*)(H_x A^*)}$$

$$T_{zx} = \frac{(H_z A^*)(H_y B^*) - (H_z B^*)(H_y A^*)}{(H_x A^*)(H_y B^*) - (H_x B^*)(H_y A^*)}$$

$$T_{zy} = \frac{(H_z A^*)(H_x B^*) - (H_x B^*)(H_z A^*)}{(H_x A^*)(H_y B^*) - (H_x B^*)(H_y A^*)}$$

(4－59)

式中，A^*、B^*为电磁场分量共轭 E_x^*、E_y^*、H_x^*、H_y^* 的组合。实际上，计算阻抗张量元素时稳定可行的 (A, B) 组合只有四种，分别是 (H_x, H_y)、(H_x, E_x)、(E_y, H_y)、(E_x, E_y)；计算倾子矢量元素时可行的 (A, B) 组合只有 (H_x, H_y) 一种。不同的计算方法的抗干扰能力不同，通常取平均结果的效果更佳。每种计算结果相对于平均值的偏离程度也可作为衡量数据质量的一个指标。当噪声与信号不相关，且服从高斯正态分布时，利用最小二乘法能够获得较理想的阻抗张量元素估计。

（2）Robust 估算方法

Robust 估算方法引入权函数的概念，其实质与最小二乘法类似，根据观测误差和剩余功率谱的大小，对数据进行加权处理，强调未受干扰的数据成分，降低误差大的数据成分对阻抗张量元素估计的影响。Robust 估算方法对于压制大地电磁测深数据中的非高斯正态分布噪声具有较好的效果，可在一定程度上弥补最小二乘法的不足。Robust 估算方法在大地电磁测深数据处理中得到了广泛的应用。

（3）远参考道法

为了解决测点处噪声与信号的相关性问题，提出了远参考道数据处理方法。其基本思想是在距离测点的一定范围内布设一个远参考点,在测点和远参考点上同时观测电磁场信号,将两者进行相关处理,即用互功率谱代替自功率谱,从而在阻抗张量估计过程中实现对相关噪声影响的压制。

远参考点的选择,既要保证噪声的不相关性,又要保证信号的相关性。一般而言,对于高频观测,远参考点距离测点 10~20 km 较佳;对于中频观测,远参考点距离测点 50~100 km 较佳;对于低频观测,远参考点距离测点大于 100 km 较佳。

通常利用磁场分量作为参考信号,引入参考信号 R_x、R_y 后,可建立与式(4-59)相似的阻抗张量元素和倾子矢量元素的估计公式。

$$Z_{xx} = \frac{(E_x R_x^*)(H_y R_y^*) - (E_x R_y^*)(H_y R_x^*)}{(H_x R_x^*)(H_y R_y^*) - (H_x R_y^*)(H_y R_x^*)}$$

$$Z_{xy} = \frac{(E_x R_x^*)(H_x R_y^*) - (E_x R_y^*)(H_x R_x^*)}{(H_y R_x^*)(H_x R_y^*) - (H_y R_y^*)(H_x R_x^*)}$$

$$Z_{yx} = \frac{(E_y R_x^*)(H_y R_y^*) - (E_y R_y^*)(H_y R_x^*)}{(H_x R_x^*)(H_y R_y^*) - (H_x R_y^*)(H_y R_x^*)}$$

$$Z_{yy} = \frac{(E_y R_x^*)(H_x R_y^*) - (E_y R_y^*)(H_x R_x^*)}{(H_y R_x^*)(H_x R_y^*) - (H_y R_y^*)(H_x R_x^*)}$$

$$T_{zx} = \frac{(H_z R_x^*)(H_y R_y^*) - (H_z R_y^*)(H_y R_x^*)}{(H_x R_x^*)(H_y R_y^*) - (H_x R_y^*)(H_y R_x^*)}$$

$$T_{zy} = \frac{(H_z R_x^*)(H_x R_y^*) - (H_z R_y^*)(H_x R_x^*)}{(H_x R_x^*)(H_y R_y^*) - (H_x R_y^*)(H_y R_x^*)}$$

(4-60)

在实际应用中,通常将同时采集的多个测点互为远参考道处理,从而压制相关噪声,提高大地电磁测深数据的质量。此外,远参考道法经常与 Robust 估算方法联合使用。

3) 视电阻率与阻抗相位计算

通过大地电磁时间序列的频谱分析和阻抗张量元素估计,可求取地下介质的视电阻率和阻抗相位的频率响应,其表达式如下。

$$\rho_{aij}(\omega) = \frac{1}{\mu_0 \omega} |Z_{ij}(\omega)|^2$$

$$\varphi_{ij} = \tan^{-1}\left(\frac{\mathrm{Im}\{Z_{ij}\}}{\mathrm{Re}\{Z_{ij}\}}\right)$$

(4-61)

式中，ρ_a 为介质的视电阻率，单位为 $\Omega \cdot m$；φ 为阻抗相位，单位为(°)。视电阻率不是介质的真正电阻率，而是介质电阻率分布的综合反映，且与电磁波的频率有关。

4）极化模式识别

由于勘探区地下地质构造的非一维性，使得不同方向的实测视电阻率相互有差异。MT 勘探的野外处理中通常会把所测的原始资料采用张量旋转方法变换到电性主轴上，但电性主轴可能与实际地质构造走向平行，也可能垂直，为了便于资料的处理解释必须进行模式判别，统一解释资料的方向使实测的 ρ_{xy} 和 ρ_{yx} 分别判别归位成 ρ_{TE} 和 ρ_{TM}。

5）去噪处理

MT 资料处理中有多种去噪处理手段，如远参考道技术、采用相位资料对畸变视电阻率曲线的校正、层状函数拟合飞点剔除方法和静态校正等。

图 4-19 给出了某测点利用远参考道处理前、后视电阻率与相位曲线的对比，图 4-19(a)分别为未采用远参考道处理的视电阻率及相位曲线，图 4-19(b)分别为采用远参考道处理之后的视电阻率及相位曲线，可见通过远参考道处理后，中频部分数据质量得到明显改善。

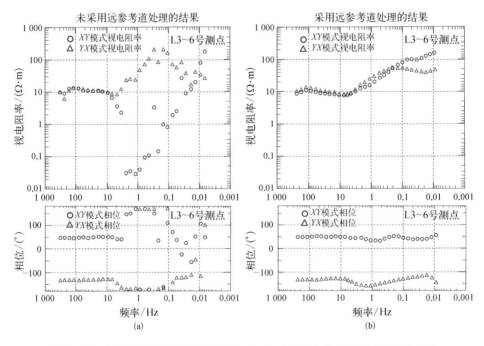

图 4-19　某测点利用远参考道处理前（a）、后（b）的视电阻率及相位曲线

6) 静校正

静态位移是由于浅部不均匀体的存在或地形不平,使得视电阻率曲线发生平行移动,而相应的相位曲线却不受影响。对移动了的曲线进行反演解释,会得出错误的结论,因此要对大地电磁做静态位移校正(又称静校正)。

静态位移有两个显著特征:① 只影响电场数据的观测,不影响磁场数据的观测。② 在双对数坐标系中,视电阻率曲线会沿视电阻率轴上下整体偏移,不改变曲线形态,而相位曲线不受影响。图 4 – 20 中的红色曲线为受静态位移影响的某测点曲线,该测点 XY 模式和 YX 模式的视电阻率较其他测点低一个数量级,而相位曲线则不受影响。目前比较常用的静校正方法有曲线平移法、数值分析法(包括空间域滤波法、数值模拟法、时频分离与压制等)、联合反演法、利用相位换算资料做静校正、直接三维反演法。各种校正方法均有一定的优缺点,实际使用中可灵活运用。

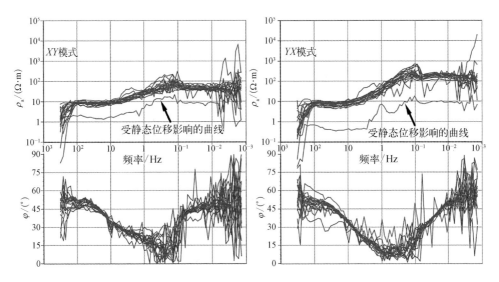

图 4 – 20　受静位移影响的曲线

7) 地形校正

地形影响主要是指地形起伏大于电磁波的趋肤深度时对大地电磁测深的影响,地形起伏对 MT 二维数据影响很大,如果不考虑地形起伏引起的大地电磁场畸变,将使大地电磁测深资料产生显著误差,其解释结果必然偏离实际地质情况。

地形起伏对 MT 二维数据的影响特征主要有:TM 模式比 TE 模式易受地形影响;山顶比山谷易受地形影响;悬崖的落差越大,地形影响越大;山顶越窄,地形影响越大。目前用于 MT 二维地形校正的方法有比值法、正则化延拓、空间域滤波法、带地形的二维及三维反演。目前为了消除地形效应,带地形的 MT 反演是提高资料处理水平的最重要的方法。

2. MT 资料的解释

1) MT 资料解释的基本原则

(1) 由"已知"到"未知"的原则。充分收集、分析与研究已有的地质、地球物理勘探成果,系统地掌握勘探区基本地质构造特征和地球物理场特征,指导整个数据处理与解释过程。利用测井资料、井旁 MT 反演资料、表层电阻率分布资料和以往的物探成果,研究不同地层、不同岩性的电性特征,把握地层与电性、岩性与电性的对应规律,合理地对实测的电性结构进行地质解释。

(2) 由定性到定量的原则。首先依据 MT 勘探原理及其对各种地质构造的响应规律,定性地分析频率域的成果,全面掌握原始资料中所提供的信息,对勘探区的构造痕迹、断层位置、地层起伏变化等建立整体的认识,然后在定性分析认识的基础上进行定量解释,对定性成果进行定量化。

(3) 由粗到细、逐步深入、多次反复、多方法佐证的原则。资料的定量解释是由一维反演、二维反演和三维反演逐步进行的,一环扣一环,逐步精细,后续工作是建立在前一步工作成果基础之上进行的,所以前后成果应有可比性。已知的地质成果是检验资料处理解释方法选择合理性的标准,通过多次反复、多方法佐证,直到物探解释成果与已知的地质成果相吻合,然后进行综合地质解释。

2) 定性分析

资料的定性分析是针对频率域的资料进行的,依据不同地质构造、电性层分布特征的大地电磁响应规律,分析提取原始资料中的地质信息,定性地把握地下电性层的分布特征、地层起伏变化情况,局部构造、构造单元划分等,为进一步的定量解释提供依据,同时评价、检验定量解释成果的可靠性。定性分析技术包含勘探深度分析、曲线类型分析、总纵向电导、视电阻率-频率断面图、相位-频率断面图、视倾子断面等。

(1) 勘探深度分析

MT 勘探深度由下式计算:

$$H = 356\sqrt{\frac{\rho_a}{f}} \tag{4-62}$$

式中，ρ_a 为实测视电阻率，单位为 $\Omega \cdot m$；f 为观测频率，单位为 Hz；H 为勘探深度，单位为 m。

勘探深度与视电阻率成正比，与频率成反比，其原理在于天然电磁波因热损耗而衰减，制约其穿透深度，而视电阻率越小，热损耗越大，穿透深度越小；同样，频率越高，热损耗也越大，因此，高频穿透得浅。

（2）曲线类型分析

曲线类型分析定性地反映出了地下电性层的分布特征，如电性层数、相对埋深和各电性层间电阻率的相对变化情况。特别是通过对测区内曲线类型的分析比较，可对测区的地质构造单元进行划分与归类，给出测区地质构造的定性概念，可以帮助我们选择和制订定量解释的步骤、方法与参数，有效克服资料解释过程中的多解性问题，提高地质解释的准确性。

（3）总纵向电导

某一测点的总纵向电导是从地表处到一定深度的电导之和，可以写为

$$S = \int_0^H \sigma(H)\,\mathrm{d}H \tag{4-63}$$

上式说明，在勘探深度范围内电阻率越小，其总纵向电导越大，同时低阻地层越厚其总纵向电导也越大，反映了测点的总体电性特征。在地质解释上，由于沉积岩电阻率较小，对总纵向电导贡献大，且电性越低，厚度越大，总纵向电导越大；而基底电阻率普遍很高，对 S 值影响很小，所以通常用总纵向电导定性分析沉积岩分布、基底埋深情况。

经推导总纵向电导按下式计算：

$$S = 520\sqrt{\frac{1}{\rho_{min} \cdot f_{min}}} \tag{4-64}$$

式中，ρ_{min} 为视电阻率曲线 45°抬升前的极小值，单位为 $\Omega \cdot m$；f_{min} 为 ρ_{min} 所对应的频率，单位为 Hz；S 为测点的总纵向电导，单位为 S。

（4）视电阻率-频率断面图

定性分析中的视电阻率-频率断面图的横坐标为测线方向，显示测点的位置及点号，纵坐标为频率（或周期），并以对数坐标表示，以各测点相应频率上的视电阻率值或阻抗相位值绘制等值线，则可得到视电阻率-频率断面图。通过分析视电阻率-频

率断面图,可以定性地了解测线上的电性分布、基底的起伏、断层的分布、电性层的划分等断面特征。

一般而言,在深部(低频)高视电阻率等值线的起伏形态与基底起伏相对应,而视电阻率等值线密集、扭曲和畸变又往往与断层相关,断层越浅,这种特征越明显。在剖面中,岩层电阻率差别越大,视电阻率-频率断面图的效果也越明显。

(5)相位-频率断面图

MT勘探的相位参数是实测天然电磁场中电场信号与磁场信号之间的相位差。根据希尔伯特变换,相位与视电阻率具有如下关系:

$$\Phi(\omega) = 45° \times \left[\frac{\mathrm{dlg}\,\rho_a(\omega)}{\mathrm{dlg}(\omega)} + 1 \right] \qquad (4-65)$$

又

$$\frac{\mathrm{dlg}\,\rho_a(\omega)}{\mathrm{dlg}(\omega)} = \frac{\Phi(\omega)}{45°} - 1 \qquad (4-66)$$

式中,ω 为观测频率;$\Phi(\omega)$ 为相位;$\rho_a(\omega)$ 为实测视电阻率。

式(4-66)说明,相位与视电阻率和频率对数的变化有关。相位等于45°时,视电阻率随频率没有变化,或出现极值;相位小于45°时,视电阻率随着频率的降低而增大;相位大于45°时,视电阻率随着频率的降低而减小。相位的极值频率为视电阻率的拐点频率(梯度极值点频率)。

由式(4-65)可知,不论视电阻率是否有静态干扰,其相位值都是不变的,换言之,相位不受静态影响。所以,相位-频率断面图的另一个作用是判断视电阻率静态校正的合理性。

(6)视倾子断面

倾子是大地电磁测深法的实测参数之一,主要表征垂直磁场和水平磁场之间的复系数线性关系,对地下介质的横向电性不均匀性较敏感,且能有效反映断裂构造特征。倾子的信息可用视倾子断面来表示。

3)定量分析及解释

MT反演的基本思想包括数据拟合差、模型结构和目标函数三个部分。数据拟合差即观测数据与理论模型响应的拟合程度,数据拟合差越小,理论模型响应与观测数据拟合程度越高,但一味地追求数据拟合不一定能得到最合理的答案。模型结构是指对模型的约束,MT 反演问题具有多解性,即有无穷多解能够达到观测数据的拟合要求,要得到符合要求的模型,需要靠其他信息去约束,如已知的地质或地球物理性质,或是待求模型的某种特点,所以需要对模型有一定的约束。常用的模型约束有最小模型约束、最平滑模型约束和最光滑模型约束,有了对模型的约束,会大大降低反演的多解性。目标函数即考虑数据拟合差和模型约束的一个函数,可由下式表示。

$$\phi = \phi_d + \lambda \phi_m \tag{4-67}$$

式中,ϕ_d 是期望的数据拟合差;$\lambda \phi_m$ 是给定约束的模型项,也就是正则化方法中的正则项部分,又称稳定泛函,目的是降低反演多解性,其中 λ 为正则化因子或正则化参数,可以看出,它在 ϕ_d 与 ϕ_m 中间起着平衡作用,λ 减小时,意味着数据目标函数占主导,说明目标函数的拟合效果更好,而模型约束的部分则在一定程度上被忽略,反演结果会一定程度远离我们对模型的约束;λ 增大时,模型目标函数将起主要作用,意味着压制了数据项而强调了模型项,反演结果会更多地按照我们的模型约束呈现,而数据拟合在一定程度上被忽略,即正则化因子也会直接影响反演效果。

MT 反演的核心问题是如何构建目标函数并尽可能减少数据计算量,同时要确保解的稳定性。MT 反演方法经历了从定性近似反演到数值反演,从一维反演、二维反演到三维反演,从线性反演到非线性反演的发展阶段。MT 反演方法可分为三大类:定性近似反演方法;迭代反演方法;全局搜索最优反演方法(陈向斌等,2011;汤井田等,2015)。这三类反演方法又包含多种不同反演算法,概述如下。

(1) 定性近似反演方法

定性近似反演方法主要包括博斯蒂克(Bostick)反演法、曲线对比法及拟地震解释法等。

a. Bostick 反演法

Bostick 反演法是由 F.X.Jr.Bostick 于 1977 年在水平层状介质条件下提出来的一种一维近似反演方法(Bostick,1977)。该方法以低频区视电阻率曲线尾支渐近线的特征为基础,利用渐近线的交点能反映交点以上地层平均电阻率而与底层电性无关的原理来做近似反演,又称为渐近线交点近似法。

实际反演时利用相位曲线进行反演的公式如下。

$$\rho = \rho_a \left(\frac{\pi}{2\phi} - 1 \right) \tag{4-68}$$

$$H = \left(\frac{\rho_a}{\omega\mu} - 1 \right)^{1/2} \tag{4-69}$$

式中，ρ 为反演后的电阻率；ϕ 为测深曲线的相位；ρ_a 为测深曲线的视电阻率；H 为深度；ω 为圆频率；μ 为磁导率。

Bostick 反演法计算速度快、不需要初始模型，能够直接反映地电结构特点，但反演精度低。

b. 曲线对比法

曲线对比法是徐世浙和刘斌于 1995 年提出的，其以低频电磁波在地下的穿透深度大于高频电磁波在地下的穿透深度为理论基础，通过连续的低频来确定深部电导率的分布状态。反演过程中，首先将 Bostick 反演法得到的电阻率随深度变化的曲线作为初始模型，将视电阻率随周期变化的曲线转化为电阻率随深度变化的曲线，通过迭代逐步改善初始模型的电阻率值，直至获得满意的结果。该反演方法原理简单，具有计算速度快且不用计算偏导数矩阵的优点。

c. 拟地震解释法

拟地震解释法是王家映基于电磁波和弹性波在介质中传播的相似性于 1985 年提出的大地电磁拟地震解释方法。该方法中把地层划分为电磁波的双程传播时间都相等的"微层"，把大地电磁场的反射函数表示为幂函数形式，通过计算电性界面的反射系数，实现大地电磁拟地震解释。理论模型计算表明，该方法对二层、三层和四层断面的解释是可行的，但要用于实际资料的高维反演则需进一步研究。

（2）迭代反演方法

迭代反演方法的核心在于如何构建目标函数和选取迭代控制参数来求解线性或非线性方程组，如牛顿法、马奎特法、广义逆反演法、OCCAM 反演法、快速松弛反演法、共轭梯度法、非线性共轭梯度法及拟线性近似反演法等。

a. 牛顿法

牛顿法是一种很古老的数值优化方法，但在很多情况下它依然非常有效，而且现在很多优良的算法都是从牛顿法发展而来的，都可以看作是"牛顿型"算法，如 Newton-Krylov 法、拟牛顿法（quasi-Newton method）。与最速下降法（梯度法）相比，牛顿法利用了目标函数的二阶导数信息，能够快速达到局部收敛。

b. 马奎特法

马奎特(Marquardt)法,又称阻尼最小二乘法。在高斯-牛顿法中,由于雅克比矩阵(偏导数矩阵)的秩常小于模型参数个数,使得线性方程组呈病态性,即方程组的系数矩阵含有小特征值或线性相关的列向量,从而导致迭代不能收敛。马奎特法考虑在系数矩阵的主对角元上加一个可调整的正系数来增大系数矩阵的特征值解决这一问题,使得线性方程组的解趋于稳定。其目标函数可写为

$$\Phi(\lambda) = \sum_{i=1}^{m} (\rho_{ai} - \rho_{ci})^2 + \alpha \sum_{j=1}^{n} \Delta\lambda_j^2 \tag{4-70}$$

实际应用中通常将视电阻率之差改为视电阻率对数之差,参数的变量用相对变化量代替。迭代过程中,通过选取适当的阻尼系数使目标函数逐次降低收敛到极小值点。马奎特法虽然计算速度比高斯-牛顿法快,但还是有可能得到局部极小点,甚至出现函数值发散的情况,对模型也不能进行评价。

c. 广义逆反演法

广义逆反演法是基于广义逆矩阵直接求解病态或奇异线性方程组的方法,它通过奇异值分解求取广义逆来确定参数改正量,避免了对矩阵求逆,且可以提供信息密度矩阵、分辨率矩阵和解的方差等辅助信息对结果进行评价。但当出现小奇异值时会使参数改正量很大,超出线性近似所允许的范围,使模型参数沿着错误的方向变化,引起迭代发散。Jupp 和 Vozoff 于 1975 年提出了改进广义逆矩阵反演理论,引入阻尼系数将改进的广义逆矩阵定义为

$$\boldsymbol{B}^+ = \boldsymbol{V}_r \boldsymbol{T}_r \sum_r^{-1} \boldsymbol{U}_r^{\mathrm{T}} \tag{4-71}$$

式中,$\boldsymbol{V}_r$ 是参数特征向量;$\boldsymbol{U}_r$ 是观测数据特征向量;$\sum_r$ 是由奇异值组成的对角矩阵;$\boldsymbol{T}_r$ 是对角矩阵,对角元为 $t_i = \sigma_i^{2N}/(\sigma_i^{2N} + \alpha^{2N})$ ($i = 1, 2, \cdots, r$),α^2 是一小正数,称为阻尼系数。只要阻尼系数选取合适,就可保证迭代稳定收敛。

d. OCCAM 反演法

OCCAM 反演法是 S.C.Constable 等于 1987 年提出的一种由电磁测深数据产生光滑模型的实用算法。其原理是在保证电性分布连续或光滑的条件下,寻求与实测数据拟合最好的地电模型,直到达到指定的拟合精度。一般在用 OCCAM 反演法时,将目标函数表示为

$$\phi = \phi_{\text{m}} + \mu^{-1}(\phi_{\text{d}} - \chi^2) \tag{4-72}$$

式中，ϕ 是总体目标函数；ϕ_{m} 是模型目标函数；ϕ_{d} 是数据目标函数；μ 是拉格朗日算子；χ^2 是数据拟合差的期望值。在迭代时可分为两种方法：模型空间反演方法和数据空间反演方法。

OCCAM 反演结果对初始模型依赖程度较小，反演的迭代过程稳定，具有收敛速度快的特点，一般只需要几次迭代就能得到较理想的反演结果。假设数据量为 N_{d}，模型量为 N_{m}，则用数据空间反演时，偏导数矩阵为 $N_{\text{d}} \times N_{\text{d}}$，而用模型空间反演时，偏导数矩阵为 $N_{\text{m}} \times N_{\text{m}}$，在反演的每一次迭代过程中都求解一次完整的偏导数矩阵。它虽然可能得到较为详细的模型参数，但同时反演过程也会随着测点数的增加及初始模型网格的加密而变得缓慢，另外随着迭代次数的增加，容易陷入冗余的构造。

e. 快速松弛反演法

快速松弛反演法（rapid relax inversion，RRI）是 Smith 等为避免像 OCCAM 反演法等直接线性搜索带来的繁重计算于 1991 年提出的。RRI 的主要原理是以一维反演和高维正演来构建高维模型，对每个点分别进行反演计算模型，而不是直接进行二维反演，故先通过观测单点的一维反演获取测点的模型参数及垂向变化，利用联合相邻测点来获得模型的水平变化，再将其应用到二维模型中计算下次迭代需要的二维电磁场，迭代持续到数据收敛。

在 RRI 中目标函数离散形式可写为

$$W = (Rm - c)^{\text{T}}(Rm - c) + \beta e^{\text{T}} e \tag{4-73}$$

式中，R 是测点粗糙度矩阵；m 是尝试模型；c 是偏差向量；β 是拉格朗日常数；T 表示矩阵转置；e 是数据残差，由下式确定：

$$(d - e) - d_0 = Fm - Fm_0 \tag{4-74}$$

式中，m_0 和 m 分别为初始模型和迭代产生的新模型；d_0 和 d 分别为正演计算数据和测量数据；F 为弗雷歇（Frechet）偏导数矩阵。通过给定初始模型 m_0 计算出 d_0 和各测点下的积分核函数及数据残差 e，然后对目标函数求极小值得到模型改正量及新模型 m，再以新模型为初始模型重复上述过程逐次迭代直至结果满足精度要求。

RRI 对初始模型有较大的依赖性，当给定的初始模型条件较好时，反演效果才能得到保证，其反演的迭代过程基本是稳定收敛的。RRI 的优点是不直接求解雅克比矩阵,计算时间短,速度快;算法稳定,模型光滑。缺点是结果受初始模型影响较大,分辨率不高,存在多解性问题。

f. 共轭梯度法

Hestenes 等于 1952 年提出了共轭梯度法(conjugate gradient method),是介于最速下降法和牛顿法之间的一种优化方法,它具有超线性收敛速度,其基本思想是以梯度法为基础,利用共轭性质构造一系列方向,即以初始点处的梯度方向为第一次迭代搜索方向,此后每次迭代都沿着梯度方向的共轭方向进行搜索,最终求得极小值。

假设目标函数的梯度和海森矩阵分别为 g 和 G, 则初始方向为初始点 x_0 处的负梯度方向 d_0, 接着用目标函数在 x_1 处的负梯度方向 $-g_1$ 与 d_0 组合来生成 d_1, 即令

$$d_1 = -g_1 + \beta_0 d_0 \qquad (4-75)$$

使 d_1 与 d_0 关于 G 共轭,得到

$$\beta_0 = \frac{g_1^T G d_0}{d_0^T G d_0} \qquad (4-76)$$

由此可得到第 k 步的搜索方向为

$$d_k = -g_k + \beta_{k-1} d_{k-1} \qquad (4-77)$$

其中,

$$\beta_{k-1} = \frac{g_k^T G d_{k-1}}{d_{k-1}^T G d_{k-1}} \qquad (4-78)$$

这样便确定了一组共轭方向,沿着这组方向进行迭代求得最终解,这就是共轭梯度法。

g. 非线性共轭梯度法

非线性共轭梯度(nonlinear conjugate gradient, NLCG)法是 Rodi 等于 2001 年提出的一种反演方法,其实质也是寻找一个使得目标函数取得最小值的解,该方法在一定程度上与共轭梯度法类似,为了得到梯度,通过求解矩阵与向量的乘积,避免了直接计算雅克比矩阵,节省了内存空间。NLCG 法的优点是有较高的分辨率、不需直接计算雅克比矩阵、计算效率较高、反演比较稳定。缺点是对初始模型依赖性比较大、正则化因子需要凭经验输入。

h. 拟线性近似反演法

Zhdanov 等最早于 1996 年将拟线性近似的思想应用到电磁场反演问题中,对正

演模拟算子拟线性近似得到关于修正的电导率张量的线性方程,然后用正则化共轭梯度法解线性方程,使用电性反射率张量去计算异常体电导率,用三个线性反演问题替代原来的电磁散射的非线性反演问题,即拟线性近似反演法。该方法将一部分多次散射引进积分方程的计算中,而且用最优化方法求反射张量,所以拟线性近似方法的解要比用二阶 Born 级数求得的解要精确。

（3）全局搜索最优反演方法

全局搜索最优反演方法较多,主要有二次函数逼近反演法、多尺度反演法、模拟退火反演法、量子路径积分反演法、遗传算法反演法、人工神经网络反演法、贝叶斯统计反演法、粒子群优化反演法等,下面简单介绍前三种。

a. 二次函数逼近反演法

牛顿法、梯度法和共轭梯度法等大地电磁反演方法求得的目标函数极小值并不是全局意义下的极小值,很容易使反演陷入局部极小。为解决这一问题,可以用在一些点上与 $\Phi(m)$ 等值的二次函数 $f(x)$ 代替 $\Phi(m)$,以二次函数的极小值点作为 $\Phi(m)$ 的近似极小值点,然后改变控制点找到 $\Phi(m)$ 的更好的二次近似函数以改变极小值点的位置,从而建立起迭代过程,这就是二次函数逼近非线性全局最优化反演方法。当选用不同的二次函数时,便得到不同的二次逼近优化方法。该方法不依赖初始模型,稳定性好,具有全局收敛的特点,且迭代搜索时不必用分辨率矩阵来确定搜索方向,不用计算梯度向量和二阶导数矩阵,计算量小。

b. 多尺度反演法

多尺度反演法基于小波变换理论中的多尺度分析（MRA）将大规模的反演问题分解为小规模的反演问题,先求最大尺度时的反问题,将解作为下一次反演过程的初始值,直到求出对应尺度为零的原反问题的解。其实现是通过把目标函数分解为不同尺度的分量,根据不同尺度上目标函数的特征逐步搜索全局最小值。该方法在大尺度上反演稳定,反演结果不受初始模型的影响,较好地避免了反演受局部极小值困扰的问题,加快了收敛速度。

c. 模拟退火反演法

模拟退火反演法是一种启发式蒙特卡洛方法,其基本思想来自统计热力物理学。1986 年,Rothman 首次将模拟退火反演法引入地球物理反演,此后,该方法在地球物理反演领域得到了广泛应用。模拟退火反演法将反演参数看作熔化物体分子存在的某种状态,将目标函数视为熔化物体的能量函数,通过控制参数逐步降低温度进行迭代反演,使目标函数最终求得全局极值点。该方法不用求目标函数偏导数,不用解大型矩阵方程组,易于加入约束条件,不依赖初始模型,易于跳出局部极值,但大量的正演模拟和反演计算量限制了其在高维反演问题中的应用。

4.3.2 CSAMT 数据的处理与解释

1. CSAMT 数据的处理

CSAMT 数据处理的目的是压制 CSAMT 数据中的各种噪声的影响,如仪器噪声、天然电磁噪声与人文噪声,或校正由地质噪声(静态位移、地形影响)及非平面波引起的过渡区畸变等,从各种叠加场中分离、突出或增强地质目标体的固有信息或趋势,以利于后续的解释。

根据地质目标体的特点和任务要求,在一个测区内往往要进行不同的数据处理,具体什么处理方法有效应该通过实验选择,应选择更加符合测区地质条件或先验模型的特点、更有利解决测区地质问题的最佳方法。一般的数据处理方法包括数据编辑、静态位移校正、地形校正及过渡区校正等。数据处理之后的反演过程可参考 MT 反演过程。

(1)数据编辑

数据编辑是压制由仪器噪声、风噪声、天然电磁噪声和人文噪声引起的明显畸变。应根据野外观测工作原始记录信息、原始卡尼亚电阻率曲线和阻抗相位曲线趋势特征、误差统计表或分布曲线,对受干扰大、噪声强的数据做合理的编辑(剔除或圆滑)处理。曲线出现严重畸变,经过处理后,仍不能使用的物理点应报废。

(2)静态位移校正、地形校正

CSAMT 静态效应与地形影响产生的原因与 MT 相同,相应的处理方法可参考 MT。

(3)过渡区校正

过渡区校正主要用于改正卡尼亚电阻率在过渡区由于非平面波效应产生的畸变。可根据解释工作需要,选用有效的方法,如利用等效电阻率全频域视电阻率近场校正方法、分段逼近全频域视电阻率的近场校正方法等对过渡区数据进行校正,从而提取出过渡区数据中"隐藏"的有用的频率测深信息,使其得到有效利用。

CSAMT 的野外观测资料通过近场和过渡场校正以后,就得到了相当于远场的视电阻率结果,于是就可以运用目前已完成的 MT 或 AMT 所有资料的处理及解释方法。

为判别多重资料处理过程的真实可靠性,应检查处理过程正确与否,并将处理结果与原始资料进行比较,还应对多重处理引进的误差进行评估。正确可靠的处理结果应确保原始数据中的固有真实信息或趋势不但不会丢失,相反得到保留或突出。

2. CSAMT 数据的解释

数据解释的目的是在数据处理的基础上,通过数据解释过程对电磁场包含的固有真实信息做出客观合理的地质推断。解释工作的主要步骤是定性解释、定量解释和综合地质解释。实际工作中,数据处理、定性解释、定量解释和综合地质解释需要交叉或反复进行,使数据解释工作逐步深化。

（1）定性解释

定性解释是根据初步建立的地质地球物理模型和标志,对卡尼亚电阻率和阻抗相位异常的性质、规模及起因进行分析判定。定性解释通常采用从已知到未知的类比法和模拟对比法,有时还需运用定量计算的结果来支持定性的结论。定性解释要反复多次进行。

通过对本测区或其他测区在已知各类地质目标体上建立的地质地球物理模型显示的标志(异常强度、形态、走向、规模、展布特点等)进行类比来判断异常的性质、规模和起因。

根据测区地质图标出的岩性、本区实测物性或邻区的物性,进行半定量正演估算,判断异常的性质、规模和起因。

对某些可以定量反演的异常进行定量反演,求取电性异常体的埋深形态和物性参数,与已知地质体的相应参数进行对比,来判断异常的性质、规模和起因。

对收集到的地质、地球化学及地球物理等相关资料和测区异常成果资料进行综合研究与对比分析,判断异常的性质、规模和起因。

（2）定量解释

定量解释是在定性解释的基础上,建立反演初始模型,选取已有的相关反演软件,运用各种定量反演的方法求取电性异常体的物性参数和几何参数。

定量解释要尽可能利用测区内实测的物性参数、已有地质勘探控制的地下地质情况及其他物探资料作为约束条件和先验控制信息,并利用定性解释的分析结论或认识建立反演初始模型,以减少定量反演的多解性。初始物性参数选取不当或约束条件不足将影响定量反演结果的正确性。

在地形平缓、简单层状或横向电阻率变化不太大的地电条件下,一般选用一维反演方法求取物性参数确定电性异常体的性质和起因,并定量推断电性异常体的埋深、规模、形态及产状。

对地形起伏较大和横向电阻率变化较大的地电条件下的成果资料,一般选用带地形的二维、三维反演方法。利用电阻率-深度断面图或不同深度电阻率平面图、电阻率立体图等成果图件,结合钻探、硐探等地质勘探资料,分析并最终确定电性异常体的性质和起因,定量推断电性异常体的埋深、规模、形态及产状。

3. 综合地质解释

综合地质解释是在定性解释和定量解释的基础上,依照勘查目标任务要求,根据各种地质体的地质地球物理模型特征,结合测区的地质情况全面深入地分析解释,运用地质学的基本原理将地球物理定性和定量解释的成果客观合理地转变成推断的地质体或结构,最终确定地质体或现象的性质、深度、规模、形态、产状及其相互关系。

4.3.3　广域电磁法数据的处理与解释

从数据处理到最终地质成果的推断解释,广域电磁法的一系列工作流程与其他电磁法并没有实质性的差别,同样需要遵循由已知到未知、由定性到定量,循序渐进、不断深化成果认识的基本原则(林佳富,2019)。广域电磁法数据处理的流程如图4-21所示。

1. 广域电磁法数据的处理

1)去噪处理

由于各种电磁噪声的存在,总是不可避免地给电磁法观测带来不同程度的干扰,严重时会导致测深曲线的形态发生变化,因此去噪处理必须是首先进行的工作。具体的工作内容包括跳点、飞点的剔除,矫正变形的测深曲线等。

广域电磁法测量和记录的原始参数为直角坐标系或圆柱坐标系下的各电磁场分量,因此去噪处理即是对原始全频段电场或磁场曲线的预处理。

2)视电阻率提取

广域视电阻率的提取主要依托于配套的 JSGY-2 广域电磁仪接收机数据处理软件进行,对已经预处理完毕的电磁场参数,依照视电阻率的精确表达式,并采用计算机反复迭代计算的方法求取广域视电阻率。

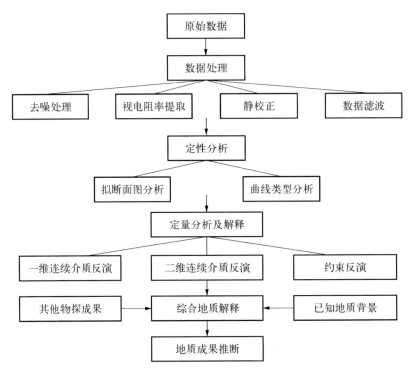

图 4‑21　广域电磁法数据处理的流程

3）静校正

静态效应的校正是广域电磁法资料处理中的重要问题，如果校正不当，会使后续的反演解释得出错误的结果。在野外的实际工作中，"手动校正"的方法是一种合理而高效的校正方法。其理论依据是，静态效应一般都是由近地表横向上规模较小的电性不均匀体引起的，反映到视电阻率测深曲线上则表现为视电阻率测深曲线形态不发生变化，而只是整条视电阻率测深曲线向上（电性不均匀体为高阻体时）或者向下（电性不均匀体为低阻体时）平移某一个常数量，并且广域电磁法的测点间距通常很小（数十至一二百米），因此对静态效应进行判断的方法主要是将野外施工中同一排列或者相邻排列采得的视电阻率测深曲线放在一起进行比较。对于存在静态效应的视电阻率测深曲线利用手动拖动的方法进行校正。

4）数据滤波

数据滤波是在前述去噪处理、静校正等工作之后对全线视电阻率数据的再处理工作，是针对横向上电阻率差异较大、数据连续性差所做的修正，采用的方法为五点三次平滑滤波。由于去噪处理、静校正等预处理工作人为参与较多,难免有修正不足或过度修正现象的出现,因此应该进行该项工作,在资料品质较差的地区更应当进行该项工作。

2. 广域电磁法数据的解释

1) 定性分析

定性分析主要依据的是拟断面图及曲线类型,它们是电磁法类测深勘探中最基础和最原始的成果图件。通过分析和总结原始图件中的电性分布特征,结合工区的地质背景,定性地了解研究区地下电性层结构、地层起伏变化、局部构造及层位标定等内容,为进一步的定量解释提供依据,同时是评价和检验定量解释成果的可靠性的基本依据。

(1) 拟断面图分析

拟断面图模拟的是测线上地下的电性分布情况。横轴为点号或距离,纵轴为频率值,根据各个测点的各个频率的电阻率值并利用某种数学插值方法勾绘得到等值线图。通过分析拟断面图的典型分布特征,可定性地获得地下断层分布、地层分界面、基底起伏等地质信息。一般而言,在深部(低频)高视电阻率等值线的起伏形态与基底起伏相对应,而视电阻率等值线密集、扭曲和畸变的地方又往往与断层有关,断层越浅,这种特征越明显,各地层电阻率差别越大,其分界面在拟断面图上就显示得越清晰。

(2) 曲线类型分析

对测深曲线类型的分析可定性地获得电性层数、各电性层相对埋深及其电阻率相对变化的情况。特别是通过对测区内曲线类型的分析比较,可对测区的地质构造单元进行划分与归类,给出测区地质构造的定性概念。更重要的是可以帮助我们选择和制订定量解释的步骤、方法和参数,有效克服资料解释过程中的多解性问题,提高地质解释的准确性。

2) 定量分析及解释

对电磁测深资料的定性分析可以建立起研究区的地质结构和地质构造的总体概念,但具体到指导地质工程布置、资源量评估等要求时则必须对资料成果进行定量解释,而定量解释成果只能够通过对原始资料的反演得出。

目前用于广域电磁法反演的软件是其配套的地球物理资料综合处理解释一体化系统,该套系统对广域电磁法资料的反演是基于线性条件下连续介质的 B - G 反演理论进行的，包括一维连续介质反演、二维连续介质反演、三维连续介质反演、拟地震资料处理方法的波场变换及偏移成像等。

（1）一维连续介质反演

一维连续介质反演假设大地其他方向上的电性是均匀分布的，而其纵向上的电性则是连续变化的。在地球物理资料综合处理解释一体化系统中的一维反演的大致步骤如下。

a. 先利用电磁测深（频率-视电阻率）数据进行 Bostick 反演。

b. 对得到的 Bostick 反演结果进行薄层化处理，即将自地表至地下某一深度的范围分成许多薄层。

c. 对这由许多薄层构成的地电模型进行正演。

d. 对比模型正演结果与实测数据，若两者误差达不到系统预先给定的误差范围，则修改各相应薄层参数（埋深、厚度、电阻率值），重新代入计算，直到拟合差小于预先给定的范围，停止计算。本套系统是通过求解广义逆矩阵来获得最小二乘解的方式进行数据拟合的。

e. 输出一维连续反演成果。

（2）二维连续介质反演

二维反演初始模型的构建通常有两种方法，一是以均匀半空间为初始模型；二是以一维反演结果作为初始模型。

二维连续介质反演假定平面上垂直于测线方向上的电性是均匀分布的，而在沿测线方向及垂直向下的方向上的电性是连续变化的。在广域电磁法反演中，以一维连续介质反演成果作为初始模型，并对其进行薄层化处理，薄层在垂向上电阻率保持不变，在横向上用一组连续的函数描述其横向电阻率变化，同样通过求解广义逆矩阵获得最小二乘解的方式进行数据拟合，二维连续介质反演工作的逻辑步骤与一维连续介质反演类似。

（3）约束反演

前述广域电磁法的一维、二维反演人为参与较少，大部分工作均由计算机承担，加上地球物理反演中不可消除的多解性的存在，使得得到的一维、二维反演结果可能与已知的地质背景有较大的出入，甚至出现错误，此时可以通过综合信息建模再次反演来提高成果解释的可靠性。

综合信息建模，即利用已有的地质、物探、测井等资料，对地下各电性层和构造进行标定,建立起与已知信息相容的地电-地质模型。以这样的地电-地质模型作为初始模型,对前述连续介质反演成果进行区块化并进行二次反演,以反演的结果作为最终地质成果解释的最终依据。

3) 地质信息的定量提取

广域电磁法反演工作的最终目的,是识别和提取可靠的地质信息。这些地质信息主要包括两方面的内容:构造的识别和划分;地电断面的识别和划分。

一维连续介质反演只是假设纵向的电性介质是连续的,可重点突出横向的电性不均匀,在断层划分上具有较大的优势。在一维连续介质反演结果的基础上进行的二维连续介质反演,不但考虑了纵向电性介质的连续性,同时也考虑了横向介质的连续性,这种方法在一定程度上圆滑了横向的分辨率,在地层划分上具有更大的优势。

因此,广域电磁法的地质信息提取工作,主要是基于一维连续介质反演成果及拟断面图进行断层系统的划分;基于二维连续介质反演成果并结合地质背景进行地层系统的划分。

4.4　电磁法在地热资源勘查中的应用

4.4.1　银川盆地东缘天山海世界项目地热资源勘查

1. 地质概况

银川盆地南始青铜峡,北达石嘴山,西起贺兰山,东至黄河,行政区划隶属于银川市、吴忠市和石嘴山市。盆地南北长约 180 km,东西宽约 60 km,总面积约 7 278 km^2,平面上总体呈 NNE 走向的纺锤形。银川盆地是鄂尔多斯周缘新生代断陷盆地的一部分,夹持于阿拉善地块与鄂尔多斯地块之间,南与祁连山褶皱带相接,其新生代以来发生强烈断陷,沉积了巨厚的新生代地层(黄兴富等,2013;朱怀亮等,2019)。盆地基底为寒武-奥陶系,其上沉积了古近系渐新统、新近系中新统和上新统及第四系,其中中新统为银川盆地层状热储的主要开采层,其次为渐新统和上新统。

银川盆地地质构造复杂,新构造活动强烈,特别是新生代以来强烈的构造活动导致银川盆地及其周围地区地震频发,最严重的一次地震为 1739 年平罗 8.0 级地震。根据前人研究成果,银川盆地主要有贺兰山东麓断裂、芦花台断裂、银川断裂和黄河断裂 4 条主要构造(图 4-22)(方盛明等,2009)。

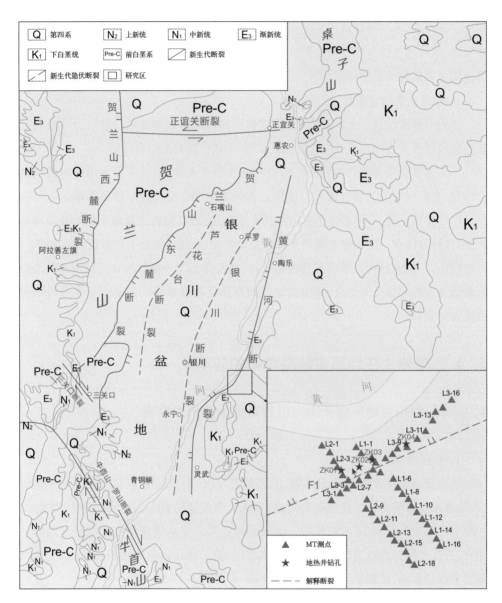

图4-22 银川盆地地质构造简图及研究区大地电磁测深点位图（朱怀亮等，2020）

2. 地层电性特征

银川盆地东缘地层由老到新依次为寒武系、奥陶系、石炭系、二叠系及白垩系。由于周缘有巨厚的新生代沉积覆盖，前新生代地层出露非常有限，仅在横山堡、灵武之间有较大面积的白垩系出露。

银川盆地东缘及鄂尔多斯盆地西缘地层的电性结构特征一般具有以下规律性：新生界电阻率值较小，为 5~20 Ω·m，上古生界（C-P）电阻率值比新生界大，电阻率值一般大于几十欧姆米，下古生界（Є-O）的电性特征以相对高阻为特征，电阻率值明显大于上古生界。

3. MT 数据采集、处理与反演

1）数据采集

本次大地电磁测深勘探工作共设计了 3 条 MT 测量剖面，如图 4-22（a）所示。由于研究区北面紧靠黄河，因此 L1、L2 剖面起始测点位置均紧靠黄河岸边布设，两条剖面走向与区域主断裂带构造走向基本垂直，剖面走向为 140°，测点分别为 16 个和 18 个，L3 剖面走向为 50°，测点为 16 个。测点点距在 200 m 左右，重点区域点距为 100 m，三条剖面全长约 5.10 km（朱怀亮等，2020）。

野外数据采集工作在 2016 年 12 月—2017 年 1 月内完成，使用加拿大 Phoenix 公司生产的 3 套 MTU-5A 型大地电磁仪。野外数据采集采用张量测量法，记录两个相互正交的水平电场信号（E_x，E_y）和两个相互正交的磁场信号（H_x，H_y）。MT 测点及电极定位使用高精度 RTK 定点，为保证采集到高质量的 MT 数据，每个测点的数据采集时间均超过 3 h。数据处理采用 SSMT2000 软件进行快速傅里叶变换，单点资料预处理采用时间序列 Robust 估算方法，进而达到抑制干扰，提高资料的信噪比。

2）数据处理

在 MT 数据采集之前，项目组对工作区进行了详细踏勘，布置的测点远离对电磁信号造成影响的高压线、变压器、繁忙公路等干扰源。MT 数据在反演之前需要对数据进行维性分析，以确定地下介质的电性结构维数，其中二维偏离度是判别地下介质二维性的重要参数。通常认为当二维偏离度小于 0.3 时，地下介质可以近似视为二维情况。以 L2 剖面为例，分别采用 Swift 分解法（Swift，1967）和 Bahr 分解法（Bahr，1991）进行维性分析。从图 4-23 可以看出，剖面上大部分测点的二维偏离度都小于 0.3，说明深部电性结构普遍表现为二维特征。

同时利用 GB 阻抗张量分解法对 L1~L3 剖面进行构造走向分析（Groom R W and Bailey R C，1989），三条剖面 0.01~320 Hz 频带的电性主轴方向分布较为一致，主轴方位显示为 NE60°和 SE150°左右（图 4-24）。结合区域地质资料，判断工作区总体构造走向为 NE60°。

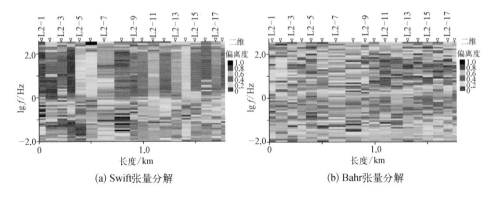

(a) Swift张量分解   (b) Bahr张量分解

图4‑23　L2剖面二维偏离度分析结果

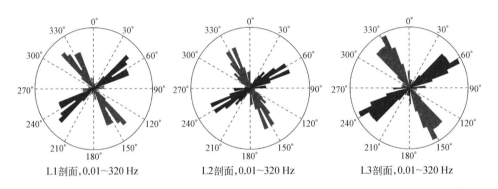

L1剖面,0.01~320 Hz　　　　L2剖面,0.01~320 Hz　　　　L3剖面,0.01~320 Hz

图4‑24　L1~L3电性主轴分析结果

3）数据反演

近年来,非线性共轭梯度法是国际上最为流行的大地电磁二维反演方法（Rodi and Mackie, 2001）,其优点是使用相对较小的内存计算大规模数据,避免直接计算雅克比矩阵,节省内存空间,运算速度得到了较大提高,适合大数据集的二维反演。本次采用 TE+TM 模式的数据进行联合反演,该模型使用的反演参数为水平圆滑因子 $\alpha=1$, TE 门限误差为 5%,TM 门限误差为 5%,正则化因子 $\tau=10$,初始模型为 100 $\Omega\cdot$m 的均匀半空间,反演频率范围为 0.01~320 Hz,迭代次数为 200 次,三条剖面最终的 RMS 反演拟合差分别为 1.9、2.0 和 2.3,说明拟合情况较好,可以一定程度地反映地下真实结构。以 L2 剖面为例,做了二维反演前后视电阻率及相位对比断面图（图4‑25）,从图上可明显看到,反演模型响应数据与原始观测数据吻合程度较高,说明了本次二维反演结果可靠。

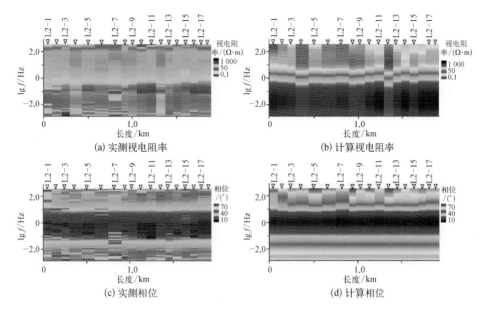

图 4-25 L2 剖面二维反演模型拟合结果

4. 电性解释

完成测点的数据处理及基本数据分析工作后,对工区内数据进行不同维度、不同模式、不同参数的反演试算,对大量反演模型进行对比分析,最终确定了可靠的地下电性结构模型(图 4-26)。

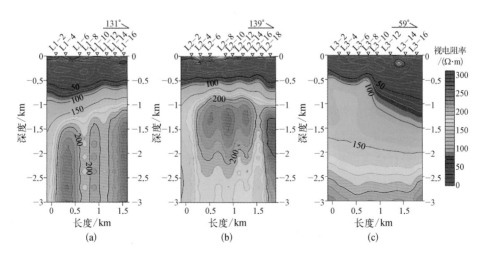

图 4-26 宁夏银川市天山海世界大地电磁测深 L1 剖面(a)、
L2 剖面(b)、L3 剖面(c)的反演成果图

1）L1 剖面

L1 剖面的反演结果见图 4-26(a)，该剖面的视电阻率最小值约为 5 Ω·m，最大值大于 240 Ω·m，整个剖面呈现的是低-中-高三层结构。地面以下 500 m 左右为低阻层，视电阻率小于 20 Ω·m，此层不稳定，中间夹有低阻透镜体，此层向小号点倾斜加深。深度在 500~1 000 m 为中阻层，视电阻率介于 20~100 Ω·m 之间。深度在 1 000 m 以上为高阻层，此层向小号点加深，视电阻率大于 100 Ω·m。

2）L2 剖面

L2 剖面的反演结果见图 4-26(b)，该剖面的视电阻率最小值约为 5 Ω·m，最大值大于 260 Ω·m，整个剖面呈现的是低-中-高三层结构。地面以下 400 m 左右为低阻层，视电阻率小于 20 Ω·m，此层不稳定，中间夹有低阻透镜体。深度在 400~700 m 为中阻层，视电阻率介于 20~100 Ω·m 之间。深度在 700 m 以上为高阻层，视电阻率大于 100 Ω·m。

3）L3 剖面

L3 剖面的反演结果见图 4-26(c)，该剖面的视电阻率最小值约为 5 Ω·m，最大值大于 300 Ω·m，整个剖面呈现的是低-中-高三层结构。地面以下 400 m 左右为低阻层，视电阻率小于 20 Ω·m，此层不稳定，中间夹有低阻透镜体。深度在 400~1 000 m 为中阻层，视电阻率介于 20~100 Ω·m 之间。深度在 1 000 m 以上为高阻层，视电阻率大于 100 Ω·m。

5. 地质解释

1）地层划分

根据反演得到的电性结构，地质解释成果见图 4-27。

（1）新生界古近系+第四系（Q+E）。电阻率横向上较为连续，视电阻率一般在 5~20 Ω·m 之间，为低阻层。L1、L2 剖面古近系底界面埋深一般在 350~400 m 之间，横向上变化较小，而 L3 剖面古近系底界面从西南向北东逐渐倾斜，L3 剖面大号测点新生界底界面埋深可达 500 m，反映了研究区古近系底界面埋深逐渐向北西倾伏。结合区域地质资料成果，将其解释为新生界古近系+第四系。

（2）石炭-二叠系（C-P）。剖面地电模型横向上均匀，连续稳定，电阻率纵向上呈现稳定的中阻电性层，三条反演剖面均可连续追踪。从各剖面反演结果可见，该电性层从东南向北西逐渐倾斜，反映了石炭-二叠系底界面埋深从东南向北西逐渐加大。L1、L2 剖面石炭-二叠系底界面埋深在 600~900 m，电阻率在 20~100 Ω·m 之间；L3 剖面石炭-二叠系底界面埋深在 700~1 000 m，电阻率在 20~100 Ω·m 之间。该电性层区域上相对稳定，电性特征表现为中等高阻特征。

（3）寒武-奥陶系（Є-O）。剖面地电模型横向上连续性好，电阻率介于 100~250 Ω·m 之间，为高阻层，三条剖面底界面埋深均超过 3 000 m，结合区域资料将其解释为寒武-奥陶系。

2）断裂构造解释

从物性分析的角度考虑，在断裂带发育的地方，岩层结构易发生松散、破碎，断裂带往往充填大量的低阻介质，形成与周围地层具有明显电性差异的低阻异常带。这种电性结构差异的存在，使得断裂带在电性结构上存在明显的电性梯级带或畸变带。

由图 4-27 所示的电性结构模型可以看出，在 L1 剖面 4、5 号测点，L2 剖面 6 号测点附近，剖面上存在一组向北西倾斜的电性梯级带和畸变带（F1）。F1 断裂带内低阻异常特征明显，其两侧都是高阻体。通过与区域地质资料的对比发现，剖面上 F1 的位置与黄河断裂相距不远，可能为黄河断裂或其次级断裂。根据研究区域大地电磁测深工作成果，同时结合区域地质资料可知，F1 断裂带走向 NEE，倾向 NNW，倾角大于 70°，其下延深度超过 3 000 m。

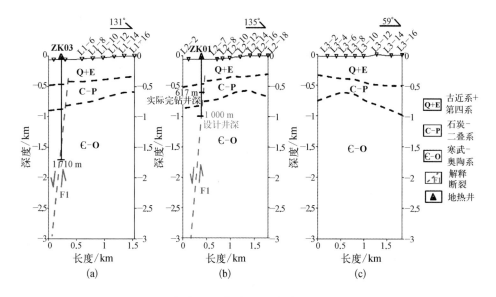

图 4-27　L1（a）、L2（b）、L3（c）剖面的地质解释成果

6. 地热条件分析及勘探方向

研究认为,位于盆地边缘区被沉积盖层掩盖的由古生界碳酸盐构成的构造盆地,一般被认为是赋存地下热水的有利地区。地下热水储层特性受控于碳酸盐岩地层结构与岩溶发育状况,特别是在盆地边缘地下热水常常受控于大的断裂构造,地下水经过长的循环过程和大的循环深度而具有较高的温度,同时由于补给水源充足而水量丰富。

银川盆地热储类型以层状热储为主,盆地内新生界热储层从上到下依次为上新统干河沟组、中新统红柳沟组及渐新统清水营组,三套热储层均属于碎屑岩类孔隙型热水。目前,银川盆地及周缘还未开发出以构造对流型热储为主的地热资源。带状热储的主要特点是由有效孔隙和渗透性的断裂带构成热储,平面上呈条带状延伸,导热方式以对流传热为主。

研究区周边发育规模最大的断裂为黄河断裂,其作为银川盆地的东部边界,向下切割了壳幔边界,切割深度超过了 40 km,发生平罗 8.0 级地震的贺兰山东麓断裂约在 19 km 深处与其交会。根据前人对银川盆地主要活动断裂的研究成果,可见黄河断裂是银川盆地内长度最大、切割最深的一条深大断裂。近年来,为了获得黄河断裂的浅部构造特征,横跨黄河断裂完成了浅层人工地震反射测线及钻探验证。研究结果显示,黄河断裂为西倾的铲形正断层,钻探验证该断层上断点埋深仅为 25.6~36.5 m,根据测年结果判定,其最新活动年代为晚更新世末或全新世(雷启云等,2014)。

通过对区域地质构造条件和地热形成的基本条件进行分析,认为银川盆地内部为沉积盆地型层状热储,盆地东缘受新生代活动断裂(黄河断裂)控制,属断裂构造对流型热储,研究区地热资源展布主要受黄河断裂或其次级断裂 F1 控制,地热勘探方向应以断裂为主。

7. 钻孔布置及结果验证

在大地电磁测深资料综合分析的基础上开展了钻探验证,以验证资料解释的可靠性并提供再解释的依据,重点查证 F1 断裂带内地热水赋存情况及埋深位置。据此,本次地热勘探井孔位(ZK01)布设在 L2 剖面 4 号和 5 号测点中间位置,设计井深为 1 000 m(图 4-27)。ZK01 勘探井实际完钻井深为 617 m,当钻遇到 F1 断裂破碎带时,由于断裂带内涌水量过大,造成井喷现象,因此采用专用高压封隔器进行封井提前完钻。钻探结果显示,ZK01 勘探井出水量达 15 000 m³/d,出水温度为 42 ℃,热储类型为构造裂隙型带状热储,是目前银川市出水量最大的自流地热井。

　　为了进一步查证研究区地热资源赋存情况,后期在 F1 断裂带上盘有利地段又施工了三眼地热勘探井(编号分别为 ZK02、ZK03 和 ZK04),均取得了较好效果。钻探结果显示,ZK02 勘探井完钻井深为 995 m,自流量达 4 800 m³/d,出水温度为 40 ℃;ZK03 勘探井完钻井深为 1 710 m,自流量达 1 200 m³/d,经过稳定流降压试验,最大出水量为 2 746 m³/d,出水温度为 60.5 ℃,该勘探井钻遇地层岩性特征见表 4 - 1;ZK04 勘探井完钻井深为 1 708 m,自流量达 3 780 m³/d,出水温度为 52 ℃。研究区各勘探井的特征见表 4 - 2。钻孔结果与大地电磁测深数据解释的 F1 断裂带位置、地层埋深较为吻合,验证了大地电磁测深方法的可行性及地质解释的可靠性。

表 4 - 1　ZK03 勘探井钻遇地层岩性特征

地　层	层厚/m	底深/m	主　要　岩　性	划分依据
第四系	43	43	浅灰色厚层细砂岩、粉砂岩夹薄层粉砂质黏土	沉积物结构疏松,胶结程度差,钻进速度快
古近系	327	370	深灰色、灰绿色、褐红色粉砂质泥岩与泥质粉砂岩互层,夹薄层灰绿色泥岩,底部为灰色厚层砂砾岩	钻遇古近系顶部灰绿色粉砂质泥岩
石炭-二叠系	421	791	上部以灰色、深灰色泥岩,粉砂质泥岩为主;下部以浅灰色、灰白色、黄绿色粗砂岩,砂砾岩为主	钻遇二叠系顶部深灰色泥岩层
奥陶系	919	1 710	灰色、深灰色厚层泥质灰岩、灰岩	钻遇奥陶系顶部深灰色泥质灰岩,未钻穿

表 4 - 2　研究区各勘探井的特征一览表

勘探井编号	ZK01	ZK02	ZK03	ZK04
钻孔深度/m	617	995	1 710	1 708
古近系底深/m	375	389	370	335
石炭系底深/m	—	789	791	1 010

勘探井编号	ZK01	ZK02	ZK03	ZK04
井底温度/℃	—	43.50	64.51	63.23
热储层取水段/m	—	548.72~909.20	1 463~1 710	1 450~1 708
热储层厚度/m	—	360.48	247	258
出水温度/℃	42	40	60.5	52
自流量(降压试验最大出水量)/(m³/d)	15 000	4 800	1 200(2 746)	3 780

8. 小结

通过本次地热资源勘查及实钻验证，证明了银川盆地东缘具备形成带状热储地热资源的条件，地热资源的分布明显受区域性深大断裂-黄河断裂控制，由深大断裂沟通深部热源，大气降水沿基岩裂隙、控热断裂下渗，在早古生代寒武-奥陶系灰岩、白云岩地层中深循环加热，在区域水头压力作用下上升至浅部，进而在构造裂隙中储存形成了地热流体，构成了强富水、高水温的热储。

研究区地热井的成功勘探是银川市滨河新区地热勘查工作的一项重大突破，在原本被否定的地区打出地热水，水量之大已超出宁夏以往地热井，这不仅推动周边区域旅游业的发展，还为当地居民冬季集中供暖提供更多的选择，促使滨河新区能源结构发生重大转变。

4.4.2　河南省商丘地区深部地热资源勘查

1. 地质概况

河南省商丘地区位于中朝准地台（Ⅰ级）内，属于华北断坳（Ⅱ级）中的通许凸起（Ⅲ级）东部，被 NWW 向、EW 向和 NNE 向断裂切割，通许凸起自西向东划分为砖楼凹陷、鄢陵凸起、太康凸起、邢口凹陷及商丘凸起 5 个Ⅳ级构造单元。区域上华北南部地区属于冷-热盆地过渡区，具有正常的区域背景热流。研究区南部凸起区基岩埋深小于 1 200 m，新生界在北部凹陷区下沉，总厚度一般为 1 000~3 000 m。

2. 地层电性特征

研究区属华北地层区华北平原分区豫东小区,地表为新生界沉积物所覆盖,无基岩出露,区内自下而上发育的地层有太古宇,古生界寒武-奥陶系、石炭-二叠系,中生界侏罗-白垩系,新生界古近系、新近系和第四系,各地层主要岩性及电阻率见表 4-3。

表 4-3　研究区地层电性特征统计表

界	系	代号	岩　　　性	电阻率/(Ω·m)
新生界(Cz)	第四系	Q	松散沉积物	10~60
	新近系	N	细砂、粉砂、黏土、砂质黏土	3~12
	古近系	E	泥质砂岩、砂岩、泥岩、砂质泥岩	
中生界(Mz)	侏罗-白垩系	J-K	中粗粒石英砂岩、细砂岩、粉砂岩、泥岩	60~120
古生界(Pz)	石炭-二叠系	C-P	石英砂岩、砂质泥岩、泥岩,夹有煤线	20~90
	寒武-奥陶系	Є-O	灰岩、白云质灰岩、泥晶灰岩、白云岩、泥质白云岩及页岩	150~1 500
太古宇(Ar)		Ar	黑云斜长片麻岩、角闪透辉二长片麻岩、混合岩化黑云斜长(片麻)岩	750~1 500

3. MT 及 CSAMT 工作情况

研究区大地电磁测点分布如图 4-28 所示。从西到东共布置了 4 条大地电磁测深剖面,共包括 97 个大地电磁测深点,点距约为 1 km,其中 M02 剖面呈近 EW 向展布,其余三条剖面基本垂直于焦作-商丘断裂布设。野外数据采集工作于 2017 年 8 月—2017 年 9 月完成,采集仪器使用 2 套加拿大 Phoenix 公司生产的 MTU-5A 型大地电磁仪,采集时间均在 3 h 以上(胥博文等,2019)。

同时测区内布置了一条可控源音频大地电磁测深剖面 KL1,KL1 剖面方向为 35°,剖面布置 81 个可控源音频大地电磁测深点,测点点距为 50 m,测线总长为 4.0 km。

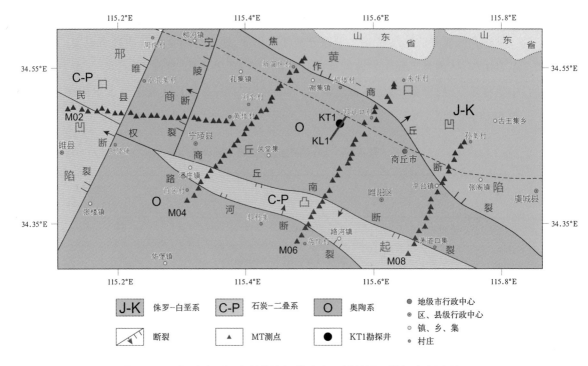

图 4-28   河南商丘深部地热资源勘查实际材料图及勘探孔布置图

4. 电性解释

研究区共布设了 4 条大地电磁测深剖面（M02、M04、M06、M08）和 1 条可控源音频大地电磁测深剖面（KL1），经处理后得到各条剖面的一维连续介质反演等值线剖面图、二维连续介质反演等值线剖面图和地质解释成果图。

图 4-29 为大地电磁测深 M08 剖面综合解释成果图，其中该剖面的二维连续介质反演等值线剖面图中视电阻率最小值约为 5 Ω·m，最大值可达 600 Ω·m。整个剖面从地表向下呈现出低-中-高三层结构。从地表向下至 600 m 左右为第一电性层，视电阻率总体在 30 Ω·m 以下；第二电性层整体表现为中阻，视电阻率在 30～200 Ω·m 之间；第三电性层整体表现为高阻，视电阻率大于 200 Ω·m。

KL1 剖面二维连续介质反演等值线剖面图中的视电阻率最小值约为 1 Ω·m，最大值可达 100 Ω·m。整个剖面以 54 号点为界，1～54 号点从地表向下呈现出低-中高-高三层结构（图 4-30）。从地表向下至 800 m 左右为第一电性层，视电阻率总体在 200 Ω·m 以下；第二电性层整体表现为中高阻，视电阻率在 200～1 000 Ω·m 之

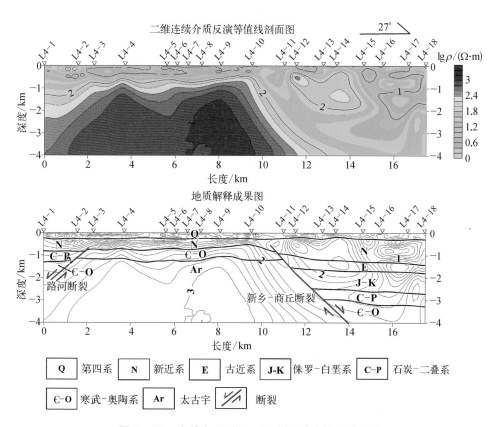

图 4 - 29　大地电磁测深 M08 剖面综合解释成果图

间,电性层呈现出向小号点方向倾斜的特征;第三电性层整体表现为高阻,视电阻率大于 1 000 Ω · m。54 ~ 81 号点从地表向下呈现出低-中两层结构,从地表向下至 1 600 m 左右为第一电性层,电性层呈现出向大号点方向倾斜的特征;第二电性层低阻条带较宽,向大号点方向倾斜,一直延伸到剖面边缘。

5. 地质解释

依据 5 条剖面二维反演成果图的电性特征,结合研究区周边地质资料,推测研究区地层特征如下。

(1)新乡-商丘断裂以南地层解释成果

第一电性层主要反映为新生界,岩性主要为砂岩、泥岩、砂土等。

第二电性层主要反映为寒武-奥陶系,岩性以灰岩、灰质白云岩为主。

第三电性层主要反映为太古宇,岩性以片麻岩为主。

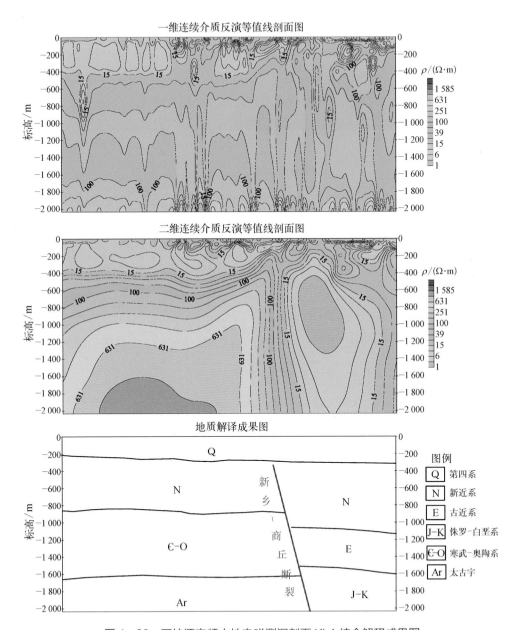

图 4-30　可控源音频大地电磁测深剖面 KL1 综合解释成果图

（2）新乡-商丘断裂以北地层解释成果

第一电性层主要反映为第四系（Q），岩性主要为粉砂、黏土。

第二电性层主要反映为古近-新近系（E－N），岩性主要以粉砂岩、粉砂质泥岩、泥岩为主。

第三电性层主要反映为侏罗-白垩系，岩性以细砂岩、粉砂岩、泥岩为主。

6. 地热条件分析及勘探方向

商丘凸起早古生代经历了两次沉降和两次抬升活动，沉降时期形成了以碳酸盐岩为主的地层，抬升时期则使碳酸盐岩地层发生强烈剥蚀。中石炭至早二叠世，海水自北向南侵入，区域发育了一套海陆交互相含煤岩系。三叠纪末至古近纪，商丘凸起一直处于大面积隆升状态，上古生界已剥蚀殆尽，下古生界亦遭严重剥蚀（孙自明，1996）。研究区域奥陶系潜山在被新近系覆盖前经历了长期风化淋蚀作用，历时长达 410 Ma，一般来说沉积间断持续的时间越长，遭受风化淋蚀越强，碳酸盐岩层孔、缝、洞也就越发育。因此，研究区域新乡-商丘断裂以南寒武-奥陶系具备形成良好热储层的潜力（陈墨香，1988）。

7. 钻孔布置

研究区位于通许凸起东部，地热资源类型属沉积盆地型地热资源，地表无地热显示。地球内的热能通过传导方式传递到地表，恒温带以下温度随深度的增加而升高，地温梯度一般在 3.0 ℃/100 m 左右。研究区大地热流值在 55.0~60.0 mW/m² 之间，低于通许凸起大地热流平均值（61.8 mW/m²）。

研究区热储层盖层主要为第四系和新近系，黏性土厚度大、分布稳定、热阻率高，具有较强的隔热性能，为良好的保温盖层。研究区层状热储主要以新近系孔隙型热储层和古生界寒武-奥陶系孔洞溶蚀裂隙型热储层为主，本次地热资源勘探热储层主要为寒武-奥陶系。热储岩性以灰岩、白云质灰岩、白云岩为主，厚度一般小于 800 m。奥陶系沉积后地壳上升，长期遭受剥蚀，至中生代及新生代古近纪时，凸起区内又一次上升遭受剥蚀，两次剥蚀均使碳酸盐岩裸露区受到强烈剥蚀，岩溶、裂隙较为发育，从而形成良好的热储层。

综合分析认为，研究区寒武-奥陶系热储层具备形成地热资源的潜力。因此在可控源音频大地电磁测深剖面中部布置 KT1 地热勘探井（图 4－31），KT1 地热勘探井预测钻遇的地层有第四系（Q）、新近系（N）和寒武-奥陶系（C－O），见表 4－4。

预测 KT1 地热勘探井井口的地热流体温度为 50 ℃ 左右，出水量大于 1 000 m³/d。

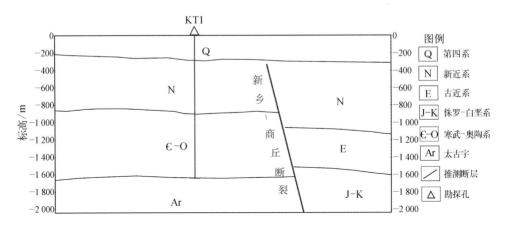

图 4-31　商丘 CSAMT 解释剖面定井位置

表 4-4　KT1 地热勘探井钻遇的地层及深度预测表

钻遇的地层	最小底板埋深/m	最大底板埋深/m	平均底板埋深/m	平均厚度/m
Q	190	210	200	200
N	800	1 000	900	700
Є-O	1 400	1 600	1 500	600

8. 钻孔验证情况

KT1 地热勘探井揭露寒武-奥陶系顶界埋深为 901 m,底界埋深为 1 482 m,寒武-奥陶系厚度为 581 m,热储介质主要为灰岩、泥质灰岩,岩层中溶蚀孔洞、裂隙较为发育。降压试验显示,KT1 地热勘探井出水温度为 51.5 ℃,最大降深为 119.2 m,出水量为 1 494.96 m³/d,属温热水,地热流体化学类型为 SO_4-Na·Mg 型(闫晋龙等,2020)。

9. 小结

该项目采用综合物探、地热钻探等技术方法,在商丘地区新发现具有开发价值的寒武-奥陶系热储层,并首次探获成功,为该地区地热资源勘查、开发利用规划及地热规模化开发提供了有力的技术支持。KT1 地热勘探井勘探结果表明,从上到下钻遇的地层依次为第四系、新近系、寒武-奥陶系和太古宇,钻探结果与物探预测较为一致。大地电磁测深法(MT)和可控源音频大地电磁测深法(CSAMT)对于查明沉积盆地型热储地层及隐伏断裂分布状况等方面有较好的勘查效果,证实了两种物探方法在地热资源勘查中具有一定的可靠性和准确性。

4.4.3　河南省郑州航空港区广域电磁法地热资源勘查

1. 地质概况

研究区地处Ⅰ级构造单元华北地台、Ⅱ级构造单元华北断拗、Ⅲ级构造单元太康隆起、Ⅳ级构造单元砖楼凹陷与鄢陵凸起结合部位。砖楼凹陷划分为 3 个次级构造单元,分别为北部斜坡带、中部鼻状构造带和薛店-尉氏南次凹带。砖楼凹陷主要发育新生界第四系、新近系,中生界三叠系,上古生界石炭-二叠系及下古生界寒武-奥陶系。鄢陵凸起北以新郑-太康断裂为界,与薛店-尉氏南次凹带相邻。该构造带整体位于 NWW 向边界正断层新郑-太康断裂南部,面积约为 517 km²。该区经历长期的剥蚀,仅下古生界保存齐全。

研究区发育的断裂主要有新郑-太康断裂、大隗镇断裂、郭店断裂、张庄断裂、孟庄断裂和李粮店断裂等。研究区内断裂以 NWW 向为主,其次为近 EW 向、NNE 向断裂。

2. 地层电性特征

资料表明,研究区内的发育地层由新至老依次为第四系、新近系、三叠系、石炭-二叠系、寒武-奥陶系、元古界嵩山群等,各地层主要岩性及电阻率见表 4-5。

表 4-5　地层电性特征统计表

界	系	代号	岩　性	电阻率/(Ω·m)	电阻率平均值/(Ω·m)
新生界 (Cz)	第四系	Q	粉质黏土、细中砂、泥岩、砂岩、砾岩	10~60	17.5
	新近系	N	细砂岩、粉砂岩、泥岩	10~30	7.0
中生界 (Mz)	三叠系	T	粉砂岩、砂岩、页岩	60~120	22.2
古生界 (Pz)	石炭- 二叠系	C-P	泥岩、泥质粉砂岩	80~200	22.7
	奥陶系	O	灰岩、白云质灰岩、白云岩	120~470	209
	寒武系	Є	灰岩、白云岩、页岩	33.2~112.5	69.5
元古界 (Pt)	嵩山群	Pt₂₋₃	变质岩	150~1 162	517

3. 广域电磁法工作情况

研究区共布置四条广域电磁测深剖面(L1~L4)，点距为 50 m，测线全长 20.6 km，广域电磁测深点合计 415 个(图 4-32)。野外布置采用 $E-E_x$ 观测模式，供电方式为

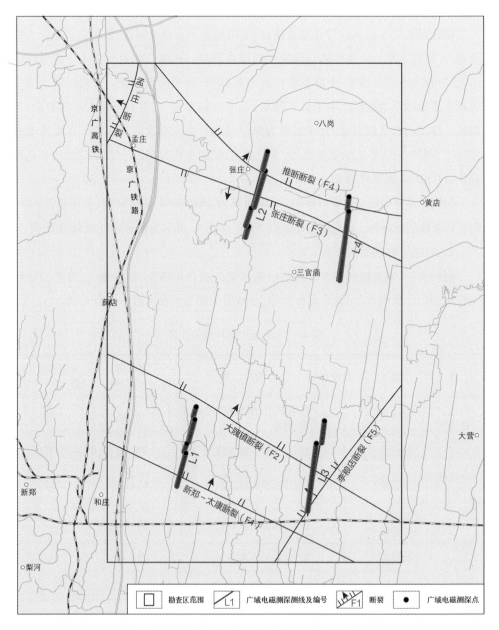

图 4-32 航空港区广域电磁法实际材料图

偶极供电,测量水平电场分量 E_x。分别在各测线中垂线方向布设场源,测量范围控制在中垂线两侧 25°范围内,以满足 E-E_x 方法的观测范围要求。

经过对广域电磁法数据进行常规处理,如飞点剔除、静校正、相关滤波等预处理之后,再对广域电磁法数据进行定性分析,然后经过一维反演、二维反演,得到可靠的电性结构模型,最后进行综合地质解释。

4. 电性解释

（1）定性分析

对经过预处理的数据进行定性分析,主要是利用广域视电阻率曲线图和等频率广域视电阻率曲线图等资料做进一步分析。以剖面 L4 为例,该剖面所有测点的"频率-视电阻率"曲线如图 4-33 所示,从图中可以看出,曲线类型以 HA 型为主,在 0~2 450 点和 3 400~4 950 点之间,曲线形态基本一致,1 Hz 以下低频段的视电阻率呈明显上升趋势,说明基底为高阻特征。在 2 500~3 350 点之间的曲线形态发生变化,尤其是中频段的视电阻率变化明显,初步推断该异常变化为断裂所致。

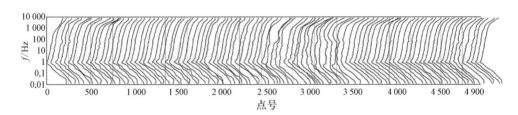

图 4-33　剖面 L4 频率-视电阻率曲线

（2）电性结构模型分析

图 4-34 为航空港区广域电磁测深剖面（L1~L4）的二维反演电性结构模型图,从图中可以看出,各剖面电性特征具有较强的一致性,呈明显的纵向分层、横向分块特征。整体而言,浅部呈低阻特征,随着深度的增加电阻率逐渐增大,这与上述岩石物性特征具有较强的一致性。因此,各剖面电性结构模型纵向上由浅至深可分为三层：第一电性层为浅部低阻层,底界埋深一般在 700~1 000 m 之间,电阻率一般小于 10 Ω·m,呈南薄北厚趋势,推断为新生界;第二电性层为中部中阻层,电阻率一般小于 100 Ω·m,底界埋深一般在 2 000~2 500 m 之间,推断为中生界;第三电性层为高阻特征,电阻率一般大于 100 Ω·m,推断为古生界及以下地层,顶

界埋深一般超过2 000 m。各剖面在横向上均有明显的低阻异常带，尤其是在第三电性层，电阻率异常值明显低于周边围岩，可能为断裂构造活动使岩石松散、破碎所致。

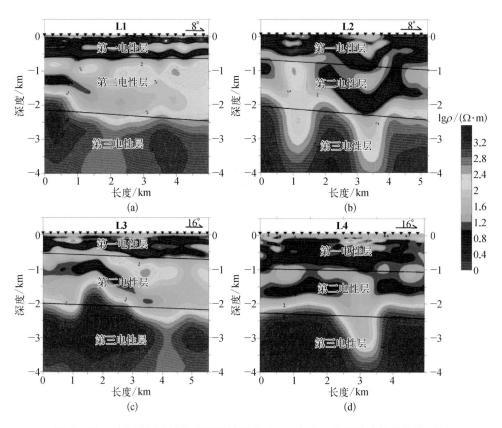

图4-34　航空港区广域电磁测深剖面（L1~L4）的二维反演电性结构模型图

5. 地质解释

（1）断裂构造解释

从图4-35所示的地质地球物理综合成果解释图可以看出，在L1剖面的2 000 m处（F1断裂），L2剖面的1 000 m、3 500 m处（F3、F4断裂），L3剖面的1 000 m、4 500 m处（F5、F2断裂），L4剖面的3 000 m处（F3断裂）附近均存在明显的低阻异常带，电阻率等值线呈明显下凹趋势。其中，L1剖面显示的低阻异常带F1的规模最大，其断裂带及两侧的电性层错动最大，说明其南侧基底埋深明显较北侧浅，推断其南部为凸起区，这与区域地质上显示的鄢陵凸起一致；L2剖面由南向北反映了两组低阻异常带,分别推断为 F3、F4 断裂,F4 断裂的低阻异常带规模、切割深度可能较 F3 断裂大,两者倾向相反,之间形成一个次级断凸;L3 剖面发育的两组低阻异常带分别推断为 F5 和 F2 断裂,使得地层呈阶梯式由南向北倾斜,埋深逐渐增大,可以看出,F2 断裂的低阻异常带与围岩的电阻率差异尤为明显,说明 F2 断裂的规模较 F5 断裂的规模大且倾角缓,导致岩石破碎程度高;L4 剖面存在一组明显的低阻异常带 F3,其与 L2 剖面的低阻异常带 F3 的形态和延伸程度相一致,推断两者为同一断裂,该断裂在 NWW 向具有延续性。

依据上述断裂构造分析,结合区域地质资料,综合判断认为(表 4 - 6):F1 断裂是走向为 NWW 向、倾向为 NNE 向、倾角为 70°左右的新郑-太康断裂,断距最大超过 1 000 m,其切割深度一直从新生界延伸至下古生界及以下地层,为鄢陵凸起与薛店-尉氏南次凹带的分界断裂;F2 断裂是走向为 NWW 向、倾向为 NNE 向、倾角为 45°~65°、上陡下缓、断距约 200 m 的大隗镇断裂,在新生界存在断点,切割深度可达下古生界;F3 断裂是走向为 NWW 向、倾向为 SSW 向、倾角为 65°左右的张庄断裂,断距为 200 m 左右,其向下延伸至下古生界;推断断裂 F4 走向为 NW 向,倾向为 NE 向,倾角较缓,为 50°左右,断距约为 200 m,其切割深度一直从新生界延伸至下古生界;F5 断裂是走向为 NNE 向、倾向为 NWW 向、倾角为 55°左右的李粮店断裂,断距约为 100 m,其岩石破碎程度较弱,断裂规模可能较小。

表 4 - 6　航空港区广域电磁测深法断裂综合解释

序号	断 裂 名 称	断裂性质	产　　　状			
			走向	倾向	倾角	断距
1	新郑-太康断裂(F1)	正断层	NWW	NNE	70°左右	≥1 000 m
2	大隗镇断裂(F2)	正断层	NWW	NNE	45°~65°	约 200 m
3	张庄断裂(F3)	正断层	NWW	SSW	65°左右	约 200 m
4	推断断裂(F4)	正断层	NW	NE	50°左右	约 200 m
5	李粮店断裂(F5)	正断层	NNE	NWW	55°左右	约 100 m

(2)地层划分

地层划分如图 4 - 35 所示,研究区内除中生界和上古生界外,其余各套地层的电

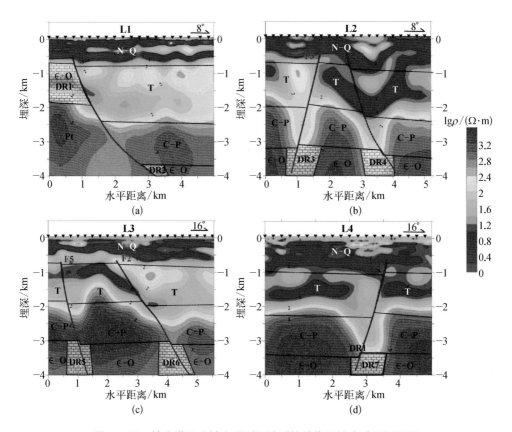

图 4-35　航空港区广域电磁测深地质地球物理综合成果解释图

阻率值在横向上均具有延续性(表 4-7)。① 新近系-第四系(N-Q)：第四系发育齐全，岩性以粉质黏土、细中砂、粉砂为主，新近系岩性以泥岩、粉砂岩、砂岩和砾岩为主，与第四系的电性界面不是十分明显，加之第四系厚度仅为百余米，因此较难将两者单独分层，因此以 N-Q 表示新近至第四系。其电阻率横向上均匀连续分布，与下伏地层存在明显的电性分界面，表现为明显的低阻特征，其值仅为 10 Ω·m 左右，地层底界埋深在 700~1 000 m 之间，地层起伏较为平缓，呈南浅北深态势。新郑-太康断裂以南区域最薄，厚度仅 700 m 左右；推断断裂 F4 以北区域埋深最大，可达近千米。② 三叠系(T)：该套地层岩性以粉砂岩、细砂岩为主，其次为夹泥岩、粉砂质泥岩，电阻率值一般小于 100 Ω·m，呈中低阻特征，局部地段呈串珠状分布有电阻率值仅为几欧姆米的低阻异常体，可能为岩石破碎充水所致。新郑-太康断裂南侧缺失三叠系沉积，其以北区域三叠系完整，底界埋深一般在 2 000~2 500 m 之间。③ 石炭-二叠系(C-P)：该套地层岩性主要为沉凝灰岩、细砂岩、粉砂岩、泥岩、炭质泥岩夹薄煤层，其中上石盒子组在本次工作中新发现有大段的灰黑色沉凝灰岩。其电阻率在水平方向上分布均匀且连续，纵向上逐渐增大，一般介于100~1 000 Ω·m之间，表现为中高阻特征。该套地层在新郑-太康断裂以北发育完整，石炭-二叠系底界埋深一般在3 000~3 500 m之间。④ 寒武-奥陶系(Є-O)：该套地层岩性以灰岩、白云质灰岩、白云岩为主，基底高阻特征明显，电阻率值一般大于1 000 Ω·m，电阻率纵向稳定，成层性较差，反映了早古生代地层。其中，L1剖面新郑-太康断裂以南区域(鄢陵凸起)的寒武-奥陶系顶界埋深最浅，新近系直接与寒武-奥陶系呈不整合接触关系，仅在700 m左右；其以北区域(砖楼凹陷)的寒武-奥陶系顶界埋深最大，一般大于3 000 m。

表 4-7 地层综合解释

地　层	岩　性	电性	底界埋深/m
新近系-第四系(N-Q)	粉质黏土、细中砂、粉砂、泥岩、粉砂岩、砂岩、砾岩	低阻	700~1 000
三叠系(T)	粉砂岩、细砂岩、夹泥岩、粉砂质泥岩	中低阻	2 000~2 500
石炭-二叠系(C-P)	沉凝灰岩、细砂岩、粉砂岩、泥岩、炭质泥岩夹薄煤层	中高阻	3 000~3 500
寒武-奥陶系(Є-O)	灰岩、白云质灰岩、白云岩	高阻	>4 000

6. 地热资源远景区划分

综合区域地热地质条件分析，根据广域电磁测深剖面推断的各套地层赋存状态、断裂产状和低阻异常带影响范围划分了7个寒武-奥陶系有利热储部位(图4-35)。L1剖面划分了DR1和DR2两个寒武-奥陶系有利热储部位。其中，DR1位于新郑-太康断裂以南的鄢陵凸起区域，寒武-奥陶系底界埋深在1 800 m左右，预估热储中心温度在51~52 ℃之间，较其他区域低，但是其受新郑-太康断裂影响，岩石破碎程度高，电阻率小，出水量可能最为丰富；DR2位于新郑-太康断裂以北的薛店-尉氏南次凹带内，虽然中心温度最高，在114~116 ℃之间，但是其上覆石炭-二叠-三叠纪地层最厚，寒武-奥陶系顶界埋深大约在3 800 m左右，离断裂带较远碳酸盐岩的裂隙发育程度可能较低，出水量存在一定风险，成井风险高。L2剖面划分了DR3和DR4两个寒武-

奥陶系有利热储部位。其中,DR3 位于张庄断裂周边低阻异常区,寒武-奥陶系顶界埋深在 3 200~3 400 m 之间,预估中心温度在 106~109 ℃之间;DR4 位于推断断裂 F4 周边低阻异常区,寒武-奥陶系顶界埋深在 3 300~3 500 m 之间,中心温度在 108~112 ℃之间。虽然影响 DR3 和 DR4 的断裂规模较大,但是其上覆地层较厚,压实作用较强,远离断裂的碳酸盐岩的岩溶裂隙发育可能较差,出水量不高,增加了成井风险。L3 剖面划分了 DR5 和 DR6 两个寒武-奥陶系有利热储部位。其中,DR5 位于李粮店断裂周边低阻异常区,预估中心温度在 105~107 ℃之间,寒武-奥陶系顶界埋深在 3 000 m 左右,上部地层对目的热储层压实作用较强,而且其断裂发育规模较小,岩溶裂隙发育程度也可能较其他热储部位低;DR6 位于大隗镇断裂周边低阻异常区,预估中心温度在 105~109 ℃之间,断裂规模较大,切割深度从新生界一直至下古生界,寒武-奥陶系顶界埋深在 3 000~3 200 m 之间,虽然岩溶裂隙发育程度可能较高,但是上部地层对热储层的压实作用也较强,存在较高成井风险。L4 剖面的 DR7 寒武-奥陶系有利热储部位位于张庄断裂周边低阻异常区,同 L2 剖面的 DR3 寒武-奥陶系有利热储部位相似,寒武-奥陶系顶界面埋深在 3 400~3 600 m 之间,预估中心温度在 112~117 ℃之间,说明沿张庄断裂分布的该套地层差异较小,同样存在较高的成井风险。

从整体成热条件考虑,同时为了降低成井风险与成本,认为位于鄢陵凸起的新郑-太康断裂以南的 DR1 热储部位成热条件最好,而位于砖楼凹陷内的 DR2、DR3、DR4、DR5、DR6 和 DR7 热储部位的寒武-奥陶系顶界面埋深均超过 3 000 m,上部地层对下部寒武-奥陶系的压实作用较强,岩溶裂隙发育程度可能较低,均存在较高成井风险。

7. 钻孔验证情况

后因项目需求,未在广域电磁测深预测的地热远景区进行钻探,但在 L2 剖面西侧约 5 km 处进行了钻孔施工,完钻井深为 3 005 m,完钻层位为二叠系下石盒子组,出水层位为三叠系刘家沟组砂岩和二叠系石千峰组砂岩。项目进行了三个落程的稳定流降压试验。三个落程持续时间分别为 48 h、15 h、12 h,稳定时间分别达到 29 h、12 h、10 h。根据降压试验结果,可知其最大出水量为 119.29 m³/h,井口稳定流温为 45 ℃,水温、水量满足设计要求,为一眼合格地热井。

这是郑州地区第一眼在二叠系、三叠系砂岩热储层中出水的地热井,水量之大超出预期,这为今后郑州地区寻找深部砂岩孔隙裂隙型层状热储提供了重要的借鉴意义。本次实钻地层埋深与广域电磁测深解释结果比较一致,验证了广域电磁法在深部地热资源勘查中的作用。

4.4.4　内蒙古赤峰某地可控源音频大地电磁测深法寻找地热失败案例

1. 地质概况

研究区位于华北地台北缘,天山-兴蒙地槽系的南侧,处在锦山-大庙断裂与八里罕-小城子断裂之间,距离八里罕-小城子断裂较近。研究区基岩大面积出露,第四系主要出露在河谷、沟谷区,地层主要有:(1)晚太古代变质岩,岩性以斜长片麻岩、斜长片岩、片麻岩为主,电阻率通常在 $n×10^2 \sim n×10^5$ Ω·m 之间。(2)第四系,主要为洪积、冲积层,岩性为粉土含砂砾卵石,呈灰褐色,结构较疏松,磨圆较差,分选较差,电阻率一般小于 100 Ω·m。此外,还有多期侵入岩出露,主要有中三叠纪黑云母二长花岗岩和中侏罗纪黑云母二长花岗岩(图 4-36),花岗岩类岩石电阻率较小,普遍大于 100 Ω·m。

2. CSAMT 工作情况

研究区内山体陡峭,山坡及山顶多为风化破碎岩石,植被覆盖极少,不利于接收电极信号,共布设了 3 条测线,其中测线 L1、L2 平行布置成 321°,测线 L3 布置成 71°(图 4-36),测点点距为 50 m,L1、L2 测点数均为 21 个,L3 测点数为 42 个,使用 GDP-32^{II} 多功能电磁法仪进行数据采集,经预处理、一维反演及二维反演后,得到研究区电阻率结构模型。

3. 电性解释

L3 线的二维反演结果如图 4-37 所示,该剖面的视电阻率最小值约为 100 Ω·m,最大值约为 1 200 000 Ω·m,整个剖面呈现的是低-高-低-高的四层结构。海拔 932~972 m 之间为第一层,视电阻率在 600~5 000 Ω·m 之间。海拔 572~932 m 之间为第二层,此层不稳定,局部呈透镜体状,视电阻率在 5 000~230 000 Ω·m 之间。海拔 272~572 m 之间为第三层,此层呈稳定的层状,视电阻率在 800~16 000 Ω·m 之间。海拔 272 m 以下为第四层,此层在 21 号点处变陡立,此层呈稳定的层状,视电阻率随深度稳定增加。

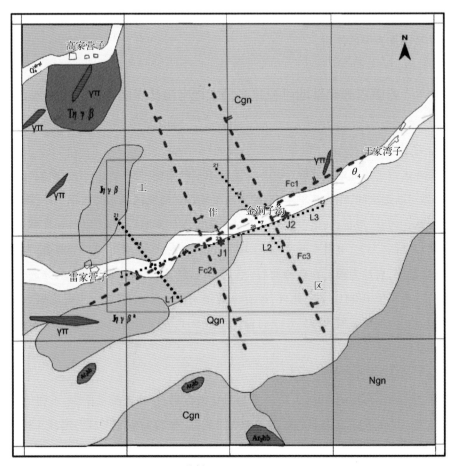

比例尺 1∶50 000

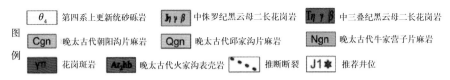

图 4-36　内蒙古赤峰某地实际材料图（黑色圆点为 CSAMT 测点）

4. 地热井井位推荐

　　由于研究区为山区地形,第四系仅少量出露于沟谷底部,其余大部分出露太古界变质岩及中生代花岗岩,因此研究区的热储类型为断裂构造型,寻找深部断裂构造是本区地热勘探的方向。研究区内有一定规模的花岗岩侵入体,可能作为与深部热源沟通的基础。

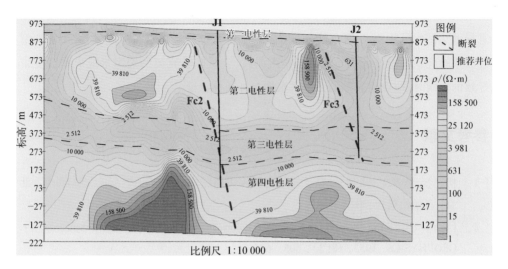

图 4-37　可控源音频大地电磁测深法 L3 线的二维反演结果

通过野外调查和物探工作,结合区域地质资料,推断研究区内 3 条断裂的展布特征(图 4-36、图 4-37),其中 Fc2、Fc3 断裂为张性断裂,富水有利位置为 Fc2、Fc3 构造破碎带。推荐两个井位分别为 J1 和 J2,其中 J1(在 600~700 m 深处有低阻区)在 L3 线 21 号点,靠近 Fc1 和 Fc2 断裂交会处,根据反演图断裂位置建议井深为 850 m。 J2(在 200~320 m 和 600~700 m 深处有两处低阻区)在 L3 线 35 号点西北 50 m 左右,靠近 Fc1 和 Fc3 断裂交会处,根据反演图断裂位置建议井深为 700 m。

5. 钻孔验证情况

后期在推荐井位 J2 处进行了实际钻探工作,完钻井深为 750 m。实际钻探显示,200~300 m 多为岩矿矿脉,该深度范围内的岩石有破碎情况,钻进时有较小的渗漏,漏失量为 1~2 m³/h,发育有 2 段三类裂隙,深度为 290.4~293.4 m 和 299.7~310.3 m。 600~700 m 为一段风化的微黄色花岗岩,岩屑呈明显的水垢及风化状,测井显示为低阻特征,但未有裂隙发育。实际钻探资料与可控源音频大地电磁测深法电性特征可以对应,但剖面推断的断裂未在钻探中揭露。

6. 小结

钻孔未出水的原因主要是研究区及周边金矿矿脉发育,且矿脉走向与北西向断裂一致,金矿矿脉是金矿热液沿北西向断裂上涌,冷却后形成,200~300 m 深的低阻异常由矿脉导致。虽然 600~700 m 之间确有低阻异常,但低阻异常为风化的花岗岩所致,不存在地热流体储集空间。本次地球物理勘探及钻探工作,说明在花岗岩地区进行地热钻井风险较大,开展物探工作能在一定程度上降低这种风险,但应用物探解释成果时应系统论证低阻异常是不是由泥质、金属矿脉充填的裂隙带或矿物蚀变带导致的。同时,应查明裂隙地下水富水性与补径排特征。

参考文献

[1] 柳建新,童孝忠,郭荣文,等.大地电磁测深法勘探——资料处理、反演与解释[M].北京:科学出版社,2012.

[2] Cagniard L. Basic theory of the magneto-telluric method of geophysical prospecting[J]. GEOPHYSICS, 1953, 18(3): 605－635.

[3] 石昆法.可控源音频大地电磁法理论与应用[M].北京:科学出版社,1999.

[4] 汤井田,何继善.可控源音频大地电磁法及其应用[M].长沙:中南大学出版社,2005.

[5] 底青云,王若.可控源音频大地电磁数据正反演及方法应用[M].北京:科学出版社,2008.

[6] 何继善.广域电磁测深法研究[J].中南大学学报(自然科学版),2010,41(3): 1065－1072.

[7] 何继善.广域电磁法和伪随机信号电法[M].北京:高等教育出版社,2010.

[8] 周文斌.广域电磁测深理论的有效性试验研究——以大杨树盆地为例[D].长沙:中南大学,2013.

[9] 鲍力知.广域电磁法的主要特点[J].贵州地质,2013,30(1): 9－13.

[10] 何继善.大深度高精度广域电磁勘探理论与技术[J].中国有色金属学报,2019, 29(9): 1809－1816.

[11] 肖宏跃,雷宛.地电学教程[M].北京:地质出版社,2008.

[12] 陈乐寿,刘任,王天生.大地电磁测深资料处理与解释[M].北京:石油工业出版社,1989.

[13] 陈乐寿,王光锷.大地电磁测深法[M].北京:地质出版社,1990.

[14] 湖南省质量技术监督局.广域电磁法技术规程:DB43/T 1460－2018[S],2018.

[15] 陈向斌,吕庆田,张昆.大地电磁测深反演方法现状与评述[J].地球物理学进展, 2011,26(5): 1607－1619.

[16] 汤井田,任政勇,周聪,等.浅部频率域电磁勘探方法综述[J].地球物理学报, 2015: 58(8) 2681－2705.

［17］徐世浙,刘斌.大地电磁一维连续介质反演的曲线对比法［J］.地球物理学报,
1995,38(5)：676-682.

［18］王家映,Oldenburg D,Levy S.大地电磁测深的拟地震解释法［J］.石油地球物理勘
探,1985,20(1)：66-79.

［19］Jupp D L B,Vozoff K. Stable iterative methods for the inversion of geophysical data［J］.
Geophysical Journal International, 1975,42(3)：957-976.

［20］Constable S C, Parker R L, Constable C G. Occam's inversion：A practical algorithm for
generating smooth models from electromagnetic sounding data ［J］. GEOPHYSICS,
1987,52(3)：289-300.

［21］Smith J T, Booker J R. Rapid inversion of two-and three-dimensional magnetotelluric data
［J］. Journal of Geophysical Research：Solid Earth, 1991,96(B3)：3905-3922.

［22］Hestenes M R, Stiefel E. Methods of conjugate gradients for solving linear systems［J］.
Journal of Research of the National Bureau of Standards, 1952,49(6)：409-436.

［23］Rodi W, Mackie R L. Nonlinear conjugate gradients algorithm for 2-D magnetotelluric
inversion［J］. GEOPHYSICS, 2001,66(1)：174-187.

［24］Zhdanov M S, Fang S. Quasi-linear approximation in 3-D electromagnetic modeling［J］.
GEOPHYSICS, 1996,61(3)：646-665.

［25］林佳富.广域电磁法在青海地区应用效果研究［D］.长春：吉林大学,2019.

［26］黄兴富,施炜,李恒强,等.银川盆地新生代构造演化：来自银川盆地主边界断裂运动
学的约束［J］.地学前缘,2013,20(4)：199-210.

［27］朱怀亮,胥博文,刘志龙,等.大地电磁测深法在银川盆地地热资源调查评价中的应用
［J］.物探与化探,2019,43(4)：718-725.

［28］方盛明,赵成彬,柴炽章,等.银川断陷盆地地壳结构与构造的地震学证据［J］.地球物
理学报,2009,52(7)：1768-1775.

［29］朱怀亮,刘志龙,曹学刚,等.银川盆地东缘地热资源勘探远景评价——基于大地电磁
测深和钻探探测［J］.地质与勘探,2020,56(6)：1287-1295.

［30］Swift C M. A magnetotelluric investigation of an electrical conductivity anomaly in the
southwestern United States［M］. Cambridge：Massachusetts Institute of Technology, 1967.

［31］Bahr K. Geological noise in magnetotelluric data：A classification of distortion types［J］.
Physics of the Earth and Planetary Interiors, 1991, 66(1/2)：24-38.

［32］Groom R W, Bailey R C. Decomposition of magnetotelluric impedance tensors in the
presence of local three-dimensional galvanic distortion ［J］. Journal of Geophysical

Research：Solid Earth，1989，94(B2)：1913‒1925.

［33］ 雷启云，柴炽章，郑文俊，等.钻探揭示的黄河断裂北段活动性和滑动速率［J］.地震地质，2014，36(2)：464‒477.

［34］ 脊博文，朱怀亮，石峰，等.太康隆起东段地热资源远景区调查评价与研究［J］.物探化探计算技术，2019，41(4)：476‒484.

［35］ 孙自明.太康隆起构造演化史与勘探远景［J］.石油勘探与开发，1996，23(5)：6‒10.

［36］ 陈墨香.华北地热［M］.北京：科学出版社，1988.

［37］ 闫晋龙，孙健，王少辉，等.河南通许凸起东部(睢县—商丘段)地热田热储特征及资源评价［J］.矿产勘查，2020，11(4)：804‒810.

第 5 章

地震勘探

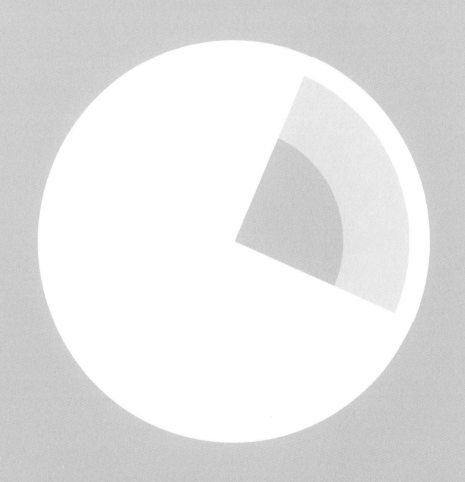

地震勘探(seismic exploration)是利用人工激发产生的地震波在弹性不同的地层内的传播规律来探测地下的地质情况,是地球物理勘探中最重要,解决地质勘探问题最直接、最有效的一种方法。由于地震勘探是一种利用地层岩石弹性参数差异而进行勘探的地球物理方法,所以该方法在油气、矿产、地热资源、工程地质勘探,以及地壳和上地幔深部结构探测中发挥着重要的作用。地震勘探具有探测深度大、分辨率高、探测结果准确可靠等特点,具有其他地球物理勘探方法所不可替代的优势。图5-1为地震勘探示意图。

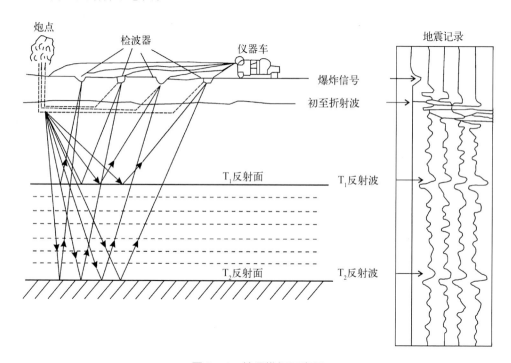

图5-1 地震勘探示意图

5.1 地震勘探的理论基础

"地震"就是"地动"的意思。天然地震(earthquake)是地球内部发生运动而引起地壳的震动。地震勘探则是利用人工的方法引起地壳振动(如炸药爆炸、可控震源振动),再用地震采集仪器按一定的观测方式记录爆炸后地面上各接收点的振动信息,经数据处理、解释后即可反演出地下地质结构,达到地质勘查的目的(李录明等,2007)。

5.1.1　地震波的基本概念

1. 理想弹性介质、黏弹性介质和塑性介质

地震勘探是研究由人工激发的弹性波动在岩石中传播规律的一门学科。弹性波的传播取决于岩石的弹性性质，这里我们从固体弹性理论的基本概念出发，把这些概念引申并应用到地震勘探范畴中，着重从地震勘探角度描述这些基本概念。

（1）理想弹性介质：当介质受外力作用后发生体积和形状的变化，而外力消失后，由于阻止其体积和形状变化的内力起作用，介质又恢复到原来的形态，具有这种特性的介质称为理想弹性介质，亦称为完全弹性体，如弹簧、橡皮等。

（2）塑性介质：当介质受外力作用后，不能完全恢复原状，还保持其受外力作用时塑性形变的介质称为塑性介质，亦称为理想塑性体，如橡皮泥等。

（3）黏弹性介质：当介质受外力作用后不是立即发生形变，而是在一定时间内发生形变，外力消失后介质通过一段时间才能恢复原状，我们称这种既有弹性，又有塑性的性质为黏弹性，称具有这种特性的介质为黏弹性介质。

弹性理论研究表明，在外力作用下整体表现为弹性或塑性主要取决于介质本身的物理性质、作用力的大小和特点（延续时间的长短、变化的快慢等），以及所处的外界环境（温度、压力等）。在外力作用强烈、作用时间较长的条件下，大部分介质都表现为塑性性质；反之，在外力作用较小、作用时间较短的条件下，大部分介质都表现为弹性性质。

震源附近的岩石由于受到震源作用（例如爆炸）时，震源产生的强大压力大大超过岩石的极限强度，当外力消失后，岩石不能恢复其原状，因遭到破坏而形成一个破坏圈，炸成空洞（图5-2）；随着与震源的距离的增大，压力减小，但仍超过岩石的弹性限度，岩石虽不发生破碎，但发生塑性形变，形成一些辐射状或环状裂隙；在塑性带以外，随着与震源距

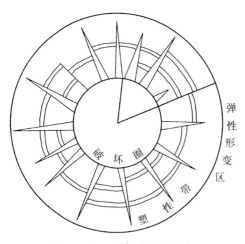

图5-2　爆炸产生的3个带
（陆基孟，1993）

离的进一步增大,压力减小到岩石弹性限度以内,又因为震源作用时间较短(小于 100 ms),塑性带外围的岩石发生弹性形变。地震波实质上就是一种在岩石中传播的弹性波。

2. 振动和波动

振动在介质中的传播过程就是波。振动是波动的震源。所谓波动,是指弹性体内由相邻质点间的应力变化而产生的质点的相对位移,当存在应力梯度时,便产生波动(熊章强等,2002)。介质中有无数个点,在波的传播过程中每个点都会或早或晚地受到牵动而振动起来。振动与波动的关系实质上是部分和整体的关系。

地震勘探中,当震源在地表层激发后,地表层介质中的质点通过介质质点的相互作用,引起邻近质点的振动,邻近质点的振动又会引起下一个邻近质点的振动,能量如此传播下去就形成了波动,这就是地震机械波动的物理机制(何樵登等,1991)。

3. 波前、波后和波面

当地震波从震源起点 O 出发,在介质中由近及远传播,地震波在介质中传播将介质划分为三个球形层,如图 5-3 所示。把 t 时刻介质中刚开始振动的点连接起来成一曲面,该曲面称为 t 时刻的波前;而把在同一时刻刚停止振动的点连接成的曲面称为波后。其中波前和波后之间正在振动的部位为波动带,简称波带。

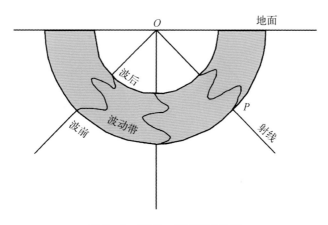

图 5-3　波前、波后和波动带

在波的传播过程中,波前将不断推进而扫过介质的全部,因此波前在整个介质中都留有"遗迹"。介质中每一个这样的曲面都称为波面或等相面。由此可见,波面是波前的"遗迹",波面是同向的、等时的和静止的(陆基孟等,2009)。

5.1.2　地震波的传播规律

地震勘探涉及的地震波传播的基本规律包括斯内尔(Snell)定律、惠更斯(Huygens)原理和费马(Fermat)原理等。

1. 斯内尔(Snell)定律

反射和透射是波动在介质分界面上的一种现象，无论是光波、声波或地震波，在分界面上发生反射、透射，都是波动的共性。著名的斯内尔(Snell)定律反映的就是弹性分界面上入射波、反射波和透射波的关系。

如图 5-4 所示，假设弹性界面 R 将弹性空间分为上、下两部分 W_1 和 W_2，界面 R 上的入射速度为 v_1，密度为 ρ_1，界面 R 下的速度为 v_2，密度为 ρ_2。平面波波前 AB 以入射角 α 投射到界面 R 上，当地震波波前上的 A 点到达界面 R 上的 A' 点时，此时平面波波前为 $A'B'$。由惠更斯原理可知，A' 点可看作一个新震源点，在 W_1 介质中以速度 v_1 向上反射传播，在 W_2 介质中以速度 v_2 向下透射传播。再经 Δt 时间，B' 点传播到界面 R 上的 Q 点，又产生一个二次新震源点。这时 A' 点在 W_1 介质中新产生的二次元波前面已到 S 面，A' 点到 S 面的半径为 $v_1\Delta t$，在 W_1 介质中的二次扰动元波前面到 T 面，半径为 $v_2\Delta t$。

从图 5-4 可以看出，在 W_1 介质中产生的新波前面 QS，它同入射波波前 $A'B'$ 在同

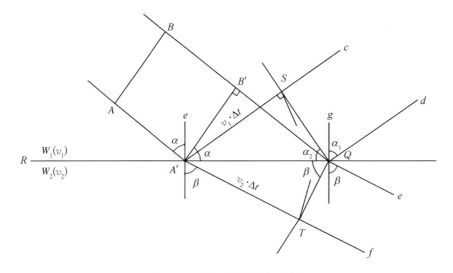

图 5-4　平面波的反射和透射

一介质内,称为反射波。反射波射线与界面法线的夹角 α_1 为反射角;在 W_2 介质中产生的新波前面 QT,称为透射波。透射波射线与界面法线的夹角 β 为透射角。从图 $5-4$ 中的三角关系可得

$$\frac{\sin\alpha}{v_1} = \frac{\sin\alpha_1}{v_1} = \frac{\sin\beta}{v_2} = P \tag{5-1}$$

上述公式称为斯内尔(Snell)定律,也称为反射-透射定律,P 称为射线参数,它取决于波的入射角度。该式反映了在弹性分界面上入射波、反射波和透射波射线之间的角度关系。

2. 惠更斯(Huygens)原理

惠更斯(Huygens)原理是利用波前的概念来研究波的传播规律的。在波的传播过程中,介质中波前面上的相对独立的、新的波源,称为子波源;每个子波源都向各个方向发出新的波,称为子波。子波就是从前一个波前面位置移到下一个波前面位置。

根据惠更斯原理,可以利用作图的方法由已知波前求出下一时刻的波前。如图 $5-5$ 所示,S_1 代表时刻 t_1 的波前。要确定下一时刻 $t_2(t_2=t_1+\Delta t)$ 的新波前,可以把 S_1 上所有的点都看成子波源。过了一段时间 Δt,这些子波的"子波前"应是半径为 $v\Delta t$ 的球面。用一个曲面 S_2 将这些小球面上离曲面 S_1 最远的各点连接起来,就得到时刻 $t_2(t_2=t_1+\Delta t)$ 相对应的新波前。图 $5-6$ 为惠更斯原理对平面波和球面波的应用。

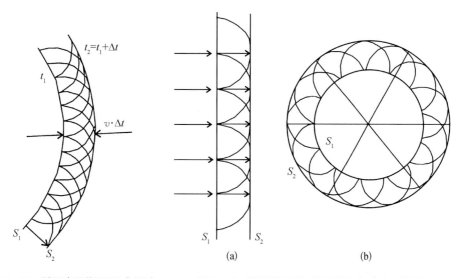

图 $5-5$　利用惠更斯原理求新波前（董敏煜，2000）

图 $5-6$　惠更斯原理对平面波（a）和球面波（b）的应用（董敏煜，2000）

3. 费马(Fermat)原理

费马(Fermat)原理是指波在介质传播过程中,假设经过的介质可能是均匀的、有分界面的或是完全不均匀的。如图5-7所示,波从一点 P 传到另一点 Q,实线代表波传播的实际路径,而虚线代表假想路径。上述说法可以理解为波沿实际路径传播时所用的时间,比沿假想路径传播时所用的时间要"短"。

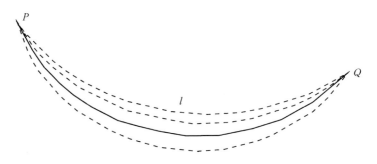

图5-7　费马原理示意图（陆基孟等，2009）

5.1.3　地震波的类型

1. 纵波和横波

在波的传播过程中,按质点振动的方向来区分,可分为纵波和横波。如果介质中质点的振动方向与地震波的传播方向相同,则称为纵波(又称为 P 波);如果介质中质点的振动方向与地震波的传播方向垂直,则称为横波(又称为 S 波)。图5-8为两种波的质点振动方向与地震波的传播方向示意图。炸药爆炸或可控震源振动主要是以猛烈的膨胀作用为主,因此主要造成岩石的膨胀和压缩,通常同一次爆炸或振动产生的纵波比横波强烈得多。纵波勘探是地震勘探中的一种重要方法,但横波勘探的分辨率高,具有更重要的意义。

2. 体波和面波

根据波在介质中所能传播的空间范围来区分,地震波可分为体波和面波。地震波可在介质的整个立体空间中传播,称为体波;只在岩石和空气接触的分界面(称为自由表面)或不同弹性介质分界面附近传播的波,其强度随着离开界面的距离增大而迅速衰减,这种类型的波称为面波。影响地震勘探最主要的面波被称

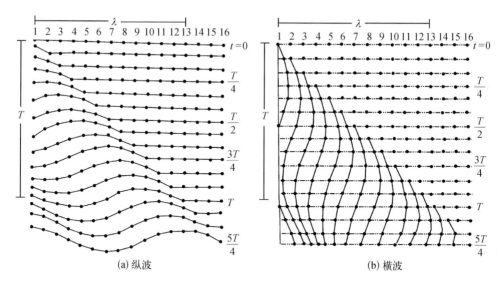

图 5-8　纵、横波传播示意图（董敏煜，2000）

为"地滚波"，这种波近似地按柱面在地表向四周扩展，可在相当大的距离内仍保持强的振幅，是地震勘探中最强的干扰波，在数据处理过程中多数情况可通过频率滤波法将其削减。

3. 入射波、直达波、反射波、透射波和折射波

按照地震波在传播过程中传播路径的特点来区分，可分为入射波、直达波、透射波、滑行波、反射波、折射波、转换波等。

入射波是指由震源激发向外传播，进入地面的一种地震波，其中没有遇到分界面而直接到达接收点的波称为直达波。由图 5-9 可知，当入射角正好等于临界角（$\theta = \arcsin v_1/v_2$，且 $v_2 > v_1$）时，透射波就会变成沿界面以速度 v_2 传播的滑行波。由于两种介质是互相密接的，滑行波在传播过程中也会反过来影响第一种介质，并在第一种介质中激发新的波。这种由滑行波引起的波在地震勘探中称为折射波。

一般来说，当地震波入射到反射界面时，既产生反射纵波和反射横波，又产生透射纵波和透射横波。与入射波类型相同的反射波或透射波称为同类；改变了类型的反射波或透射波称为转换波。当入射角不大时，转换波的强度很小，垂直入射时，不产生转换波，并且反射波振幅 $A_反$ 与入射波振幅 $A_入$ 和分界面两边介质的波阻抗（指介质密度与波速的乘积）有如下关系：

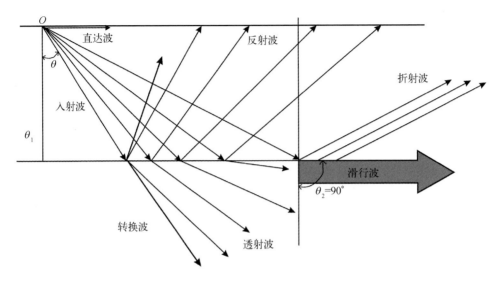

图 5-9　与地震勘探有关的几种波（陆基孟，1993）

$$A_{反} = \frac{\rho_2 v_2 - \rho_1 v_1}{\rho_2 v_2 + \rho_1 v_1} A_{入} \qquad (5-2)$$

式中，ρ_1、v_1分别为波在介质 1 中的密度和波速；ρ_2、v_2分别为波在介质 2 中的密度和波速。比值 $A_{反}/A_{入}$ 称为波从介质 1 入射到分界面时界面的反射系数，计作 R，即

$$R = \frac{\rho_2 v_2 - \rho_1 v_1}{\rho_2 v_2 + \rho_1 v_1} \qquad (5-3)$$

式(5-3)表明，波阻抗界面才是反射界面，速度界面不一定是反射界面。反射波的形成条件是只有当分界面两边介质的波阻抗不相等时，才能产生反射波，这是界面形成反射波必要的物理条件。

4. 有效波、干扰波和特殊波

按照各种波在地震勘探中所处的地位来划分，地震波可分为有效波、干扰波和特殊波等。目前在地震勘探中最常用的方法为反射波法，其中反射纵波可称为有效波。相对于这种有效波而言，妨碍我们记录有效波的其他波都称为干扰波，如面波、多次反射波等。在地震勘探中如何压制各种干扰，清晰记录有效波是极为重要的。此外，由于地下地质现象引起的振动，在水平叠加剖面上会出现绕射波、断面波、回转波等。它们既有可利用的一面,又有干涉有效波的一面,习惯上称之为特殊波。

5.1.4　地震勘探的分辨率

1. 分辨率的概念

在地震勘探中,影响地震记录分辨能力的因素有很多,例如子波延续时间、大地滤波因子、记录仪器等。地震记录所反映的各种地质构造的清晰度取决于通过地震资料分辨各种地质体和地层的能力,它包括垂向分辨率和横向分辨率。垂向分辨率是指地震记录或地震剖面上能分辨的最小岩层厚度;横向分辨率是指在地震记录或水平叠加剖面上能分辨的相邻地质体(如断层点、尖灭点)的最小宽度。

2. 影响分辨率的主要因素

(1) 子波的频率成分

在信号分析领域中把具有确定的起始时间和有限能量的信号称为子波。在地震勘探领域中子波通常指的是由 1~2 个周期组成的地震脉冲。由于大地滤波器的作用,尖脉冲变成了频率较低、具有一定延续时间的波形,称为地震子波 $b(t)$(图5-10)。例如,对于垂向分辨率,地层厚度 $\Delta h \geqslant \lambda/4$,可分辨;用菲涅耳带半径表示的横向分辨率 $R = \dfrac{v_{av}}{2}\sqrt{\dfrac{t_0}{f_m}}$,小于这个范围的波长叠加,不能分辨。从上述公式可以看出,子波的波长 λ 越大,分辨率越高。

图 5-10　地震子波的形成

(2) 岩石的吸收作用

地震波在地下介质中传播时,可以将其视为弹性波。实际上,地震波随传播距离或传播时间的增大,其视频率逐渐降低,也就是说,地震波的高频成分比低频成分有较大的损失。地震波在介质中传播时的能量损耗称为介质的吸收。

（3）地表层的影响

陆地上地震勘探分辨率或多或少都受地表层的影响,低速层的衰减要比深层严重得多,这是因为地表层速度很小,即使厚度不大,地震波在地表层中的衰减作用也不小。根据生产实践,表 5-1 列出了华北地区新生代地层(平原区)的典型吸收模型参数。不同岩石的损耗因子值(Q)是不同的,其衰减程度也是不同的。损耗因子值越小,则振幅的衰减越强烈。

表 5-1　华北地区新生代地层（平原区）的典型
吸收模型参数（陆基孟等，2014）

深度/m	厚度/m	地层及岩性	层速度 /(m·s⁻¹)	损耗因子值 Q
0~2	2	第四系表层土	360	1.48
2~5	3	第四系砂土、黏土	600	4.55
5~15	10	第四系含水砂、黏土	1 050	15.59
15~50	35	第四系上部	1 800	51.02
50~200	150	第四系下部	2 000	64.43
200~1 000	800	新近系 N	2 300	87.48
1 000~2 000	1 000	古近系上部 E_3	2 800	134.86
2 000~4 000	2 000	古近系下部 E_2	3 500	220.33
4 000~6 000	2 000	E_1-E_k 过渡层	4 500	383.00

5.1.5　地震波的传播速度及地震地质条件

1. 地震波的传播速度及其影响因素分析

速度在地震勘探中是一个重要的参数,它也是进行地震勘探的物理基础之一。岩石的弹性性质(主要表现为地震波的传播速度)不同,地震波在其中的传播规律和特点也就不同。地震波在岩层中的传播速度与岩层的性质,岩石的矿物成分、密度、埋藏深度、地质年代、孔隙度与裂隙等因素有关。

（1）岩石的性质（岩性）

由于各种岩石类型的成分不同，其传播地震波的速度是不同的。地震波的传播速度主要取决于岩石矿物的弹性性质。一般来说，火成岩呈致密状，孔隙很少或没有孔隙，传播地震波的速度比其他岩石的都要大，且变化范围小；变质岩传播地震波的速度变化范围较大；沉积岩传播地震波的速度最小，变化范围大，主要与沉积岩的成分和结构复杂有关。表 5-2 是岩石与介质的密度、纵波的传播速度与波阻抗。

表 5-2　岩石与介质的密度、纵波的传播速度
及波阻抗（李录明等，2007）

序号	岩石或介质的名称	密度/(g·cm⁻³)	纵波的传播速度/(m·s⁻¹)	波阻抗/(kPa/s)
1	空　气	0.001 3	330	0.004
2	石　油	0.6~0.9	1 275（23 ℃）	8~11
3	水	0.98~1.01	1 430~1 590	14~16
4	冰	0.97~1.07	3 100~4 200	30~45
5	砂	1.60~1.90	600~1 850	10~35
6	堆　石	1.50~2.00	1 000~2 700	15~54
7	泥　岩	1.50~2.50	1 100~2 500	17~63
8	泥质灰岩	2.25~2.86	2 000~3 500	45~100
9	砂　岩	2.15~2.70	2 100~4 500	45~122
10	页　岩	2.41~2.81	2 700~4 800	65~135
11	石　膏	2.31~2.33	2 000~3 500	46~81
12	硬石膏	2.82~2.93	3 500~5 500	99~161
13	岩　盐	2.14~2.18	4 200~5 500	90~120

序号	岩石或介质的名称	密度 /(g·cm⁻³)	纵波的传播速度/(m·s⁻¹)	波阻抗 /(kPa/s)
14	石灰岩	2.58~2.80	3 400~7 000	88~196
15	白云岩	2.75~2.85	3 500~6 900	96~197
16	大理岩	2.75	3 700~6 940	103~191
17	片麻岩	2.60~2.73	3 500~7 500	93~205
18	花岗岩	2.52~2.82	4 750~6 000	120~169
19	闪长岩	2.67~2.78	4 600~4 880	123~136
20	玄武岩	2.70~3.30	5 500~6 300	149~208
21	辉绿岩	2.80~3.11	5 800~6 600	162~205
22	辉长岩	2.85~2.92	6 450~6 700	184~196
23	橄榄岩	3.15~3.28	7 800~8 400	246~276

（2）岩石的密度

通过对大量岩石样品的物性研究和数据分析整理,可知地震波的传播速度 v 与岩石密度 ρ 之间的关系,通常用加德纳(Gardner)公式表示。

$$\rho = 0.31 v^{\frac{1}{4}} \tag{5-4}$$

这一经验公式反映了地震波的传播速度与岩石密度之间的关系,在人工合成地震记录时,如果已知速度 v,缺少密度参数,可用上述公式进行换算。图 5-11 是按照上述公式计算的理论曲线和测定的速度与密度的关系,图 5-12 是根据我国胜利油田地层资料,揭示了地层埋藏深度、层速度与密度之间的关系。

（3）地质年代

实际观测资料表明,岩石的成分和深度相近,地质年代不同时,地震波的传播速度也存在较大差异。一般来说,年代越老的地层,其波速较年轻时代地层波速大。这主要与年代较早的岩石成岩作用时间长,岩石较致密等因素有关。

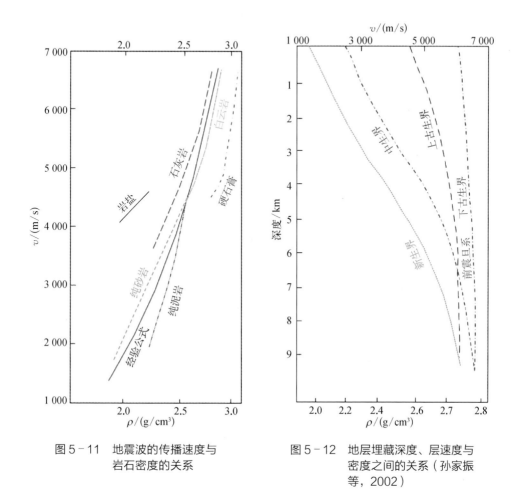

图 5－11　地震波的传播速度与
岩石密度的关系

图 5－12　地层埋藏深度、层速度与
密度之间的关系（孙家振
等，2002）

（4）埋藏深度

在岩性和地质年代相同的条件下，地震波的传播速度随地层埋藏深度的增大而增大。埋藏越深的岩石，承受上覆地层的压力越大，压实作用越强，岩石越致密，其波速越大。但地震速度梯度的变化表现为浅部梯度较大，随着埋藏深度的增大，速度梯度变化减小，这主要与深部岩石压实作用趋缓等因素有关。

（5）孔隙度与裂隙

孔隙度是影响地震波传播速度的重要因素之一。研究表明，岩石孔隙中含油、水或气时，岩石的波速会发生变化，从而引起该界面反射波振幅发生变化。岩石类型相同，成分相近、孔隙度大小不同时，速度变化范围较大，高孔隙度一般对应低速，而低孔隙度则一般对应高速。岩石中存在着大量的微裂隙可导致地震波在岩石中的传播速度减小，这一现象一般在碳酸盐岩储集层或断裂破碎带中普遍存在。

2. 地震地质条件

在一个地区利用地震勘探方法能否取得较好的地质(勘探)效果，在很大程度上取决于地震地质条件。地震地质条件一般分为两类：一类是表层地震地质条件；另一类是深层地震地质条件。掌握、分析和解决复杂的地震地质条件问题是地震勘探中的基础工作。

(1) 表层地震地质条件

表层地震地质条件包括地形、地表风化层的性质等因素。它不仅影响地震勘探的激发和接收，而且影响地震波的运动学和动力学特点，进而影响地震剖面的精度。

地壳的风化壳也称为低速带。它是由于受到长期风吹、日晒、雨淋等地质风化作用而形成的，其岩石变得十分疏松，地震波的传播速度也非常小(100~1 000 m/s)。一般来说风化壳弹性很差，对地震波有强烈的吸收作用。由于地震波在风化壳中的传播速度小且不稳定，使地面各点观测时间延长，因而对经过低速带而回到地表的反射信号的旅行时产生极大影响，并发生相对畸变。因此，在地震资料处理中，要进行风化层校正和高程修正，这种处理方法统称为静校正。

如果地表缺失低速带，表现为出露的致密岩层，这对地震勘探也是不利的。由于致密岩层对各种高频干扰的吸收能力很低，形成较强的背景干扰。此外，在缺失低速带的情况下，地表会产生一种强烈的面波，其频率和速度与反射波相近，造成反射波分辨能力较弱。

(2) 深层地震地质条件

深层地震地质条件通常是指地下地质构造的复杂程度。在一些复杂的构造地区，地震勘探常常得不到较好的资料，也无法知道地下的真实形态。所以，地下地质构造的复杂程度不仅影响地震勘探工作方法的选择，也影响地震资料的处理和解释。

一般而言，要取得好的勘探效果，提高地震勘探质量，应具备以下几方面的地震地质条件：① 具有地震层位和地质层位的一致性。② 具有较好的标准层。③ 具有良好的地层波组关系。④ 具有明显的地震相特征。⑤ 速度变化具有一定的稳定性。

5.2　地震勘探工作方法与技术

地震勘探野外数据采集是地震勘探的第一阶段,其任务是为地震资料处理与解释提供第一手资料。野外工作能否获取高质量数据,将直接影响到地震勘探的成功与失败。因此,它是地震勘探工作中非常重要的环节之一。

地震勘探野外数据采集除具备高质量的地震采集仪器外,还涉及三方面的因素,即地震测线的布设、地震波的激发和地震波的接收。在地震勘探过程中,首要任务是布置正确的地震测线,这样才能达到地质勘探的目标;其次是在数据采集中要尽量提高所采集数据的质量,提高信噪比。野外数据采集可分为地质目标体确定、野外现场踏勘、施工设计、试验工作及正式生产等阶段,需要由测量、钻井、激发、接收、解释等多工种相互密切配合进行。近年来,随着科学技术水平的发展,地震采集仪器的方法、技术不断更新,野外所得到的原始资料质量越来越高,地震资料的信息也更加丰富,这对地震勘探是十分有利的。

5.2.1　地震测线的布设

1. 基本要求

地震测线的布设必须考虑地质任务、干扰波与有效波的特点、地表施工条件、是否经济合理等诸多因素,对全区进行整体规划部署。具体要求有三个:一是主测线应垂直构造走向,联络测线应平行构造走向;二是布设测线应避开复杂的地表条件,保证测线按直线施工;三是测线长度应足以控制构造形态及边缘的接触关系。

2. 不同勘探阶段的测线布设要求

根据不同地震勘探阶段的精度要求,地震测线的布设方法由地质任务及地质条件决定,各勘探阶段的测网密度具体要求见表 5-3。

（1）区域概查阶段

区域概查又称地震大剖面,一般在勘探程度低、未做过地震工作的地区进行。在已有物探、地质、钻井资料的基础上,通过各主要构造单元做区域大剖面,主要任务是划分凹陷和隆起,了解区域构造特征及主要断裂分布;划分和建立地震层序;了解基岩的起伏、性质及埋藏深度。布设测线的要求是在垂直区域地质构造走向的原则下,

表 5-3　地震勘探测网密度（石油、天然气地震勘查技术规范，1997）

勘探阶段	比例尺	主测线线距	联络测线线距
区域概查	<1：200 000	>8 km	>16 km
面积普查	1：200 000~1：100 000	2~8 km	4~16 km
面积详查	1：50 000	1~2 km	2~4 km
构造精查细测	≥1：25 000	<1 km	<2 km

尽可能穿过较多的构造单元,测线尽量为直线,线距大小根据区域地质构造规模的大小而定。

（2）面积普查阶段

面积普查阶段的主要目的是查明凹陷或隆起带内构造特征、地层分布及厚度变化,查明较大的局部构造,对查明的二级构造带内的地热远景进行初步评价。此阶段测网布置较稀疏,一般将测线布设为"丰"字形。布设测线的要求是主测线垂直构造走向,测线间距以不漏掉局部构造为原则。布设的联络测线一般垂直于主测线,与主测线共同组成具有一定面积范围的测网。

（3）面积详查阶段

面积详查阶段的任务是在已知构造单元上查明其构造特点,如热储分布范围、空间形态、热储层厚度、上下地层的接触关系,以及断层的性质、大小、产状、延伸长度等,提供最有利的地热异常区,为钻探提供井位。布设测线的要求是主测线垂直构造走向,测网线距一般为 2~3 km,也可根据勘探需要直接进行三维地震勘探。

（4）构造精查细测阶段

构造精查细测阶段是在地热异常区工作的基础上,查清地热田的地质构造、热储厚度、分布范围及其埋藏条件,为地热资源综合评价提供基础资料。此阶段通常以三维地震勘探为主,线距一般为几百米至 1 000 m。

5.2.2　地震勘探观测系统

为了了解地下构造形态,地震勘探要求沿测线连续进行单次观测（或多次重复观测),因此需要在测线上布置许多炮点和检波点。为此,地震波的激发点与接收排列之间有一定的位置关系,即称为观测系统。观测系统的选择取决于地震勘探任务、工作区的地质条件和采用的工作方法等。总的原则是尽量使记录的地下界面能被连续追踪,避免发生有效波彼此干涉的现象,并要求施工简单等。下面以反射波法观测系统为例进行说明。

1. 单次覆盖观测系统

单次覆盖是指对地下反射界面连续观测一次。常用的观测系统有单边激发单次覆盖观测系统、中间激发单次覆盖观测系统和两边激发单次覆盖观测系统。

(1) 图 5 – 13 为单边激发单次覆盖观测系统,激发点在排列的一边,偏移距 $X_0 = 0$。例如在 O_1 激发,在 $O_1 \sim O_3$ 之间接收可覆盖 $O_1 \sim O_2$ 下的界面;在 O_2 激发,在 $O_2 \sim O_4$ 之间接收可覆盖 $O_2 \sim O_3$ 下的界面。依此类推,即对测线下界面连续追踪一次。

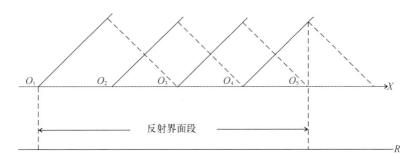

图 5 – 13　单边激发单次覆盖观测系统

(2) 图 5 – 14 为中间激发单次覆盖观测系统,激发点在排列中间,偏移距 $X_0 \neq 0$。该观测系统在 O_3 激发时,在 $O_1 \sim O_2$ 和 $O_4 \sim O_5$ 地段接收,其分别在各 O 点激发,在相应位置接收,同样可实现连续追踪一次。

2. 多次覆盖观测系统

多次覆盖是指对反射界面上的反射点重复采样多次。例如,对同一界面追踪了两次,则称为二次覆盖。图 5 – 15 是单边激发的 6 次覆盖观测系统。

该观测系统的设计参数为覆盖次数 $n = 6$,仪器接收道数 $N = 24$,偏移距 $X_0 = 0$,道间距等于 Δx,炮点距 $d = 2\Delta x$。其绘制方法与单次覆盖观测系统基本相同,只是按照覆盖次数的大小,加密其炮点线。过反射点在测线上的投影点作垂线,此垂线称为共反射点线,凡与其相交的共炮点线上的道组成共反射点道集,例如图中第一条垂线上

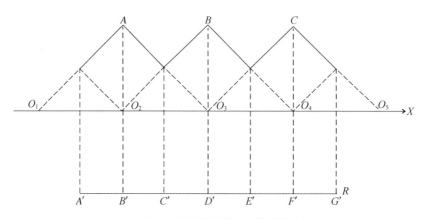

图 5‑14　中间激发单次覆盖观测系统

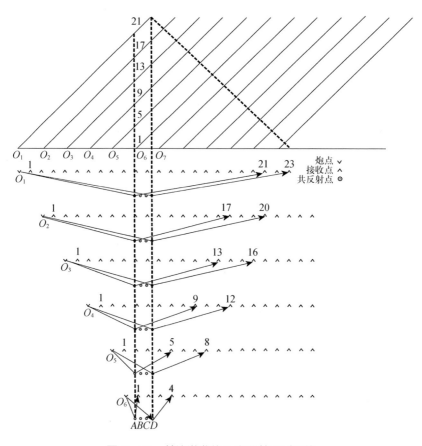

图 5‑15　单边激发的 6 次覆盖观测系统

分布的 21、17、13、9、5、1 分别是 O_1、O_2、O_3、O_4、O_5、O_6 激发时相应排列上接收第一个共反射点 A 的道号,其他垂线上分布的共反射点道集依此类推。炮点和排列向前移动是有规律的,其移动距离与覆盖次数和地震仪器的接收道数有一定关系,即满足下列关系式:

$$d = \frac{NS}{2n} \qquad\qquad (5-5)$$

式中,d 表示每激发一次,排列和炮点向前移动的道间距数;N 为排列中的接收道数;S 在一端激发时等于 1,在两端激发时等于 2;n 为覆盖次数。对上述观测系统可以计算出 $d=2$。

5.2.3　地震波的激发

地震勘探是指用人工激发的地震波来研究地下地质结构。因此,地震波的激发是地震勘探中一个十分重要的问题。一般要求激发的地震波具有一定的能量,有较宽的频带,在多次激发时具有较好的重复性,这样才会得到高分辨率的地震资料。其基本要求如下。

(1) 激发的地震波要有足够的能量,以利于用反射波法查明地下几千米至数十千米深度范围内的地质构造形态。

(2) 激发产生的有效波与干扰波之间在能量、频谱特性等方面要有一定的差异,从而有效记录有效波。

(3) 激发的地震波要有较高的分辨能力,适应不同勘探阶段的精度要求。

地震波激发的人工震源有两大类: 一类是炸药震源;另一类是非炸药震源。

1. 炸药震源

炸药是一种化学物质或化学混合物,如常见的 TNT 和硝铵。炸药是通过雷管引爆的,从输入电流到炸药爆炸的时间非常短暂,常以雷管线断开作为爆炸计时信号,瞬间形成高压气体且急剧膨胀,即可在爆炸点产生破碎带,并且在破碎带外形成弹性形变带。由于形变的应力作用,介质质点振动产生地震波向外传播。炸药震源从地震勘探问世以来,至今仍被作为激发地震波的主要震源。

野外施工时,通常将炸药封装成圆柱状,放置于几米至几十米深的井内引爆,以便使爆炸能量集中下传,增大地震波的能量。炸药包的形状为球状效果最佳,长柱状

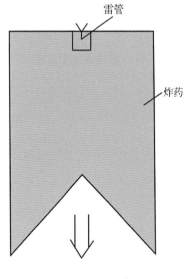

图 5-16 聚能弹

药包的效果差一些。如图 5-16 所示的聚能弹，可使炸药下传的能量大为增强。

2. 非炸药震源

虽然炸药震源是一种理想震源，但施工的危险性比较大，成本费用高。更重要的是在无法钻井、严重缺水地区（如沙漠、戈壁等），使用炸药震源存在严重困难，部分城市人口密集区、重要建筑物地带等不允许炸药爆炸。除此之外，有时不同爆炸点所产生的脉冲波不一致，影响记录面貌的一致性和稳定性。因此，地震勘探逐渐发展了非炸药震源，如落重法震源、可控震源等得到了广泛应用。

（1）落重法震源

落重法震源是指把数千千克重（或数百千克重）的物体从 2~3 m 的高处落到地面，撞击地面激发地震波。重物一般是重锤，即几吨重的大铁块，用链条吊在一种专用的起重机上，需要撞击时将其从高处落下。这种震源的最大缺点是产生严重的水平方向的干扰噪声（如能量很强的面波）。

（2）可控震源

为了弥补炸药震源的不足，设计了地震勘探专用的可控震源系统，即由计算机控制的机械振动器。这种震源不同于炸药震源，它向地下发射的不是脉冲波，而是可控制的振荡波。

可控震源地震勘探的记录过程如图 5-17 所示。扫描频率信号向地下传播的同时，震源附近的一个参考检波器也进行记录［图 5-17(a)］。假设地下有 3 个反射界面 R_1、R_2、R_3，记录道检波器接收到这 3 个层的反射时间分别为 t_1、t_2、t_3。如果把它们分开记录下来，就是如图 5-17(b)(c)(d)所示的结果，图 5-17(f)为相关道。而实际得到的地震记录是 3 条曲线叠加的结果，如图 5-17(e)所示。

可控震源系统的野外工作方法在许多方面与炸药震源基本是一致的，比较特殊的是在采用可控震源时要进行大量的组合、叠加，即同时使用几台震源，以一定的组合形式在一个振点（激发点）上振动几次至几十次。每次振动后，各台震源保持其组合的形式，向同一方向移动一定距离，再振动第 2 次。依此类推，直到振动完所规定的次数为止，这样才算完成一个振点（激发点）。

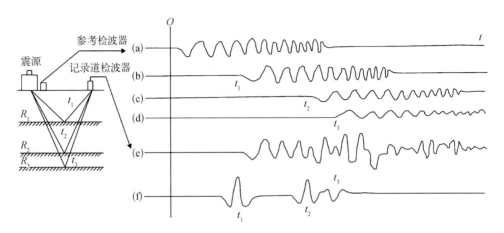

图 5‑17　可控震源地震勘探的记录过程示意图（陆基孟，1993）

可控震源系统的结构及工作原理如图 5‑18 所示。可控震源的振动器是激发地面振动的功率输出部件，液压伺服振动器由电路系统、机械系统组成。电路系统的作用是通过甚高频无线电收发机接收来自记录仪器的无线电扫描信号，以驱动伺服装置推动振动器振动，用计算机固定程序控制变频扫描信号。振动器的机械部分有一动力泵把油液注入高压储集器，由电路系统驱动的伺服阀则控制油流的方向，该油流

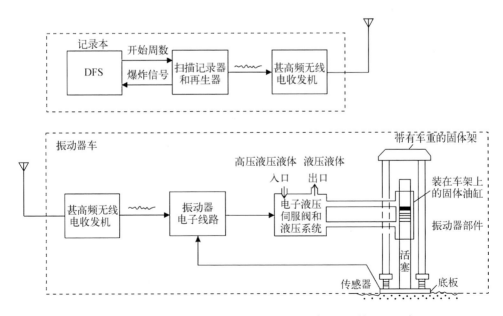

图 5‑18　可控震源系统的结构及工作原理（李录明等，2007）

直接推动与重锤连接的双动活塞,使活塞在垂直面上来回振动,产生连续振动的地震波并向下传递。国产 KZ03 型车载可控震源见图 5－19。

图 5－19　国产 KZ03 型车载可控震源（由保定北奥
石油物探特种车辆制造有限公司提供）

5.2.4　地震波的接收

接收地震波需要使用专门的仪器设备和合适的工作方法,包括地震检波器、采集站和数字地震记录仪等。

对接收仪器设备的基本要求如下。

（1）具备强大的信号放大功能。通常地震波动引起的地面位移只有微米数量级,为了更准确地把这些微弱的地震信号记录下来,必须把微弱的地震信号放大,而且要求把仪器的放大倍数精确地记录下来,以便在资料处理中恢复地震波振幅真实数据。

（2）记录的原始地震资料要有良好的信噪比。在接收地震波时,为了更好地记录有效波,压制干扰波,提高记录的质量,地震记录仪必须有频率选择功能,以便让有效波的频率成分全部通过,而干扰波的频率成分能被过滤掉。

（3）具备足够大的动态范围。地震波在地层内的传播过程中,由于波前的扩散、界面的透过损失、介质的吸收等,它的能量会受到损耗,这就要求接收设备能够最大程度上接收地震波动态范围内的数值。

（4）记录的原始地震信息具有良好的分辨能力。在地层剖面中可能存在许多距离很近的相邻反射界面,当地震波入射到这些界面时,这些相邻界面的反射波就会相继到达地面的观测点。因此,从地震记录仪的设计方面考虑,应该合理选取仪器参数,以便具有较好的分辨能力。

（5）对地震记录仪的一些技术要求,包括仪器是多通道的,各通道之间保持相对一致;原始记录长度应该是任意可选择的;具有精确的计时装置,便于地质资料的地质解释;地震勘探野外作业的自然环境各不相同,要求仪器在结构上具备轻便、稳定、耗电少、操作简单、维修方便等特点,以适应不同气候变化等自然影响因素。

　1. 地震检波器

地震检波器是安置在地面、水中或井下以拾取大地震动的地震探测器或接收器。它的实质是将机械振动转换为电信号的一种传感器。现代地震检波器几乎完全是动圈式（用于陆地）和压电式（用于海洋和沼泽）的。目前最常用的陆地地震检波器以动圈式电磁地震检波器为主,而近年来随着科学技术的发展,数字地震检波器也得到了较大发展。

（1）动圈式电磁地震检波器

这类检波器的结构如图 5-20 所示,其机电转换是通过线圈相对磁铁往复运动而实现的。线圈及枢纽由一个弹簧系统支撑在永久磁铁的磁极间隙内,组成一个振动系统。线圈在磁极间隙中运动时切割磁力线,同时在线圈两端产生感应电动势。感应电动势的大小与线圈切割磁通量的速度成正比。因此,动圈式电磁地震检波器也称为速度检波器。大地做垂向运动时,磁铁随之运动,但线圈由于其惯性而趋于保持固定,使线圈和磁铁之间有相对运动。对于水平运动,线圈相对于磁铁是不动的,其输出为 0。

（2）数字地震检波器

目前已成功开发的数字地震检波器产品有美国 I/O 公司的 VectorSeis 数字地震检波器和法国 Sercel 公司的 ViborSeis 数字地震检波器等。这类检波器是利用硅片受到振动时会发生相对形变,从而改变控制电路电压的原理,将这一变化的电压放大并

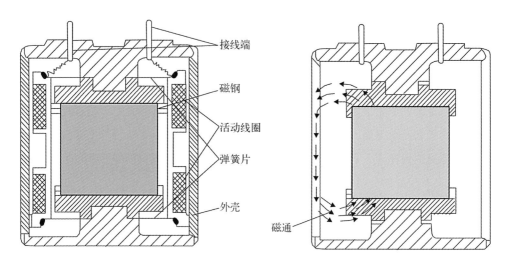

接线端

磁钢

活动线圈

弹簧片

外壳

磁通

图 5-20　动圈式电磁地震检波器的结构示意图

进行数字化和 24 位模数转换。它彻底改变了地震勘探中使用了几十年,以机电转换为主的传感器。数字地震检波器采用微电子技术,硅片的质量小、失真小、动态范围大,对振动非常敏感,提高了地震资料采集的精度。除此之外,数字地震检波器线路还采用了光刻工艺制造,线路稳定性能好。使用这种检波器可以大大简化野外采集站的功能,减小体积,提高了野外施工效率。

2. 采集站

采集站是遥测仪器特有的装置,目前有两大发展趋势:一是简单、稳定,有向具备免维护功能发展的趋势;二是增加数据处理、存储、自动调整的功能,也就是趋于复杂化。

功能简单型采集站以法国 Sercel 公司生产的 SN508 型采集站为代表,具有信号放大、模数转换、数据传输或存储三大功能。这种类型的采集站体积小、结构简单、成本低,基本能做到免维护。但它对主机要求的功能相对要强,如要求滤波、陷波、频谱整形等都在主机内进行。

功能复杂型采集站除具有以上三大基本功能外,还有模拟滤波、陷波、频谱整形、高频提升、自动调节等功能。这种类型的采集站要求主机相对简单,只需要计算机具备转录、质量控制、现场处理等功能。

3. 数字地震记录仪

地震勘探中接收和记录地震波是一个复杂的过程。地震勘探仪器就是为了接收和记录地震波而专门设计的一种集精密传感器技术、近代电子技术和计算机技术为一体的组合装置。从地震勘探仪器的记录内容和方式来看,大致分为 4 代:模拟光点记录地震仪、模拟磁带记录地震仪、数字磁带记录地震仪、遥测数字地震仪。以下简要叙述第 4 代遥测数字地震仪的基本情况。

所谓遥测,就是利用电缆、光缆、无线电或其他传输技术对远距离的物理点进行测量。遥测地震数据采集记录系统通常由许多分离的野外采集设备和中央控制记录系统组成。采集设备布设在接收地震信息的物理点附近,并以数据传输的方式将信息传输到中央控制记录系统,如图 5‑21 所示。

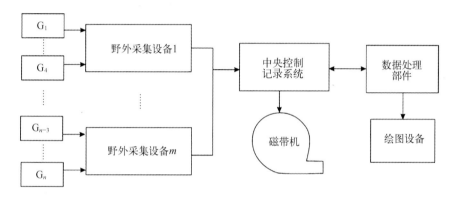

图 5‑21　遥测数字地震仪示意图

下面以法国 Sercel 公司生产的 SN508 遥测数字地震仪为例,说明新一代遥测数字地震仪的 2 个主部件的功能。

(1)野外采集设备。野外采集设备主要包括采集站、交叉站和电源站。采集站通过采集大线接收各检波器的地震信号,并对接收到的模拟信号进行离散采样、信号放大和模数转换后,通过一对数传双绞线传输到交叉站,再由交叉站通过数传电缆传输到中央控制单元(CCU)。采集站的工作电源由电源站供给,而电源站则靠 1 个 12 V 的电瓶供电。电源站在接收到由中央控制单元通过交叉站发来的加电信号后,其内部左右两边的升压电路开始工作,产生 48 V 直流电压,通过电源站两边的大线插座,并借助采集大线内的一对电源线对采集站供电。电源站一般情况下可为 8 个采集站供电。交叉站除了具有转发和传送数据的功能外,其本身还兼有电源站的功能,也可为其两侧各 4 个采集站供电。

(2)中央控制记录系统。中央控制记录系统由人机交互(human-computer

interaction，HCI）界面和采集处理部件（APM）组成。HCI 界面以 SUN 工作站为控制主机,附加高清晰度大屏幕彩色显示器、键盘、鼠标和打印机等设备。操作员通过 HCI 界面对系统进行全面的操作和控制,利用多窗口系统可以在显示屏幕上非常便捷地实现参数输入和系统监视,或直接监视野外排列上的采集站、交叉站、电源站及各道检波器的工作状态。APM 是 Sercel 公司开发研制的进行地震数据采集和处理的专用部件,包括 3 个组成部分,即数据接收部分、数据处理部分和数据记录与显示部分。数据接收部分既向野外工作单元（交叉站、采集站、电源站）发出采集和测试的各种命令,又从各野外工作单元接收各种数据和信息。数据处理部分的主要功能是实现常规地震道和辅助道信息的格式编排、记录和显示。HCI 界面与 APM 之间通过同轴电缆构成的以太网络实现数据传输和连接。

5.2.5 地震勘探野外工作技术

1. 试验工作

试验工作的内容取决于地震地质条件,通常包括选择最佳激发条件、接收条件及合适的观测系统;进行地震波速度资料的测定;对低速带的变化、干扰波的特点进行研究,以便综合地进行各种因素的选择。

1）试验工作的基本原则

（1）试验前要了解前人工作的成果及资料,在此基础上拟定试验方案。试验中要取全、取准各项资料,以利于分析对比。

（2）试验点的布设要在工作区有代表性的典型地质点上做重点试验,取得一定经验后再向全区推广。

（3）试验工作必须从简单到复杂,保持单一因素变化的原则,即在研究某一因素时,其他试验因素应保持不变,这样才可正确判断记录面貌改变的规律。当取得各种单一因素的资料后,再综合选择各种最佳因素,逐步进行更复杂的试验,最后要尽可能选用较简单的因素解决所提出的地质任务。

2）试验工作的内容

（1）干扰波调查

每到一个新的工作区,首先要进行干扰波调查,以确定有效波和干扰波的特点,进而采取措施压制干扰。干扰波调查一般用 n 个单道检波器接收,道间距为 5~10 m;

不使用模拟滤波器;排列可用 L 形,以便调查侧向干扰。每激发一次,排列沿测线移动 n 个道间距,直到最大炮检距(炮点与检波器之间的距离)达到普通反射勘探所用的最大炮检距为止。

（2）激发条件的选择

使用炸药震源时,首先应进行激发深度的试验,这时应详细录井,记录不同深度的岩性,对比不同深度和不同岩性激发时的记录。选择药量的原则是应保证最大勘探深度的反射波振幅比背景噪声大几倍,在此基础上尽量用小炸药量。当必须采用大炸药量时,可用组合爆炸。

当使用非炸药震源激发时,则要试验每个位置的震击次数、扫描次数、扫描的频率范围、扫描的时间等。

（3）接收条件的选择

根据干扰波调查的资料,首先可设计组合检波,目的在于保持有效波不变而最大限度地压制干扰。组合参数确定后,进行道间距、偏移距和覆盖次数等参数的选择。因为最精确的速度资料是在排列长度等于反射界面深度时获得的,所以应根据主要目的层的深度确定排列长度。覆盖次数由信噪比确定。

（4）仪器因素的选择

数字地震仪可调节的因素较少。在记录时有采样率的选择、前置放大器固定增益的选择和滤波低截频的选择等。回放时主要包括增益和滤波的选择。

① 采样率的选择。采样率决定了高截止频率,应根据勘探深度和地质任务对分辨率的要求等来决定。

② 前置放大器固定增益的选择。固定增益的作用主要是把弱信号放大到采样所允许的最低水平,同时也是为了防止信号过强引起畸变。

③ 滤波低截频的选择。为了真实记录从浅到深的各层有效波,要用宽频带,尤其对 10 Hz 以下的深层反射,要采用 10 Hz 的低截止频率。

④ 回放因素的选择。监视记录回放时,为保证初至波清晰,一般用 30~36 dB 的起始增益。自动增益控制的压缩时间和恢复时间可选 4~32 ms。门槛通常选为18 dB。回放滤波一般用 10~80 Hz 或不滤波。

2. 野外数据采集工作

地震勘探的野外数据采集工作是在预先设计的测线或测网上进行的,分为以下 4个环节。

1）测线的布设

由测量组完成地震测线的布设,确定激发点和检波器组中心的位置与高程,通常使用高精度 RTK 确定坐标和测量高程(可达厘米级)。在激发点位置埋设注明测线号和桩号的小木桩,而在测线的交点、转折点和端点,要埋设大木桩,以便以后寻找。

测量组应备有数据记录本,在地震勘探施工前要提交测线地物草图,指示测线附近的地物地形,以便引导钻机车、仪器车等迅速到达施工位置。工作结束后则应交出测线平面图及计算点的成果。

2）钻井工作

使用炸药震源的地震队需要配备钻井组,其任务是在测线的每个爆炸点位置上钻井,爆炸井的深度由试验工作确定。钻井位置应尽可能布设在测线上,如因地表条件限制,可垂直测线方向将井位移动 10~20 m。钻井完毕后必须用水或泥浆将井内岩粉冲出,以保证药包顺利下井,同时在井中灌水以改善激发条件。因此,一般需要配备水车。

3）爆炸或激发工作

震源组负责激发地震波的工作,使用炸药震源时,爆炸人员在工作前应检查爆炸机和通信设备是否完好,必须严格根据安全操作规程安放炸药、雷管和爆炸机。爆炸站布置完毕后,爆炸人员应立即与地震仪操作人员建立联系。其他爆炸工可用爆炸杆通井,根据地震仪操作人员的命令用爆炸杆把炸药包下至井内指定的深度。药包下井后,要防止其上浮,并待其他爆炸工全部离开井口数十米以外,爆炸人员方可测量炸药包中雷管的通路,如果雷管电阻值正常,准备工作就完成了。爆炸人员接到地震仪操作人员命令后,立即操作爆炸机进行放炮。

当使用非炸药震源时,激发点准备工作完成后,记录车发来信号自动触发震源车进行激发。

4）地震仪器组的工作

野外数据采集工作的各个环节由地震仪器组统一指挥,仪器操作人员应按照操作规程做仪器一致性的检查,并随时注意仪器的工作情况并进行必要的维修。到达测线后,放线组负责铺设电缆,并按照桩号埋置和连接检波器。如遇障碍物,可将检波器沿垂直测线方向移动 10~20 m,或将实际埋置点的位置和高差记录在仪器班报上。

仪器操作人员应测试和调节放大器及记录系统的其他单元,并检查外线,排除故障,保证全部检波器接通和仪器正常工作。然后,通知爆炸人员起爆,并启动磁带机进行记录。记录完毕,应立即回放并分析监视记录,决定是否补炮或移动排列。

5.3　地震资料的处理与解释

5.3.1　地震资料的处理

地震资料的处理以地震数据采集为基础,依赖地震数据采集的质量,其处理结果又直接影响到地震资料解释的正确性和可靠性。地震资料的处理结果取决于处理方法、处理流程和处理参数选择的正确性与合理性,应使所选择的处理方法、处理流程和处理参数适合勘探地区的地质特点与地质任务。地震资料的处理流程如图 5-22 所示。

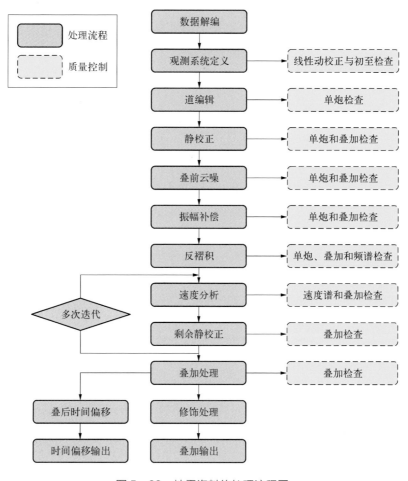

图 5-22　地震资料的处理流程图

1. 预处理

所谓预处理,是指在对数据做实质性处理之前为满足一定的计算机和软件系统
要求及处理方法要求,对输入的原始数据所必须完成的一些准备工作。

预处理是地震数据处理过程中重要的基础工作,为保证预处理工作正常进行,在
进行预处理之前,要对野外施工设计、采集班报、观测系统、高程及野外静校正数据、
磁带记录标签等进行仔细检查与核对。

预处理主要包括数据解编、观测系统定义和道编辑等工作。

（1）数据解编

目前野外地震数据有两类基本格式,一类是按照采样时间顺序排列的多路
传输记录,称为时序记录;另一类是以地震道为顺序排列的记录,称为道序记
录（牟永光等,2007）。数据解编就是按照野外采集的记录格式将地震数据检测
出来,并将地震数据的记录顺序由时序转化为道序,然后按照炮和道的顺序将地
震记录存放起来。地震数据由时序转化为道序进行的矩阵转置方式如图5-23
所示。

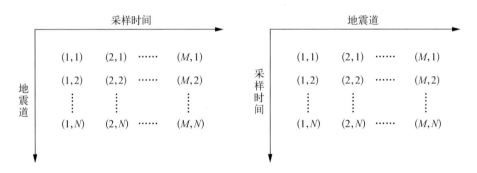

图5-23　地震数据由时序转化为道序进行的矩阵转置方式

（2）观测系统定义

观测系统定义就是以野外文件号和记录道号为索引,赋予每一个地震道正确的
炮点坐标、检波点坐标,以及由此计算的中心点坐标和面元序号,并将这些数据记录
在观测系统数据库中。不同的处理系统,观测系统定义方式不同,因此需要有相应的
质量控制手段对观测系统进行检查。

（3）道编辑

道编辑是指对由激发、接收或噪声因素产生的不正常地震道进行处理,对由于检

波器工作不正常造成的瞬变噪声道和单频信号道等进行剔除,对记录极性反转的地
震道进行改正,对地震记录中的强突发噪声和强振幅值进行压制等。道编辑是地震
数据噪声压制中的重要环节。

2. 静校正

静校正是校正及消除由地表高程和地下低(降)速带变化对反射波旅行时的影
响。静校正是实现共反射点叠加的一项基础工作,它不仅对叠加剖面的信噪比和
纵向分辨率有影响,对叠加速度分析的质量也有影响(牟永光等,2007)。静校正的
方法包括基准面静校正和剩余静校正。基准面静校正也称为野外静校正,就是将
地表采集的地震记录校正到基准面上,消除地表高程和风化层对地震记录旅行时
的影响,可分为高程静校正、模型静校正、层析静校正和折射静校正等。如图 5 - 24
所示,折射静校正能使单炮初至波的扭动近乎完美地校正(李国发等,2009);如
图 5 - 25 所示,折射静校正后的地震剖面恢复了地下构造的反射特征,叠加剖面的
质量和可靠性得到了改善(符伟等,2021)。剩余静校正是利用折射波或反射波的
空间相干性和道间时差来解决残余静校正问题的(罗英伟等,2010),包括地表一致
性剩余静校正和非地表一致性剩余静校正。图 5 - 26 为经过不同次数剩余静校正
后的剩余静校正量值图(王海燕等,2007)。

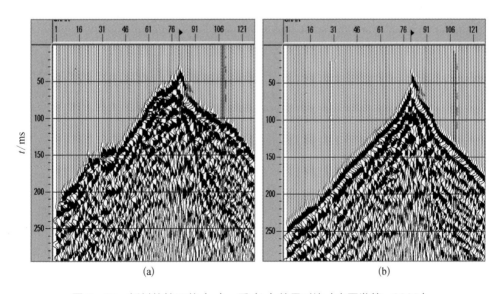

图 5 - 24　折射静校正前(a)、后(b)效果对比(李国发等,2009)

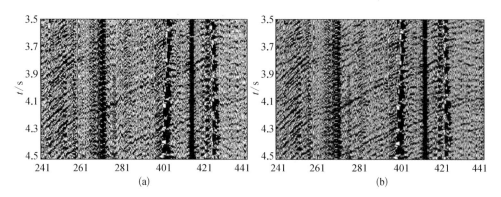

图 5 - 25　折射静校正前（a）、后（b）反射波连续性对比图（符伟等，2021）

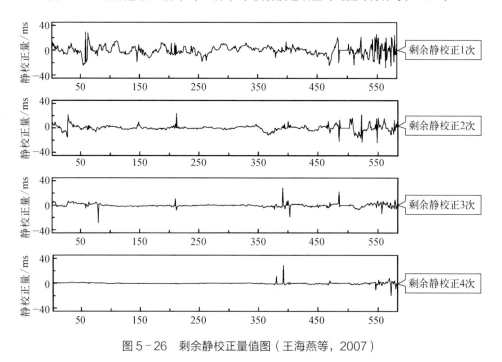

图 5 - 26　剩余静校正量值图（王海燕等，2007）

3. 叠前去噪

去噪是地震数据处理中非常重要的内容。在野外采集的地震数据中，会出现线性干扰、随机干扰及高低频噪声干扰等情况，因此在针对性处理数据过程中，根据数据干扰波的特点，采取先强后弱、先规则后随机的方法，通过随机噪声衰减、区域异常振幅压制及去线性干扰等方法的组合应用，合理地压制该区资料中含有的噪声干扰。随着地震勘探技术的发展，去噪方法也多种多样，包括频率-波数域滤波、频率空间域滤波、聚束滤波、基于小波分解和重建的去噪方法,以及中值滤波和傅里叶相关系数滤波方法等(金雷等,2005;牛滨华等,2001;刘喜武等,2004;高静怀等,2006;康冶等,2003;夏洪瑞等,2001)。图5-27为叠加剖面去噪前、后的对比结果,对比两剖面明显看到,叠加剖面中的残留随机噪声得到了有效压制,剖面的成像质量也得到明显提高(王海燕等,2007)。

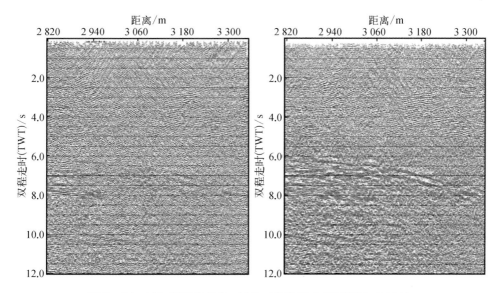

图5-27　叠加剖面去噪前、后的对比结果(王海燕等,2007)

4. 振幅补偿

地表地震记录的振幅不仅反映了地层界面的反射系数,而且还与地震波的激发、传播和接收等因素有关。振幅补偿的目的是尽量对地震波能量的衰减和畸变进行补偿与校正,消除传播地震波期间因受波前扩散和吸收因素等影响而造成的能量衰减,确保地震波振幅可以更加完整地展现地下岩层的变化情况。振幅补偿主要包括球面扩散补偿、吸收衰减补偿和地表一致性振幅补偿(李胜强等,2020)。对于因地层吸收导致的能量衰减,常规的补偿方法有反 Q 滤波法、谱白化方法、时频分析法等。反 Q 滤波法是使用最广泛的一种振幅补偿方法(wang,2002,2003),其既可以补偿振幅能量,又可以补偿相位,进而提高资料信噪比和分辨率。但反 Q 滤波法也存在振幅补偿不足、Q 难以求取等缺点,对此又有人提出时频域振幅补偿,如基于小波包分解的地层吸收补偿方法(李鲲鹏等,2000)、基于时频分析的吸收衰减补偿方法(高军等,

1996;白桦等,1999)、基于广义 *S* 变换的吸收衰减补偿方法(刘喜武等,2006a，b)等。由于近地表的横向非一致性,经球面扩散补偿和吸收衰减补偿后仍然存在振幅横向不一致的现象,因此需要再做地表一致性振幅补偿(李胜强等,2020),其结果如图 5-28 所示。

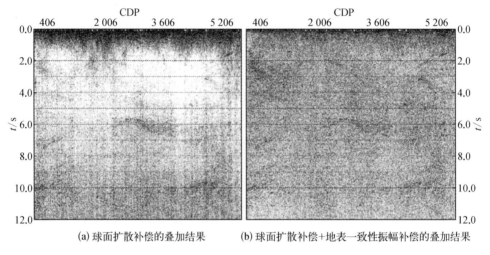

（a）球面扩散补偿的叠加结果   （b）球面扩散补偿+地表一致性振幅补偿的叠加结果

图 5-28　振幅补偿前后的叠加结果（李胜强等，2020）

5. 反褶积

反褶积是地震数据处理中一个重要的处理环节。反褶积的基本作用是压缩地震记录中的地震子波,同时可以压制鸣震和多次波,因而反褶积可以明显提高地震的纵向分辨率,给出地下反射系数序列。通常在一个地震数据处理流程中,为提高地震纵向分辨率,在叠前和叠后需要运用多次反褶积处理。反褶积方法种类繁多,主要有子波反褶积、脉冲反褶积、稀疏反褶积、预测反褶积、同态反褶积、最小平方反褶积、最小熵反褶积(Wiggins,1978)、地表一致性反褶积等。地表一致性反褶积是应用最广泛的方法,具有子波稳定、横向一致性好、抗噪能力强的优点。地表一致性反褶积前、后的叠加对比如图 5-29 所示(李胜强等,2020)。

6. 叠加处理

在地震资料的处理过程中,水平叠加是常规处理方法中最基本、最有必要的一环。水平叠加是将不同接收点接收到的来自地下同一反射点、不同激发点的信号,经动校正后叠加起来。水平叠加是建立在多次覆盖技术基础上的,其推动了地震

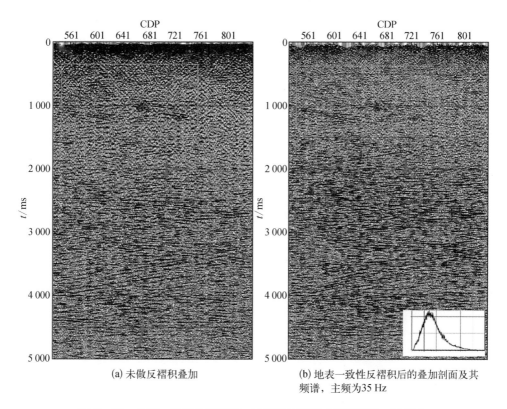

(a) 未做反褶积叠加　　　　　　　(b) 地表一致性反褶积后的叠加剖面及其
　　　　　　　　　　　　　　　　　频谱，主频为35 Hz

图 5 – 29　地表一致性反褶积前、后的叠加对比（李胜强等，2020）

勘探技术的提高，能有效地压制噪声，提高资料的信噪比。

7. 偏移处理

偏移处理主要通过收敛和归位断面波、回转波、绕射波，减小菲涅耳带大小来提高成像的横向分辨率，从处理时间先后上可以将其分为叠前偏移和叠后偏移，由输出剖面则可以将其分为时间偏移和深度偏移。基于波动方程偏移成像处理的方法是建立在对波场进行反向外推的基础上，其算法实现可分为基于标量波动方程的积分解的算法、基于标量波动方程的有限差分解的算法、基于 $f - k$ 变换来实现偏移的算法。不同的算法往往是效率和精度之间的折中且具有不同的适用对象，对于地质条件比较简单的情况，可以选择速度较快精度略低的算法，对于地下地质构造非常复杂的情况，则往往需要以时间为代价换取较高的成像精度（朱小三等，2014）。图 5 – 30 是常规叠后偏移和叠前深度偏移的资料处理效果对比图，通过对比可以发现，叠前深度偏移剖面在细分层、反射波聚焦方面明显优于常规叠后偏移剖面（邱甦，2021）。

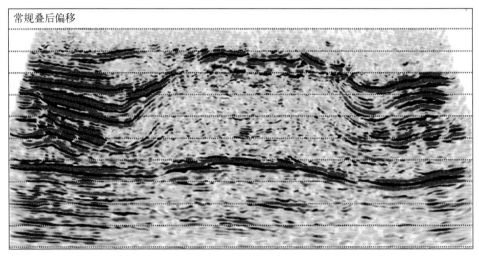

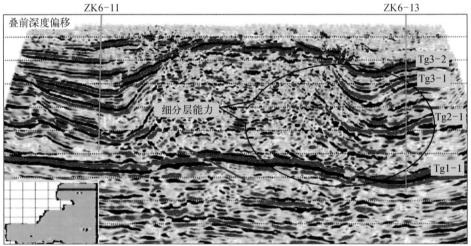

图 5-30　常规叠后偏移和叠前深度偏移的资料处理效果对比图（邱甦，2021）

5.3.2　地震资料的解释

　　地震资料的解释几乎涉及所有基础地质和地热地质的研究领域，如地层学、构造地质学、沉积学、地热地质学等。地热勘探开发过程中地震资料是内容最为丰富、综合分辨率最高的钻前原始信息。

　　地震资料的解释工作是实践性很强的工作，是一门学科，也是一门艺术和技巧。

它不仅有一套理论和具体的操作规范,还需要专业技术人员有丰富的想象力、实践经验和操作技术。

1. 地震资料解释的内容与技术

地震资料解释是把这些资料转化成抽象的地质术语,即根据地震资料确定地质构造形态和空间位置,推测地层的岩性、厚度及层间接触关系,确定地层含孔隙水或裂隙水的可能性,为钻探提供准确井位等。

1) 解释的内容

根据生产实践及石油行业标准中的地震勘探资料解释技术规程(SY/T 5481 - 2003)等相关规范,地震资料解释的基本内容主要如下。

(1) 反射波的对比追踪

在地震反射波法勘探中,应用地震波的基本理论和传播规律等方面的知识,研究分析地震的运动学和动力学特征,识别真正来自地下各反射界面的反射波,并且在一条或多条地震剖面上识别属于同一界面的反射波。

(2) 地震资料的地质解释

根据工作区内井孔所得的钻井地质和各种测井资料,结合地震资料中各反射层的特征(如旅行时或埋藏深度、振幅、频率、相位、连续性等),推断各反射层所对应的地质层位,并分析地震资料上所反映的各种地质现象(如构造、断层、不整合面、地层尖灭及各种特殊地质体等),完成二维或三维空间内各种资料的构造解释、地震地层学解释。

(3) 绘制构造图

在上述工作的基础上,根据工作区内分布的测线,绘制反映地下某个地层起伏变化的相应图件,即地震构造图,也可绘制反映地下某个局部有意义的储集体的形态图或其他平面图件(如等厚图、断面构造图等)。根据地热地质方面的理论与实际资料,推断并圈定含地热的有利靶区,提供钻探井位。

(4) 提交研究成果

当如期完成项目所规定的具体内容和目标任务后,需要撰写研究报告,答辩验收后必须按照规范要求上交各项研究成果。

研究报告的基本内容包括:① 工作区的地质特征,如区域地质背景、地球物理场特征、地温场特征、热储层特征、地热流体化学特征、地热流体成因分析及运移规律等。② 工作区的地震层位分析。③ 资料解释流程及其主要工作方法。④ 地质认识和成果图件。⑤ 提供钻探井位。

2）解释的工作流程

通常对一个未经钻探的地区，解释工作只能从剖面解释开始，经过平面及空间解释，达到提供钻探井位的目的。而在已有勘探井的地区，解释工作应该以钻探井位为出发点，利用井孔资料，控制并指导该地区的剖面、平面及空间解释。

（1）连井资料解释

钻探井位是通过地震和其他地质资料综合解释确定的，而钻井资料的获得又将直接验证地震资料解释的准确程度。工作区内所用井孔资料及井旁地震资料理所当然成为资料解释的出发点，因此连井资料解释是非常重要的。

连井资料解释的具体内容包括：

① 钻井分层与地震层位的对比。了解地震反射层所对应的地质层位及各地层的岩性、接触关系等在地震剖面上的特征。

② 地震测井或垂直地震剖面、测井资料的解释。通过这些资料的解释，可获得比较准确的平均速度（用于时深转换）及大套地层的层速度（用于储层分析与研究）。

③ 合成地震记录。利用声波测井的层速度资料和密度测井的密度资料，按垂直入射、垂直反射的反射系数公式计算各分界面的反射系数序列，并从地震资料中提取子波，或给定地震子波利用褶积模型或波动理论制作合成地震记录。通过合成地震记录与井旁道的对比分析，既可以实现层位标定，又可以判断井旁反射信息的真伪，如识别多次波等。

④ 层速度研究。利用声波时差测井曲线计算层速度，了解岩性与层速度的关系，结合过井地震测线上的层速度、振幅强度、频率和相位等资料，了解连井测线的地层、岩性、岩相。层速度信息还可以通过波阻抗反演方法来获取。

（2）剖面解释

无论是手工解释还是工作站解释，剖面解释都是最基本的。它的主要任务包括：

① 基干测线对比。目的是解决大套构造层对比、确定解释层位等问题。

② 全区测线对比。解决构造层和各解释层位的全区对比问题。

③ 复杂剖面解释。对于重点地区的复杂剖面段（如断层、挠曲、尖灭、不整合、岩性变化等）以及感兴趣的地震现象（如平点、亮点等），需要进行细致解释。通常还需要进行特殊处理，提取各种地震属性（如速度、振幅、频率、相位等），进行综合分析与解释，并利用地震模型技术反复验证，以求得地下复杂现象的正确解释。

在进行地震剖面地质解释时应该尽量收集前人的资料,包括以往的地质、地球物理、钻井等勘探开发成果;了解区域地质概况,如地层、构造及其发展史,断层类型及其在纵横方向上的分布规律等;还需了解工作区的地震勘探工作情况,如野外采集方法和记录质量、资料处理流程及主要参数、剖面处理质量及效果、前人采用的解释方法和主要成果等。这些是进行地震剖面地质解释的基础工作。

(3)平面及空间解释

了解有利区地下构造和地层情况是地震勘探的基本任务,因此展示地质目标体的各种平面图和空间立体图是地震资料解释的主要成果之一。

具体内容包括:

① 各层 t_0 等值线图。

② 各层深度构造图。了解地下各层构造情况,提供钻探井位的基本依据,也是地震资料解释的主要成果之一。

③ 各层厚度图。用于地质目标体的储层研究与评价,也可用于沉积相分析。

④ 特殊地质体的分布图。包括目标层的断层组合、尖灭线分布、岩性变化带及各种有意义的沉积现象的平面图。

⑤ 各种立体图件。例如各解释层位的立体图、综合录井立体图或测井解释结果的栅状图、栅状组合剖面图、各种地质异常体的空间形态分布图等。

3)解释的方法

(1)掌握地质规律、统观全局,做到心中有数

在对比工作开始之前,首先要收集和分析工作区内及邻区的地质、测井及其他地球物理资料,研究规律性的地质构造特征,如地层、构造、构造发展史等,运用地质规律指导对比解释。同时要了解地震资料采集和处理的方法及相关因素,以便准确识别和判断由于资料采集和处理不当而造成的剖面假象。

(2)从主测线开始对比,遵循由易到难原则

在一个工作区内通常有大量地震剖面,应该先组成基干测网,并从主测线开始进行对比工作,然后从主测线的反射层引申到其他测线上。所谓主测线,是指垂直构造走向,横穿主要构造,并且信噪比高、反射同向轴连续性好、延伸范围大的测线。它最好能经过钻探井位。

(3)重点对比标准层

由井孔信息(测井和录井资料等)可知,地震剖面上可能有重点对比的目标层(或称

为标准层）。所谓标准层,是指具有较强振幅、同向轴连续性较好、可在整个工作区内追踪的目的反射层。它往往是主要的地层或岩性的分界面,与热储层有一定的关系。

（4）相位对比

由于地震记录上记录的反射波往往是续至波,初至波难以辨认,因此具体工作中采用相位对比。一个反射界面在地震剖面上往往包含几个强度不等的同向轴,如选其中振幅最强、连续性最好的某同向轴进行追踪,则称为强相位对比。应注意,各个剖面上对比的相位应一致,否则会因为相位对比错误而导致层位深度不一,得出错误的解释。有时反射层无明显的强相位,可以对比反射波的全部或多个相位,称为多相位对比。目前,生产中广泛采用多相位对比,也就是对比波的两个或两个以上的相位,有时甚至将整个波组的所有相位进行对比,这样可以提高资料解释的准确程度。

（5）波组和波系对比

波组是指由三四个数目不等的同向轴组合在一起形成的反射波组合。由两个或两个以上波组组成的反射波系列称为波系。利用这些组合关系进行波的对比,可以更全面地考虑反射层之间的关系。从地质的观点来说,相邻地层界面的厚度间隔、几何形态是有一定联系的。在地震时间剖面上,反射波在时间间隔、波形特征等方面也具有一定规律。

（6）沿测线闭合圈追踪对比（剖面的闭合）

在水平叠加时间剖面上,沿测线闭合圈追踪对比同一界面的反射波。在正交测线的交点处,同一反射波的 t_0 应相等,称为剖面的闭合。当闭合圈中有断层时,应把断距考虑在内。一般闭合差不能超过半个相位,如果超过,就意味着对比追踪的不是反射波的同一相位,需要修改后重新对比解释。剖面的闭合是检查或验证地震资料解释是否准确的有效手段。

（7）利用偏移剖面进行对比

当地质构造比较复杂时,在水平叠加时间剖面上同向轴形态通常比较复杂,这时可利用偏移剖面来帮助进行对比工作。剖面间的闭合不能用二维偏移剖面,因为对于沿地层倾向的剖面,反射波可以归位,而对于沿地层走向的水平叠加时间剖面,倾角为0,偏移后反射波位置没有变化。

（8）剖面间的对比

在对时间剖面进行初步对比后,可以把沿地层倾向或走向的各个剖面按次序排列起来,纵观各反射波的特征及其变化特征,借以了解地质构造、断裂在横向和纵向上的变化,这对地震剖面的对比解释和构造成图等非常有利。

2. 地震资料的构造解释

地震资料构造解释的核心就是通过地震勘探提供的时间剖面和其他物探资料,以及钻井地质资料,结合构造地质学的基本规律,包括区域的、局部的各种构造地质模型,解决有关构造地质方面的问题。

地震资料构造解释的过程一般可分为资料准备、剖面解释、空间解释和综合解释四个主要阶段(图 5 - 31)。

1) 断层解释的标志

断层是一种普遍存在的地质现象,对各种与断层有关的构造的形成起重要的控制作用。要对断层进行合理的地质解释,首要的问题是在地震剖面上把它识别出来。断层在地震剖面上有下列标志。

(1) 反射波同向轴错断

由于断层的规模、级别大小不同,可表现为反射标准层、波组、波系的错断。若断层两侧波组关系是相对稳定的、特征是清楚的,则一般反映的是中、小型断层。它的特点是断距不大,延伸较短,破碎带较窄。

(2) 标准反射波同向轴发生局部变化

标准反射波同向轴的局部变化包括同向轴的分叉、合并、扭曲、强相位转换等,这一般反映的是小断层。

(3) 反射波同向轴突然增减或消失,波组间隔突然变化

对于拉张式构造模式,断层上升盘由于沉积地层少,甚至未接受沉积,因而在地震剖面上反射波同向轴减少、埋深变浅甚至缺失。相反地,由于盆地不断大幅度下降,下降盘往往形成沉降中心,沉积了较厚、较全的地层。因而在地震剖面上反射波同向轴数目明显增加,反射层次齐全。这种情况往往反映的是基底大断裂,这类断层在地质上形成期早、活动时间长、断距大、延伸长、破碎带宽,它对地层厚度及构造的形成发育往往起着控制作用,一般是划分区域构造单元的分界线。

(4) 反射波同向轴产状突变,反射零乱或出现空白带

这是由于断层错动引起的两侧地层产状突变,或是由断层面的屏蔽作用和对射线的畸变等原因造成的。

(5) 出现特殊波

在水平叠加剖面上出现的特殊波是识别断层的重要标志。在反射层错断处,往

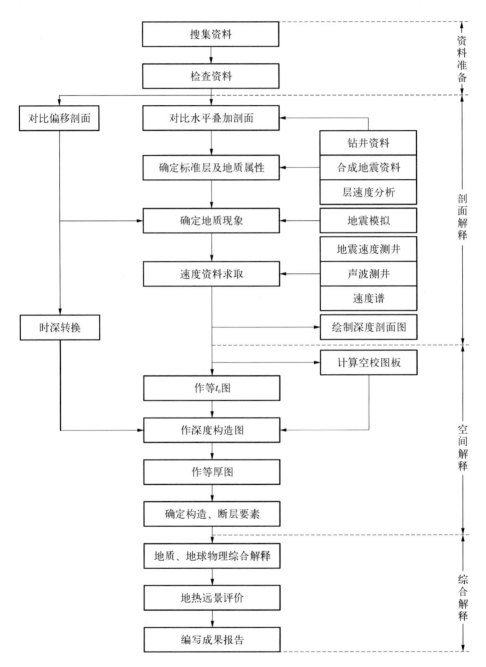

图 5‑31　地震资料构造解释的工作流程

往伴随断面波、绕射波等的出现。特殊波的出现一方面使剖面特征复杂化,另一方面也是确定断层的重要依据。

2) 典型构造解释

（1）不整合

不整合是地壳升降运动引起的沉积间断,研究不整合现象对研究沉积历史具有重要意义。不整合分为平行不整合与角度不整合两种。

① 平行不整合的特点是上、下构造层之间存在侵蚀面,但产状一致,这种不整合在地震剖面上不易识别。但是由于不整合面长期受风化剥蚀而凹凸不平,在水平叠加剖面上往往产生一些弯曲界面反射波或绕射波;又因不整合面上、下波阻抗差较大,故产生的反射波振幅较强,这些特点可用来识别平行不整合。

② 角度不整合表现为 2 组或 2 组以上视速度有明显差异的反射波同向轴同时存在,这些同向轴沿水平方向逐渐靠拢合并。不整合面以下的反射波相位依次被不整合面以上的反射波相位代替,以致形成不整合面下的地层尖灭,在尖灭处也常出现绕射波。不整合面反射波的波形、振幅是不稳定的。地震剖面上显示（图 5－32）,孔店组与下伏中生界为角度不整合接触关系,不整合面表现为中-强振幅反射。

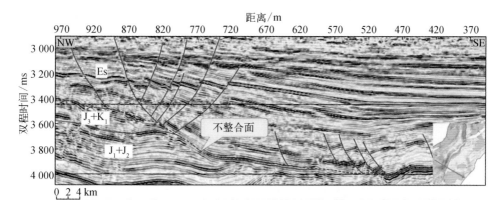

图 5－32　不整合面地震解释剖面（董政等, 2018）

（2）超覆、退覆和尖灭

超覆和退覆发育于盆地边缘或斜坡带。超覆是水侵发生时新地层依次超越下面老地层、沉积范围大而形成的;退覆则是水退时新地层的沉积范围依次缩小而形成的。在地震剖面上它们都同时存在几组互相不平行而逐渐靠拢合并和相互干涉的反射波同向轴。不同的是,超覆时不整合面之上的地层反射波相位依次被不整合面的反射波相位代替。图5-33为登娄库组底界面与下伏地层反射呈微角度斜交,表现为超覆特征;退覆则是不整合面以上的上覆地层内部,较新地层的反射波相位依次被下伏的较老地层反射波相位代替。时间剖面上超覆点和退覆点附近常有同向轴分叉、合并现象。

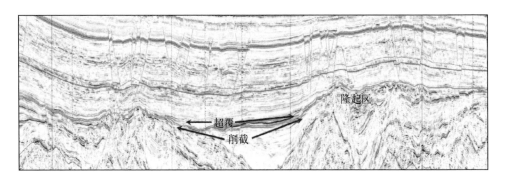

图5-33　地震剖面上登娄库组超覆构造特征（刘淑芬等，2014）

尖灭是指岩层的沉积厚度逐渐变薄以至消失,一般可分为岩性尖灭、超覆尖灭、退覆尖灭、地层尖灭等。在地震剖面上的表现形式也是同向轴的合并靠拢、相位减少。

（3）古潜山

褶皱变形、断裂运动、地块升降、风化溶蚀等各种改变地貌的作用都可造山。盆地沉积盖层所覆盖的基岩山为潜山,它可能是盖层沉积前的基岩山被盖层覆盖而成的原生潜山,也可能是表面已遭剥蚀的平坦基岩经盖层沉积覆盖后受褶皱断裂作用形成的基岩凸起的后生潜山。

从成因上,潜山可分为侵蚀潜山、断块潜山、褶皱潜山、隆起潜山等。

① 侵蚀潜山。由于岩性结构不均和构造破坏程度不同,不整合面下基岩经风化溶蚀而出现差异侵蚀所成的山丘被覆盖称为侵蚀潜山。残留凸起处成山,周围蚀凹处成谷,后被盖层超覆,属原生潜山,如图5-34(a)(b)所示。

② 断块潜山。断块潜山是指断层切割的基岩块体在抬升中不断遭受剥蚀,抬升又慢于盖层沉积而被超覆掩埋成的潜山。盖层从谷到顶逐渐变新,而后仍可持续抬

升,属同生潜山[图 5 - 34(c)];或基岩经剥蚀被盖层覆盖时还未切断,而是在盖层沉积后断裂,不整合面与盖层层面平行并共同随基岩块体一起抬升倾斜,属后生潜山[图 5 - 34(d)]。

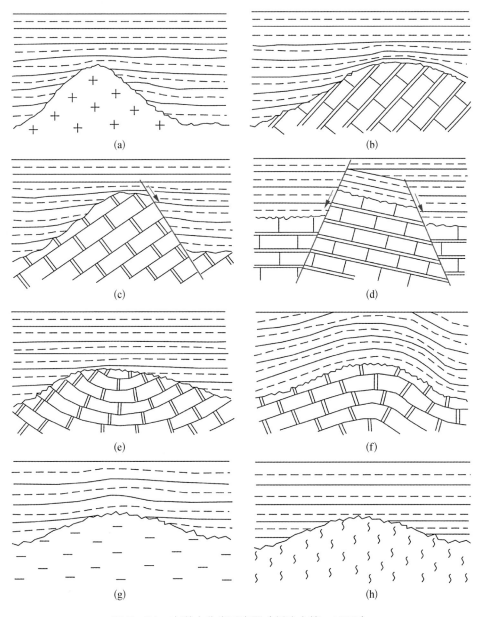

图 5 - 34　古潜山分类示意图（刘建中等，1999）

③褶皱潜山。基岩层褶皱时不断遭受剥蚀,上升又慢于盖层沉积而被超覆掩埋成潜山,属同生潜山[图5-34(e)];或基岩经剥蚀被盖层覆盖时还未褶皱,而是在盖层沉积后褶皱变形,不整合面与盖层层面平行并共同随基岩一起褶曲,使褶皱形成的背斜顶、翼部盖层厚度相近,形成披覆覆盖,属后生潜山[图5-34(f)]。

④隆起潜山。隆起潜山是指持续上升和早已上升而遭受长期剥蚀的隆起被覆盖形成的潜山,如图5-34(g)(h)所示。

(4)冲断带

在地质上,冲断是指某一地壳单元掩盖在另一地壳单元上的逆冲运动,如冲断断裂作用。逆冲断层是一条在其大部分延展范围内倾角小于或等于45°的断层,其上盘相对于下盘向上运动,水平挤压缩短是其主要特点。典型的逆冲断层或逆掩推覆体如图5-35所示,图中表示的是榆木山南部地区发育的上地壳双重构造,具有向北仰冲的叠瓦状逆冲推覆构造特征。

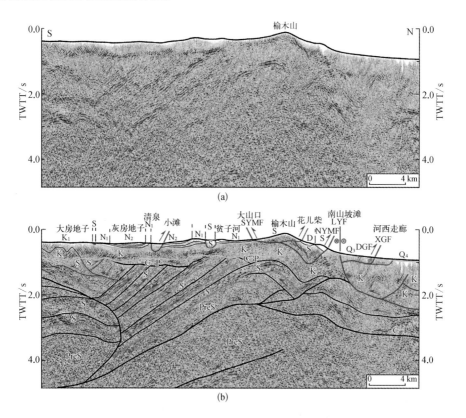

图5-35　榆木山逆冲推覆构造在深地震反射剖面上的构造特征(陈宣华等,2019)

（5）花状构造

花状构造是与走滑（扭）断裂相对水平运动相伴生的构造样式。根据其在剖面上的特征可分为正花状构造和负花状构造。走滑断裂是指地壳在扭应力或剪切应力场作用下，断层两盘做相对水平运动产生的断裂。

正花状构造一般与压扭性走滑断裂伴生，在走滑断裂上部形成背形构造。背形构造轴部有时会发育一系列倾角较陡的小型分支扭断裂，且向外散开形成扭断层组，具有逆断层性质，向深部合并、变陡，插入基底，构成扭断层束的骨干。此外，花状构造与基底不协调，向下背形构造变缓，至深处基岩面一般为翘倾或平缓的断块。图5-36 为正花状构造典型剖面，图中驾掌寺断裂表现为正花状构造，在剖面上切穿基底、古近系沙河街组和东营组地层。

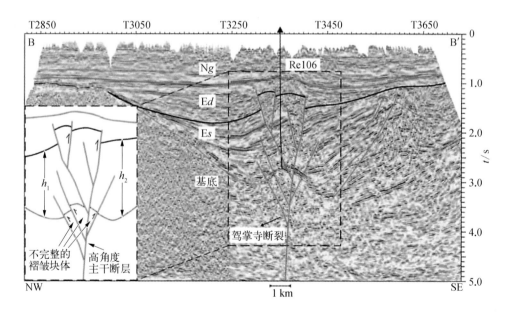

图 5-36   辽河盆地东部凹陷正花状构造（李思伟等，2014）

负花状构造一般与张扭性走滑断裂伴生，在走滑断裂上部形成向形构造。其他特征与正花状构造一致，被走滑断裂分开呈向内倾斜。有时花状构造发育不全，在形态上不对称，一系列小的扭断层只朝主干断裂一边散开，形成不对称倾斜断块。图5-37 为负花状构造典型剖面，其中驾掌寺断裂表现为负花状构造，在剖面上切穿基底、古近系沙河街组和东营组地层（李思伟等，2014）。

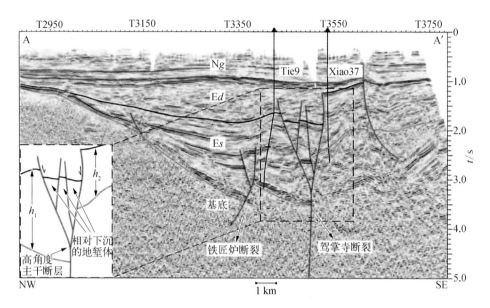

图 5-37　辽河盆地东部凹陷负花状构造（李思伟等，2014）

3）地震构造图的绘制

地震构造图是一种以地震资料为依据绘制的平面图件，用等深线（或等时线）及其他地质符号（如断层、超覆、尖灭等）直观表示出地下某一地质层位的构造形态，是地震勘探的最终成果之一，也是提供钻探井位的重要参考资料。因此，绘制地震构造图是地震资料解释中一项十分重要的内容。

根据等值线参数的不同，地震构造图分为等 t_0 构造图和等深度构造图。等 t_0 构造图可由解释后的时间剖面数据直接绘制，在地质构造比较简单的情况下可以反映构造的基本形态；等深度构造图中的深度通常是铅垂深度或真深度，直接用于勘探井位设计。

（1）构造图层位的选择

一张构造图只能反映地下某一地质层位的构造特征。地震剖面上的反射界面有很多，只需要在地震构造图上将有用的地震反射界面绘制出构造图。因此，必须根据勘探目的对构造图层位进行选择。选择构造图层位的原则是：① 紧密围绕寻找有利热储层或热储构造的地质勘探任务，最好选择能够严格控制热储的目标层位。② 能够代表某一地质年代的主要地质构造特征。③ 具有良好的地震反射特征，是可在全区连续追踪对比的标准层。

（2）构造图的规格和要求

为了便于对最终构造图的分析、对比和解释,提交的构造图必须具有统一的规格和要求。具体包括以下内容:① 图名、比例尺、图例及说明、制图单位、制图时间等要齐全。② 构造图四边的经纬度,图中钻井井位、重要地物等要标注齐全。③ 对于二维探区要标明测线号,测线端点、交点、转折点的桩号;新老测线要用不同的颜色或符号区分开。④ 标明断裂系统的各个断层名称、断层的升降盘方向、断点的落差或尖灭、超覆点的位置等,断点一般用红色表示。⑤ 为使构造图醒目明了、读图方便,要求等值线每隔若干条加粗一条。

构造图上常用的符号如图 5－38 所示,生产实践中常用的构造图比例尺、等值线距见表 5－4。

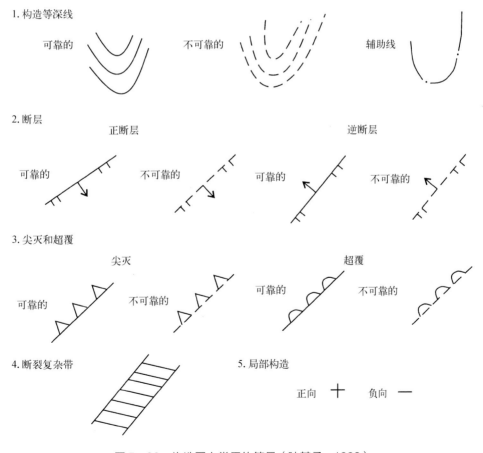

图 5－38　构造图上常用的符号（陆基孟, 1993）

表5-4   构造图比例尺及等值线距

勘 探 阶 段	比 例 尺	等值线距/m
面积普查	≤1∶200 000	100 或 200
面积详查	1∶100 000 或 1∶50 000	50 或 100
构造精查细测	1∶50 000 或 1∶25 000	25 或 50

（3）绘制构造图的主要步骤

目前构造图的绘制都采用人机交互解释系统来完成，即将工作站解释好的层位数据直接传输到计算机的绘图系统，解释人员利用工作站的专用绘图软件来实现构造图的输出。绘制构造图的基本步骤主要包括绘制测线平面位置图、确认检查地震剖面解释的可靠性、取数据、勾绘断裂系统图、勾绘等值线等步骤。

① 绘制测线平面位置图。根据勘探区内的测量数据按绘图比例尺展布在底图上，要求详细标明测线的起止桩号、测线号、测线拐点桩号、测线交点桩号，重要的地名、地物、已钻井的井位及经纬度等。

② 确认检查地震剖面解释的可靠性。检查的内容包括所追踪的标准层的层位、数目是否符合地质任务的要求；追踪对比的各解释层位是否合理可靠、是否闭合；断层是否准确，断点和断层面的确定是否有充分的依据，断层标志是否清楚；反射层、超覆、尖灭点的确定是否合理可靠；深浅层之间及相邻测线之间的解释结果有无矛盾等。

③ 取数据。所谓取数据，对同一张构造图来说，就是取同一标准层的有关数据。在经过解释的时间剖面或深度剖面上，对所选定的作图层位按一定距离读取 t_0 值或深度值，所取点在图上要分布均匀、有足够的数量，能控制该层的构造形态。如在 1∶50 000 的构造图上的点间隔一般为 500 m，同时将断点位置、落差、尖灭点等数据标注在测线位置上，剖面上的特征点应加密取点。断层点按规定的符号用红色表示。

④ 勾绘断裂系统图。这是为绘制构造图的等值线"搭框架"的工作。断点平面组合不准确将会影响构造形态的正确性。按照断点平面组合的一般原则完成断点平面组合后应该认真检查，如连接后的断裂系统是否具有一定的规律性、相同断裂在不同测线上能否闭合，并分析平面图上出现的孤立断点的个数及其落差的大小。总之，

要做到平面—剖面—平面相结合,各种资料相配合,准确合理地勾绘断裂系统图。

　　⑤ 勾绘等值线。在断裂系统组合好后,在标注齐全的平面图上开始进行等值线的勾绘工作。勾绘等值线所遵循的一般原则是从易到难,从简单到复杂,由低到高或由高到低,先勾出大概轮廓,再考虑构造的细节,逐渐使之丰富、完整。在断裂复杂地区,勾绘等值线时,既要从数据出发又不拘泥于个别数据,考虑一般地质规律,将数据、构造特点密切结合,反复认识,合理勾绘。

　　(4) 构造图的解释

　　构造图上等深线的延伸方向就是界面的走向,垂直走向由浅到深的方向则是界面的倾向。等深线之间的相对疏密程度标志着界面倾角的大小。相邻等深线线距较小,反映界面真倾角较大;反之,相邻等深线线距较大则说明界面真倾角较小。例如,图5-39为一背斜构造图,东北翼构造等深线密而西翼稀疏,反映东北翼倾角陡而西翼平缓。

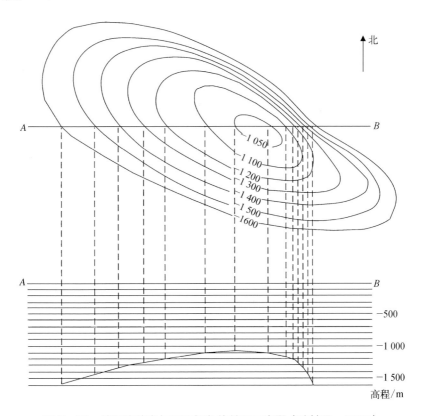

图 5-39　等深线疏密与界面倾角的关系示意图 (陆基孟, 1993)

　　在构造图上，倾伏的背斜或向斜表现为环状圈闭的等深线。若深度小的等深线位于环状圈闭的中心，则为背斜构造；若深度大的等深线位于环状圈闭的中心，则为向斜构造。最外一条等深线圈出构造的闭合面积。三面下倾一面敞开的等深线反映的是鼻状构造，如图 5-40 所示。单斜表现为一系列近于平行的直线，等深线由高到低的方向为单斜的倾向。

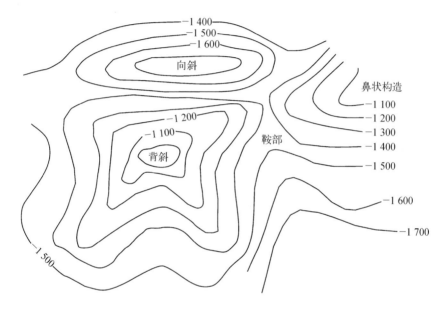

图 5-40　几种主要构造的等深线特点［图中的数据
为高程（m）］（陆基孟，1993）

　　构造等深线不连续的部位反映的是断层，并且可以从构造等深线间的关系和断层两盘投影之间的关系来分析断层的性质。具体讨论如下。

　　① 断面倾角。直立断层在构造图上表现为一条断层线，而倾斜断层在构造图上表现为两条互相平行的断层线，如图 5-41 所示。

　　② 断层性质。上、下两盘断层线间出现空白的为正断层；上、下两盘断层线间等深线重叠的为逆断层，如图 5-42 所示。

　　③ 断层间的相互关系。构造图上如果出现两组以上不同方向的断层，则可根据断层的切割关系判断断层形成的先后次序。其中，被切割的断层为早期形成的断层，被限制的断层往往为晚期的新断层。若两条断层同时形成，则被限制的一般是小断层，如图 5-43 所示。

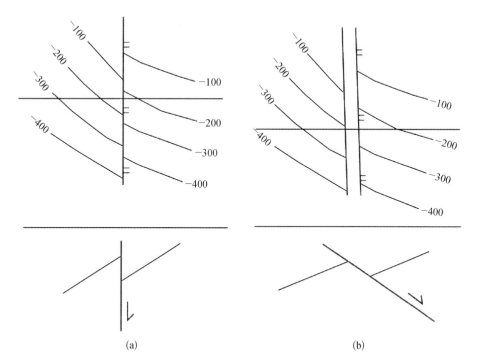

图 5-41　直立断层（a）和倾斜断层（b）的断层线 [图中的
数据为高程（m）] （陆基孟，1993）

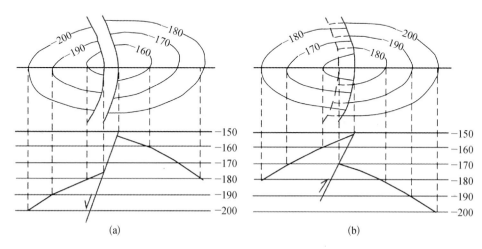

图 5-42　正断层（a）与逆断层（b）的断层线 [图中的数据
为高程（m）] （陆基孟，1993）

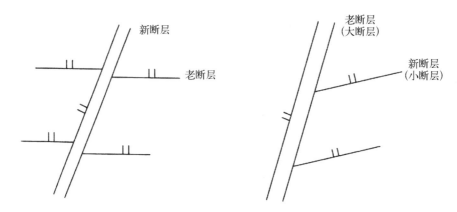

图5-43 新、老断层的切割关系（陆基孟，1993）

④ 断层与地层间的关系。超覆和尖灭在构造图上都表现为标准层向某方向的缺失，一般用特殊符号标出它们的性质（图5-38）。超覆符号或尖灭符号中的小圆弧及小三角所指的方向就是标准层缺失的方向。当有多层构造图时，可以用多层构造图的闭合来判断地层间的关系。图5-44所示为相邻两层构造图的叠合。从图上可以明显看出两个界面之间为角度不整合关系，而且第2层往北不整合尖灭。

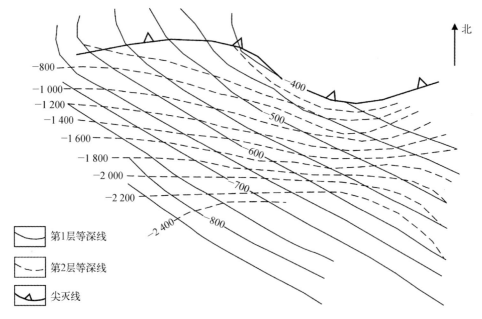

图5-44 用多层构造图的叠合分析地层之间的关系［图中的
            数据为高程（m）］（陆基孟，1993）

3. 地震资料的沉积解释

地震资料的构造解释是地震勘探的主要工作,也是进行地层、岩相和岩性解释的基础。地震资料的沉积解释作为地震资料解释的一部分,本节将单独予以介绍,目的是使读者在掌握地震资料构造解释基本技能的前提下,进一步更好地利用地震资料进行沉积学方面的解释。

地震资料的沉积解释是一个很年轻的、正在发展的地学分支,它所包含的内容正在不断充实,出现了许多新的专业术语和分支学科。从目前的发展状况看,可以分为地震地质学、地震岩性学和层序地层学。概括起来,地震资料的沉积解释可归纳为以下三方面。

(1) 层序分析。通过划分地震层序,标定地震反射层与地质层位的关系进而划分和对比沉积层序,在弄清地层横向分布规律的基础上,建立盆地内层序地层格架。

(2) 沉积体系分析。主要利用地震剖面反射结构、外形等多项参数,确定地震相类型与分布,结合已有的钻井和测井资料,将地震相转换为相应的沉积相和沉积体系。

(3) 岩性分析。主要通过研究单个地震反射层振幅、频率、速度和波形等地震信息,以及与岩性和储层的关系,来预测储层的厚度大小、横向变化和储层性质。

1) 地震层序划分

沉积层序是指一个地层单元,“它由一套整一的、连续的、成因上有联系的地层组成,其顶底是以不整合或与之可对比的整合面为界”。在地震剖面上识别出的沉积层序就被称为“地震层序”。从沉积层序的定义中可知,划分地震层序的关键是识别不整合面和追踪与之相应的平行不整合或整合。

在图 5-45 中,界线 A、B 之间为一个地震层序。由左往右,界线 B 两边沉积的地层由不整合过渡到整合,界线两边地层的接触关系则为不整合—整合—不整合。图 5-45(b) 表示了图 5-45(a) 中地层剖面存在的沉积间断的情况,纵坐标代表地质年代时间,层序年龄反映了层序中从最老到最新的沉积之间的全部顺序。

地震层序是以地震剖面为基础,以层序边界不整合面和与之对应的整合面为界的、可以对比的相对整一的地震反射单元。划分地震层序首先就是要识别限定地震层序的界面。按照层序定义,层序之间的接触关系有三大类:整合、侵蚀不整合或构造不整合、沉积间断与不协调。划分地震层序的关键是确定代表层序边界的不整合

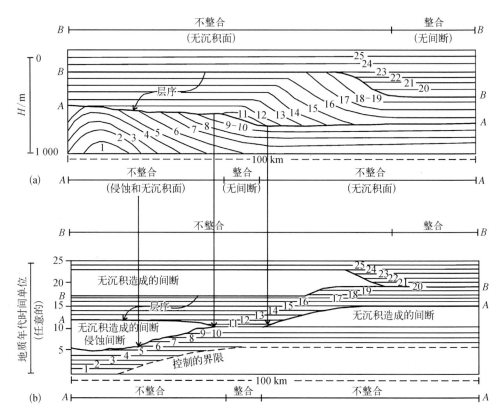

（a）地层几何体，显示不整合面 A 和 B 之间的三个层序；（b）对应的相同层序列的年代地层图

图 5-45　沉积层序的基本概念（孙家振等，2002）

面和与之对应的整合面，在地震剖面上，主要依据反射层特征来确定不整合面的位置，并进一步追踪与之对应的整合面。

　　为了正确划分地震层序，建立有代表性的层序地层格架，选择地震剖面时一般应遵循以下原则。

　　（1）选择地层发育齐全、厚度大而又能延续到盆地斜坡上的区域大剖面作为划分层序的基础，这有利于识别反射终止特征和追踪不整合。为了与钻井资料进行对比，尽量选择过井剖面。

　　（2）选择构造现象简单的剖面，避开构造复杂区。为了更好地识别层序和体系域，应尽量选择与主水流方向平行的、前积结构清楚的剖面，这些部位往往是盆地中沉积作用最活跃的地区。

（3）以垂直沉积走向的剖面为主,辅以平行沉积走向的剖面,提高地震层序纵向上划分和横向上对比的可靠性,以便在三维空间内落实各层序的分布。

（4）利用特征突出、可大范围追踪对比的地震波组作为控制界面,在地震剖面上尽可能详细地识别各种不整合关系及其限定的层序,并组合成较高级次的层序组。

（5）以质量较好、地层发育齐全的主干地震剖面为基准,确定划分方案,然后推广对比到地震资料较差的工作区。

2）地震相分析

地震相分析是地震地层学的核心,地震相是由特定的地震反射参数所限定的三维空间地震反射单元,是特定的沉积相或地质体的地震响应。实际工作中常用外部形态、内部结构、连续性、振幅、频率、波形和层速度等参数用于区分不同的地震相和作为命名地震相的依据。地震相分析就是根据一系列地震反射参数确定地震相类型,并解释这些地震相所代表的沉积相和沉积环境。

（1）地震相参数

地震相参数是识别地震相的标志。在区域地震相分析中,最常用的标志包括外部形态、内部结构、连续性、振幅、频率、层速度等。这些地震相参数的一般地质解释如表 5-5 所示。

表 5-5　地震相参数与地质解释

地震相参数	地 质 解 释
内部反射结构	总的岩层模式、物源方向、沉积过程、侵蚀作用、古地理及流体界面
外部几何形态	总的沉积过程、物源方向、地质背景
反射连续性	地层连续性、沉积过程
反射振幅	地层岩性、地层厚度、地层结构、流体成分
反射频率	地层厚度、流体成分
层速度	岩性、孔隙度、流体成分

（2）地震相的地质解释

地震相的地质解释就是解释地震相所反映的沉积环境,把地震相转为沉积相,因此也称为地震相转相。常用的地震相编图方法是选择最能代表地震相特征和最能反

映沉积特征的主参数编图。根据其分布范围标注在同一张图上，再把不同部位不同
参数命名的地震相，如斜交前积相、丘形相、强振幅连续反射等地震相放在同一张图
中，将相同地震参数勾绘在一起就是该层序的地震相图[图 5-46(a)]。绘出地震相
图后，下一步便是如何将地震相图转为沉积相图[图 5-46(b)]，这是地震相分析的
关键。

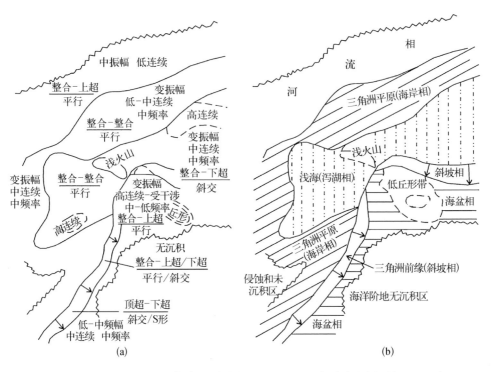

图 5-46　地震相平面图（a）和转换的沉积相平面图（b）（孙家振等，2002）

　　在地震相转换为沉积相的过程中，由于地震相的地震参数比较多，而作为解释结
果沉积相的控制因素也有很多。因此，某些地震相的解释结果不是唯一的，使得解释
人员一般不能轻易得出解释结论。由于地震相解释的复杂性，地震相转换为沉积相
时一般采用以下步骤。

　　① 首先解释具有特殊反射结构和外形的地震相，它们往往代表盆地中的骨架沉
积相，如楔形地震相、前积地震相、充填状地震相等。

　　② 先分析已钻井区或过井剖面，确定地震相所代表的沉积相。

　　③ 以盆地类型、边界条件、古地理位置与环境，以及相应的沉积相模式和沉积体

系展布规律为指导,结合地震相的组合关系,恢复盆地内沉积体系类型及展布特点,这对勘探初期无钻井区地震相转换尤为重要。

总之,在地震相转换为沉积相的过程中,熟悉各种沉积相类型、沉积体系的分布特征,以及它们形成的沉积环境,对于提高地震相解释水平是极为重要的。

5.4　地震勘探技术在地热勘查中的应用情况

为探明南华北盆地太康隆起西部地区(以下简称研究区)深部地层结构及隐伏断裂分布情况,在河南省尉氏县开展了地震勘探工作。探测结果精细地标定出了新近系热储层底界和奥陶系热储层顶界的构造形态和埋深,解释出 5 条断裂,这些成果的准确性在后期地热钻探中得到了验证。

5.4.1　地质背景与物性特征

1. 地质背景

研究区位于河南省中部,大地构造处于南华北盆地次级构造单元太康隆起。太康隆起整体呈 NWW 向带状展布,夹持于北部济源-开封凹陷与南部周口凹陷之间,东西长约 220 km,南北宽约 70 km,面积约为 1 600 km²,其构造格局及地层保存等多受秦岭-大别造山带南北向挤压作用的影响(徐汉林等,2003)。研究区地层属于华北大区豫东平原分区中的濮阳-开封地层小区,地表均被第四系所覆盖,覆盖层之下发育新近系、三叠系、石炭-二叠系、寒武-奥陶系,以及古元古界嵩山群和太古界登封群(河南省地质矿产局,1997)。

研究区面积约为 300 km²,整体处于太康隆起次级构造单元砖楼凹陷中(图 5-47)。根据前人的研究成果,将砖楼凹陷划分为 3 个次级构造单元,分别为北部斜坡带、中部鼻状构造带和薛店-尉氏南次凹带。北部斜坡带以中牟-开封断裂为界,与济源-开封凹陷相邻,南与中部鼻状构造带相接(张交东等,2017)。由于受 NWW 向中牟-开封断裂控制,整体由南向北埋深逐渐增大,呈现"南薄北厚"的特点。研究区大部分位于中部鼻状构造带内,南以冯堂断裂为界,与薛店-尉氏南次凹带相邻。薛店-尉氏南次凹带整体呈 NWW 向展布,南以新郑断裂为界,与鄢陵凸起相接(刘志龙等,2020;邵炳松等,2021)。

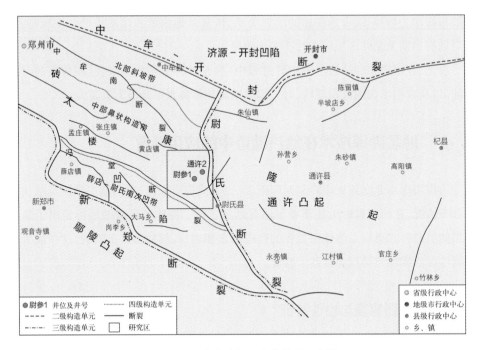

图 5-47 太康隆起西段构造单元划分

2. 物性特征

地震勘探资料表明（表 5-6），新近系的平均密度为 2.28 g/cm³，平均速度为 2 000 m/s，新近系底界面（T_N波）存在明显的波阻抗差异，反射能量强且稳定，全区

表 5-6 豫东地区地层物性特征统计表（李文勇等，2004）

地　　层				主要岩性	地震反射层参数		
界	系	组	代号		平均密度 /(g·cm⁻³)	平均速度 /(m·s⁻¹)	波阻抗 /(kPa·s⁻¹)
新生界	第四系		Q	黏土、砂质黏土	1.90	1 800	34.2
	新近系	明化镇组	N_2m	中细砂岩、泥岩	2.28	2 000	45.6
		馆陶组	N_1g	中粗砂岩、泥岩			
	古近系	东营组、沙河街组	$Ed+Es$	泥岩、砂质泥岩	2.37	3 500	82.9
		孔店组	Ek	泥岩、粉砂岩			

续表

地　　　层				主要岩性	地震反射层参数		
界	系	组	代号		平均密度 /(g·cm⁻³)	平均速度 /(m·s⁻¹)	波阻抗 /(kPa·s⁻¹)
中生界	侏罗－白垩系		J－K	泥岩、砂岩	2.51	4 300	107.9
中生界	三叠系		T	粉砂岩、泥岩	2.54	4 500	114.3
古生界	石炭－二叠系		C－P	中细砂岩、泥岩	2.52	4 950	124.7
古生界	寒武－奥陶系		Є－O	白云质灰岩、泥质灰岩	2.67	6 200	165.5
元古界			Pt	石英岩、石英片岩	—	—	—
太古宇			Ar	片麻岩、变粒岩	—	—	—

可连续追踪;古近系的平均密度为 2.37 g/cm³,平均速度为 3 500 m/s,古近系底界面(T_E波)能量时强时弱,可连续追踪;三叠系的平均密度为 2.54 g/cm³,平均速度为 4 500 m/s,T_P波能量时强时弱,在凸起部位往往尖灭而被 T_g波置换;寒武－奥陶系的平均密度为 2.67 g/cm³,平均速度为 6 200 m/s,T_g波呈多相位、低频率、强能量显示,全区可连续追踪。

5.4.2　地震勘探野外工作方法

1. 测线布设

研究区共布设二维地震勘探测线 2 条(图 5－48),其中主测线(DZ01)垂直于区域性主干构造,测线方向为 NNE,联络测线(DZ02)与主测线(DZ01)斜交。地震勘探测线全长 16.24 km,测线上物理点有 406 个,加上 30 个试验物理点,全区物理点总计 436 个。

2. 仪器设备

地震勘探数据采集采用了法国 Sercel 公司生产的 428XL 型数字地震仪,有线遥测系统地面设备为 408UL 型,428XL 型和 408UL 型均属 Sercel 400 系列遥测地震数据

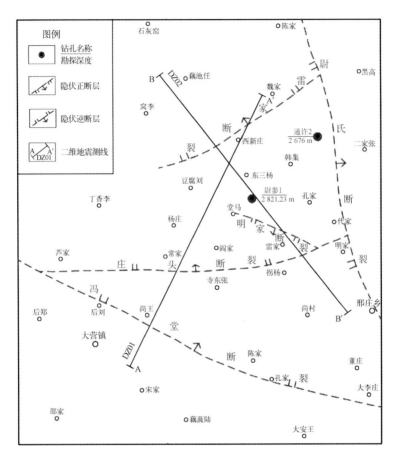

图 5-48　研究区地震勘探剖面位置示意图

采集系统,地震勘探设备仪器见表 5-7。428XL 型数字地震仪具有性能稳定、动态范围
大、采样率高、记录频带宽,以及信号实时相关叠加等特点,能够最大程度保证采集得到
的地震数据信息准确,能显著提升勘探工作的作业效率,适于复杂环境下的地震勘探
数据采集。

表 5-7　地震勘探设备仪器一览表

序号	仪器名称	型号	数量	使用年限	备　注
1	地震仪器主机	428XL	1 套	6	使用道数为 1 000 道
2	采集站（FDU）	408UL	600 套	6	与检波器互为一体

续表

序号	仪器名称	型号	数量	使用年限	备　注
3	电源站(LAUL)	408UL	10 套	6	
4	交叉站(LAUX)	408UL	2 套	6	
5	检波器	自然频率为 60 Hz	600 串	6	与采集站互为一体
6	采集链	408UL	150 根	6	一根采集链上有 6 套采集站

1）地震仪

428XL 型数字地震仪采用客户/服务器结构（图 5-49），强大灵活的网络协议使中央记录单元带道能力大幅度增强，一台测线控制接口盒(LCI)的实时采集能力为 10 000 道/2 ms，其实时数据处理能力也比较强大。

图 5-49　428XL 型数字地震仪

2）有线遥测系统地面设备

408UL 型有线遥测系统地面设备包括采集站(FDU)、电源站(LAUL)、交叉站(LAUX)和数量不等的检波器（图 5-50）。采集站(FDU)为 24 位 A/D 转换的单道站，采集站之间的间隔最大可达 75 m。在 2 ms 采样,25 ℃时,其瞬时动态范围为130 dB,畸变为-110 dB,共模抑制比为 110 dB;电源站(LAUL)为 48 V 测试电源,执行采集站与测线之间的管理与供电功能。采集站和电源站之间的最大道数取决于采集站之间的道间距和采样率;交叉站(LAUX)具有数据传输和路径选择功能,使用标准电缆传输时,交叉线上电源站之间的间隔可达 300 mm;检波器是一种将机械振动转化为电信号的传感器,其机电转换是通过线圈相对磁铁往复运动而实现的,因此也称为速度检波器。

(a) 采集站(FDU)   (b) 电源站(LAUL)

(c) 交叉站(LAUX)   (d) 检波器

图 5-50   408UL 型有线遥测系统地面设备

3. 开工前试验

1) 试验目的

了解研究区的地震地质条件、干扰波及有效波具体的发育表现,选取合适的接收及最佳激发条件,明确高效实现地质任务相关的基本工作方案及最佳施工参数值。

2）试验内容

（1）排列选择

为保证深部资料的获取，选择道间距为 20 m，偏移距为 0 m，最大炮间距为 40 m，同时考虑检波器接收排列通常为目的层埋深的 1.5 倍（目的层水平情况下），因此，采用 300 道接收排列，炮点在 150 道位置的非对称中间放炮（考虑地质体倾向变化）。

（2）井深试验

井深试验时，接收排列为单边、零偏移距的 300 道接收。试验药量定为 5 kg，分别进行 10 m、12 m、14 m、16 m、18 m、20 m 单孔井深的试爆，炮点位置在同一桩号，横向偏移 5 m。

从图 5-51 中可以分别看出初至波和深部的反射波。初至波分布于 0~0.8 s 以上的三角区域，频率较高，基本覆盖了整个记录，为主要干扰波；多次反射波分布于初至波下部，能量弱于初至波，频率较低，主频为 60 Hz。对比六幅频谱图，单孔井深 20 m

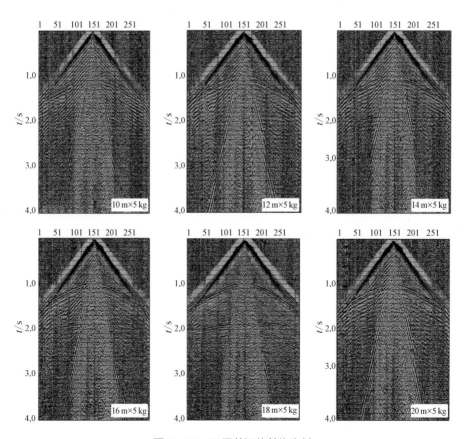

图 5-51　不同井深的单炮资料

的炮集相对于其他井深而言,反射波能量最强。因此,选择单孔生产井深为 20 m。

（3）药量试验

固定井深为 20 m 后分别进行 3 kg、4 kg 和 5 kg 药量对比试验,试验原始炮集如图
5-52 所示。其中 5 kg 炮集能量最强,反射波最为清晰,因此选择 5 kg 药量激发。

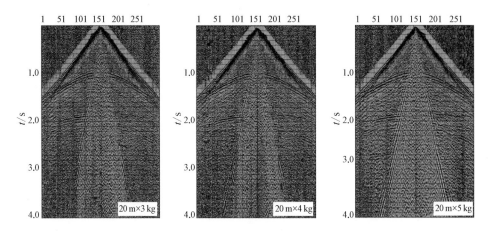

图 5-52　不同药量的单炮资料

（4）检波器安置方式

研究区大部分位于农田中,给检波器安插带来了较多便利。但由于研究区内村
庄较多,乡间公路密集,这也给检波器的安置带来了一定困难。鉴于以上条件限制,
在无法安插检波器的区域,采用远距离培土安插检波器的方法,尽量夯实,使检波器、
泥土形成较好的耦合,然后再用泥土掩埋检波器以压制风的干扰。

4. 观测系统

针对试验区的地震地质条件和施工难点,本次开工前试验工作紧紧围绕地质目标
体,以突破信噪比为主攻方向,最终确定了本次地震勘探的数据采集参数,见表 5-8。

表 5-8　深地震反射采集参数

内　　容	主　要　参　数
仪器型号	428XL 型数字地震仪
前放增益	12 dB
低截滤波	不加滤波

续表

内　　容	主　要　参　数
高截滤波	不加滤波
记录道数	300 道
检波器型号	60 Hz
检波器组合	一串 4 个(2 串 2 并)
记录格式	SEG - D
记录长度	6 s
采样率	1 ms
道间距	20 m
炮间距	40 m
最小偏移距	5 m
最大偏移距	3 000 m
排列方式	线性排列,中点激发
叠加次数	75 次
激发类型	炸药
炮井深	20 m
药量	5 kg

5.4.3　地震数据处理研究

1. 地震数据处理及流程

　　地震数据处理以"三高"(高分辨率、高信噪比、高保真度)为处理原则与目标,充分借鉴以往研究区地震资料处理经验,针对地质任务及处理要求,结合本区地震资料特点,采取针对处理技术,设置关键质量监控点,确保资料成像品质。研究区地震数据处理流程及参数见表 5 - 9。

表5-9 研究区地震数据处理流程及参数

序 号	处 理 流 程
1	输入 SEG-D 数据并输入 SEG-Y 数据
2	定义二维观测系统,面元大小为 10 m×20 m
3	道编辑,重采样为 1 ms
4	带通滤波,15-20-110-115
5	全偏移距初至波拾取
6	层析静校正,替换速度为 2 000 m/s,基准面高程为 100 m
7	球面扩散补偿和地表一致性振幅补偿
8	地表一致性反褶积,算子长度为 200 ms
9	速度分析,间隔 40CMP
10	剩余静校正,自动剩余静校正
11	叠后 $f-x$ 域随机噪声衰减(RNA)技术
12	DMO 偏移处理
13	叠后偏移

2. 资料处理主要技术

1)预处理

预处理是空间属性的建立,涵盖数据解编、观测系统定义、道编辑等多项处理操作,是数据处理中非常关键的基础工作。

（1）数据解编

严格参考野外采集相关的记录格式要求,检测相应的地震数据,然后按照时序变化将其转变为道序数据,基于炮和道顺序的变化将得到的地震记录完整保存下来。

（2）观测系统定义

观测系统定义工作是由检波点、炮点及两者的关系构成的,在野外文件号及道号作为索引的情况下,为每一地震道赋予准确的炮点及检波点坐标,明确其面元序号及中心点坐标,最终将得到的数据信息都完整记录到观测系统相关的数据库内。

（3）道编辑

经过与原始单炮记录进行对比，将异常炮记录及道记录进行剔除处理，并且完成反极性记录道道相关的校正处理；另外还要认真做好初至切除，既要切除直达波和初至折射波，又要尽可能多地保留浅部反射信息。

2）静校正

由于地表高程及地表低（降）速带厚度、速度存在横向变化，使得由此产生的地震波旅行时差会对信号的叠加效果产生一定的不利影响，致使反射波同向轴信噪比下降、频率降低。因此，应采用合适的静校正方法和参数，消除这种时差，确保叠加剖面的质量。图 5‑53 为折射静校正前、后的单炮记录对比，静校正后被扭曲的初至折射和有效反射双曲线得到恢复。图 5‑54 为折射静校正前、后的叠加剖面对比，从图中可以看出，经折射静校正后同向轴变得平滑且连续性得到改善。

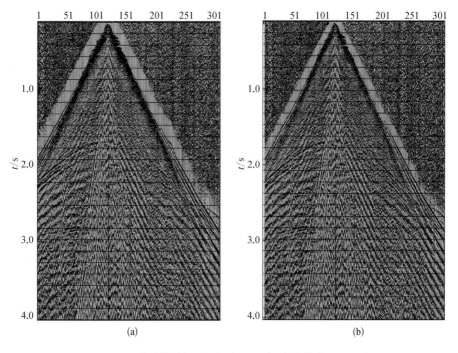

图 5‑53　折射静校正前（a）、后（b）的单炮记录对比

3）振幅补偿

由于大地滤波的作用，地震波在传播过程中会发生能量衰减，尤其高频成分损失严重。除此之外，激发能量差异、检波器耦合差异也会对有效波振幅产生不利影响，

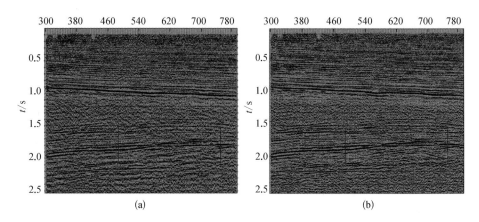

图 5-54　折射静校正前（a）、后（b）的叠加剖面对比

导致接收到的振幅不能真实地反映地下介质的动力学特征及相互差异。因此,本次振幅补偿采用球面扩散补偿和地表一致性振幅补偿两种处理方法,确保地震波能量加以恢复,使得浅、中、深空间能量得到了较好补偿。图 5-55 为球面扩散补偿和地表一致性振幅补偿前、后的单炮记录。

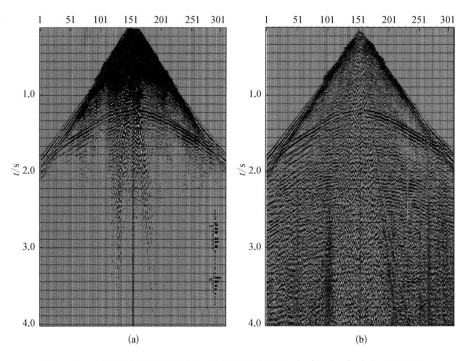

图 5-55　球面扩散补偿和地表一致性振幅补偿前（a）、后（b）的单炮记录

4）反褶积

在地震资料处理中,反褶积能够起到调整子波、展宽频谱、提高地震资料分辨率的目的。由于地震子波在空间上的变化及其波形的不稳定,所以选择合理的反褶积方法,突出有效波组特征是本次处理的关键。

根据研究区采集的资料,叠前采用地表一致性反褶积方法。图 5‑56 为反褶积前、后的单炮记录,图 5‑57 为反褶积前、后的振幅谱对比。由图可以看出,反褶积后分辨率有了明显提升,压缩了子波,展宽了频谱,横向上子波一致性更好。

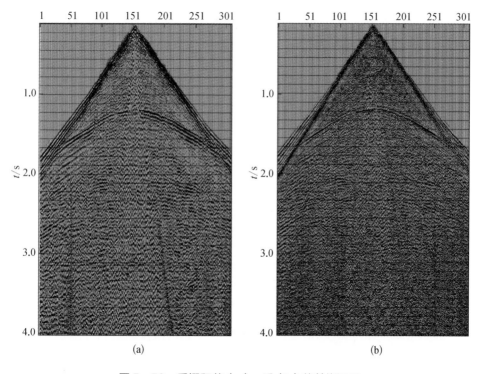

图 5‑56　反褶积前（a）、后（b）的单炮记录

5）剩余静校正和速度分析

本次处理使用处理系统中的实时交互切除和交互速度分析软件,通过自动剩余静校正和速度分析的反复多次迭代处理,最大可能地改善叠加成像效果和速度分析精度。图 5‑58 和图 5‑59 分别为速度谱分析及剩余静校正前、后的叠加剖面,可以看出经过速度分析的多次迭代和剩余静校正后,有效反射同向轴变得更加平滑,反射能量增强。

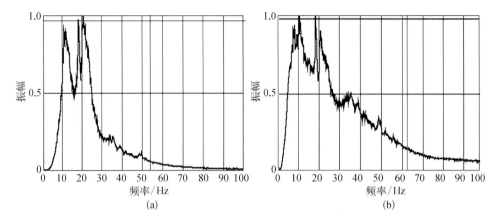

图 5‑57　反褶积前（a）、后（b）的振幅谱对比

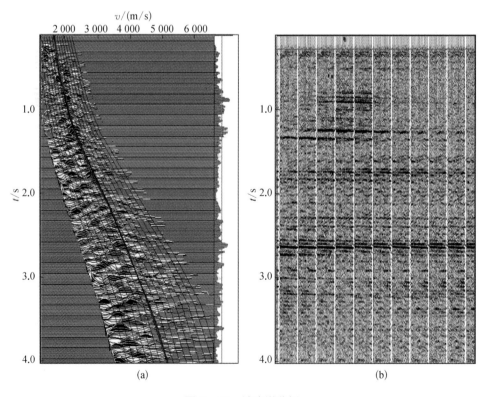

图 5‑58　速度谱分析

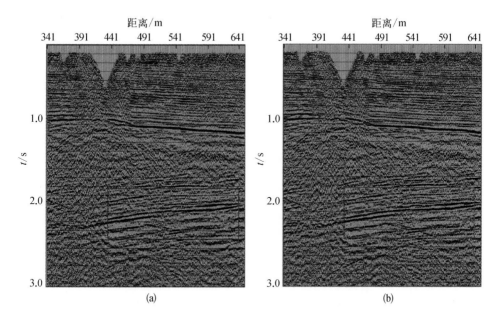

图 5 – 59　剩余静校正前（a）、后（b）的叠加剖面

6）DMO 技术

DMO 技术又称为倾角时差校正技术,主要解决倾斜界面的共反射点发散问题,通过特定的速度分析和倾角时差计算,消除正常时差校正（NMO）无法消除的地层倾角的影响,以实现叠前部分偏移,达到提高剖面叠加质量的目的（梁鸿贤等,2003;王津等,2016）。图 5 – 60 是 DMO 处理前、后的叠加剖面对比,可以看出经过 DMO 处理后,剖面成像质量得到了明显提高。

7）叠后 f - x 域随机噪声衰减（RNA）技术

随机噪声衰减（RNA）技术是叠后提高剖面信噪比的有效手段,它在 f - x 域内,利用反射信号的可预测性,将反射信号与随机噪声分离,起压制线性噪声和随机干扰的作用（Liu et al.,2012;Liu et al.,2013）,去噪后的剖面随机噪声被有效衰减,信噪比明显提高,且波形自然活跃。图 5 – 61 为叠后 f - x 域 RNA 技术去噪前、后的叠加剖面对比,由图可以看出,通过叠后 f - x 域随机噪声衰减（RNA）技术处理后,剖面成像质量得到了明显改善。

8）叠后偏移

叠后偏移采用三维一步法有限差分偏移,偏移所采用的速度是对 DMO 速度进行平滑处理并适当降低不同百分比,通过观察断点和地质构造特征是否合理进行

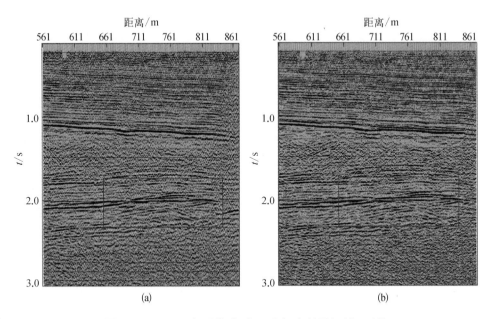

图 5-60　DMO 处理前（a）、后（b）的叠加剖面对比

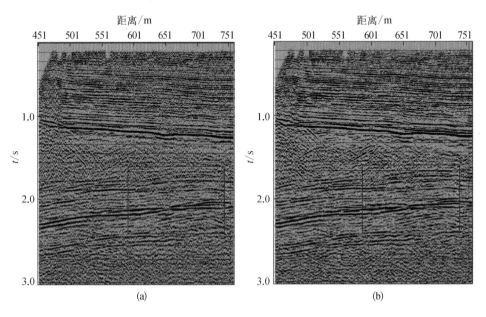

图 5-61　叠后 f-x 域 RNA 技术去噪前（a）、后（b）的叠加剖面对比

调整的。经过偏移后,反射波得到较好的归位,剖面构造形态更加清晰、真实(图 5-62)。

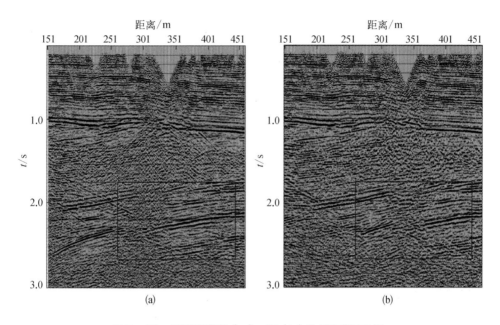

图 5-62　叠后偏移前（a）、后（b）的叠加剖面对比

5.4.4　地震资料解释研究

1. 层位标定和反射波组特征

地震原始数据经室内处理后,得到了可反映地下地质构造特征的地震时间剖面。地震资料解释过程主要是识别地震剖面上的反射波差异,从而判断地下地质构造特征。

（1）层位标定

地震资料解释最先进行的工作就是完成地震结果相关的地质层位标定处理,将深度域地质层位进一步准确映射到时间域相关的地震数据内,构建地质分层及地震数据两者间的准确时-深对应关系,便于凭借地震数据在其横向层面的分辨能力优势来标定地质体详细的空间展布情况,由此查明其变化规律。

本次层位标定的依据主要是研究区内已有的钻孔资料和相关地质资料等。已有钻探成果资料(尉参 1 井和通许 2 井)表明(表 5-10)，研究区 3 000 m 以浅自上而下依次发育第四系、新近系、三叠系、石炭-二叠系和奥陶系，其中二维地震反射时间剖面 DZ2 线 7210 桩点经过尉参 1 井位置，可作为本次层位标定中各层厚度的参考依据。研究区地震波组对比追踪以尉参 1 井分层标定为起始点，开展主测线(DZ01)和联络测线(DZ02)剖面波组的反复横向对比与追踪解释。

表 5-10　尉参 1 井和通许 2 井地层埋深统计表

地层/钻孔编号			尉　参　1　井		通　许　2　井	
界	系	代号	层厚/m	底深/m	层厚/m	底深/m
新生界	新近系+第四系	N+Q	1 175.10	1 175.10	1 266	1 266
中生界	三叠系	T	504.42	1 679.52	468	1 734
古生界	石炭-二叠系	C-P	1 141.71(未穿)	2 821.23	993	2 727
	奥陶系	O	—	—	149(未穿)	2 876

(2) 反射波组特征

根据层位标定和反射波组的特征，全区共追踪了 3 组特征明显的反射波层，分别为 T_N 波、T_P 波和 T_g 波，并确定了它们与地层的对应关系。各反射界面的主要特征详见表 5-11。

表 5-11　反射界面主要特征统计表

反射界面	对应地层界面	反　射　波　组　特　征
T_N	新近系(N)底界	表现为一套高频、高强度振幅、连续性较好的反射波组底界面反射
T_P	三叠系(T)	表现为一套低频、低强度振幅、连续性中等的反射波组底界面反射
T_g	石炭-二叠系(C-P)	二₁煤层形成的反射波能量强，同向轴连续性好，可连续追踪

　　从 DZ01 和 DZ02 测线二维地震反射时间剖面可见(图 5-63 和图 5-64),在双程旅行时 TWT3.0 s 以浅,剖面上可以看到多组反射同向轴,同向轴在横向上显示为以断裂为边界的深部层状结构,清楚地反映了研究区地层倾斜的构造形态特征。本次二维地震勘探所追踪的目标层反射波主要为新生界底界形成的反射波(T_N波)、三叠系底界形成的反射波(T_P波)和奥陶系顶界形成的反射波(T_g波)。T_N波常由 2 个强相位组成,反射能量强,波形稳定,连续性极好,极易追踪。反射界面 T_N 以浅,反射波能量较强,水平成层性较好;T_P波表现为一套低频、低强度振幅的反射波组,连续性中等;T_g波一般以 2~3 个较强相位出现,波形及能量横向变化较大,局部地段能量弱,连续性一般,但基本上可以连续追踪。反射界面 T_g 以深,剖面反射能量弱,成层性差,反映了寒武系、奥陶系。

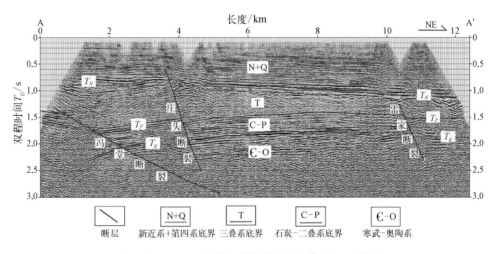

图 5-63　DZ01 测线二维地震反射时间剖面及解释

2. 地层解释

(1) 新近系+第四系(N+Q)

　　通过二维地震资料的解释,反射界面 T_N 反射能量极强,起伏变化不大,反映了新近系的底界面。新近系底界面总体形态为一向北倾的单斜构造,新生界厚度一般为 1 000~1 300 m,地层起伏较平缓,倾角为 5°~10°。该地层岩性以灰黄色砂土,紫红色、棕红色的泥岩与细砂岩为主,夹棕黄色、灰黄色含砾粗砂岩。

(2) 三叠系(T)

　　地震剖面上三叠系主要为一组能量较强、连续性中等、低频率、平行结构的波

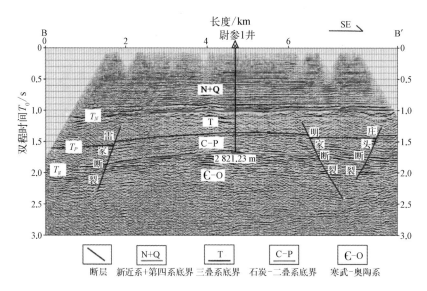

图5-64　DZ02测线二维地震反射时间剖面及解释

组特征,与下伏二叠系为整合接触,其底界面总体形态为一向南倾的单斜构造,厚度一般为400~600 m,倾角为 5°~10°。研究区南部靠近冯堂断裂附近厚度最大,最大厚度可达700 m。该地层岩性以紫红色、棕褐色的泥岩与粉砂岩为主,夹浅灰色细砂岩。

（3）石炭-二叠系(C-P)

地震剖面上 T_p 波能量较强,起伏变化不大,反映了石炭-二叠系的底界面。石炭-二叠系的厚度一般为1 000~1 200 m,为向南倾斜的单斜构造。该地层岩性以灰色、灰褐色、棕红色的泥岩与泥质粉砂岩为主,夹灰色、灰白色的细砂岩、中砂岩及薄煤层。

（4）寒武-奥陶系(Є-O)

据地震勘探成果解释,反射界面 T_g 以深,剖面反射能量弱,成层性差,反映了波阻抗值较高但波阻抗差较小、无法形成连续反射的早古生代地层。据区域地质资料,寒武-奥陶系的厚度一般在900 m左右,地层岩性以灰色和深灰色的泥质灰岩、白云质灰岩、白云岩为主。

3. 构造解释

在地质层位标定的基础上,断裂解释主要以地震波组特征明显错断或地震波组突变为主要依据,同时参考上、下地震波组的整体变化特点。研究区共推断解释断裂 4 条。断裂解释成果如表 5 - 12 所示。

表 5 - 12　二维地震勘探构造解释成果

断裂名称	上断点桩号/m	断距/m	断层性质	视倾向	倾角	可靠性	控制测线
冯堂断裂	3 540	700	正断层	北	60°	可靠	DZ01
庄头断裂	6 340/10 710	200	正断层	北	65°	可靠	DZ01/DZ02
明家断裂	8 810	100	正断层	南	60°	可靠	DZ02
雷家断裂	13 440/4 910	200	正断层	北	65°	可靠	DZ01/DZ02

（1）冯堂断裂

该断裂位于研究区南部,为区域薛店-尉氏南次凹带与中部鼻状构造带的分界断裂。通过地震反射波组特征分析发现(图 5 - 63),在 DZ01 剖面 0~4 km 地段出现了明显的地震波同向轴扭曲、错断现象,自上而下错断了三叠系、石炭-二叠系和寒武-奥陶系。该断裂走向 NW,倾向 NE,为正断层,断裂最大倾角可达 60°,垂向断距大于 700 m。

（2）庄头断裂

地震资料解释证实该断裂新近系底界地震反射同向轴发生错断(图 5 - 63),反映了该断裂在新生代早期有过明显活动。庄头断裂自上而下切割了新近系、三叠系、石炭-二叠系和寒武-奥陶系,断裂走向为 NEE,倾向 NNW,为正断层,断裂最大倾角为 65°。该断裂向南交于冯堂断裂,向北西交于明家断裂。

（3）明家断裂

地震剖面显示在 DZ02 测线 6～7 km 地段出现了明显的同向轴错断现象(图 5 - 64),其断点较清晰,断裂可靠程度较高,证实了明家断裂的存在。该断裂走向 NW,倾向 SW,为正断层,断裂最大倾角为 60°,最大垂向断距为 100 m。

（4）雷家断裂

通过 DZ02 测线反射波组特征分析发现(图 5 - 63),该断裂三叠系底界出现了明显的地震波同向轴错断现象,断裂走向 NE,倾向 NW,为正断层,断裂最大倾角为 65°,最大垂向断距为 200 m。

5.4.5 地热勘探前景与目标

现今地温场是盆地古地温场热演化的最终结果,是研究盆地热演化史、生烃史的前提和基础,其中地温梯度和大地热流值是表征沉积盆地热状况的两个重要指标(邱楠生等,2004;赵俊峰等,2010)。近年来,随着地热资源的开发和利用越来越受到重视,人们获得了大量钻孔测温数据,取得了一定成果,并探讨了影响现今南华北盆地地温场特征的因素(何争光等,2009)。据研究成果资料,太康隆起地温梯度值大多在2.26~3.56 ℃/100 m内变化,地温梯度平均值为2.96 ℃/100 m。该区大地热流值介于53.20~71.16 mW/m² 之间,平均为61.80 mW/m²,地温梯度与大地热流整体均呈NWW向带状展布。研究区所在的尉氏以西地区为地温梯度与大地热流高值区,向四周逐渐递减,反映了研究区具有高地温场特征。

早寒武世辛集期,由于华北陆块南侧的古秦岭洋持续扩张,南华北地区在新元古代克拉通盆地的基础上演化为成熟的被动大陆边缘,华北陆块发生整体沉降,海水由东南侵入,沉积了一套碳酸盐岩夹碎屑岩建造。早寒武世末期,古秦岭洋壳持续向华北陆块俯冲,导致南华北地区由沉降转为隆升状态。晚寒武世崮山期,南华北盆地开始发生构造反转,南缘逐渐抬升,海水向北退缩,沉积了一套碳酸盐岩建造。早奥陶世,由于受加里东运动早期的影响,整个华北陆块抬升为陆,遭受风化剥蚀,经历了大约15 Ma的沉积间断。中奥陶世马家沟期,华北陆块再次沉降接受沉积,海水由北向南侵入,区域发育了一套碳酸盐岩建造。晚寒武世,华北陆块再次隆升、海退形成古陆,整个南华北地区经历了130 Ma的沉积间断。综上所述,研究区寒武系、奥陶系经历了三次沉降及三次抬升运动,沉降时期形成了以碳酸盐岩为主的地层,抬升时期则使碳酸盐岩地层发生强烈剥蚀,一般认为碳酸盐岩地层沉积间断次数越多,时间越长,其遭受风化淋蚀作用越强,碳酸盐岩层孔、缝、洞也就越发育(陈墨香,1989)。因此,研究区深部具备一定形成岩溶裂隙型热储的潜力。

晚石炭世本溪期,海水从北东方向侵入,南华北地区沉积了一套海陆交互相地层。至晚二叠世晚期,随着华北板块南、北部挤压作用的增强,形成陆相碎屑岩含煤建造(王炳山等,2000;刁玉杰等,2011)。之后由于受印支-燕山运动的影响,区内未接受中晚三叠世、侏罗纪、白垩纪沉积。中新世,南华北地区整体普遍下降接受沉积,形成了统一的大型凹陷型盆地,其接受沉积时普遍发育孔隙型热储层。据尉氏县收集到的研究区周边28眼地热井的成果资料可知,新近系馆陶组热储层顶界埋深一般在700~800 m之间,底界埋深一般在1 000~1 200 m之间,出水量一般为40~60 m³/h,出水温度多在45~55 ℃之间。综上所述,研究区具备形成新近系孔隙型热储和寒武-奥陶系岩溶裂隙型热储双层结构系统的潜力。

　　根据研究区的地热地质调查、二维地震勘探等工作,同时结合研究区地质、地球物理及钻孔勘探资料,绘制了研究区新近系热储层底界埋深等值线图(图5-65)和奥陶系热储层顶界埋深等值线图(图5-66)。绘制各热储层顶底界埋深等值线图,将会对尉氏西北部地热资源的后续勘探开发具有重要的指导意义。

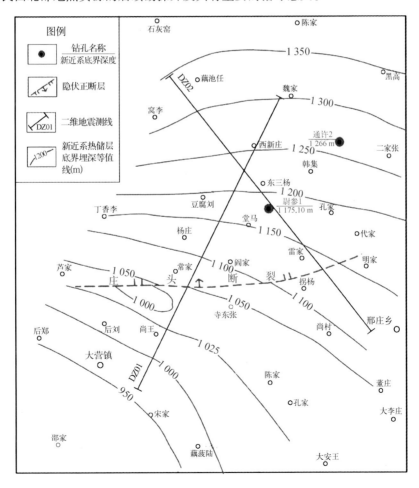

图 5-65　太康隆起西段新近系热储层底界埋深等值线图

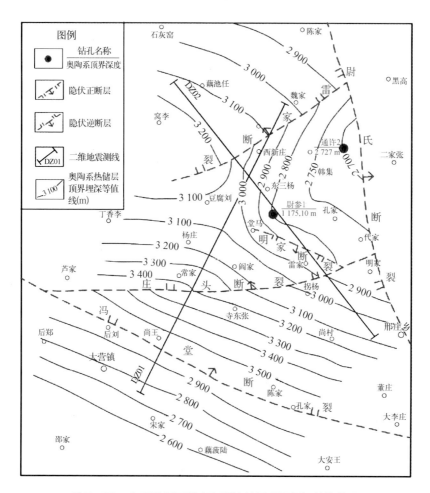

图 5-66　太康隆起西段奥陶系热储层顶界埋深等值线图

5.5　地震勘探技术的发展与展望

"数字技术革命"始于 20 世纪 60 年代,经过六十多年的发展,地震勘探技术取得了巨大进步。地震勘探由解决单一的构造问题向解决岩性、地层方向发展,尤其在油气预测、油藏工程方向发展迅速,并卓有成效。20 世纪 90 年代以来,地球物理界的新浪潮——"高精度、复杂化"正处于又一次飞跃性变革时期。这期间的主要标志是三维地震逐步取代二维地震;叠前深度偏移技术解决了复杂地质现象的精确成像问题;

其他领域的理论、方法被引入地震勘探领域,如神经网络技术、小波变换、分形分维、模式识别等。

目前,我国对于二维地震勘探方法的使用已经较为普遍,但是在更高分辨率的三维地震方法、井中地震方法、多分量地震方法、主动源与基于短周期密集台阵的被动源联合地震方法、人工智能化地震处理解释方法等研究和应用上,还需要进行更多的探索和深入。地震勘探在地热资源探测中成功实施并取得良好效果,离不开地震资料采集仪器设备、地震采集技术和地震数据处理与解释技术等各个因素和环节。

5.5.1　地震资料采集仪器设备

当前,国内外还缺少针对地热资源地震勘探研制的专用地震资料采集设备,地热资源地震勘探仍然采用油气勘探、煤田勘探等有缆数字地震仪或节点地震仪。由于沉积盆地型地热资源一般具有埋藏深度大、热储难以寻找等特点,因此需要解决如何在越来越复杂的地质环境中,采集分辨率更高、质量更好的地震数据这个关键问题。

5.5.2　地震资料采集技术

目前地震资料采集技术的研究方向是获得复杂勘探条件(复杂地表、复杂构造)下高分辨率和高保真度地下成像。三分量地震技术在油气勘探中的应用相对成熟,然而在地热资源地震勘探中的潜力还需要更多的研究和试验;井中地震技术如侧扫、VSP 等方法在地热资源探测中的应用也仍然是一大挑战;被动源与主动源地震联合探测,尤其是近年来利用基于短周期密集台阵进行被动源探测来弥补主动源成像在经济性和分辨率上的不足等,都需要在理论和实践上进行进一步的深入研究。

5.5.3　地震数据处理与解释技术

多方法、多学科联合勘探技术已成为当前地热资源地震勘探的主要发展趋势,以此实现技术新突破,提高解决复杂问题的能力。多学科的融合带动了地震勘探的发展,例如将各种非线性数学方法及非平稳数据处理技术引入地震资料解释、多方法联合解释及井震联合反演中;将人工智能等新兴方法引入地震资料处理中,发展出自动化、智能化采集，而层位自动解释、断裂自动解释、地震相自动解释等新技术也将应运而生。

　　未来，大数据、人工智能、云计算、物联网、区块链等新一代信息技术将带动整个产业转型发展。人工智能等新兴科技作为新一轮科技革命与产业变革的新引擎，通过跨界融合促进资源、能源领域技术颠覆性创新。从勘探到开发，人工智能开始向整个产业链和全流程渗透，智慧地质、智能地热、智慧钻井、智慧管道等也将如雨后春笋般涌现。

　　总之，地震勘探方法在地热资源探测中的应用潜力巨大，伴随与人工智能技术的深度交叉，再结合实际地质资料以及其他地球物理勘探结果进行综合分析与解释，将会强有力地推动地热资源未来的发展！

参考文献

[1] 李录明,李正文.地震勘探原理、方法和解释[M].北京：地质出版社,2007.

[2] 陆基孟.地震勘探原理(上册)[M].2 版.东营：石油大学出版社,1993.

[3] 熊章强,方根显.浅层地震勘探[M].北京：地震出版社,2002.

[4] 何樵登,熊维纲.应用地球物理教程——地震勘探[M].北京：地质出版社,1991.

[5] 陆基孟,王永刚.地震勘探原理[M].3 版.东营：中国石油大学出版社,2009.

[6] 董敏煜.地震勘探[M].东营：石油大学出版社,2000.

[7] 孙家振,李兰斌.地震地质综合解释教程[M].武汉：中国地质大学出版社,2002.

[8] 中华人民共和国地质矿产部.石油、天然气地震勘查技术规范：DZ/T 0180－1997[S].北京：中国标准出版社,1997.

[9] 牟永光,陈小宏,李国发,等.地震数据处理方法[M].北京：石油工业出版社,2007.

[10] 李国发,常索亮,侯伯刚.起伏地表煤田地震资料静校正[J].地球物理学进展,2009,24(3)：1058－1064.

[11] 符伟,邓小凡,侯贺晟,等.深地震反射剖面探测西拉木伦缝合带地壳精细结构——数据处理[J].地球物理学进展,2021,36(6)：2291－2302.

[12] 王海燕,高锐,马永生,等.若尔盖盆地-西秦岭造山带结合部位深反射资料的静校正和去噪技术[J].地球物理学进展,2007,22(3)：743－749.

[13] 金雷,李月,杨宝俊.用时频峰值滤波方法消减地震勘探资料中随机噪声的初步研究[J].地球物理学进展,2005,20(3)：724－728.

［14］牛滨华,孙春岩,张中杰,等.多项式 Radon 变换［J］.地球物理学报,2001,44(2):263－271.

［15］刘喜武,刘洪,李幼铭.高分辨率 Radon 变换方法及其在地震信号处理中的应用［J］.地球物理学进展,2004,19(1):8－15.

［16］高静怀,毛剑,满蔚仕,等.叠前地震资料噪声衰减的小波域方法研究［J］.地球物理学报,2006,49(4):1155－1163.

［17］康冶,于承业,贾卧,等.f—x 域去噪方法研究［J］.石油地球物理勘探,2003,38(2):136－138.

［18］夏洪瑞,陈德刚,周开明,等.中值约束下的矢量分解去噪［J］.石油物探,2001,40(3):29－33.

［19］李胜强,刘振东,严加永,等.高分辨深反射地震探测采集处理关键技术综述［J］.地球物理学进展,2020,35(4):1400－1409.

［20］Wang Y H.A stable and efficient approach of inverse Q filtering［J］.GEOPHYSICS,2002,67(2):657－663.

［21］Wang Y H.Quantifying the effectiveness of stabilized inverse Q filtering［J］.GEOPHYSICS,2003,68(1):337－345.

［22］李鲲鹏,李衍达,张学工.基于小波包分解的地层吸收补偿［J］.地球物理学报,2000,43(4):542－549.

［23］高军,凌云,周兴元,等.时频域球面发散和吸收补偿［J］.石油地球物理勘探,1996,31(6):856－866.

［24］白桦,李鲲鹏.基于时频分析的地层吸收补偿［J］.石油地球物理勘探,1999,34(6):642－648.

［25］刘喜武,年静波,刘洪.基于广义 S 变换的吸收衰减补偿方法［J］.石油物探,2006,45(1):9－14.

［26］刘喜武,年静波,刘洪.基于广义 S 变换的地震波能量衰减分析［J］.勘探地球物理进展,2006,29(1):20－24.

［27］Wiggins R A.Minimum entropy deconvolution［J］.Geoexploration,1978,16(1/2):21－35.

［28］朱小三,高锐,管烨,等.深反射地震资料的偏移处理［J］.地球物理学进展,2014,29(1):84－94.

［29］邱甦.地震水平叠加技术道集内反射点离散量的分析［J］.石油物探,2021,60(S1):77－84.

［30］中华人民共和国国家质量监督检验检疫总局,中国国家标准化管理委员会.地震勘探资料解释技术规程：GB/T 33684－2017［S］.北京：中国标准出版社,2017.

［31］董政,佘晓宇,许辉群,等.大港王官屯—乌马营地区中、古生界逆冲推覆构造特征与演化［J］.地球物理学进展,2018,33(5)：1773－1782.

［32］刘淑芬,王丽静,张冬杰,等.松辽盆地北部登娄库组底界特征及其油气地质意义［J］.地球物理学进展,2014,29(1)：217－222.

［33］刘建中,张建英,安欧,等.潜山油藏［M］.北京：石油工业出版社,1999.

［34］陈宣华,邵兆刚,熊小松,等.祁连山北缘早白垩世榆木山逆冲推覆构造与油气远景［J］.地球学报,2019,40(3)：377－392.

［35］李思伟,王璞珺,丁秀春,等.辽河东部凹陷走滑构造及其与火山岩分布的关系［J］.地质论评,2014,60(3)：591－600.

［36］徐汉林,赵宗举,杨以宁,等.南华北盆地构造格局及构造样式［J］.地球学报,2003,24(1)：27－33.

［37］席文祥,裴放,河南省地质矿产厅.河南省岩石地层［M］.武汉：中国地质大学出版社,1997.

［38］张交东,曾秋楠,周新桂,等.南华北盆地太康隆起西部新区上古生界天然气成藏条件与钻探发现［J］.天然气地球科学,2017,28(11)：1637－1649.

［39］刘志龙,朱怀亮,胥博文,等.河南尉氏县西部地质地球物理综合解译及地热资源远景区预测［J］.地质论评,2020,66(5)：1446－1456.

［40］邵炳松,朱怀亮,胡志明,等.济源—开封坳陷西南部电性结构研究及地热资源远景区预测［J］.地质与勘探,2021,57(3)：572－583.

［41］李文勇,夏斌,路文芬.河南省东部地球物理特征与找煤远景［J］.物探与化探,2004,28(1)：26－31.

［42］梁鸿贤,单联瑜,曲寿利,等.EQ—DMO 在资料处理中的应用效果分析［J］.石油物探,2003,42(4)：517－520.

［43］王津,李辉峰,刘翰林,等.二维地震数据的 DMO 方法研究［J］.石油地质与工程,2016,30(2)：32－35.

［44］Liu G C, Chen X H, Du J, et al. Random noise attenuation using $f-x$ regularized nonstationary autoregression［J］.GEOPHYSICS, 2012, 77(2)：V61－V69.

［45］Liu G C, Chen X H. Noncausal $f-x-y$ regularized nonstationary prediction filtering for random noise attenuation on 3D seismic data［J］. Journal of Applied Geophysics, 2013, 93：60－66.

［46］　邱楠生,方家虎.热力作用下石油流体运移的能量方程［J］.地球科学,2004,29
　　　　(4)：427－432.

［47］　赵俊峰,刘池洋,何争光,等.南华北地区主要层系热演化特征及其油气地质意义［J］.
　　　　石油实验地质,2010,32(2)：101－107,114.

［48］　何争光,刘池洋,赵俊峰,等.华北克拉通南部地区现今地温场特征及其地质意义［J］.
　　　　地质论评,2009,55(3)：428－434.

［49］　陈墨香.确定中、新生代沉积盆地大地热流的方法［J］.地质科学,1989,24(2)：
　　　　151－161.

［50］　王炳山,王传刚.我国晚古生代煤变质古地温场与煤层气赋存条件［J］.煤田地质与勘
　　　　探,2000,28(4)：27－30.

［51］　刁玉杰,魏久传,李增学,等.南华北盆地晚石炭世—早二叠世层序地层学及古地理研
　　　　究［J］.地层学杂志,2011,35(1)：88－94.

第 6 章

遥感技术

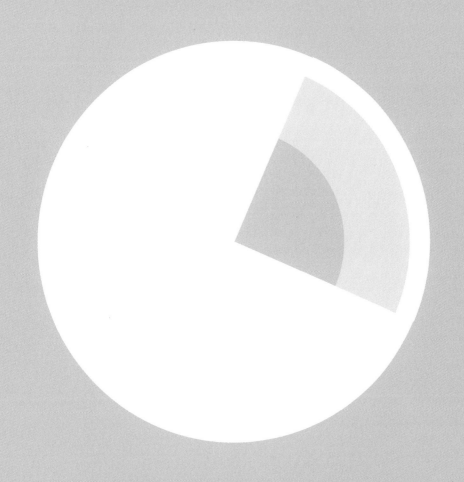

目前,地热资源的勘探工作仍然是以传统的地面物探方法为主要手段,这种传统的地面物探方法受地质点选取的局限性和某些区域无法到达等因素影响而存在勘查盲区;同时存在勘查周期长、效率低、成图周期长和耗费巨大等缺点。随着卫星遥感技术的发展,工作人员借助卫星遥感图像及遥感数字图像处理技术,可以对将要进行的地热勘探区域有一个空间上的认识和宏观上的把握,并得到地热资源的特征信息,然后再经过实地的勘查比对来最终确定地热资源的赋存情况,有助于勘查工作的细致和完善,同时提高了工作效率,节省了时间和成本。

当下,国外借助热红外遥感及遥感数字图像处理技术,主要研究地壳热流变化(Dijkshoorn L et al.,2013)、地质构造活动与地热产生及强弱分布的关系(Baba A et al., 2012);地热区的水文地质基础及储层和循环地热流体之间的关系(Giordano G et al., 2013);借助遥感数字图像处理技术对地热勘查区域进行热遥感图像解释来对地热资源进行判读,确定地热资源的分布区域;通过选取有效的遥感数字图像的波段组合来进行地热资源特征显示,并利用遥感数字图像处理技术去除干扰因素,找出符合标准的地热资源分布区域。我国在借助热红外遥感及遥感数字图像处理技术方面,大致可分为地壳各大板块活动构成的地带对地热的影响及其关系;选取有效的遥感数字图像波段组合进行地热资源特征显示,找出符合标准的地热资源分布区域;以利用 Landsat 6 卫星获取的 TM6 或利用 Landsat 7 卫星获取的 ETM+61、62 热红外波段图像为基础,运用有效的算法来对地热资源特征进行显示和辨别,更好地进行地热资源勘查和预测(孟璐,2014)。

6.1　理论基础

6.1.1　热辐射原理

研究热红外遥感、解释热图像,提取热信息,首先必须了解热辐射的本质。从理论上讲,自然界任何温度高于热力学温度(K 或−273 ℃)的物体都在不断向外发射电磁波,即向外辐射具有一定能量和波谱分布位置的电磁波。其辐射能量的强度和波谱分布位置与物质表面状态有关,是物质内部组成和温度的函数。因为这种辐射依赖于温度,因而称之为"热辐射"。

6.1.2　热辐射基本定律

所有的物体都是通过辐射方式交换能量的,如果没有其他方式的能量交换,则物体热状态的变化取决于发射与吸收辐射能量的差值。当物体的辐射能量等于吸收的外来辐射能量时,该物体处于热平衡状态,因而我们可以用一个函数温度 T 来描述它。热力学定律可用于研究平衡辐射的吸收与发射规律。

1. 基尔霍夫(Kirchhoff)定律

在一定温度下,任何物体的辐射出射度 $F_{\lambda, T}$ 与其吸收率 $A_{\lambda, T}$ 的比值是一个与温度和波长有关的普适函数 $E(\lambda, T)$,与物体的性质无关。即

$$F_{\lambda, T}/A_{\lambda, T} = E(\lambda, T) \tag{6-1}$$

它表明任何物体的辐射出射度 $F_{\lambda, T}$ 和其吸收率 $A_{\lambda, T}$ 之比都等于同一温度下的黑体辐射出射度 $E(\lambda, T)$ 。对于实际物体,其辐射出射度与同温度下黑体的辐射出射度之比,称之为物体的发射率或比辐射率。

$$\varepsilon_{\lambda, T} = F_{\lambda, T}/E(\lambda, T) \tag{6-2}$$

可见, $\varepsilon_{\lambda, T} = A_{\lambda, T}$,即物体的比辐射率等于物体的吸收率。

2. 普朗克(Planck)定律

对于黑体辐射源,普朗克于 1900 年成功给出了其辐射出射度 $M_{\lambda}(T)$ 与温度 T 和波长 λ 的关系,Planck 定律表示为

$$M_{\lambda}(T) = 2\pi hc^2\lambda^{-5} \left[\exp(hc/\lambda kT) - 1 \right]^{-1} \tag{6-3}$$

式中, h 为普朗克常量,取值 6.626×10^{-34} J · s; k 为玻耳兹曼常数,取值 1.38×10^{-23} J · K^{-1}; c 为光速,取值 2.998×10^8 m · s^{-1}; λ 为波长,m; T 为热力学温度,K。

遥感图像经辐射定标以后,得到的是物体的辐射强度。辐射出射度是黑体表面单位面积向各个方向辐射出的电磁波功率。

$$M_{\lambda}(T) = \int_{\Omega} B_{\lambda}(T) n \cdot n_s \mathrm{d}\Omega = \int_{\Omega} B_{\lambda}(T) \cos\theta \mathrm{d}\Omega \tag{6-4}$$

对于朗伯辐射源, $B_{\lambda}(T)$ 与 Ω 无关,即

$$M_\lambda(T) = \int B_\lambda(T) \cos\theta \mathrm{d}\Omega \tag{6-5}$$

于是

$$B_\lambda(T) = 2hc^2 \lambda^{-5} \left[\exp(hc/\lambda kT) - 1 \right]^{-1} \tag{6-6}$$

3. 斯特藩-玻耳兹曼(Stefan-Boltzmann)定律

斯特藩-玻耳兹曼定律(以下简称斯-玻定律)表达了黑体总辐射出射度与温度的定量关系:

$$M(T) = \sigma T^4 \tag{6-7}$$

式中, $M(T)$ 为黑体表面发射的总能量,即总辐射出射度,$W \cdot m^2$; σ 为斯-玻常数, $\sigma = 5.669\,7 \times 10^{-8}\ W \cdot m^{-2} \cdot K^{-4}$; T 为发射体的热力学温度,K。该式表明,物体发射的总能量与物体绝对温度的四次方成正比。

4. 维恩(Wien)位移定律

维恩位移定律,描述了物体辐射峰值波长与温度的定量关系:

$$\lambda_{\max} = A/T \tag{6-8}$$

式中, $\lambda_{\max}$ 为辐射强度最大的波长, μm; A 为常数, $A = 2\,898\ \mu m \cdot K$; T 为热力学温度, K。维恩位移定律表明,黑体最大辐射强度所对应的波长 $\lambda_{\max}$ 与黑体绝对温度 T 成反比。对于 $T = 300\ K$ 的黑体, $\lambda_{\max} = 9.66\ \mu m$。也就是说,适合反演地表温度的波段应该在包含 $9.66\ \mu m$ 的大气窗口内。

6.2　传输过程及波段特性

6.2.1　热辐射传输过程

地表发射的能量主要依靠太阳辐射,其表现形式主要为短波辐射。地表吸收太阳短波辐射的能量后将其转换为热能,温度升高后的地表会散发出较长波段的热红外辐射能量。在热红外遥感的地-气辐射传输中,地表与大气均为热红外辐射源,热红外波能反复穿过大气层,在穿透过程中被大气吸收,并发生散射等现象,因而在研究地表热红外辐射时需对大气干扰进行纠正。图 6-1 为热红外遥感的地-气辐射传输示意图,它表达了热红外辐射的传播方向及相互作用过程。

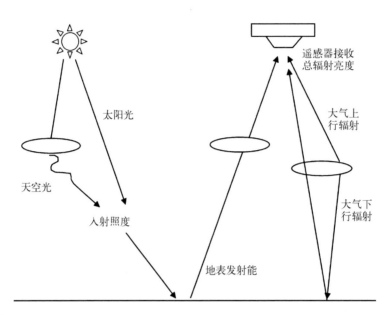

图 6-1　热红外遥感的地-气辐射传输示意图

热红外波段的辐射传输方程基于下列假设：

（1）大气处于局地热动力平衡状态，距离地表 50~70 km。

（2）没有散射，也就是说没有云的影响，同时不考虑污浊大气状况。

（3）地表为朗伯反射体。

（4）忽略太阳对卫星传感器所接收到的辐射能的贡献。

即使在大气窗口，地表的上行辐射受到大气组成和结构的影响。在晴空大气条件下，传感器所接收到的辐射亮度可以表示为

$$L_i = \int_{\lambda_1}^{\lambda_2} f_i(\lambda)\varepsilon(\lambda)B(\lambda, T_s)\tau(\lambda)\mathrm{d}\lambda + \int_{\lambda_1}^{\lambda_2}\int_{p=0}^{p_s} f_i(\lambda)B(\lambda, T_p)\frac{\mathrm{d}\tau}{\mathrm{d}p}\mathrm{d}\lambda\mathrm{d}p +$$

$$\int_{\lambda_1}^{\lambda_2}\int_{\theta=0}^{\pi/2}\int_{\varphi=0}^{2\pi}\left[1-\varepsilon(\lambda)\right]f_i(\lambda)L^{\downarrow}(\lambda, \theta, \varphi)\tau(\lambda)\sin 2\theta\mathrm{d}\lambda\mathrm{d}\theta\mathrm{d}\varphi$$

$$(6-9)$$

式中，i 为通道；f_i 为归一化的通道响应函数；θ 为天顶角；φ 为方位角；λ 为波长；λ_1、λ_2 为波谱范围的下限和上限；p 为压力；p_s 为地表的压力；$\tau(\lambda)$ 为波谱的大气透过率；$\varepsilon(\lambda)$ 为地表的波谱比辐射率；T_s 为地表温度；$L^{\downarrow}(\lambda, \theta, \varphi)$ 为大气下行辐射亮度；T_p 为

在压力为 p 的情况下的空气平均温度。

方程中第一项代表地表热辐射经过大气衰减后被遥感器接收的辐射亮度,第二项代表大气上行辐射亮度,第三项代表大气下行辐射经地表反射后又被大气衰减最终被遥感器接收的辐射亮度。

尽管比辐射率和透过率与温度有关,通过数值模拟得出地表的波谱比辐射率随着地表温度的变化可以忽略。为了简化方程,假设下行辐射与天顶角无关,因此第 i 通道的普朗克函数 B_i 可以表达为

$$B_i(T) = \int_{\lambda_1}^{\lambda_2} f_i(\lambda) B(\lambda, T) \mathrm{d}\lambda \qquad (6-10)$$

大气下行辐射亮度可表达为

$$L_i^{\downarrow} = \int_0^{\pi/2} L^{\downarrow}(\lambda, \theta) \sin 2\theta \mathrm{d}\theta \qquad (6-11)$$

应用积分中值定理进一步简化,得

$$L_i = \varepsilon_i \tau_i(\theta) B_i(T_s) + L_i^{\uparrow}(\theta) + (1-\varepsilon_i) \tau_i(\theta) L_i^{\downarrow} \qquad (6-12)$$

式中,第一项为地表发射贡献,在大气窗口不易受大气的影响。第二项受大气垂直结构的影响很大,第三项代表地表反射的大气下行辐射亮度。

若考虑到热辐射的方向性,根据热辐射传输方程,卫星遥感器接收到的热红外辐射能量的三部分可表示为

$$L_i = \varepsilon_i \tau_i(\theta) B_i(T_s) + L_i^{\uparrow}(\theta) + \tau_i(\theta) \int_{2\pi} f(\Omega' \to \Omega) L_i^{\downarrow}(\theta) \cos\theta \mathrm{d}\Omega' \qquad (6-13)$$

式中,$L_i^{\downarrow}(\theta)$ 为第 i 通道、天顶角为 θ 时的大气下行辐射亮度;$f(\Omega' \to \Omega)$ 为地表二向反射分布函数;$\mathrm{d}\Omega'$ 为微分立体角;积分为半球积分。

6.2.2　波段特性

1. Landsat 波段特性

陆地资源卫星(Landsat)系列是美国用于探测地球资源与环境的系列地球观测卫星系统,曾称作地球资源技术卫星(ERST)。卫星传感器设置主要为调查地下矿藏、海洋资源和地下水资源,拍摄各种目标的图像,借以绘制各种专题图(如地质图、地貌

图、水文图)等服务,因此收集地球信息的星载遥感器有两类,一类为多谱段扫描仪,另一类为返束光导管摄像机。

现役陆地资源卫星均搭载多谱段扫描仪,其中 Landsat – 5 上携带的专题制图仪(thematic mapper, TM)有 7 个波段,分辨率除热红外波段为 120 m 外均为 30 m。Landsat – 7 上携带增强型专题绘图仪[enhanced thematic mapper (plus),ETM$^+$]把多谱段扫描仪的分辨率提高到 60 m, TM 新增一个分辨率为 15 m 的全色波段。一般选用可见光–热红外(0.45~12.5 μm)谱段。Landsat TM 图像各波段特征见表 6 – 1。

表 6 – 1　Landsat TM 图像各波段特征

波段	波长范围/μm	光谱信息识别特征及适用范围	分辨率/m
1	0.45~0.52	属可见光蓝光波段,能反映岩石中铁离子叠加吸收光谱,为褐铁矿、铁帽特征识别谱带,但因受大气影响图像分辨率较差	30
2	0.52~0.60	属可见光绿光波段,对水体有一定的穿透能力,可用于水下地形、环境污染、植被识别,但受大气影响图像质量相对较差	30
3	0.63~0.69	属可见光红光波段,对岩石地层、构造等有较好显示	30
4	0.76~0.90	属近红外波段,为植被叶绿素强反射谱带,反映植被种类、第四系含水量差异。适用于岩性区分、构造及隐伏地质体识别,地貌细节显示较清楚	30
5	1.55~1.75	属近红外波段,为水分子强吸收带,适用于调查地物含水量、植被类型区分,如冰川、雪等的识别	30
6	10.45~12.5	属远红外波段,也为地物热辐射波段,图像特征取决于地物表面温度及热红外发射率,可用于地热制图、热异常探测	120
7	2.08~2.35	属反射红外波段,为烃类物质、蚀变岩类和含羟基蚀变矿物吸收谱带,用于区分热蚀变岩类、识别含油气信息、解释岩性和地质构造	30

2. ASTER 波段特性

ASTER 是搭载在 Terra 卫星上的星载热量散发和反辐射仪。Terra 由美国航空航天局(NASA)于 1999 年 12 月 18 日发射升空,ASTER 共搭载 5 个对地观测传感器,分别是空间热辐射反射测量仪(ASTER)、云和地球辐射能量系统(CERES)、多角度辐射成像光谱仪(MISR)、中分辨率成像光谱仪(MODIS)和对流层污染探测仪(MOPITT)。其主要任务是通过 14 个频道获取整个地表的高分辨解析图像数据——黑白立体照片。在 4~16 天之内,当 ASTER 重新扫描到同一地区,它具有重复覆盖地球表面变化区域的能力。

　　NASA 网站上明确提出:ASTER 具有可见光-近红外(VNIR)波段向后观测的高空间分辨率和对地球进行沿轨道的立体覆盖能力;能获取具有高空间分辨率的热红外(TIR)多谱段数据;在 Terra 卫星的 5 种有效载荷里具有最高空间分辨率的地面光谱反射率、地面温度和发射率数据;具有根据获取物的需求预定所需数据的能力。ASTER 是涵盖可见光到热红外共 14 个波段的唯一一个具有高空间、光谱和辐射分辨率的多谱段传感器,每景图像的覆盖面积为 60 km×60 km。Terra 卫星的轨道高度为 705 km,运行周期为 98.88 min,地面重复访问周期为 16 天,最短为 5 天,设计运行时间为 6 年。其主要科学目标是增进对地球表面或近地球表面和低层大气的了解,包括陆地表面和大气交界面局部规模与全区规模的动态过程(朱黎江等,2003;李海涛等,2004)。ASTER 各子系统的数据特征见表 6-2。

表 6-2　ASTER 各子系统的数据特征

子系统	波段	波长范围/μm	辐射分辨率/%	绝对精度	空间分辨率/m	量化级
可见光-近红外(VNIR)	1	0.52~0.60	$NE\Delta\rho \leq 0.5$	$\leq \pm 4\%$	15	8
	2	0.63~0.69				
	3N	0.78~0.86				
	3B	0.78~0.86				
短波红外(SWIR)	4	1.60~1.70	$NE\Delta\rho \leq 0.5$	$\leq \pm 4\%$	30	8
	5	2.15~2.19	$NE\Delta\rho \leq 1.3$			
	6	2.19~2.22	$NE\Delta\rho \leq 1.3$			
	7	2.22~2.29	$NE\Delta\rho \leq 1.3$			
	8	2.29~2.37	$NE\Delta\rho \leq 1.0$			
	9	2.37~2.43	$NE\Delta\rho \leq 1.3$			

子系统	波段	波长范围/μm	辐射分辨率/%	绝对精度	空间分辨率/m	量化级
热红外（TIR）	10	8.12~8.48	NE$\Delta\rho \leqslant 0.3$	$\leqslant 3$ K（200~240 K）	90	12
	11	8.48~8.83		$\leqslant 2$ K（240~270 K）		
	12	8.93~9.28		$\leqslant 1$ K（270~340 K）		
	13	10.25~10.95		$\leqslant 2$ K（340~370 K）		
	14	10.95~11.65		$\leqslant 2$ K（340~370 K）		

6.2.3　TM 最佳波段选择

利用遥感图像对地层、构造、岩体进行合理解释,需要拥有一幅信息量丰富、层次分明、色彩饱和度适中的彩色合成图像作为遥感图像的解释基础,由于不同波段反映的地质现象不同,选择最佳波段组合则显得尤为重要。在实际工作中,选择彩色合成波段的原则一般有以下几点(曹广真,2003)。

(1)各波段的方差要尽可能大,TM 数据各波段的标准偏差显示了各自所含信息的离散程度,即信息量的丰富程度,标准偏差越大的波段信息量越丰富。

(2)各波段的相关系数要尽可能小,若它们的相关性很强,各波段的信息就会出现大量的重复,导致合成图像的总信息量不高;严重的相关还直接影响合成图像色彩的饱和度。

(3)各波段的均值相差不能太大,如果均值相差太大,会导致图像严重偏色。同一类型的物体在不同波段的图像上,不仅影像灰度有较大差别,而且影像的形状也有差异。多光谱成像技术就是根据这个原理,使不同地物的反射光谱特性能够明显地表现在不同波段的图像上。因此,要根据不同的解释对象,选择不同的波谱图像,从而去区分和识别地物(杨永兴,2002)。

6.2.4　适合地表温度反演的电磁波段

对于环境温度为 300 K 的地表,由维恩位移定律可知,其最大出射辐射的波长为 9.66 μm。对典型植被（比辐射率约为 0.9,反射率为 0.1）,最大出射辐射的波长在 3.8 μm 左右,地物反射的太阳短波辐射和地物发射的太阳长波辐射在数量级上基本一致(Becker F et al.,1990)。由于大气层存在于地球表面至星载传感器之间,且大气对地表辐射的干扰随着波长而变化。因此,只有在大气透过率较高的波谱区域,才能进行卫星对地观测(Prata A J,1994)。也就是说,在大气窗口内,大气的吸收最小,信号可以以最小的衰减通过大气而到达传感器。

在热红外波段,最重要的大气窗口位于 3.4~4.2 μm、4.5~5.0 μm、8.0~9.0 μm 和 10.0~13.0 μm。然而,即使在这些窗口,大气对传感器的影响也很重要。在热红外遥感中,除信噪比之外,传感器探测的光谱辐射对温度的变化也很敏感。其敏感性可以通过普朗克函数对温度求一次导数表现出来。因此,用于温度反演的红外传感器通常都在 3.5 μm 和 11.0 μm 左右设置通道(梅新安等,2001)。

6.2.5　地热异常信息提取所需波段选择

在进行遥感数字图像合成增强处理之前,最重要的步骤就是选择合适的波段进行组合。不同波段做假彩色合成,所呈现的地表地热异常假彩色特征也是不一样的。如何选用合适的波段来做假彩色合成,较好地呈现所要观察的地表地热异常假彩色特征,也是一个难点。例如:ETM$^+$ 4、3、2 波段合成用于突出表现植被的特征;ETM$^+$ 3、2、1 波段合成获得的是自然彩色合成图像,合成得到的图像色彩与原区域的实际色彩保持一致;MSS7、5、4 波段合成用于反映湖泊的水位变化(林和平等,2013)。一系列不同的波段组合,为不同的研究目的服务,波段的选择直接影响到后续工作的进行。对于地热资源勘查来说,所需要的波段必须满足地热异常信息提取的需要。

通过对前人开展过的大量工作对比发现,受地热资源勘查区域的纬度高低、地表植被和地表水、岩石裸露等因素的影响,即便选择相同波段组合来表现勘查区域的岩石特性及地质构造特征,高低纬度区域所显示的岩石特性及地质构造特征仍有很大不同。假如要较真实地呈现出地热资源勘查区域范围内与地热异常相关的岩石特性及地质构造特征,就必须充分考虑不同遥感波段组合对地表植被和地表水、岩石特性和地质构造特征的反映敏感度,选取合适的波段组合来呈现勘查区域的岩石特性及地质构造特征,不能单一地选择相同波段组合来实现。对于一些特殊纬度的区域还要充分考虑海拔、冰雪覆盖等因素,进而选择合适的波段组合。

1. 高纬度、低植被覆盖、少地表水系、岩石裸露区域的波段选择

　　以美国的黄石国家公园为例,该区域位于北纬44°36′,属于高纬度区域,该区域植被覆盖较少,地表水系不多,主要为岩石裸露区域。此类区域应当选取 ETM⁺5、4、3 波段按照 RGB 顺序做假彩色合成,如图6-2所示。因为按照此顺序合成的假彩色图像能较好地反映出与地热资源有关的岩石和土壤的特征,能使这些区域呈现出紫色或淡紫色。ETM⁺5 波段可以反映出与地热资源相关的蚀变岩和土壤的特性,ETM⁺3 波段能反映出地下水特性,而 ETM⁺5 波段反映的特性和 ETM⁺3 波段反映的特性在假彩色合成图像中,与地热资源相关的含热水的蚀变岩和土壤区域会呈现出紫色或淡紫色特征。而在按照此顺序合成的假彩色图像中,呈现出绿色的区域,表示的是该区域不存在与地热资源相关的含热水的蚀变岩和土壤。

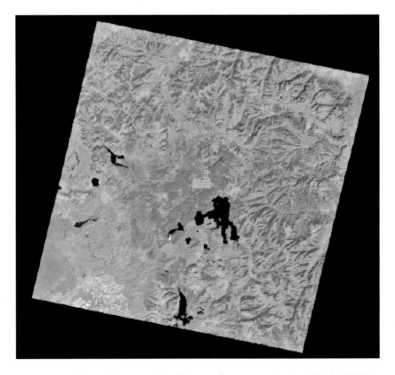

图6-2　黄石国家公园区域原始 ETM⁺5、4、3 波段假彩色合成图像

2. 低纬度、高植被覆盖、多地表水系、岩石裸露困难区域的波段选择

　　以云南省瑞滇-腾冲-梁河区域为例,该区域位于北纬26°05′,属于低纬度区域,该区域为亚热带季风气候,地表主要被植被覆盖,地表水系较发达,岩石裸露困难。此类区

域应当选取 ETM$^+$7、4、1 波段按照 RGB 顺序做假彩色合成。图 6-3 为云南省瑞滇区域原始 ETM$^+$7、4、1 波段假彩色合成图像,图 6-4 为腾冲-梁河区域原始 ETM$^+$7、4、1 波段假彩色合成图像。ETM$^+$7 波段对岩石特性反应较敏感,能较好地反映出与地热资源相关的蚀变岩特性;ETM$^+$4 波段对植被特性水体边界特征反映敏感,能较好地反映出与植被和地表水有关的地质构造特征;ETM$^+$1 波段对水体的穿透性较好,能较好地反映出与地表水有关的地质构造特征。所以按照此顺序合成的假彩色图像能较好地减少植被覆盖和地表水系对岩石特性反映的影响,即能较好地反映出该区域与地热资源有关的岩石特性及断裂构造等地质特征,主要呈现出紫色或褐色,并且层次感较强。

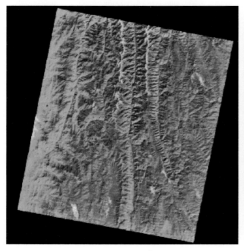 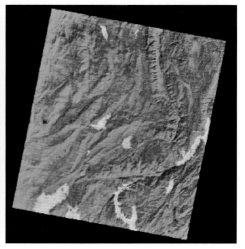

图 6-3　云南省瑞滇区域原始 ETM$^+$7、　　　图 6-4　腾冲-梁河区域原始 ETM$^+$7、
　　　　　4、1 波段假彩色合成图像　　　　　　　　　　4、1 波段假彩色合成图像

6.3　图像处理及反演解释

6.3.1　图像处理

1. 预处理

(1)降噪处理

由于传感器的因素,一些获取的遥感图像中,会出现周期性的噪声,我们必须对

其进行消除或减弱后方可使用。

① 消除周期性噪声和尖峰噪声

周期性噪声一般重叠在原图像上，成为周期性的干涉图形，具有不同的幅度、频率和相位。它形成一系列的尖峰或者亮斑，代表在某些空间频率位置最为突出，一般可以用带通滤波或者槽形滤波的方法来消除。

消除尖峰噪声，一般用傅里叶变换进行滤波处理的方法比较方便，如图 6-5 所示。

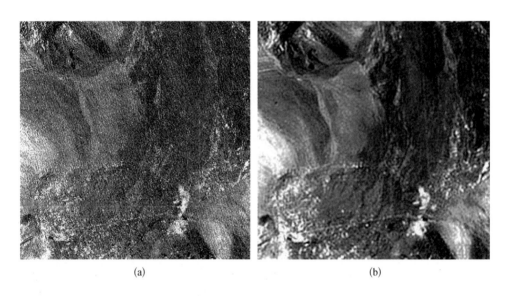

(a)　　　　　　　　　　　　　　　　(b)

图 6-5　消除噪声前（a）与消除噪声后（b）

② 消除坏线和条带

遥感图像中通常会出现与扫描方向平行的条带，还有一些与辐射信号无关的条带噪声，一般称为坏线。一般采用傅里叶变换和低通滤波进行消除或减弱，如图 6-6 所示。

（2）薄云处理

由于天气原因，有些遥感图像中会出现薄云，可以对其进行减弱处理。

（3）阴影处理

由于太阳高度角的原因，有些遥感图像中会出现山体阴影，可以采用比值法对其进行消除。

2. 几何纠正

我们获取的遥感图像一般都是 Level 2 级产品，为使其定位准确，在使用遥感图像

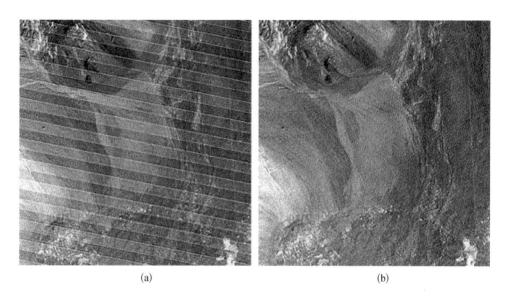

(a)　　　　　　　　　　　　　　　　(b)

图 6-6　去条带前（a）与去条带后（b）

前,必须对其进行几何精纠正。在地形起伏较大的地区,还必须对其进行正射纠正,特殊情况下还必须对遥感图像进行大气纠正。

（1）图像配准

同一地区的两种数据源在同一个地理坐标系中进行叠加显示和数学运算时,必须先将其中一种数据源的地理坐标配准到另一种数据源的地理坐标上,这个过程叫作图像配准。

① 图像对栅格图像的配准

图像对栅格图像的配准是指将一幅遥感图像配准到相同地区的另一幅图像或栅格图像中,使其在空间位置上能重合叠加显示,如图 6-7 所示。

② 图像对矢量图形的配准

图像对矢量图形的配准是指将一幅遥感图像配准到相同地区的一幅矢量图形中,使其在空间位置上能重合叠加显示。

（2）几何粗纠正

这种校正是针对引起几何畸变的原因进行的,地面接收站在提供给用户资料前,已按照常规处理方案与图像同时接收到的有关运行姿态、传感器性能指标、大气状态、太阳高度角对该幅图像的几何畸变进行了校正。

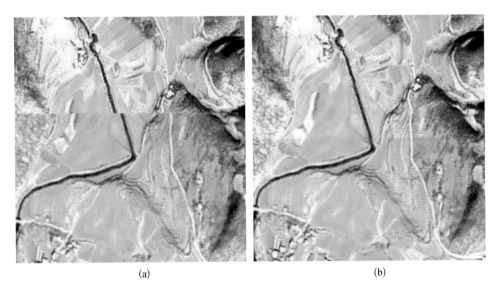

（a）　　　　　　　　　　　　（b）

图6-7　图像配准前（a）与图像配准后（b）

（3）几何精纠正

为了对遥感数据进行准确的地理定位，需要将遥感数据准确定位到特定的地理坐标系，这个过程称为几何精纠正。

（4）正射纠正

正射纠正是指利用已有地理参考数据（图像、地形图和控制点等）和数字高程模型数据，对原始遥感图像进行纠正，可消除或减弱地形起伏带来的图像变形，使得遥感图像具有准确的地面坐标和投影信息。

3. 图像增强

为使遥感图像所包含的地物信息可读性更强，兴趣目标更突出，需要对遥感图像进行增强处理。

（1）彩色合成

为了充分利用色彩在遥感图像判读和信息提取中的优势，常常利用彩色合成的方法对多光谱图像进行处理，以得到彩色图像。彩色图像可以分为真彩色图像和假彩色图像，如图6-8所示。

（2）直方图变换

统计每幅图像各亮度的像元数而得到的随机分布图，即为该幅图像的直方图。

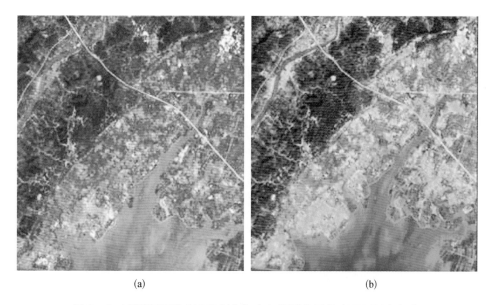

(a)　　　　　　　　　　　　(b)

图6-8　真彩色图像（TM321）（a）与假彩色图像（TM432）（b）

一般来说，包含大量像元的图像，像元的亮度随机分布应是正态分布。直方图为非正态分布，说明图像的亮度分布偏亮、偏暗或亮度过于集中，图像的对比度小，需要调整该直方图到正态分布，以改善图像的质量，如图6-9所示。

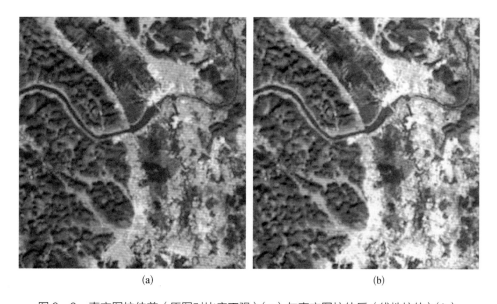

(a)　　　　　　　　　　　　(b)

图6-9　直方图拉伸前（原图对比度不强）（a）与直方图拉伸后（线性拉伸）（b）

（3）密度分割

密度分割是指将灰度图像按照像元的灰度值进行分级，再按分级赋以不同的颜色，使原有灰度图像变成伪彩色图像，达到图像增强的目的，如图6-10所示。

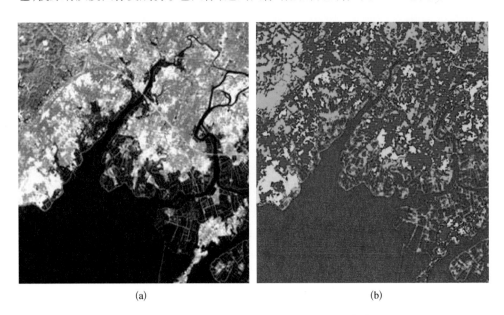

（a）　　　　　　　　　　　　　　　　　　（b）

图6-10　原始图像（a）与密度分割图像（b）

（4）灰度颠倒

灰度颠倒是将图像的灰度范围先拉伸到显示设备的动态范围（如0~255），然后进行颠倒，使正像和负像互换，如图6-11所示。

（5）图像间的运算

两幅或多幅单波段图像，空间配准后可进行算术运算，以实现图像的增强。常见的图像间的运算有加法运算、减法运算、比值运算和综合运算。

（6）邻域增强

邻域增强又叫滤波处理，是在被处理像元周围的像元参与下进行的运算处理，邻域的范围取决于滤波器的大小。

（7）主成分分析

主成分分析（PCA）也叫PCA变换，可以用来消除特征向量中各特征之间的相关性，并进行特征选择。

主成分分析算法还可以用来进行高光谱图像数据的压缩和信息融合。例如，对

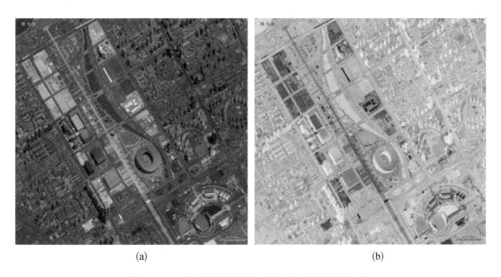

(a)   (b)

图 6–11 灰度颠倒前（a）与灰度颠倒后（b）

Landsat TM 的 6 个波段的多光谱图像（热红外波段除外）进行主成分分析，然后把得到的第 1、2、3 主分量图像进行彩色合成，可以获得信息量非常丰富的彩色图像。

（8）Kauth-Thomas 变换

Kauth-Thomas 变换，又称为"缨帽变换"。这种变换的着眼点在于农作物的生长过程而区别于其他植被覆盖，力争抓住地面景物在多光谱空间中的特征。目前对这种变换的研究主要集中在 MSS 与 TM 两种遥感数据的应用分析方面。

（9）图像信息融合

遥感图像信息融合是指在统一的地理坐标系中，采用一定的算法将多源遥感数据生成一组新的信息或合成图像的过程。

不同的遥感数据具有不同的空间分辨率、波谱分辨率和时相分辨率，如果能将它们各自的优势综合起来，可以弥补单一图像上信息的不足，这样不仅扩大了各自信息的应用范围，而且大大提高了遥感图像分析的精度。

4. 图像裁剪

在日常的遥感应用中，常常只对遥感图像中一个特定范围内的信息感兴趣，这就需要将遥感图像裁剪成研究范围的大小。

（1）按感兴趣区域（ROI）裁剪：根据 ROI 范围大小对被裁剪影像进行裁剪，如图 6–12 所示。

（a）   （b）

图 6-12   原始图像（a）与按 ROI（行政区）区域裁剪（b）

（2）根据文件裁剪：按照指定影像文件的范围大小对被裁剪影像进行裁剪。

（3）根据地图裁剪：根据地图的地理坐标或经纬度的范围对被裁剪影像进行裁剪。

5. 图像镶嵌和匀色

（1）图像镶嵌

图像镶嵌也称为图像拼接，是将两幅或多幅数字影像（它们有可能是在不同的摄影条件下获取的）拼在一起，构成一幅整体图像的技术过程。

通常先对每幅图像进行几何纠正，将它们规划到统一的坐标系中，然后进行裁剪，去掉重叠的部分，再将裁剪后的多幅影像拼接起来形成一幅大幅面的影像，如图6-13、图6-14 所示。

（2）图像匀色

在实际应用中，我们用来进行图像镶嵌的遥感图像，通常是来源于不同传感器、不同时相的遥感数据，在做图像镶嵌时经常会出现色调不一致，这时就需要结合实际情况和整体协调性对参与镶嵌的影像进行匀色，如图6-15 所示。

6. 遥感信息提取

遥感图像中目标地物的特征是地物电磁波的辐射差异在遥感图像上的反应。依据遥感图像上的地物特征，识别地物类型、性质、空间位置、形状、大小等属性的过程即遥感信息提取。

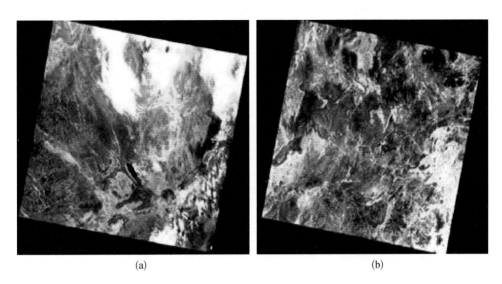

(a) (b)

图 6‐13　镶嵌左影像（a）与镶嵌右影像（b）

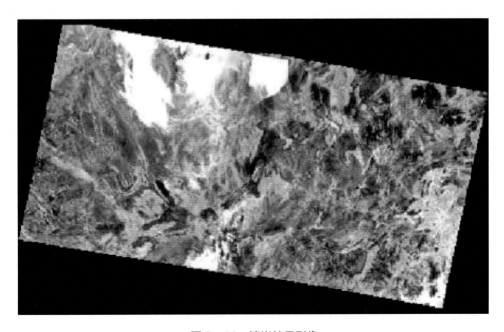

图 6‐14　镶嵌结果影像

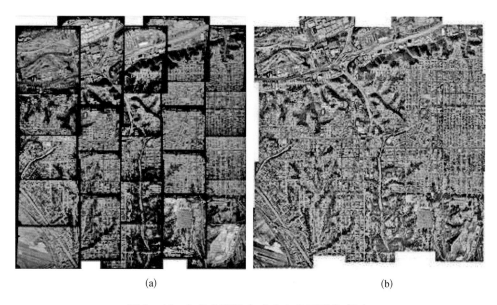

（a）　　　　　　　　　　　　　　　　（b）

图6‑15　匀色前影像（a）与匀色后影像（b）

目前遥感信息提取的方法有目视判读法和图像分类法，其中目视判读法是最常用的方法。

（1）目视判读法

目视判读法也叫人工解释法，即用人工的方法判读遥感图像，对遥感图像上目标地物的范围进行手工勾绘，达到信息提取的目的。

（2）图像分类法

图像分类法是依据地物的光谱特征，确定判别函数和相应的判别准则，将图像所有的像元按性质分为若干类别的过程。

① 监督分类：监督分类是指在研究区选有代表性的训练场地作为样本，通过选择特征参数（如亮度的均值、方差等），建立判别函数，对样本进行分类，依据样本的分类特征来识别样本像元归属类别的方法，如图6‑16所示。

② 非监督分类：非监督分类是指没有先验的样本类别，根据像元间的相似度大小进行归类，将相似度大的归为一类的方法。

③ 其他分类方法：其他分类方法包括神经网络分类、分形分类、模糊分类等分类方法，以及其他数据挖掘方法，如模式识别、人工智能等。

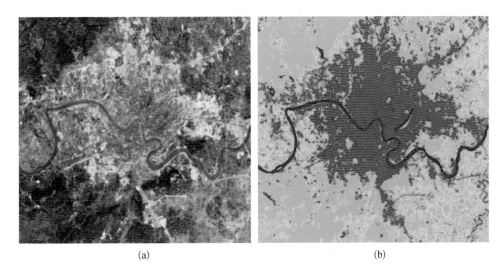

(a)   (b)

图 6‑16 原始图像（a）与监督分类图像（b）

6.3.2 反演方法

热红外反演时主要有温度和发射率两个方面的问题,为了解决温度和比辐射率分离的问题,发展出了多种关于温度与比辐射率分离(TES)的算法,如参考通道法、灰体法、光谱平滑迭代法等。对于如何消除大气影响这一问题,发展出了劈窗算法。除此之外,还发展出了多参数联合反演一体化方法等。热红外遥感反演算法有如下几个标志性特征:必要的数据源、需要解决的问题、目标参数及算法类别。热红外遥感主要的反演算法如表 6‑3 所示。按照算法类别,可分为经验回归法、推导反演模型法、迭代优化法和查找表法(许军强等,2007)。

表 6‑3 热红外遥感主要的反演算法一览表

算法名称	必要的数据源	需要解决的问题	目标参数	算法类别
TES‑包络线法	实验室测量的热红外高光谱数据	温度/比辐射率分离	比辐射率	推导反演模型法
TES‑光谱平滑迭代	野外试验测量的热红外高光谱数据(包括目标辐射和环境辐射)	温度/比辐射率分离	比辐射率	迭代优化法

续表

算法名称	必要的数据源	需要解决的问题	目标参数	算法类别
TES‑ASTER算法	经大气校正的 ASTER 的 5 个热红外通道地表辐射亮度和大气下行辐射数据	温度/发射率分离	发射率	推导反演模型法+迭代优化法
劈窗算法	热红外两个或多个不同通道的卫星遥感数据	去除大气影响	海面温度	推导反演模型法
局地劈窗算法	热红外两个或多个不同通道的卫星遥感数据，植被指数、分类信息等	去除大气影响	陆面温度	推导反演模型法
TISI‑昼夜算法	热红外两个通道、中红外一个通道、昼夜两个时相卫星遥感数据	温度/发射率分离并去除大气影响	陆面温度和发射率	推导反演模型法
MODIS 陆面温度产品算法	MODIS 中红外和热红外大气窗口的 7 个通道，昼夜两个时相数据，MODIS 探空通道反演的大气廓线	去除大气影响、温度/发射率分离、地表/大气参数反演	陆面温度和大气参数	查找表法+迭代优化法
一体化反演法	一个时相多个通道的热红外遥感数据	地表与大气参数耦合、地表和参数的先验知识应用	陆面温度和发射率、大气廓线	简化模型+迭代优化法
ATSR‑2分离植被和土壤温度算法	ATSR‑2 两个热红外通道，准同时的两个观测角度的数据，两个角度的可见光近红外观测，并且已知叶片和土壤发射率	去除大气影响、解决植被层和土壤层不同温度的问题	植被和土壤温度	推导反演模型法
AMTIS 反演叶片和土壤温度算法	经过大气校正的 AMTIS 的 9 个角度的热红外数据和可见光近红外观测，并且已知叶片和土壤发射率	解决植被层和土壤层不同温度的问题	植被和土壤温度	推导反演模型法

1. 经验回归法

经验回归法不考虑物理过程的正向模型，而是根据数据的特征直接建立反演公式，经验公式中的一些参数由训练数据中的回归得出。这种方法的优点是简单直接，而且用于与训练数据接近的数据时，一般能获得准确和稳定的结果。缺点是缺乏物理意义，外推能力差。

误差来源与分析：① 对随机噪声的增益：增益大则说明反演算法不稳定，需要根据经验公式的形式而具体判断。② 对训练数据的拟合残差：可作为精度上限的一个指示，但拟合残差小并不是反演算法精度高的充分条件。③ 训练数据集的代表性：如果训练数据集对于实际数据没有代表性，则经验回归法很难用到实际数据，这是该方法的致命缺点。

2. 推导反演模型法

推导反演模型法首先有一个描述物理过程的正向模型，在此基础上直接推导该模型的反演模型或者对正向模型做简化后推导其反演模型。反演模型通常是一个解析表达式或者判断语句的计算流程。这种方法的优点在于物理意义明确，能够做比较系统的误差分析，计算速度也比较快。缺点是很多模型（特别是精确度比较高的复杂模型）都不能或不易直接推导反演模型。如果做太多的简化近似，可能会影响反演精度。

误差来源与分析：① 对观测数据中随机噪声的增益。因为推导反演模型有解析表达式或明确的计算流程，根据误差传播公式，可以很容易分析。② 对物理过程的简化近似。这部分误差需要根据具体的模型来分析，把简化近似的误差折算成数据中的随机噪声，然后可根据反演模型对随机噪声的增益进行估算。

3. 迭代优化法

迭代优化法首先有一个描述物理过程的正向模型，但是没有显示表达的反演模型，而是建立一个包含正向模型的代价函数，并利用某种数据工具对代价函数进行迭代优化，使代价函数达到局部或全局最小值，从而在此意义上给出模型参数的"最优"估计。这种方法的优点是对于很复杂的模型，虽然无法显示推导其反演模型，但仍然可用迭代优化法反演，反演方法的物理意义明确，优化算法与正向模型无关，因此可分别发展；缺点是迭代优化过程需要多次调用正向模型，因此计算速度慢、效率低，很难保证估算出的是全局最优值，常常出现不稳定的结果，误差分析比较困难，这常常导致使用者对算法的使用规则和依赖条件理解不充分，因而得不到最佳结果。

误差来源与分析：① 对观测数据中随机噪声的增益。代价函数通常是局部解析的，通过在最优解附近对代价函数做二次近似（或求其 H 矩阵），可根据 H 矩阵的条件数来估计算法对噪声的敏感性。② 正向模型中对物理过程的简化近似。这部分误差需要根据具体的模型分析，把简化近似的误差折算成数据中的随机噪声，然后根据反演模型估算随机噪声的增益。③ 数值方法的精度。因为迭代优化过程是一个逐步逼近过程,逼近精度与计算时间是一对矛盾,通用迭代优化法都以控制变量调节逼近精度,虽然通常情况下默认设置已经足够,但是对于坏条件数问题(病态问题),逼近精度设置对解的影响不容忽略。④ 先验知识或其他约束条件的误差。为了缓和病态问题及提高迭代优化的效率,常常采用某种先验知识或者根据参数的物理意义对解进行约束,这时不准确的先验知识会带来额外的误差。

4. 查找表法

查找表法是用大量实测的或者模拟的数据建立待反演参数空间与观测数据空间的查找表,并在观测数据空间中建立某种相似度的度量关系,然后每获得一组新的观测数据,可在表中查找与之最相似的记录,并在此记录中读出待反演参数。该方法既可以抛开正向模型,也不必考虑反演模型或复杂的数学工具,只要有一个完备的查找表,就能实现反演。应该说明的是,有的反演方法中虽然用到了查找表这一数学工具,但只是用来对前向模型做近似,而在反演时仍然需要建立代价函数进行优化,所以这种类型的方法应该属于迭代优化法。而真正用查找表法做反演的例子很少,因为这种看似简单的方法实际上还存在很多问题,有待深入研究。这种方法的优点是对于复杂的模型,一旦建立查找表后,就不用再直接调用模型,从而节省计算量,加快计算速度。缺点之一是对于多参数模型,建立查找表本身就需要大量的计算,对复杂模型建立完备的查找表甚至是根本不能实现的;缺点之二是其他反演方法中遇到的信息量不足、结果不稳定等问题在查找表法中丝毫没有得到解决,而是被掩盖了,即查找表的使用者总能查到某一个解,但是难以分析所获得的解的可信度。

误差来源与分析:① 对观测数据中随机噪声的增益及正向模型中的简化近似带来的误差,在查找表法中不易分析。② 查找表的分辨率,因为查找表是将连续的物理模型离散化,离散化过程在模型参数空间中采样的密度即查找表的分辨率,它是查找表法的一个精度限制条件。

推导反演模型法既具有完整的物理意义又有较快的计算速度,是一种理想的方法。但对于复杂的物理过程,常得不到解析的反演表达式。经验回归法计算速度快、适应能力强,用于实际数据时能获得较好的效果,但没有考虑正向过程的物理意义,常依赖于训练数据,且往往只适用于特定的一批数据。迭代优化法可以反演复杂的物理模型,反演结果具有完整的物理意义,只要模型足够准确,就有广泛的适用范围,但计算量非常大,且常会陷入局部最优值。查找表法是在前向模型过于复杂时用于减少计算量而采用的一种离散化方法,它通常应用于做前向模型的近似,而不适合于单独构成一种反演方法。

通过选用适当的地表温度反演算法,可以获取地热勘探区的地表温度,初步划分地热异常区范围,同时借助开展其他地质和物探工作来进一步确定勘探区内的断裂构造及地层展布情况,多手段综合勘查地热资源,最终获取勘查区内的地热分布特征情况。

6.3.3　图像信息解释

图像信息解释是从遥感图像上获取地物目标信息的过程。遥感解释主要包括纯粹的目视判读(又称目视解释)和计算机判读(又称计算机解释)。目视解释是指依据地物目标在遥感图像的波谱、时相、空间等方面的特征及所掌握的各种地学规律,采用肉眼观察的方式来识别地物目标,采集地学专题的特征信息。其任务是判读出遥感图像中有哪些地物,分布在哪里,并对其数量特征给予粗略的估计。目视解释是遥感图像理解(计算机解释)的基础,不了解影像的地学意义,就不可能得到正确的计算机解释结果。

1. 解释原则

遥感图像的目视解释都是依据影像的光学、几何学及光学与几何学结合的特性来实现的,有时是通过这些特性直接区分、识别地物目标,提取所需信息,有时则是通过这些直接解释标志来区分识别出某些地物目标,然后再根据这些地物目标与待研究的专业内容之间的相关性,间接推断应用者感兴趣的有用信息。例如根据形状与色调等标志识别出河道中的沙洲后,可依据沙洲尖端方向确定水的流向。但是自然界的情况是复杂多样的,有些相互依存的规律,也不是一成不变的。在不同地形部位、发育于不同母质上的土壤,会形成各不相同的电磁辐射特征,但如果经过长期耕作施肥熟化,都形成了腐殖质含量较高、土壤颜色较暗、结构性状良好的肥沃土,并栽培着相似或相同的植物,则在遥感图像上就可能形成相同色调、色彩和纹理结构的影像,从而掩盖了土壤类别与土壤剖面性状的差异。反之,在相同的土壤上种植不同的作物,播种期有迟早,浇灌与否,施肥差异,收获后土地耕翻与否等都会在遥感图像上产生土壤条件不均一的假象,加上混合像元和同物异谱近谱、异物同谱近谱现象,即遥感图像反映地物类别的不确定性相当普遍,要对遥感图像产品进行较顺利的目视解释是十分复杂的,应坚持以下原则(戴昌达等,2004)。

(1) 从应用目的出发,总体观察,全面分析图像特征。坚持先易后难、由粗入细、由整体至局部的解释程序。如果对工作区有所了解的话,应该在总体观察分析图像后,重点解释已知的地物目标和地区,以便尽快确立比较有效的解释标志,然后采取对比法向未知地区推进。

(2) 充分利用各种解释标志,相互补充,彼此验证。对于具有不同相关性的地物目标,在利用某些解释标志的同一性时也要考虑它的可变性。切忌仅依据一两个解释标志就轻率下结论,即使是起重要作用的主导解释标志,也应该将其与其他辅助性标志相互印证,经检验后才能下定论。

(3) 开展多波段、多时相、多类型遥感图像的对比分析。多时相遥感图像的对比分析既有利于动态变化信息的收集与监测,也有助于识别随季节变化的地物目标。通过目视解释对比分析多波段、多时相、多类型遥感图像能提高图像解释的深度与准度。

2. 解释标志

不同地质体和地质现象有不同的遥感图像特征,其差别源自岩石的反射光谱特征。遥感信息具有多源性、宏观性、周期性、综合性和量化等特点,其中,能用于识别地质体和地质现象,并能说明其属性和相互关系的图像特征,称为地质解释标志,包括直接地质解释标志和间接地质解释标志。能直接见到的图像特征,如形状、大小、色调、阴影、花纹等,称为直接地质解释标志;而需要通过分析和判别才能获知的图像特征,称为间接地质解释标志(陈华慧,1984;张樵英等,1986)。

由于遥感图像是对一定区域地物的高度综合概括,能直观、综合地反映地面物体的特点,所以利用遥感技术方法研究地质构造是地质遥感的主要工作之一,遥感图像经常被用来判断某一地区的地质构造,特别是线形和环形的地质构造形迹。常见的地质构造形态单元都有独特的遥感识别标志。

色调和形态是我们判断地质构造形态的主要依据之一,例如褶皱带中各种岩性的不同会使褶皱沿构造展布方向呈现不同的光谱信息。断裂构造两侧地质地貌现象的差异也会使断层两侧的影像色调出现差异。地下一定深度的地质信息,通过水、土壤和植被等表现,在遥感图像上也会以不同的色调显示出来。

断裂的垂直差异活动往往会形成陡峭的断层崖或发育成排列整齐的断层三角面。断层崖和断层三角面往往在遥感图像上表现为暗色调,阴影比较明显。断层崖与断层三角面一般是断裂垂直差异错动的重要标志。断层的垂直高度也可以从遥感图像中测出。

　　水系特征由于在遥感图像上影像清晰,样式突出,易于辨认,是直接反映地球地壳运动的最主要的标志。如根据河流的平面形态变化(如弯曲特征)可以判断出断层的平移性质;由于垂直差异显著的断裂带两侧的水系形式常常不同,活动断裂带往往成为两种水系的转折点,因此我们可以根据水系的形状不同来确定垂直活动断裂带的存在,如格状水系往往能显示两组直交断层存在的可能。

　　3. 地质构造的遥感图像特征

　　地质构造形迹常表现为线性与环形特征。线性构造主要指断裂构造,它控制着岩浆活动及矿液的运移、储存,对成矿、储矿起着重要作用。环形构造多是地球内部热源活动形迹在地壳中的总体表现,它与热液成矿密切相关(赵英时,2003)。在遥感图像上,多以色调、图形特征、水系展布、地貌形态等显示。前者为平直或微弯形的线性条带形迹,后者为圆形、半圆形、椭圆形等环状条带形迹(陈述彭等,1990)。通过遥感图像处理,如边缘增强、灰度拉伸、方向滤波、比值分析等可以突出有关信息。

　　(1)线性构造的影像特征

　　线性构造在卫星影像上呈醒目的线性影纹,或集中呈带状,其主要影像标志显示在图形、色调(包括色调线、色调带、色调界面等线形特征)和地形地貌形态、水系异常及微观纹理特征上。线性构造两侧地质体、地貌体或地质现象的差异,造成其电磁波辐射的差异,从而形成不同的影像色调与形态。在很多情况下,由于断裂本身组成物质与含水性等方面与周围地质体的明显差异,线性构造形迹在遥感图像上更突出,易于辨识,因而遥感图像上往往可以解释出隐伏的线性构造。色调标志为差异色调界线呈直线或近似直线状;水系标志为河流的直角拐弯或近直角拐弯,串珠状水系的重复出现,山间河流同步弯曲的一系列拐点的连线,湖泊、水系、海岸的线状分布(图6-17、图6-18)。地貌标志有不同地貌景观特征单元的分界线(如多边形隆起或凹地边界、平直的山麓边界线,见图6-19、图6-20)、穿过一系列山脊的山峰区或山谷点的稳定期平直延伸的连线、山间或山前洪积扇(裙)的线状排列、断层崖(直线状分布并有一定延伸距离的陡崖、陡坎)、直线状沟谷(沿断裂形成平直延伸较长的线性沟谷,见图6-21)、错断山脊(图6-22)、植被或植被单元的线状变异等(许军强,2006)。

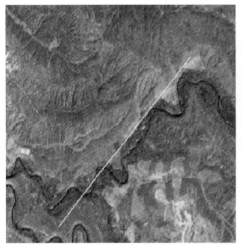

图 6-17　河流的直角拐弯

图 6-18　水系分流点

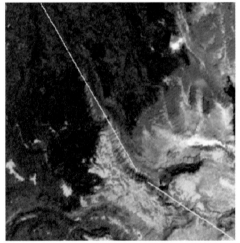

图 6-19　地貌单元错断

图 6-20　地貌组合

（2）环形构造的影像特征

环形构造是指在遥感图像上反映地质内容的环形影像，包括基底穹隆及各年代沉积岩系的圆形、椭圆形构造，隐伏的隆起、凹陷、穹窿构造及向斜构造，以及火山机体、环形侵入口、爆破筒、各种蚀变晕圈、环形断裂和热液通道等。环形构造的影像特征主要通过色调和形状来表现。除此之外，地貌、水系也是识别环形构造的重要标

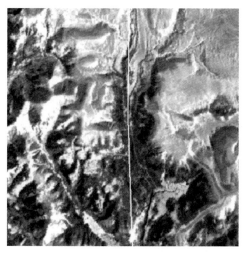 

图 6-21　直线沟谷　　　　　　　　　图 6-22　火山脊错断

志。在不同地区由于其地质作用及岩石结构构造、地质构造的差异,环形构造的影像特征有所不同。

① 侵入岩体的环形构造

侵入岩体引起的环形构造因侵入机制、侵入环境、岩性而异,加之岩体剥蚀深度风化、剥蚀产物的影响,环形构造具有不同的特点。随着岩体侵入深度及剥蚀深度的不同,影像特征也存在明显差异。

裸露岩体形成的环形影像边界清楚,环体内部色调影纹相对单一,色调相对平稳,环体边缘有反映热蚀变交代及接触带的晕圈环和低级次岩株类的卫星式环群。

浅层隐伏岩体形成的环形影像,岩体最高侵入部位已近地表的浅层隐伏岩体,与其相伴的蚀变晕、侵入断裂构造部分剥蚀于地表,当岩体有岩浆-变质-构造穹隆、岩性差异明显时,环形影像明显,当岩体接触带蚀变交代分带性清楚时,环体可显示多环层结构。浅层隐伏岩体形成的侵入构造常使环形影像呈现放射状或环状、辐射状线性影像。

简单侵入体形成的环形影像呈单调的环形。复杂侵入体形成的环形影像呈复杂结构的复式环形。在同样的剥蚀条件下,环形影像的内部组合结构常和复式岩体的组合特征相似,常见的有卫星式、套叠式等。

② 火山岩区的环形构造

近代火山活动区的火山机体保存较好,因此遥感图像能较完整地呈现典型的火山机体影像图案。简单火山口呈环状色斑,熔岩流呈放射状、菊花状影纹;复式火山口呈套叠环状或串珠状环体;古火山机体若未经叠加、变质,且剥蚀不剧烈,仍可用火山机体的典型环形影像特征识别(图6-23、图6-24)。

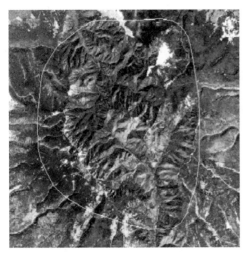 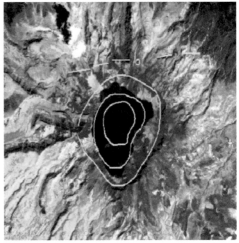

　　图6-23　望天鹅环形断裂　　　　　　图6-24　长白山天池环形断裂

③ 变质岩区的环形构造

变质岩区的环形构造因变质作用原岩及变质作用类型、变质岩产状的多变性而显得多变和复杂。区域变质作用的低-中级阶段的变质岩区,原岩受到近乎相似的变质作用,因此其环形构造常保留有原岩的环形构造特征。区域变质作用的深变质至混合岩化阶段的变质岩区,高级阶段的变质-混合岩常与一定的热体有关,在区域性的面状或带状分布的变质岩区形成的环状混合-花岗岩化体显示椭圆状、条状、圆状形态,在遥感图像中显示类似的环形影像。混合-花岗岩化的高级阶段,在影像中趋浅色调。另外,变质作用与一定的应力场或一定的深部构造有关时,遥感图像上显示月牙状套叠环体、串珠状环体。

④ 沉积岩区的环形构造

沉积岩区的环形构造常与沉积岩地表出露形态,沉积原岩组合的岩性、颜色、结构构造、层理、层序等有关。水平层理的岩层风化剥蚀,呈云朵状圆形地貌;碳酸盐岩溶风化发育的溶蚀残丘亦形成圆形地貌;不同岩性差异的互层状沉积岩层呈短轴状背斜或穹隆,呈现同心环状影像;构造盆地中产有煤、盐、油气等层状矿产时在影像上也呈环形构造。

6.4 应用实例剖析

6.4.1 运用遥感技术在长白山火山岩区进行地热预测

1. 研究区概况

长白山火山岩区位于吉林省东南部,是我国东北地区著名的风景名胜区。研究区范围为东经 127°49′52″~128°13′30″、北纬 41°52′02″~42°10′44″,属受季风影响的温带大陆性山地气候,年降水量在 700~1 400 mm 之间。植被主要以红松阔叶林、针叶林、岳桦林、草甸及高山苔原等为主,并从下到上依次形成 4 个植被分布带,具有明显的垂直分布规律。地貌为典型的火山地貌区域,随海拔自下而上主要由玄武岩台地、玄武岩高原和火山锥体 3 大部分构成。

研究区处于东亚大陆边缘,濒临太平洋强烈褶皱带。中生代以前,就曾经过多次地壳变迁活动,形成古老的岩层。中生代经历上亿年的风雨侵蚀,形成一系列山间盆地。到了新生代,这里变成一片波状起伏的具有残丘散布的准平原。随着新生代喜马拉雅的造山运动,并伴有火山的间歇性喷发,地壳发生了一系列断裂、抬升,地下深处的大量岩浆喷出地面,构成玄武岩台地。第四纪到来之前,地壳运动进入一个新的活动时期,火山活动趋于活跃,由原来裂隙式喷发转为中心式喷发,喷出的熔岩和各种碎屑物堆积在火山口四周的熔岩高原和台地上,筑起了以天池为主要火山通道的庞大的火山锥(许军强等,2007)。

2. 遥感数据源获取

遥感数据为 2003 年 8 月 19 日的 ASTER 多波段热红外数据,其空间分辨率为 90 m,含有 5 个波谱通道,Band10~Band14 所对应的波谱范围分别为 8.125~8.475 μm、8.475~8.825 μm、8.825~9.275 μm、10.25~10.95 μm 及 10.95~11.65 μm。

3. 地表温度求算

根据 ASTER 热红外数据的特点,选用温度与比辐射率分离(TES)算法中的比辐射归一化算法(NEM)反演研究区的地表温度。在已知辐射亮度的基础上,各波段的亮度温度由普朗克定律反演。地表温度反演结果与亮度温度反演结果的统计特征如表6-4所示。从表中可以看出,用TES算法反演的地表温度均值比各波段的亮度温度均值高2.4~5.9℃,标准差大0.7611~1.0532℃,这说明反演结果已经大大消除了各种辐射干扰因素的影响,反演的地表温度较各波段的亮度温度更接近地表实际情况。

表6-4　研究区TIR波段亮度温度与地表温度
反演结果对比(许军强等,2007)　　　　　　　　单位：℃

统计量	B10亮度温度	B11亮度温度	B12亮度温度	B13亮度温度	B14亮度温度	地表温度
最小值	9.0	9.4	9.5	11.0	10.4	11.4
最大值	36.1	38.1	39.5	41.5	41.3	43.0
均　值	18.7	19.9	20.3	22.2	22.1	24.6
标准差	2.7598	2.8630	2.9461	3.0519	3.0228	3.8130

4. 地表温度分布

对运用TES联合反演法反演的地表温度进行等级分割,分割结果见图6-25。对照研究区的地表覆盖情况,最大的高温异常区位于天池火山口周围,且成片分布,其他高温区域大部分是居民地、裸地、参棚及公路覆盖区;低温异常区主要分布在水体(湖泊、河流)及森林覆盖密度较大的地区(长白山天池西北部林区和望天鹅火山周边地区),天池水的表面温度最低,其值低于15℃。在长白山天池西南的边界,有一个呈带状分布的低温异常区,它是由天池西南的巨大山峰遮挡所致。而在天池西北坡,也出现了一块低温异常区,这是由原始图像上未经处理的云块引起的。天池湖面表现出高海拔条件下水体的低温特征,而在高海拔的长白山天池周围,出现了最大、最强的地表温度异常区,将该地表温度异常区作为重点区域进行考察。

通过对TES联合反演法反演的结果进行统计,将地表温度为20.3~24.4℃的区域划分为背景温度区,占总面积的73.7%,其中温度为21.7~23.0℃的区域分布范围最广,约占总面积的41.7%,其次是温度为20.3~21.7℃和23.0~24.4℃的区域,分别约占总面积的15.8%和16.2%;将地面温度为12.7~20.3℃的区域划分为

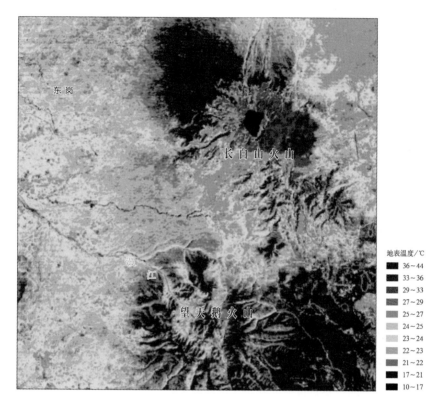

图 6 - 25　TES 联合反演法反演的长白山 LST（许军强，2007）

较低温度区,占总面积的 12.5%;将地面温度为 24.4~44.0 ℃的区域划分为较高温度区,占总面积的 13.8%,其中 26.5~44 ℃的高温区域占总面积的 3.5%,统计结果见表 6 - 5。

表 6 - 5　TES 联合反演法反演的长白山地表
温度统计结果（许军强等，2007）　　　　　　　单位：℃

	较低温度区	背景温度区			较高温度区	
温度区间/ ℃	12.7~20.3	20.3~21.7	21.7~23.0	23.0~24.4	24.4~26.5	26.5~44.0
所占比例/%	12.5	15.8	41.7	16.2	10.3	3.5
所占面积/km²	451	570	1 505	585	371	126

5. 地质构造遥感解释

（1）线性构造解释

根据前人的资料，长白山地区的构造格架基本由 NEE 向与 NNE 向断裂网构成，其次为 EW 向、SN 向及 NW 向等断裂。根据 2003 年 ASTER 的 VNIR 子系统获取的高分辨率遥感图像的解释结果（图 6-26），对主要断裂描述如下。

① F1 断裂：走向约 58°，该断裂切割了环形断裂及长白山期碱性粗面岩体，沿断裂发育 V 形断层谷，谷深 50 m，从断层挤压破碎及构造透镜体等现象说明东南盘下降，北西盘上升，属压剪性断裂。在天池周边沿此断裂出露多个 60~70 ℃ 的温泉群。

② F2 断裂：该断裂在朝鲜境内向西南方向延伸，而向北东方向则延伸至朝鲜境内的三池渊，与图们江断裂共同结成统一的图们江断裂带。

③ F3 断裂：该断裂在遥感图像上显示明显，走向 290°，倾向 NNE，倾角直立，上盘下降，上盘岩石为长白山期玄武岩，下盘岩石为望天鹅期玄武岩，沿此断裂形成 V 形断层崖，构成漫江河的主沟谷。此断裂北西段仙人站有 18 个泉眼的温泉群，温度一般为 45~62 ℃，断层谷弯弯曲曲，显示出张性断裂的特征。

④ F4 断裂：该断裂主要根据 NWW 向大沙河、小沙河断裂及火山口来确定。产状直立，断层谷弯曲等特点说明此断裂属张性断层。

⑤ F5 断裂：该断裂为长白山天池北老虎洞放射状断裂沿头道三岔断裂向 NNW 延伸，在影像上线性构造明显。走向 350°，倾向 NNW，断层相对直立，为东盘下降、西盘上升的张剪性断裂，其控制并切割了老虎洞玄武岩。

（2）环形构造解释

① 长白山天池破火山口：区内环状断裂性质为张性，断裂面不规则，造成天池周围环状峭壁不规则弯曲，它们均倾向天池中心，倾角为 75°~85°。对长白山天池周围的环形构造，按由里及外的顺序表述如下（图 6-26）。

a. f1 环状断层在天池水下，为隐伏断层。据水下测深资料，从天池周边向中心几十米处突然变深，形成水下环状陡坎，这是由该环状断裂导致的。

b. f2 环状断层位于天池周边，由破碎蚀变带构成，大部分在天池水下，仅有 5 处露出水面，宽约 10 km，破碎带角砾大小悬殊，杂乱无章，见有高岭土化、硅化、绿泥石化及微粒黄铁矿化等热液蚀变。该带易风化，形成红褐色、砖红色环状条带，与蓝色天池水形成明显的色调反差。在该断裂天池一侧断续出现天文峰下湖滨温泉带、白

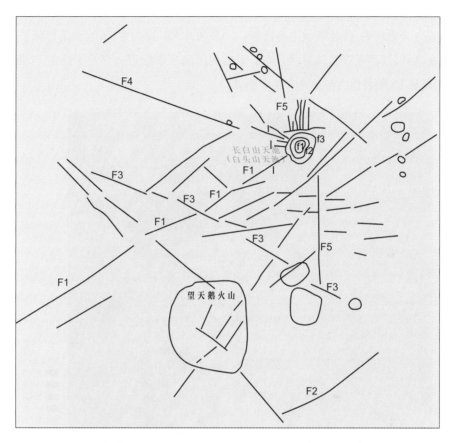

图 6-26　长白山地区线形、环形构造遥感解释图（许军强等，2007）

头峰下温泉带、梯云峰和白云峰下温泉带，温度一般为 40~70℃。

　　c. f3 环状断层位于第二个环状断层外侧，是龙门峰、白云峰、青石峰、卧虎峰、华盖峰、天文峰等 16 个峰连成的山岭内侧，与环形悬崖陡壁一致。陡壁高差 50~100 m，气势壮观。周长约为 16 km。该断层上盘下降，垂直断距约为 50 m。在天文峰南陡碴子海拔 2 400 m 高度附近有一钠闪碱流岩岩墙，倾向 170°，倾角为 80°，厚度约为 6 m，它的侵入年代为长白山期第四纪喷发阶段之后。

　　② 望天鹅破火山口：位于长白县北西、长白山天池火山锥体西南 35 km 处的又一座破火山口，是望天鹅盾状火山锥顶部塌陷形成的。环状断裂为椭圆形，长轴为 NW 向 335°，长约 12 km，短轴长 8~10 km，断层崖高差 500~600 m，最大可达 800 m。

（3）研究区地表温度与线环断裂构造的关系见图6-27。在长白山天池周围的地表温度异常区内,线性断裂主要以 NW、NE 和近 EW 向为主,天池火山口除了三个环形断裂外,线性断裂呈放射状分布。天池周围的环形断裂和穿过天池的 F1 断裂、F4 断裂和 F5 断裂作为与地热有关的断裂。

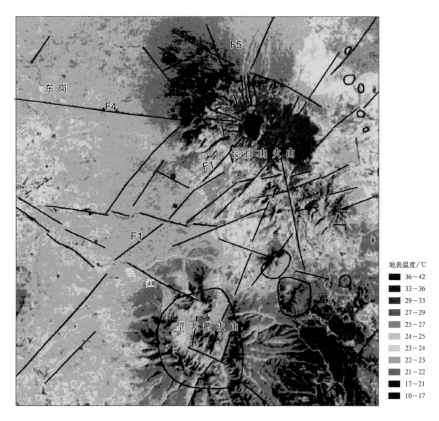

图6-27　地表温度与线环断裂构造的关系图（许军强, 2007）

6. 小结

（1）本项目通过运用温度与比辐射率分离（TES）算法中的比辐射归一化算法（NEM）对长白山火山区进行地表温度反演,排除人类活动及基岩接受太阳辐射导致的地温增高因素,火山口周边的北部区和西部区为高温集中分布区,与地热流体存在一定联系。

（2）本项目通过遥感图像并结合地质构造解释标志进行目视解释,发现长白山火山区的断裂构造形迹以 NW、NE 和近 EW 向为主,断裂显示出线性断裂及环形断裂的特征,其中线性断裂为放射状。结合地表温度反演图,推测天池周围的环形断裂和 F1、F3、F4 断裂与地热形成有关。

(3)后期通过地质资料分析,结合实地勘查结果,在高地表温度异常区的重点区域内出露有长白温泉群和锦江温泉群,两者的水热活动及气体活动特征较为明显,2个温泉群分别受 F4 线性断裂和 F1 线性断裂控制。这与反演的地表温度结果和解释出的断裂分布特征较为一致。

6.4.2　基于 Landsat 数据的西藏羊八井地表温度反演

1. 研究区概况

西藏羊八井位于念青唐古拉山山前,由构造断层所形成的断陷盆地内,以北的念青唐古拉山出露的地层为古生代的花岗片麻岩,东部和南部出露有燕山末期至喜马拉雅期的花岗岩,石炭-二叠纪的板岩、大理岩和白垩纪的火山碎屑岩等。

念青唐古拉山经新生代的强烈抬升形成了许多山峰,标高在 6 000 m 以上,终年积雪并发育冰川地形。山前断陷盆地内的新构造运动亦十分强烈,在许多出露的第四纪地层剖面上可见到明显的断层现象和地层的扭曲错动等。西藏羊八井在新生代以来,地壳运动十分活跃。受热源加热以后的高温热流体主要沿切割较深的念青唐古拉山前缘断裂上升,并赋存于花岗岩的破碎裂隙系统中,形成深部热储。高温热流体在花岗岩中继续沿断层破碎带上升至浅部,部分沿 SE 方向的断裂向地形低洼处渗流,在南部储盖层条件较好的地区聚集,形成次生的第四系孔隙型热储(张中言,2010)。

2. 遥感数据源获取

由于西藏羊八井地处青藏高原,区内积雪覆盖时间长,并且季节变化明显,所以在选择遥感数据时首先应该考虑时相,一般应该选时间、季节较适合的时相,同时考虑对遥感图像精度的要求和经费限制,选取了 1991 年 9 月 14 日的美国 Landsat - 5 TM 图像(图 6 - 28)。

3. Landsat - 5 TM6 地表温度求算

进行地表温度反演的 Landsat TM 的第 6 波段属于热红外波段,单窗算法为本次 TM6 数据的反演地表温度的方法。地表比辐射率通过相关波段运用归一化植被指数(NDVI)来估算,大气透过率和大气平均作用温度根据近地表的水汽含量和平均气

图6–28　西藏羊八井遥感图像（TM741）（张中言，2010）

温来估计。先运算地表亮度温度,再求地表比辐射率、大气透过率和大气平均作用温度,最后运用覃志豪单窗算法得到地表温度(图6–29)。

4. 地表温度分布

本次反演得到的地表温度可分为6个等级,从图6–29中我们可以看到整个地区的温度在254~354 K之间,即地表温度在−19~81 ℃之间。在图上蓝色表示在0 ℃以下,从东北向西南延伸,从对应图6–28西藏羊八井遥感图像上可以看出这里为念青唐古拉山的积雪区,从积雪区向东南、西北,温度逐渐上升,表示温度从270~290 K、290~310 K变为310~330 K,并且等温线呈环形分布。此外,在图上的南东角

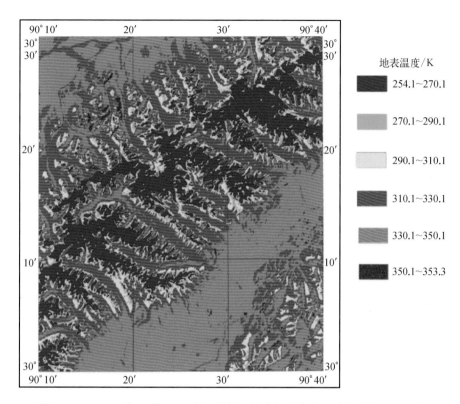

图 6-29　1991 年 9 月 14 日羊八井地区地表温度分布图（张中言，2010）

上也有部分 270~290 K 变为 310~330 K 的温度分布，表明 330~350 K 的地表温度分布在第四系地区。最高温度的 330~350 K 零星分布在第四系地区，也有分布在图上的南东角和北西角上。结合分布特征，选取西藏羊八井的最高温度，即 350~354 K 之间的地表温度为地温异常区的温度界限。

5. 地温异常区判定

在分析地表温度分布特点后，还需排除各种地貌对地表温度异常的影响，如要去掉阳坡所形成的伪地温异常。因此，将地表温度异常图与 TM741 遥感图像叠加，得到如图 6-30 所示的 TM741 遥感图像与地温异常图，在图上可以看出左上角和右下角的大片地温异常是由向阳坡造成的，因此认为此两处的温度异常为伪地温异常，而羊八井盆地地区都为第四系沉积覆盖，温度异常判定为真地温异常。

6. 活动断层遥感信息特征

通过对遥感图像进行分析，结合前人的研究成果，建立了该区活动断层构造的解

地温异常区

图 6-30 TM741 遥感图像与地温异常图（张中言，2010）

释标志,在此基础上对羊八井地区活动断层进行了解释,以 NE、NW 向活动断层为主,总体构造方向呈 NE 向。主要活动断层遥感信息特征简述如下(图 6-31)。

(1) 羊八井-当雄盆地西北主边界断裂(F1)

羊八井-当雄盆地西北主边界断裂(F1)分布于念青唐古拉山东南缘,构成羊八井-当雄裂陷盆地与念青唐古拉山之间的主要边界。现今断层活动性强烈,形成长约 231 km 的多期地震陡坎。沿断层发育显著的线性遥感图像构造。

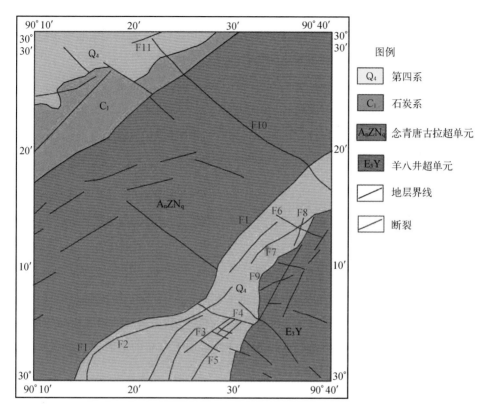

图 6-31　西藏羊八井活动断层解释图（张中言，2010）

　　F1 断裂在当雄盆地北缘呈近 EW-NEE 走向,由主断层、反向分支断层和断层陡坎、地震陡坎组成。主断层倾向南,倾角一般为 65°~80°。在当雄盆地北侧,F1 断裂形成的断层陡坎坡长 35.5 m,坡角为 20°,陡坎下方有胶结程度较差的断层角砾岩。在基岩山前,发现该活动断层切割石炭系浅变质岩和白垩系上统红层,构成石炭系和白垩系上统断层分界线,断层三角面高度近 200 m。

　　（2）格拉果-杂尼果断裂（F2）

　　格拉果-杂尼果断裂（F2）分布于羊八井-当雄盆地西北主边界断裂（F1）的南东侧,从格拉果到杂尼果,全长约 118 km,总体呈 S 形展布,由阶梯状分布的次级断层组成,发育线性断层三角面和断层陡坎,部分断层陡坎植被稀少,可能为地震陡坎。

　　（3）羊八井断裂（F3、F4）

　　羊八井地热田发育 NE 向 F3、F4 断裂和 NW 向次级断裂,同方向的断裂平行或斜列分布。在羊八井地热田西部,F3 断裂发育多级断层陡坎地貌,在羊八井地热田内部,F4 断裂与 NW 向次级断裂切割晚更新世泉华堆积层,两组断裂均错断中晚更新世冰碛物和冰水沉积层,局部形成断层陡坎。

（4）王曰错断裂（F5）

王曰错断裂（F5）走向 NE,分布于军马场西部王曰错地区,主要发育在中更新世的冰碛物和冰水沉积层中,由四条呈左列斜接的次级断裂构成,沿断裂带分布线性的断层陡坎。在王曰错断裂宽约为 3.5 km 的区域内,沿断裂发育多个小型地垒和地堑,显示区域拉张应力状态。

（5）优清果-嘎尔波断裂（F6）

优清果-嘎尔波断裂（F6）分布于拉多岗地区,总体呈 NW 走向,在拉多岗北侧,沿该断裂分布有温泉群。

（6）门巴果-雄曲断裂（F7）

门巴果-雄曲断裂（F7）主要呈 NEE-近 EW 向走向,分布于拉曲河南岸,控制拉曲河谷盆地发育,全长约 60 km。在遥感图像上有巨型断层崖和断层三角面地貌,局部出露沿断裂破碎面发育小型滑坡体,表现为断层面上分布的第四纪残坡积物沿断裂破碎带发生重力滑塌。

（7）拉多岗-门巴果断裂（F8）

拉多岗-门巴果断裂（F8）主体分布于拉多岗地热田,该区主要分布于羊八井花岗岩体中,花岗岩中的断裂总体呈近 SN 走向,向南延伸进入旁多山地。在拉多岗地热田,断裂切割中晚更新世砾石层,断裂总体走向约为 170°,发育断层谷地貌。断裂在拉多岗地热田北部遥感图像上,有线性排列的河流,河流形成约 20 m 高的陡坎。

（8）羊八井盆地东南边界断裂（F9）

羊八井盆地东南边界断裂（F9）呈 NE 走向,向北延伸构成拉多岗盆地东南边界,向南延伸构成羊八井盆地东南边界,断裂倾向 NW,倾角为 50°~70°,第四系具有显著的垂直位移,属正断裂性质。在遥感图像上可见典型断层崖、断层三角面、断层陡坎地貌,断层崖达 100~200 m,呈平直线状。在羊八井北侧山区,F9 断裂发育断层谷地貌,花岗岩与火山-沉积地层断层接触,呈明显的线状影像。在羊八井南侧,断裂发育线性分布的断层崖、断层三角面、多级断层陡坎和泉水群,控制冲洪积扇线性分布,局部切割全新世冲洪积扇体,在第四系内形成断层陡坎。

（9）爬努曲断裂（F10）

爬努曲断裂（F10）总体呈 NW 走向，横穿念青唐古拉山脉，向东南方向延伸至羊八井-当雄盆地。在遥感图像上，沿断裂走向分布有线性断层谷和线性分布的断层崖、断层三角面。

（10）念青唐古拉山西边界断裂（F11）

念青唐古拉山西边界断裂（F11）总体呈 NE 走向，分布于念青唐古拉山西麓，构成念青唐古拉山和纳木错盆地边界。

西藏羊八井区域活动断裂非常发育，大部分活动断裂都分布于羊八井-当雄裂陷盆地及两侧，包括盆地边界断裂、盆内断裂和横向断裂。除了这些断裂以 NE 方向为主，还有横穿盆地的 NW 向断裂，这些 NW 向断裂是由 NE 方向活动的断裂次生出来的。

7. 地温异常区判定

通过分析现有地质构造资料，并结合遥感解释，初步提取出断裂构造信息，因为地热资源的分布与断裂的分布有很大相关性，故这些断裂构造信息为判定地温异常区的分布提供依据。通过对地温异常区和活动断裂进行叠加（图 6-32）可以看出，在羊八井地区共有四个地温异常区，分别为Ⅰ、Ⅱ、Ⅲ、Ⅳ。

（1）地温异常区Ⅰ

该异常区的地温异常是由阳坡接受较多的太阳辐射造成的，而且在地温异常区Ⅰ中没有断裂通过地温异常区，只有两条短的断裂从外侧通过。通过对比可以看出，断裂的延伸方向与地温异常的排列方向不一致，至今未发现地温异常点，所以地温异常区Ⅰ为伪地温异常区。

（2）地温异常区Ⅱ

该异常区的地温异常也是由阳坡接受较多的太阳辐射造成的，虽然在地温异常区Ⅱ中有一条断裂通过，但是可以看出活动断裂是沿 NW 方向延伸的，而地温异常点是沿 NE 方向的。显然，地温异常区Ⅱ也不是由断裂控制的，所以地温异常区Ⅱ为伪地温异常区。

（3）地温异常区Ⅲ

该异常区位于 E90°9′13″，N30°5′56″左右，在地图上相当于羊八井温泉群，该异常区的温度异常点沿着断裂控制的方向，F3、F4 断裂与其相交的断裂呈田字状交会，断裂交会点附近都有温度异常点，还有些并不在断裂交会点上，而是在 F3、F4 断裂之

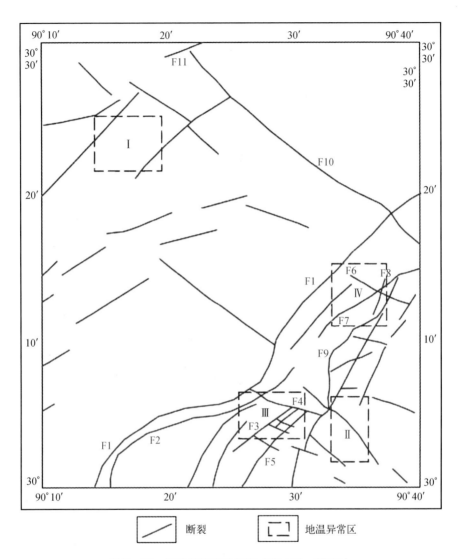

图 6-32　活动断裂的叠加图（张中言，2010）

间，这些温度异常点同样是由断裂控制的。经过资料对比及实地验证，证实地温异常区Ⅲ与羊八井地温异常区对应。

（4）地温异常区Ⅳ

该异常区位于 E90°36′55″、N30°11′39″左右，在地图上相当于拉多岗温泉群，该异常区的温度异常点也是沿着断裂控制的方向，由于 F6、F7、F8 断裂呈 M 字状交会，因此地温异常出现在 F6、F7、F8 断裂的交会点附近。经过资料对比及实地验证，证实地温异常区Ⅳ与拉多岗地温异常区对应。

8. 小结

（1）地表温度反演结果表明，低温区域为积雪覆盖区，最低温度区在念青唐古拉山上，山顶温度小于-20 ℃。高温区域大部分为居民地和第四系的平地区、温泉集结区及卓玛日山区；高温、低温分布基本符合当地的实际情况。卓玛日山区周围的高温区为伪地温异常区，羊八井和拉多岗两个异常区的地表温度异常与地热活动吻合。

（2）本项目通过采用单窗算法为 TM6 数据的反演地表温度的方法，对相关波段运用归一化植被指数（NDVI）估算地表比辐射率，根据近地表的水汽含量和平均气温来估计大气透过率和大气平均作用温度。采用先运算地表亮度温度，再求地表比辐射率、大气透过率和大气平均作用温度，最后运用覃志豪单窗算法的方法，得到地表温度。根据反演得到的地表温度结果，初步划分出地温异常区。

（3）通过选取 Landsat TM 的可见光近红外的彩色合成影像，结合目视解释原则及解释标志，对西藏羊八井地区的断裂构造进行解释，重点解释出羊八井-当雄盆地西北主边界断裂（F1）、格拉果-杂尼果断裂（F2）、羊八井断裂（F3 和 F4）、王曰错断裂（F5）、优清果-嘎尔波断裂（F6）、门巴果-雄曲断裂（F7）等 11 条活动断裂。

（4）经实地踏勘查证，对西藏羊八井地区地热情况进行分析，因地温异常区主要集中于 NE 向与相应的 NW 向断裂的交会部位，推测地温异常区与活动断裂有关。实地踏勘也证实在羊八井、拉多岗两个地温异常区存在温泉群，与解释结果较为一致。

参考文献

［ 1 ］ Dijkshoorn L, Clauser C. Relative importance of different physical processes on upper crustal specific heat flow in the Eifel-Maas region, Central Europe and ramifications for the production of geothermal energy［J］. Natural Science, 2013, 5(2)：268 - 281.

［ 2 ］ Baba A, Sözbilir H. Source of arsenic based on geological and hydrogeochemical properties of geothermal systems in Western Turkey［J］. Chemical Geology, 2012, 334：364 - 377.

［ 3 ］ Giordano G, Pinton A, Cianfarra P, et al. Structural control on geothermal circulation in the Cerro Tuzgle-Tocomar geothermal volcanic area（Puna plateau, Argentina）［J］. Journal of Volcanology and Geothermal Research, 2013, 249：77 - 94.

［ 4 ］ 孟璐.遥感数字图像处理技术在地热资源预测中的应用研究［D］.长春：东北师范大

学,2014.

[5] 许军强.长白山地表温度反演与地热分布特征研究[D].长春：吉林大学,2007.

[6] 朱黎江,秦其明,陈思锦.ASTER 遥感数据解读与应用[J].国土资源遥感,2003, 15(2)：59－63.

[7] 李海涛,田庆久.ASTER 数据产品的特性及其计划介绍[J].遥感信息,2004,19(3)： 53－55.

[8] 曹广真.多源数据融合在金矿成矿预测中的应用研究[D].青岛：山东科技大学,2003.

[9] 杨永兴.国际湿地科学研究的主要特点、进展与展望[J].地理科学进展,2002,21(2)： 111－120.

[10] Becker F, Li Z L.Temperature-independent spectral indices in thermal infrared bands[J]. Remote Sensing of Environment, 1990,32(1)：17－33.

[11] Prata A J. Land surface temperature derived from the AVHRR and the ATSR. 1 . Experimental results and validation of AVHRR algorithms. Journal of geophysical research, 1994,99(D6)：13025－13058.

[12] 梅新安,彭望琭,秦其明,等.遥感导论[M].北京：高等教育出版社,2001.

[13] 林和平,安源,孟璐.遥感数字图像无损彩色合成研究[J].信息技术,2013,37(4)： 35－39.

[14] 戴昌达,姜小光,唐伶俐.遥感图像应用处理与分析[M].北京：清华大学出版 社,2004.

[15] 张樵英,闻立峰.遥感图像目视地质解译方法[M].北京：地质出版社,1986.

[16] 陈华慧.遥感地质学[M].北京：地质出版社,1984.

[17] 赵英时.遥感应用分析原理与方法[M].北京：科学出版社,2003.

[18] 陈述彭,赵英时.遥感地学分析[M].北京：测绘出版社,1990.

[19] 许军强,邢立新,王明常,等.基于 ETM 数据的佳木斯市地热预测研究[J].遥感信 息,2007,22(2)：55－58.

[20] 张中言.西藏羊八井地区遥感数据地温反演与地热异常探[D].成都：成都理工大 学,2010.

第 7 章

井下地球物理测井

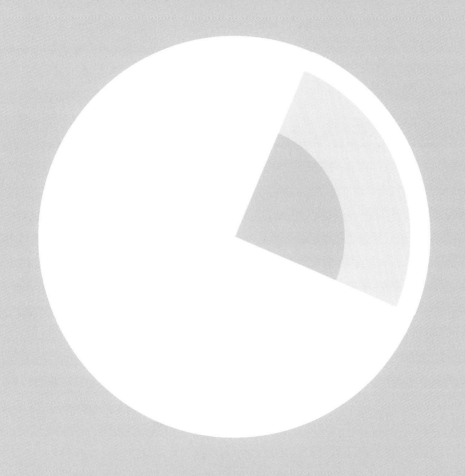

地球物理测井是应用物理原理解决地质和工程问题的一种边缘性技术学科。地层评价是测井技术最基本和最重要的应用,也是测井技术其他应用的基础(洪有密,2008)。在地热井施工中通过测井解决地层界限,确定岩性、储层物性(孔隙度和渗透率)等地质和水文地质问题,为选择最佳开发层位提供依据。

任何一眼地热井完钻后,无论其井别如何,采用井下地球物理测井是定性划分地层,确定岩性,识别断层、裂缝溶洞的技术手段,也是定量评价储层参数的重要依据(赵苏民等,2013)。

7.1　常用井下地球物理测井方法介绍

7.1.1　视电阻率测井

1. 视电阻率测井原理

在实际测井中,岩层电阻率受围岩电阻率、钻井液电阻率、钻井液冲洗带电阻率的影响,井下物探测得的电阻率不是岩层的真电阻率,这种电阻率称为视电阻率。视电阻率测井主要包括三部分:供电线路、测量线路和井下电极系,如图7-1所示。

在井下将供电电极(A、B)和测量电极(M、N)组成的电极系 A、M、N 或 M、A、B 放入井内,而把另一个电极(B 或 N)放在地面泥浆池中。当电极系由井底向井口移动时,由

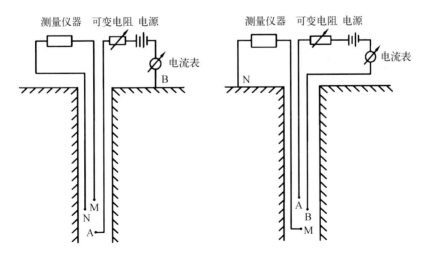

图7-1　视电阻率测井原理图

供电电极 A、B 供给电流，在地层中形成人工电场。由测量电极 M、N 测得电位差 ΔUMN。M、N 两点的电位差直接由它所在位置的岩层电阻率决定，岩层电阻率越大，测得的电位差就越大；岩层电阻率越小，测得的电位差就越小。电位差的变化，反映了不同地层电阻率的变化。视电阻率测井实际上就是对电位差的连续测量，经过计算就可求得视电阻率。

2. 视电阻率曲线形态

视电阻率曲线形态与电极系的分类有关。当井下测量电极系为 A、M、N 时，称为梯度电极系；当井下测量电极系为 M、A、B 时，称为电位电极系。供电电极到电极系记录点的距离称为电极距，常用的有 2.5 m 梯度电极系和 0.5 m 电位电极系。梯度电极系根据成对电极系（A、B 或 M、N）与不成对电极系（A、M 或 M、A）的位置又分为顶部梯度电极系和底部梯度电极系。

实际测井中，底部梯度电极系视电阻率曲线形态如图 7−2 所示。顶部梯度电极系视电阻率曲线形态正好相反。

电位电极系视电阻率曲线形态如图 7−3 所示，曲线沿高阻层中心对称，A 表示异常幅度，$A/2$ 称为半幅点，岩层上下界面与半幅点位置对应。

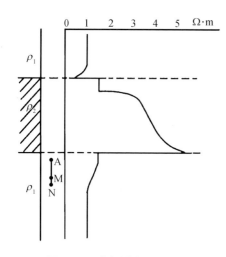

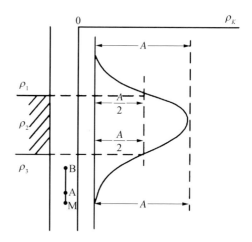

图 7−2　底部梯度电极系视
　　　　电阻率曲线形态

图 7−3　电位电极系视电阻率
　　　　曲线形态

3. 视电阻率测井的应用

（1）确定岩性

一般纯泥岩电阻率小，砂岩稍大，碳酸盐岩相当大，岩浆岩最大。根据视电阻率曲线幅度的大小,可以判断地下岩层的岩性。但当岩层中含高矿化度的地下水时,其对应的视电阻率也相应减小。由于影响视电阻率的因素有很多,曲线具有多解性,要结合岩屑、岩心等其他录井资料综合判断。

（2）划分地层

实际应用中,以底部梯度电极系视电阻率曲线的极大值划分高阻层的底界面,以极小值划分高阻层的顶界面,单纯用视电阻率曲线划分顶界面往往有一定误差,应结合其他曲线进行划分。视电阻率曲线确定高电阻岩层的界面比较准确,而对电阻率较小的地层则准确度较差。

7.1.2　自然电位测井

1. 自然电位测井原理

地层中有三种自然电位,即扩散吸附电位、过滤电位和氧化还原电位。扩散吸附电位主要发生在地热、油气井中,是我们主要测量的对象;过滤电位很小,常忽略不计;氧化还原电位主要产生在金属矿井中,这里不做研究。

在砂岩储层地热井中,一般都含有高矿化度的地热流体。地热流体和钻井液中都含有氯化钠(NaCl)。当地热流体和钻井液两种浓度不同的溶液直接接触时,由于砂岩地层水中的正离子(Na^+)和负离子(Cl^-)向钻井液中扩散,Cl^-的迁移速度(18 ℃时为 65×10^5 cm/s)比 Na^+ 的迁移速度(18 ℃时为 43×10^5 cm/s)大,所以随着扩散的进行,井壁的钻井液一侧将出现较多的 Cl^- 而带负电,井壁的砂岩一侧则出现较多的 Na^+ 而带正电。这样,在砂岩段井壁两侧聚集的异性电荷(砂岩带正电荷,钻井液带负电荷)就形成了电位差。

与砂岩相邻的泥岩中所含的地层水的成分和浓度一般与砂岩地层水相同,泥岩中高浓度的地层水也向井内钻井液中扩散。但由于泥质颗粒对负离子有选择性吸附作用,一部分氯离子(Cl^-)被泥岩表面吸附在井壁侧而带负电,井壁的钻井液一侧将出现较多的 Na^+ 而带正电。这样,在泥岩段井壁两侧聚集的异性电荷(泥岩带负电荷,钻井液带正电荷)就形成了电位差。

由于正负电荷相互吸引,这种带电离子的聚集发生因地层岩性不同,在两种不同浓度溶液的接触(井壁)附近,形成自然电位差(图 7-4)。用一套仪器测量出不同段的自然电位差,就可以研究出地下岩层的性质。

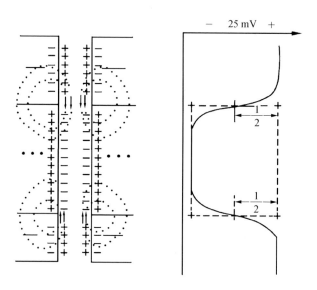

图7-4　井内自然电位分布与自然电位曲线形态

2. 自然电位曲线形态

在渗透性砂岩地层中,若岩性均匀,自然电位曲线的形态与地层中点是对称的。异常幅度大小等于自然电流在井内的电位降。一般用异常幅度的半幅点确定地层顶、底界面,如图7-4所示。

3. 自然电位测井的应用

（1）划分渗透层

自然电位曲线异常是渗透性岩层的显著特征。当地层水矿化度大于钻井液矿化度时,渗透层自然电位曲线呈负异常,泥岩层自然电位曲线呈正异常。当地层水矿化度小于钻井液矿化度时则相反。

划分渗透层一般以泥岩自然电位为基线,砂岩中泥质含量越少,自然电位幅度值越大,渗透性越好;砂岩中泥质含量越多,自然电位幅度值就越小,渗透性就变差。

划分地层界面一般用半幅点确定。但当地层厚度 h 小于自然电位曲线幅度 A_m 时,自1/3幅点算起;当地层厚度 h 大于等于自然电位曲线幅度 5 am 时,自上、下拐点算起。

（2）划分地层岩性

岩石的吸附扩散作用与岩石的成分、结构,胶结物成分、含量等有密切关系,故可根据自然电位曲线的变化划分地层岩性。如砂岩岩性颗粒越细,泥质含量越多,自然电位幅度值就越小,据此可划分出泥岩、砂岩、泥质砂岩等。

7.1.3　感应测井

1. 感应测井原理

感应测井是研究地层电导率的测井方法。井下部分主要的测井仪器有发射线圈、接收线圈和电子线路,如图 7-5 所示。在下井仪器中,当振荡器向发射线圈输出固定高频电流(I)时,发射线圈就会在井场周围的地层中形成交变电磁场,在交变电磁场的作用下,地层中就会产生感应电流(I),感应电流又会在地层中形成二次电磁场(或叫次生电磁场),在次生电磁场的作用下,接收线圈会产生感应电动势,地面记录仪将感应电动势的信号记录下来,就成为感应测井曲线。

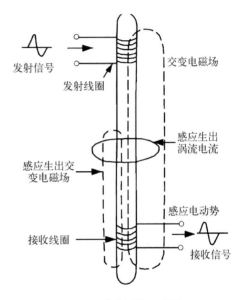

图 7-5　感应测井原理图

2. 感应测井曲线形态

由于感应电流大小与地层电导率成正比,所以,地层电导率越大,感应测井曲线幅度越高;地层电导率越小,感应测井曲线幅度越低。

3. 感应测井的应用

（1）确定岩性

与其他曲线配合,可区分出砂岩、泥岩、泥质砂岩、砂质泥岩等岩性。划分厚度大于 2 m 的地层,按半幅点确定其界面;对于厚度小于 2 m 的地层,因用半幅点分层较麻烦,实际中往往不用感应测井曲线分层。

需要注意的是,感应测井曲线上读的是电导率,其单位是毫欧姆/米（mΩ/m）。它的倒数才是视电阻率,单位是欧姆米（Ω·m）。

（2）判断含水储层,划分界面

感应测井曲线对地层电阻率反应极为灵敏。电阻率变化导致电导率变化,水层电导率明显升高,分界面往往在曲线的急剧变化处。

7.1.4　侧向测井

1. 侧向测井原理

侧向测井是研究视电阻率的方式之一,不同的是它的电极系中除有主电极系外,还有一对屏蔽电极,其作用是使主电流聚成水平层状电流,极大地降低了钻井液、冲洗带和围岩的影响,能解决普通电极测井不能解决的问题,如在碳酸岩地层、盐水钻井液及薄层交互剖面中提高解释效果。

侧向测井有三侧向测井、六侧向测井、七侧向测井、八侧向测井、双侧向测井和微侧向测井。下面仅介绍常用的七侧向测井、八侧向测井、双侧向测井和微侧向测井。

2. 几种常见的侧向测井

（1）七侧向测井

七侧向测井是一种聚焦测井方法,其主电极两端各有一个屏蔽电极,屏蔽电极使主电流呈薄层状径向地挤入地层,此时,井轴方向上无电流通过。七侧向测井曲线就是记录当不变的主电流全部被挤入地层时,所用的电压值。当地层电阻率较大时,主电流不易被挤入地层,所用的电压值就大;相反地,当地层电阻率较小时,主电流容易被挤入地层,所用的电压值就小。在测井曲线上,对应高阻层,曲线有较大的视电阻率;对应低阻层,曲线有较小的视电阻率。

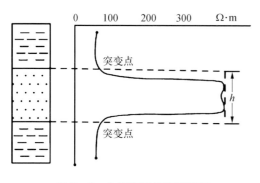

图 7-6　七侧向测井曲线形态

七侧向测井曲线的特点是正对高阻层,曲线形态呈轴对称,曲线上有两个"尖子",解释时取地层中点的视电阻率作为该高阻层的视电阻率,取突变点作为地层的分界线,如图 7-6 所示。

七侧向测井可分为深、浅两种侧向。深侧向能反映地层深部的电阻率变化;浅侧向能反映井壁附近地层的电阻率变化。对于热储层而言,它仅反映钻井液冲洗带附近的电阻率变化。此外,还可以求出地层的真电阻率。七侧向测井常用于孔隙型地层测井中。

（2）八侧向测井

八侧向测井是侧向测井的一种,原理与七侧向测井相同,实际为一探测深度很浅的七侧向测井,只是电极系大小和供电回路电极距电极系较近,因此看起来很像一个八个电极的电极系,故称为八侧向测井。八侧向测井的探测深度为 0.35 m,应用地层电阻率范围为 0~100 Ω·m,且泥浆电阻率大于 0.1 Ω·m(魏广建,2004)。因八侧向测井的探测深度浅,纵向分层能力较强,是研究侵入带电阻率的方法,通常不单独使用,而是和感应测井组合应用,称为双感应-八侧向测井,是目前井下地球物理测井的主要测井项目。

（3）双侧向测井

双侧向测井的电极系结构由七个环状电极和两个柱状电极构成。

双侧向测井的探测深度由屏蔽电极 A_1、A_2 的长度决定,双侧向测井将屏蔽电极分为两段,通过控制各段的电压,达到增加探测深度的目的。双侧向测井由于屏蔽电极加长,测出的视电阻率主要反映原状地层的电阻率;浅双侧向测井探测深度小于深双侧向测井,主要反映侵入带电阻率。

双侧向测井影响因素中,层厚、围岩对深、浅双侧向测井的影响是相同的,受井眼影响较小。

双侧向测井的应用如下。

① 划分地质剖面:双侧向测井的分层能力较强,视电阻率曲线在不同岩性的地层剖面上,显示清楚,一般层厚 h>0.4 m 的低阻泥岩、高阻的致密层在曲线上都有明显显示。

② 深、浅双侧向测井视电阻率曲线重叠,快速直观判断油(气)、水层:由于深双侧向测井探测深度较深,深、浅双侧向测井受井眼影响程度比较接近,可利用两者视电阻率曲线的幅度差直观判断油(气)、水层。在油(气)层处,曲线出现正幅度差;在水层处,曲线出现负幅度差。如果钻井液侵入时间过长,会对正、负异常差值产生影响,所以,一般在钻到目的层时,应及时测井,减小泥浆滤液侵入深度,增加双侧向测井视电阻率曲线差异。

③ 确定地层电阻率:根据深、浅双侧向测井测出的视电阻率,可采用同三侧向测井相同的方法求出地层真电阻率 Rt 和侵入带直径 Di。

④ 计算地层含水饱和度。

⑤ 估算裂缝参数。

（4）微侧向测井

微侧向测井是在微电极系上增加聚焦装置,使主电流被聚焦成垂直井壁的电流束,电流束垂直穿过泥饼,在泥饼厚度不大的情况下可忽略不计,测量的视电阻率接近冲洗带的真电阻率。

由于主电流束的直径很小(仅 4.4 cm),所以微侧向测井的纵向分辨能力很强。因此,应用微侧向测井曲线可以划分岩性,划分厚度为 5 cm 的薄夹层、致密层,常用于碳酸盐岩地层测井中。

7.1.5 声波时差测井

1. 声波时差测井原理

声波时差测井原理如图 7-7 所示,在下井仪器中有一个声波发射器和两个接收装置。当声波发射器向地层发射一定频率的声波时,由于两个接收装置与声波发射器之间的距离不同,因此,初至波(首波)到达两个接收装置的时间也不同。第一个接收装置先收到初至波,而第二个接收装置在初至波到达第一个接收装置 Δt 时间后才收到初至波。Δt 的大小只与岩石的声波速度有关,而与泥浆影响无关。通常两个接收装置之间的距离为 0.5 m,测量时仪器已自动把 Δt 放大了一倍,故 Δt 相当于穿行 1 m 所需的时间。这个时间又叫作声波时差,单位是 $\mu s/m$(1 s = 10^6 μs)。声波时差的倒数就是声波速度。

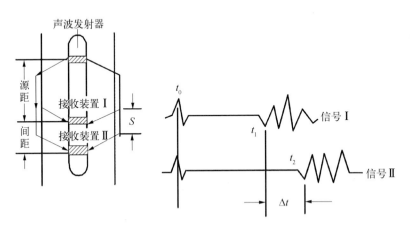

图 7-7 声波时差测井原理图

2. 声波时差测井的应用

(1) 判断岩性

岩石越致密,孔隙度越小,声波时差就越小;岩石越疏松,孔隙度越大,声波时差就越大。因此,利用声波时差曲线可以判断岩性,从泥岩、砂岩到碳酸盐岩,声波时差是逐渐减小的(泥岩:252~948 μs/m;砂岩:300~440 μs/m;碳酸盐岩:125~141 μs/m)

（2）划分油、气、水层

当岩层中含有不同的流体时,由于流体密度存在差异,声波在不同流体中的传播速度不同。因此,在其他条件相同的前提下,沉积地层中的流体性质也影响声波时差,如淡水的声波时差为 620 μs/m,盐水的声波时差为 608 μs/m,石油的声波时差为 757~985 μs/m,甲烷气的声波时差为 2 260 μs/m。同样,岩石中有机质含量也可影响声波时差,一般情况下,泥页岩中有机质含量越高,所对应的声波时差越大(操应长,2003)。

实际应用中,气层声波时差较大,曲线的特点是产生周波跳跃现象。油层与气层之间声波时差曲线的特点是油层声波时差小,气层声波时差大,呈台阶式增大;水层与气层之间声波时差曲线的特点是水层声波时差小,气层声波时差大,也呈台阶式增大。但水层一般比油层小 10%~20%,如图 7-8 所示。

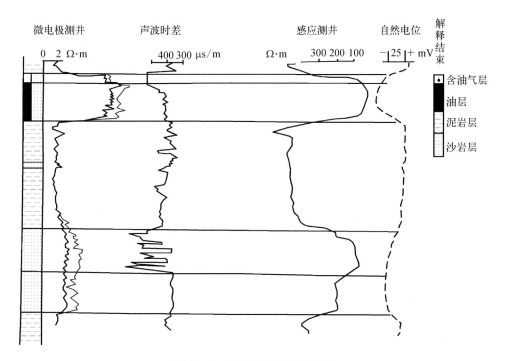

图 7-8　声波时差曲线的应用

（3）划分渗透性岩层

当声波通过破碎带或裂缝带时,声波能量被强烈吸收而大大衰减,使声波时差急剧增大。根据这个特征,可以在声波时差曲线上将渗透性岩层划分出来。

（4）沉积地层孔隙度、地层不整合面研究

在正常埋藏压实的条件下,沉积地层中孔隙度的对数与其深度呈线性关系,声波时差对数与其深度也呈线性关系,并且随埋深增大,孔隙度减小,声波时差也减小,若对同一口井同一岩性的连续沉积地层,则表现为一条具有一定斜率的直线。但是,有的井的声波时差对数与其深度的变化曲线并不是一条简单的直线,而是折线或错开的线段,可能是由于其为地层不整合面或层序异常界面。

7.1.6　自然伽马测井

1. 自然伽马测井原理

在自然界中,不同岩石含有不同的放射性。一般地,岩石的泥质含量越高放射性越强,泥质含量越低放射性越弱。其射线强度以 γ 射线的射线强度为最强。

自然伽马测井中,下井仪器中有一伽马闪烁计数器,计数器将接收到的岩层自然 γ 射线变为电脉冲,电脉冲由电缆传至地面仪器的放射性面板,变为电位差,由示波仪把电位差记录成自然伽马曲线。岩层的自然伽马强度的单位为脉冲/分。

2. 自然伽马测井曲线形态

（1）自然伽马测井曲线对称于地层层厚的中点。

（2）当地层厚度大于 3 倍井径时,自然伽马测井曲线极大值为一常数,用半幅点确定岩层界面。

（3）当地层厚度小于 3 倍井径时,自然伽马测井曲线幅度变小;小于 0.5 倍井径时,自然伽马曲线表现为不明显弯曲。岩层越薄,分层界限越接近于峰端,如图 7‒9 所示。

3. 自然伽马测井的应用

（1）划分岩性

在砂泥岩剖面中,泥岩、页岩自然伽马测井曲线幅度最高,砂岩最低,而粉砂岩、泥质砂岩则介于砂岩和泥岩之间,并随着岩层泥质含量的增加,曲线幅度增高。

在碳酸盐岩剖面中,泥岩、页岩自然伽马测井曲线幅度最高,纯灰岩、白云岩最

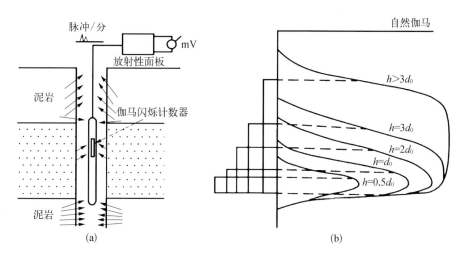

图 7-9 自然伽马测井装置（a）及曲线形态（b）

低,而泥质灰岩、泥质白云岩则介于两者之间,并随着岩层泥质含量的增加,自然伽马值也增加。

（2）判断岩层的渗透性

根据自然伽马测井曲线的幅度可判断泥质胶结砂岩渗透性的好坏,也可间接判断碳酸盐岩裂缝的发育程度,划分裂缝段。

（3）进行地层对比

由于自然伽马测井曲线不受井眼、钻井液、岩层中流体性质等因素的影响,所以,在其他测井曲线难以对比的地层中,可用自然伽马测井曲线进行地层对比。

（4）跟踪定位射孔

由于自然伽马测井不受套管、水泥环的影响,所以在下完套管之后的射孔作业中,将下套管的自然伽马测井曲线与裸眼测井曲线对比,确定跟踪射孔层位。

7.2 碳酸盐岩热储层测井实例

7.2.1 碳酸盐岩裂缝型储层测井实例

1. 标准测井

比例尺:1:500。测试项目:2.5 m 梯度电阻率;0.4 m 电位电阻率;自然电位。

2. 综合测井

比例尺：1∶200。测试项目：双侧向–微侧向；补偿声波；自然伽马。

3. 其他测井

井温、井斜、井径测试。

碳酸盐岩裂缝型储层标准测井加综合测井成果示例如图 7–10（天津地热勘查开发设计院，2012）所示。

7.2.2　碳酸盐岩热储地球物理特征

碳酸盐岩剖面的主要岩类是石灰岩、白云岩，部分硬石膏和这些岩类的过渡岩。热储层主要是巨厚石灰岩和白云岩中的孔隙与裂缝发育带，因此，与砂岩储层不同的是热储层与上下围岩往往具有相同的岩性。

在研究碳酸盐岩储层时，电磁法测井仍为主要方法。最有效的方法是使用具有不同测深的微侧向测井与 4 m 或 8 m 梯度电极系的组合，以及长电位电极系。利用这些方法能分辨出 0.5~1.0 m 的薄夹层，求出的地层电阻率精度也高。自然伽马测井和孔隙率测井也非常重要，致密的纯石灰岩、白云岩具有低自然伽马和低孔隙度，热储层孔隙度增大（往往在 2%~10%）。硬石膏层的典型特征是自然伽马为剖面最低值，电阻率为最高值，且体积密度最大，容易判断。

实际上，碳酸盐岩很难有单一的热储层，多为混合型热储层，主要有孔隙–裂缝型热储层、溶洞–裂缝型热储层、溶洞–裂缝–孔隙型热储层。① 孔隙–裂缝型热储层常与孔隙型热储层不易区别，但由于钻井液沿裂缝侵入很深，因此，在大多数情况下，横向测井曲线是三层高侵曲线。② 溶洞–裂缝型热储层与裂缝型热储层的特征相似。③ 溶洞–裂缝–孔隙型热储层比较复杂，需分析电测井、声波速度测井和中子–伽马测井的综合资料进行区分，其显示与孔隙型热储层一样，但利用衰减声波测井资料划分溶洞–裂缝–孔隙型热储层与孔隙型热储层有很好的效果。

在实际判断碳酸盐岩热储层时，应首先确定低电阻率层；其次利用自然伽马测井曲线的相对高值排除其中的泥质层；然后根据侧向电阻率曲线的差异和孔隙率测井曲线的显示特征圈定出热储层，并进一步判断其渗透性的好坏。

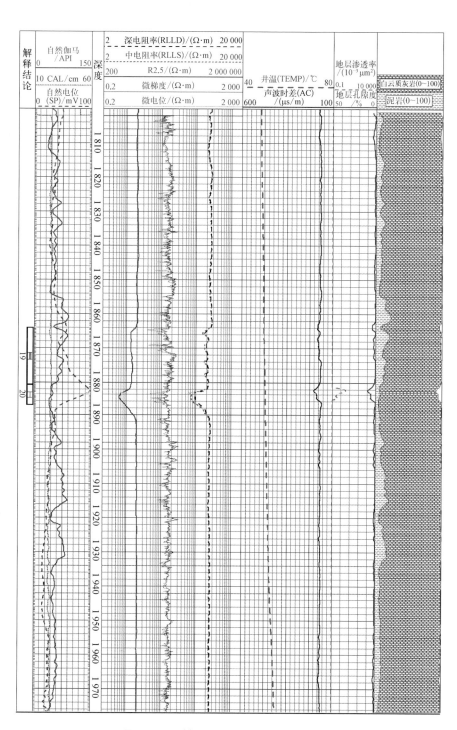

图 7－10　某碳酸盐岩地热井测井成果图

7.3   碎屑岩热储层测井实例

7.3.1   碎屑岩孔隙型储层测井实例

（1）标准测井

比例尺 1∶500。测试项目：2.5 m 梯度电阻率；0.5 m 电位电阻率；自然电位。

（2）综合测井

比例尺 1∶200。测试项目：双感应-八侧向；补偿声波；自然伽马。

（3）其他测井

井温、井斜、井径测试。

砂泥岩孔隙型储层标准测井加综合测井成果示例如图 7-11 所示。

7.3.2   碎屑岩热储地球物理特征

碎屑岩剖面为砂岩、泥岩和其他过渡岩类。热储层一般为渗透性砂岩类。渗透性砂岩在各种测井曲线上的特征如下（天津地热勘查开发设计院,2013）。

（1）在视电阻率曲线上,砂岩储层往往出现幅度变化。当储层渗透性发育较好时,短电极视电阻率显示明显的高阻,而长电极则显示低阻。

（2）在自然电位曲线上,由于一般地热流体矿化度大于钻井液矿化度,自然电位曲线呈现很大的负异常。异常幅度的大小随砂岩含泥量的多少而变化,幅度越大,砂岩含泥量越少,渗透性则越好。

（3）在声波时差曲线上,具很高的幅度值。声波时差越大,则砂岩孔隙性越好。

（4）在自然伽马测井曲线上幅度低。

（5）在感应测井曲线上,地热流体的富集层往往是高电导值。

对于非渗透性致密岩层,如致密砂岩、砾岩等,其自然电位和自然伽马测井曲线特征与一般砂岩基本相同,但却具有明显的高电阻率值和低声波时差值。这样,根据微电极系曲线和声波时差曲线可将它们划分出来。

在天津地区,由于地热井比较密集,地热地质勘探程度较高,所以,井下地球物理测井使用的一般原则是对于新近系地热田,熟悉的地区用标准测井,不熟悉的地区用

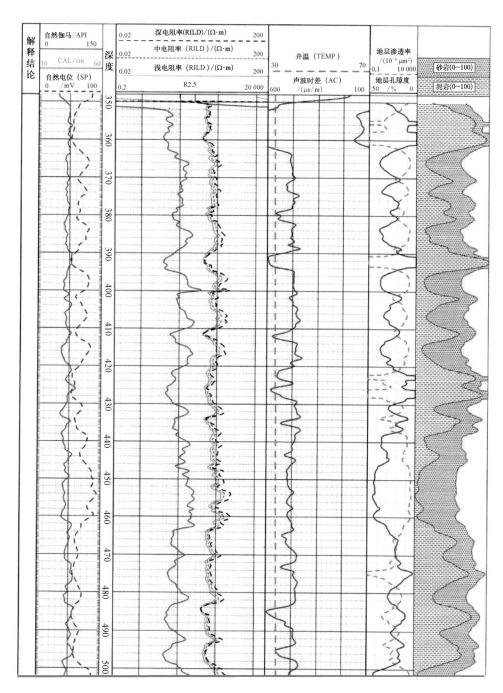

图 7－11 某孔隙型地热井测井成果图

标准测井+综合测井；对于碳酸盐岩地热田，因其热储层为溶洞、裂缝型，变化较大，均采用标准测井+综合测井。

对热储层的解释是整个综合测井解释中的一个重要环节，只有准确判断出热储层，才能为热储特征测试和勘探开发工作提供依据。热储层的正确解释，必须根据区域地层、储层发育状况，结合邻区已开凿地热井的资料，参考井下物探测井定性定量的分析成果，应用"四性"（岩性、物性、含水性、电性）关系的一般规律，进行综合解释，才能得到正确结论。常用井下地球物理测井方法综合应用见表 7-1。

7.4　井下地球物理测井技术的发展

前面主要介绍了井下地球物理测井的一些基本原理和方法，旨在帮助地质技术人员对测井资料的分析、应用。实质上，自 1927 年发明井下地球物理测井以来，测井技术发展非常迅速，主要经历了以下四个阶段。

（1）模拟记录阶段：采集的数据量小，传输速率低。使用的主要测井方法有声速（纵波）测井、感应测井、普通电阻率测井、配备井径测井、自然电位测井、自然伽马测井。

（2）数字测井阶段：与之相应的测井方法有双感应-八侧向测井，双侧向-微侧向测井，三孔隙度测井（声速测井、中子孔隙度测井、补偿密度测井），深、中、浅三项电阻率测井，井径测量，自然伽马测井，自然电位测井。

（3）数控测井阶段：除了一般的常规测井之外，增加了自然伽马能谱测井、岩性密度测井、电磁波传播测井、地层倾角测井，这些新的测井方法，可提取更多的有用信息，扩大了测井的应用领域，提高了用测井资料评价储层及解决地质问题的能力。

（4）成像测井阶段：现阶段主要应用于油田，为了勘探和开发更复杂、更隐蔽的油气藏，成像测井系统发展起来了。

（5）大规模生产测井阶段：人们往往重视勘探阶段的测井，随着地热田大规模地投入生产，对地热田背景资料随时间的变化进行测量并预测未来地热田的动态愈加重要，主要包括生产井温度改变、热储压力改变、产出流及热焓改变、生产流体中化学成分或气体成分的变化、生产对资源的影响、回灌对生产和资源的影响等，单个井问题，如冷水流入、堵塞、套管损坏等（王贵玲等，2013）。

表 7 - 1　常用井下地球物理测井方法综合应用（以天津地区为例）

测井方法	视电阻率测井	自然电位测井	声波时差测井	自然伽马测井	感应测井	侧向测井
主要作用	确定岩性,划分地层界面,划分渗透性和非渗透性岩层	确定地层岩性,划分渗透层	确定孔(裂)隙度	确定孔隙度,泥质含量	确定岩性,划分水层,一般不分层	划分透层,判定地层流体性质
原理	泥岩电阻率小,砂岩电阻率大,灰岩电阻率相当大,岩浆岩电阻率最大	渗透层明显负异常,泥岩层明显正异常	孔(裂)隙大,时差大,反之小	泥页岩中幅度高,砂岩层发育层低	泥页岩电导率最大,与电阻率相反	可利用三侧向测井,七侧向测井求得地层真电阻率
解释方法	2.5 mRA 是按顶(底)部梯度划分的	1. 淡水中正异常[地下水溶解性固体(TDS)小于钻井液 TDS],可划分咸淡水界面。2. 以泥岩自然电位为基线,砂岩中泥质含量越小,自然电位幅度值越大,渗透性越好。3. 当地下水 TDS 等于钻井液 TDS 时,自然电位为直线。	半幅点确定		对纯的低阻水溶感应测井曲线显示明显,有利标志层可作为标志层。如"指状泥岩"电导率最高的地方为纯质地的泥岩。视电导率高的是视电阻率测井视电阻率相反	除主电极外,还有一对屏蔽电极,使主电流聚成水平层状,迫入地层,降低井流的井液对岩层的影响,对碳酸盐岩地层、盐水泥浆和深井、薄交互层有效。三侧向测井视电阻率接近真值,划分薄层准确。七侧向测井探深范围大,能反映地层深部的电阻率

续表

测井方法	视电阻率测井	自然电位测井	声波时差测井	自然伽马测井	感应测井	侧向测井
解释方法	与明化镇组相比,第四系电阻率高,其水淡。明化镇组上为厚砂层,明化镇组下为薄砂层。馆陶组以薄砂层结束,馆陶组以薄砂层开始。与东营组相比,馆陶组电阻率高,声波时差高。从东营组开始。	当 h>5 am 时,自上下拐点算				
综合分析		1. 自然电位幅度越大,说明含泥量越小,渗透性越好。2. 声波时差数变大,渗透性变好。3. 自然伽马幅度低,渗透性变好	泥岩:视电阻率显示低、平值;自然电位平直;自然伽马显示高幅度,其值与 TDS、胶结物性、胶结程度等密切相关;声波时差较大;砂岩:视电阻率出现明显幅度,其值与 TDS、胶结物性、胶结程度等密切相关;自然电位负异常;自然伽马读数最高;声波时差较大;伽马读数明显偏低;声波出现平台状。灰质砂岩:视电阻率显高值;自然电位一般有小的负异常;灰岩、白云岩:视电阻率显示高阻尖峰;自然电位负异常;自然伽马低值,声波时差最小。但如果裂隙发育,自然电位负异常,声波时差增大。岩浆岩:目前电测曲线认识不足,只有视电阻率特别高是其普遍特性。		

测井技术早已有了突飞猛进的发展,单支的、常规井下仪器已被高度集成化、阵列化、成像化代替,如今已可一次下井,完成所有测试。同时,随钻测井技术方兴未艾,在地热定向井中,除了随钻测试井眼轨迹以外,随钻自然伽马、电阻率、放射性、声波、成像等都已实现,能减少钻井液对储层的侵入伤害、及时测试原状地层信息。相信在不久的将来,井下地球物理测井将会为地热资源开发提供更直观、更准确、声像组合的数字化信息。

参考文献

[1] 洪有密.测井原理与综合解释[M].东营:中国石油大学出版社,2008.

[2] 赵苏民,孙宝成,林黎,等.沉积盆地型地热田勘查开发与利用[M].北京:地质出版社,2013.

[3] 天津地热勘查开发设计院.天津市金丰里地热完井报告[R].天津:2012.

[4] 天津地热勘查开发设计院.天津市塘沽区洞庭路地热完井报告[R].天津:2013.

[5] 格兰特 马尔科姆 A,比克斯勒 保罗 F.热储工程学[M].王贵玲,蔺文静,译.北京:测绘出版社,2013.

索 引